I0054721

Perspectives
coniques
et axonométriques

pas à pas

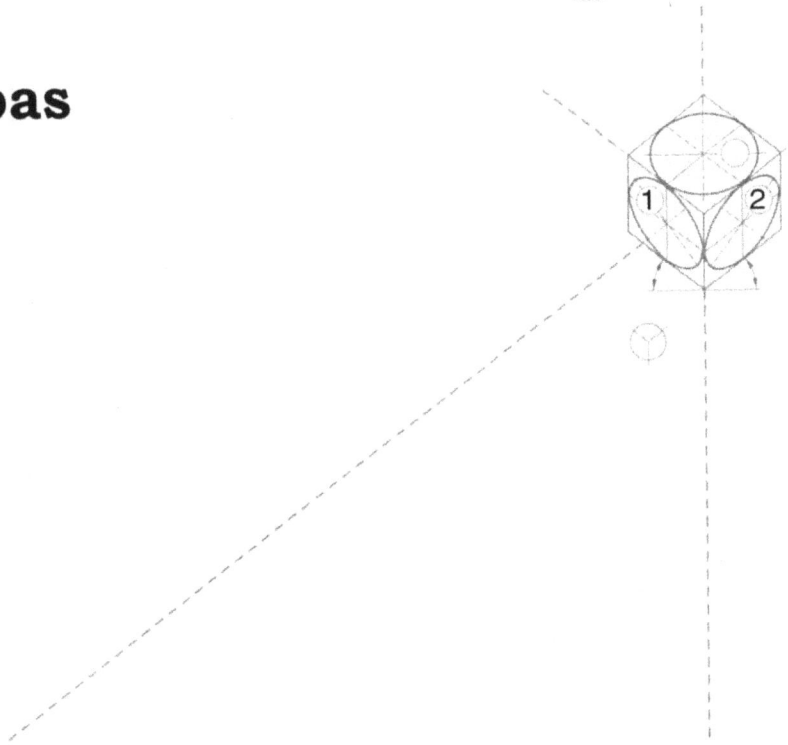

DU MÊME AUTEUR ───────────────────────────────────

Comprendre les plans de votre maison. Permis de construire et devis.
Dessins d'architecture et d'exécution
G02655, 1993, 248 pages.

Perspectives coniques et axonométriques. Pas à pas.
G00407, 2000, 264 pages.

CHEZ LE MÊME ÉDITEUR ───────────────────────────────

J.-P. GOUSSET, **Lire et réaliser les plans de maisons de plain-pied.**
G11718, 2007, 354 pages.

L. PARRENS, **Traité de perspective d'aspect.** Tracé des ombres.
G00390, 1987, 168 pages.

H. RENAUD, **Construction de maisons individuelles.**
G11005, 2001, 2ᵉ édition, 364 pages.

H. RENAUD, **Réussir ses plans.**
G11096, 2002, 160 pages.

H. RENAUD, **Plans et perspectives.**
G11630, 2005, 230 pages.

H. RENAUD, **Plans de maisons de plain-pied et combles aménagés.**
G11517, 2005, 190 pages.

A. HIRSELBERGER & P. RONDIN, **120 Plans et modèles de maisons**.
G11097, 2002, 248 pages.

Perspectives
coniques
et axonométriques
pas à pas

Gérard CALVAT

Deuxième tirage 2007

EYROLLES

ÉDITIONS EYROLLES
61, Bld Saint-Germain
75240 Paris Cedex 05
www.editions-eyrolles.com

A Mathieu

DANGER

LE PHOTOCOPILLAGE TUE LE LIVRE

Le code de la propriété intellectuelle du 1er juillet 1992 interdit en effet expressément la photocopie à usage collectif sans autorisation des ayants droit. Or, cette pratique s'est généralisée notamment dans les établissements d'enseignement, provoquant une baisse brutale des achats de livres, au point que la possibilité même pour les auteurs de créer des œuvres nouvelles et de les faire éditer correctement est aujourd'hui menacée.

En application de la loi du 11 mars 1957, il est interdit de reproduire intégralement ou partiellement le présent ouvrage, sur quelque support que ce soit, sans autorisation de l'Éditeur ou du Centre Français d'exploitation du droit de Copie, 20, rue des Grands Augustins, 75006 Paris.
© Éditions Eyrolles, 2000, ISBN 978-2-212-00407-6

Sommaire

Troisième partie

Les perspectives axonométriques

Quatrième partie

Avant-propos

Qui n'a pas, un jour, représenté une perspective pour essayer d'expliquer la forme ou le fonctionnement d'un objet ? Mais, quand on ne connait pas les méthodes de tracé, le dessin est malhabile et les effets de volume sont le plus souvent incorrects.

Qu'elle soit exécutée à main levée ou avec des instruments, conique ou parallèle, toute perspective obéit à des règles précises d'exécution qui ne peuvent être correctement appliquées que si elles sont parfaitement maitrisées : division d'un segment fuyant en plusieurs parties égales, représentation des ellipses, tracé des ombres, etc.

Cet ouvrage aborde les méthodes de tracé les plus utilisées et présente une dizaine de perspectives différentes, coniques ou axonométriques. Chaque type de perspective fait l'objet d'une étude détaillée, très largement illustrée. De nombreuses marches à suivre, permettent, **étape par étape**, méthodiquement, d'assimiler les différents procédés de construction graphique.

Trop longtemps réservée à un public d'initiés ou distillée au travers de « recettes » non expliquées, la perspective se dévoile ici, enfin ! Rien n'est plus passionnant que de dessiner en perspective, de représenter le meuble que l'on souhaite réaliser ou la maison que l'on désire faire construire !

Organisation du guide

Cet ouvrage, illustré par 650 figures exécutées à la main, comprend quatre parties.

La première, **introduction aux tracés**, présente le matériel de dessin nécessaire et les tracés géométriques élémentaires à connaitre.

La seconde partie, la plus importante, concerne les **perspectives coniques**. Divisée en dix-neuf chapitres, elle aborde les méthodes de tracés les plus utilisées : points de fuite, prolongements, points d'égale résection, etc. Elle traite également des mises en perspective particulières : ombres, reflets, éclatés, etc. Un chapitre important est consacré aux perspectives plongeantes et plafonnantes.

La troisième partie présente les **perspectives axonométriques** au fil de treize chapitres. Tous les types de perspective sont étudiés : isométrique, dimétrique, trimétrique, cavalière et planométrique.

Pour donner au lecteur la possibilité d'approfondir davantage ses connaissances, tant les champs d'investigation sont nombreux et les approches méthodologiques différentes, une **bibliographie** figure en quatrième partie. Elle comprend une cinquantaine d'ouvrages et articles récents, classés par noms d'auteurs. Des pictogrammes indiquent succinctement le contenu et le niveau de difficulté de chaque ouvrage.

Un **index thématique** général de 200 entrées, situé en fin d'ouvrage, permet de retrouver rapidement toutes les informations relatives à un même sujet.

Conventions et abréviations utilisées

Les figures correspondant à des perspectives sont encadrées, les autres servant uniquement à décrire une situation ou à faciliter la compréhension du texte ne le sont pas.

Les lettres majuscules peuvent désigner :

▶ les lignes et les points caractéristiques de la perspective (**LT**, **LH**, **PFD**$_1$, **P**...) ;

▶ les sommets de l'objet réel à mettre en perspective (**A**, **B**, **C**...).

Les lettres minuscules (**a**, **b**, **c**...) repèrent toujours les images perspectives des sommets de l'objet, quel que soit le type de perspective (conique ou parallèle).

Les figures géométriques (triangle, rectangle, polygone) sont désignées par les lettres des sommets. Par exemple : rectangle **ABCD**, triangle **EFG**.

Les angles sont repérés par :

▶ une lettre grecque. Par exemple : angle θ_1 ;

▶ trois lettres, celle du milieu correspondant au sommet de l'angle. Par exemple : angle O_2O_1V.

Une fuyante en perspective conique est désignée par son point de fuite et par l'un des points qu'elle porte. Par exemple : fuyante **PFD**$_1$**a**.

Les lettres minuscules marquées d'un signe en forme d'accent (**a'**, **b'**, **c'**...) sont utilisées pour :

▶ les points situés sur la ligne de terre (méthode des points d'égale résection) ;

▶ les points des images réfléchies (dans le cas des surfaces réfléchissantes).

Les lettres affectées d'un indice (a_1, b_1, c_1...) peuvent repérer :

▶ les points situés en hauteur et placés à la verticale des mêmes lettres sans indice (mise en perspective des volumes) ;

▶ les points d'intersection des rayons lumineux avec le sol ou un objet (tracé des ombres).

Abréviations propres à la perspective conique

LT : Ligne de terre

LH : Ligne d'horizon

O : Œil

P : Point de fuite principal

PFD$_1$, **PFD**$_2$: Points de distance

PF$_1$, **PF**$_2$, etc. Points de fuite secondaires

PFR : Point de fuite d'égale résection

PFT : Point de fuite des traces (pour le tracé des ombres)

s : Image du soleil (pour le tracé des ombres en lumière naturelle)

l : Image de la source lumineuse (pour le tracé des ombres en lumière artificielle)

Avertissement

Pour des raisons évidentes de mise en page, les perspectives représentées dans cet ouvrage ne sont pas dessinées aux échelles habituellement utilisées en dessin. Une échelle graphique composée d'un double trait divisé en segments réguliers accompagne chaque perspective et permet de retrouver rapidement toute longueur réelle souhaitée.

Première partie

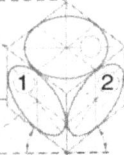

INTRODUCTION AUX TRACÉS

Chapitre / 1

Le matériel de dessin et les tracés élémentaires

1.1. Le matériel nécessaire

Le tracé des perspectives nécessite l'emploi d'un matériel approprié dont les composants essentiels sont les suivants :

▶ une **table à dessin** ou une **planche à dessin** (format souhaité : 1,20 m × 1,00 m) équipée d'une règle coulissante ou d'un té en plastique transparent. Il existe aussi des **planchettes à dessiner portatives** en plastique. Leur format réduit (A4 ou A3) ne présente pas d'inconvénient pour le tracé des perspectives parallèles mais peut être une gêne pour l'exécution des perspectives coniques car il rend difficile la mise en place des points de fuite ;

▶ une **équerre** en plastique transparent dont le grand côté de l'angle droit mesure au moins 30 cm. Il existe deux types d'équerre : les équerres dites à 45° et celles dites à 60° (ou à 30°) ;

▶ une **règle plate** graduée, en plastique transparent, de 40 cm de longueur ou plus ;

▶ un **porte-mines** pour mines calibrées (0,5 ou 0,7 mm). Dureté conseillée des mines : 2H ou 3H ;

▶ du **papier à dessin** (lavis technique) et du **papier calque** (90 gr/m^2) aux formats classiques (raisin, jésus) ou normalisés (A3, A2, A1). Habituellement, on trace les perspectives sur le papier à dessin puis on réalise la mise au net sur le papier calque, support plus approprié pour effectuer des corrections éventuelles ;

▶ un **compas** de bonne qualité dont les extrémités mobiles peuvent toujours être disposées perpendiculairement à la feuille, quelle que soit la grandeur du cercle à représenter ;

▶ plusieurs **gabarits** en plastique transparent pour tracer les cercles de petits diamètres et les ellipses ;

▶ des **pistolets** et une **règle flexible** pour représenter des courbes et tracer des raccordements ;

▶ une **gomme blanche ;**

▶ un rouleau de **ruban adhésif** pour fixer la feuille à dessin sur la planche. Éviter le ruban dit « invisible » qui s'enlève difficilement ;

▶ des **stylos à pointe tubulaire** rechargeables avec de l'encre de Chine ou des stylos feutres spéciaux à pointes calibrées pour effectuer les mises au net.

1.2. Les tracés élémentaires

Seuls les tracés fondamentaux sont décrits ci-dessous. Les constructions géométriques spécifiques aux perspectives coniques et parallèles font l'objet de développements ultérieurs.

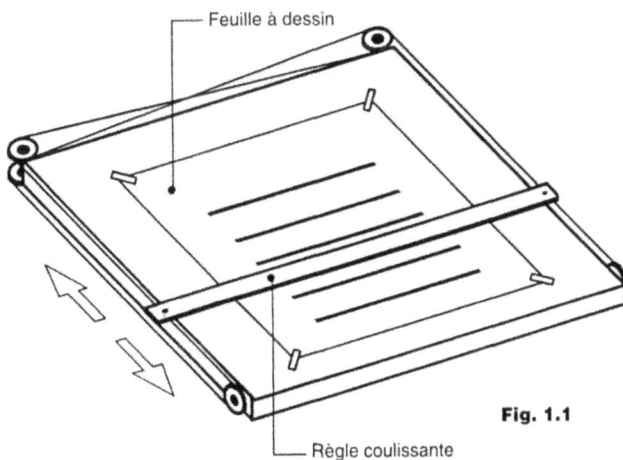

Feuille à dessin

Règle coulissante

Fig. 1.1

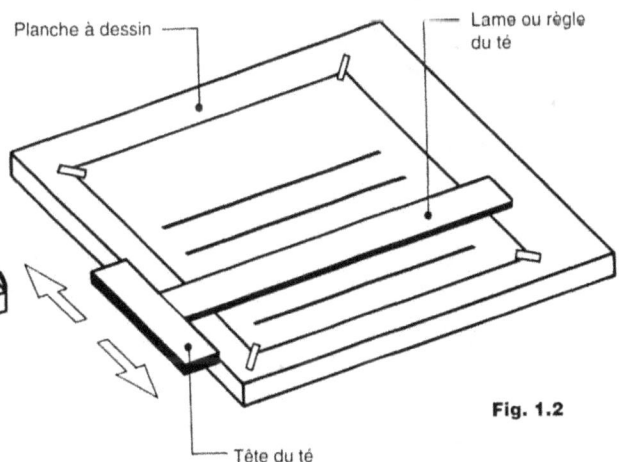

Planche à dessin

Lame ou règle du té

Tête du té

Fig. 1.2

1.2.1 Le tracé des lignes horizontales

Le déplacement de la règle coulissante sur la table à dessin permet le tracé des lignes horizontales (fig. 1.1).

Avec un té, celles-ci s'obtiennent par glissement de la tête du té sur le chant de la planche (fig. 1.2). Pour effectuer un tracé correct, il convient de bien plaquer la tête du té sur la planche, puis de maintenir fermement la lame en position avec la paume de la main.

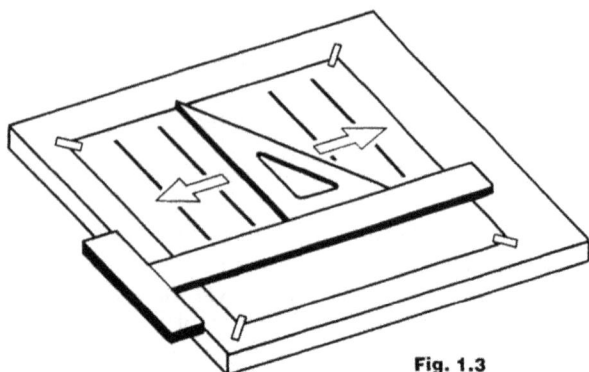

Fig. 1.3

1.2.2 Le tracé des lignes verticales

L'équerre permet le tracé des lignes verticales par glissement sur le chant supérieur de la règle coulissante ou du té (fig. 1.3). Lors des déplacements de l'équerre, le té doit demeurer parfaitement immobile.

1.2.3 Le tracé des lignes obliques

Pour tracer une ligne oblique dont l'inclinaison correspond à un angle remarquable (30°, 45°, 60°), on peut employer une équerre (fig. 1.4).

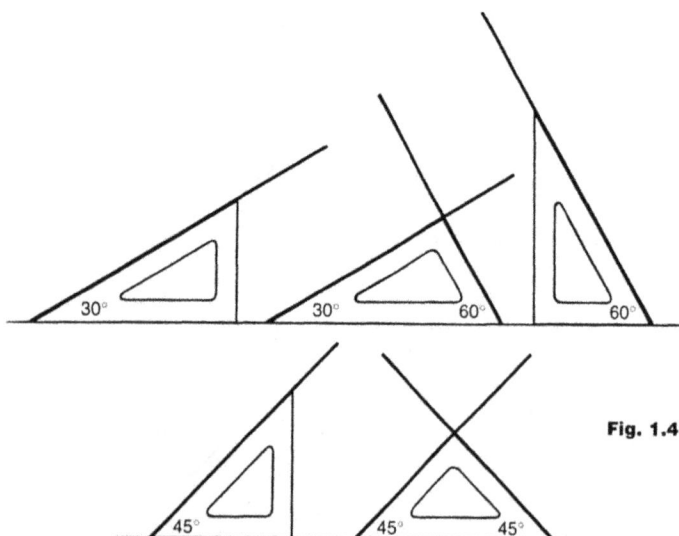

Fig. 1.4

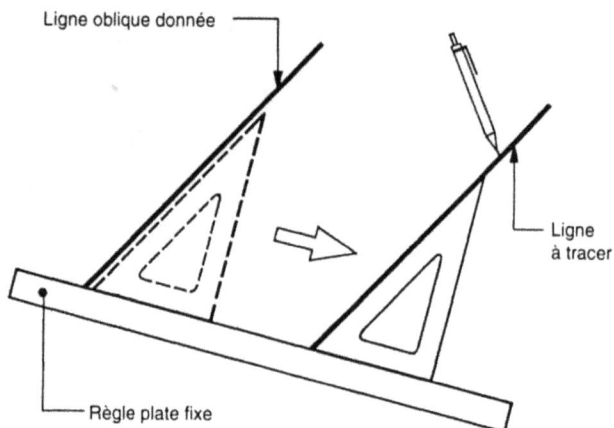

Fig. 1.5

Pour tracer une droite parallèle à une ligne oblique donnée (fig. 1.5) il convient de :
- ▶ faire coïncider un côté quelconque de l'équerre avec la ligne ;
- ▶ plaquer la règle contre l'équerre puis maintenir fermement la règle en place ;
- ▶ faire glisser l'équerre le long de la règle et tracer la ligne à l'endroit souhaité.

Ce même tracé peut être effectué avec deux équerres (fig. 1.6). La longueur du segment **ab** doit être suffisante pour assurer un bon appui à l'équerre mobile.

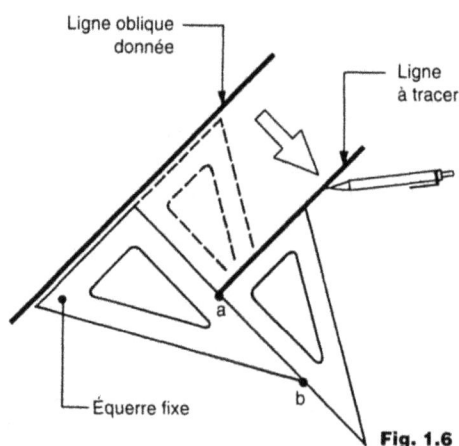

Fig. 1.6

Chapitre 2

Les projections et les perspectives associées

2.1. Introduction

Dans le domaine industriel, la représentation des objets repose sur la méthode des projections. Celle-ci implique la présence d'un plan, appelé **plan de projection**, sur lequel se projettent toutes les formes de l'objet à représenter (faces et arêtes).

L'ensemble des projections contenues dans le plan constitue la représentation graphique de l'objet.

La feuille à dessin peut être considérée comme le plan sur lequel on projette, mentalement, l'objet à représenter.

Il existe plusieurs façons de projeter un objet sur un plan. Celles-ci sont étudiées ci-après.

2.2. Les méthodes de projection et les types de perspectives

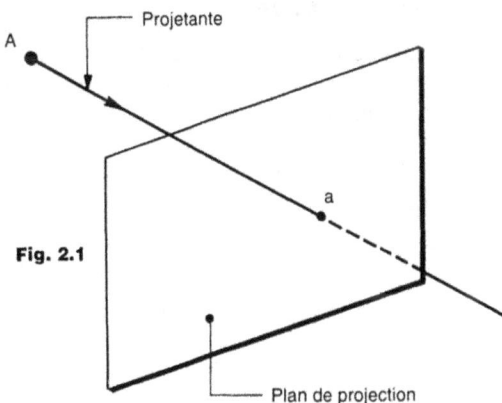

Fig. 2.1

2.2.1 Rappels mathématiques

La projection d'un point de l'espace **A** sur un plan est le point de rencontre **a** de la projetante avec le plan appelé plan de projection (fig. 2.1). Par rapport au plan, la projetante peut être quelconque ou perpendiculaire.

2.2.2 Projection conique et perspective conique

Dans ce mode de projection, toutes les projetantes sont issues d'un même point **O** appelé centre de projection (fig. 2.2). L'ensemble des projetantes et la projection obtenue forment un cône, d'où l'appellation **projection conique**, souvent employée. On parle également de **projection centrale** pour faire référence au centre de projection, point de convergence de toutes les projetantes.

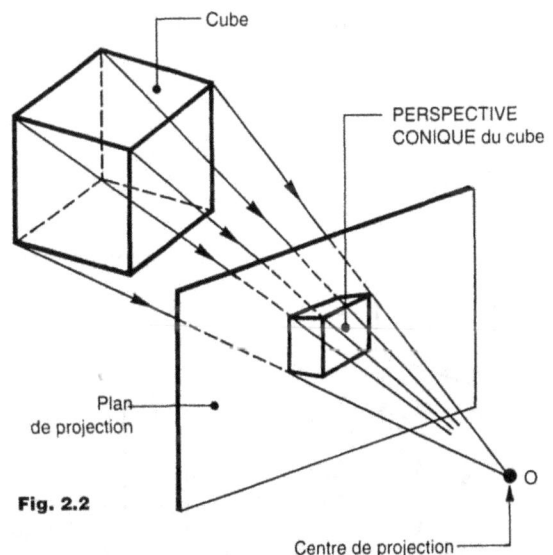

Fig. 2.2

L'image obtenue sur le plan est une **perspective conique**. C'est ce que voit un œil placé en **O**.

Les perspectives coniques, dont il existe plusieurs types, sont étudiées dans la deuxième partie de cet ouvrage.

5

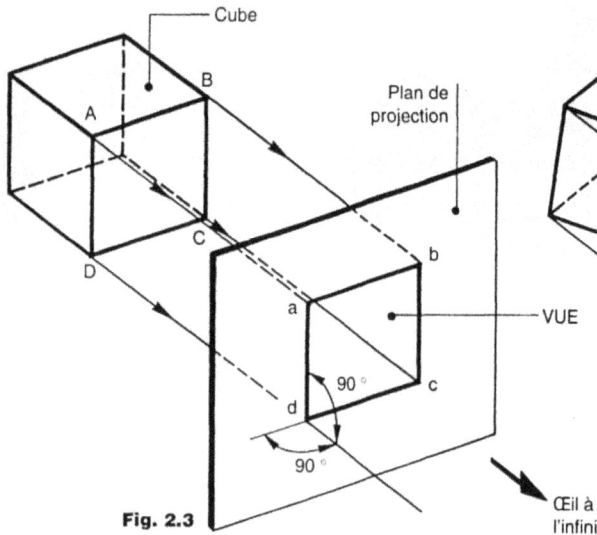

Fig. 2.3

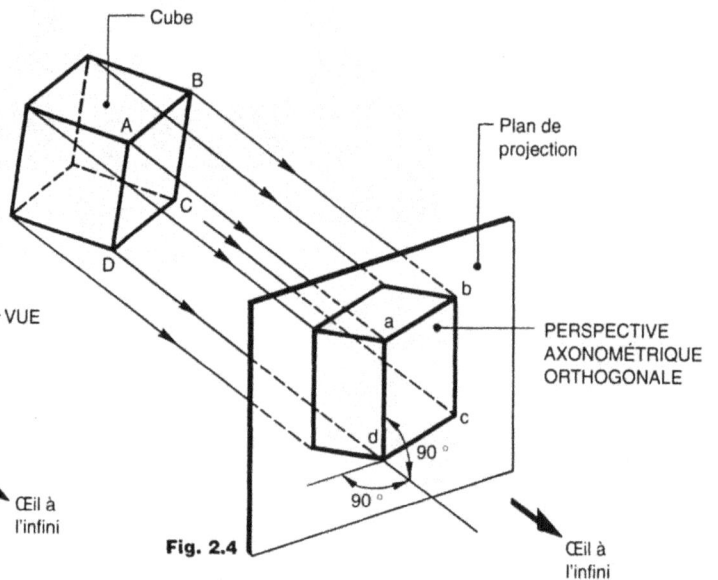

Fig. 2.4

2.2.3 Projection cylindrique orthogonale et perspectives associées

La projection est dite **cylindrique orthogonale** quand toutes les projetantes sont perpendiculaires au plan. Deux cas sont étudiés :

► la face **ABCD** du cube est parallèle au plan vertical de projection. Elle se projette non déformée sur celui-ci (fig. 2.3). La projection obtenue (image **abcd**) est une **vue**. Ce type de projection est à la base de la représentation des objets en dessin industriel ;

► aucune face du cube n'est parallèle au plan mais les arêtes inclinées **AD** et **BC** demeurent, par convention, dans des plans verticaux. L'image obtenue sur le plan de projection porte le nom de **perspective axonométrique orthogonale** (fig. 2.4). Les projetantes sont parallèles et l'œil est supposé à l'infini.

Il existe plusieurs types de perspectives axonométriques orthogonales suivant la position de l'objet par rapport au plan. Les plus courants sont :

► **la perspective isométrique ;**
► **la perspective dimétrique ;**
► **la perspective trimétrique.**

Chacune d'entre elles fait l'objet d'une étude dans la troisième partie de cet ouvrage.

2.2.4 Projection cylindrique oblique et perspectives associées

La projection est dite **cylindrique oblique** quand toutes les projetantes sont inclinées par rapport au plan de projection.

La face **ABCD** du cube est parallèle au plan. Elle se projette non déformée sur celui-ci tandis que la face latérale et le dessus ont une allure de parallélogramme (fig. 2.5).

L'image obtenue sur le plan est **une perspective axonométrique oblique**. L'œil est supposé à l'infini.

Il existe plusieurs types de perspectives axonométriques obliques suivant l'inclinaison des projetantes par rapport au plan.

Les plus courants sont :

► **la perspective cavalière ;**
► **la perspective planométrique.**

Une étude détaillée dans la troisième partie leur est consacrée.

2.2.5 Tableau des différentes perspectives

Le tableau suivant (fig. 2.6) regroupe les différentes perspectives évoquées dans ce chapitre.

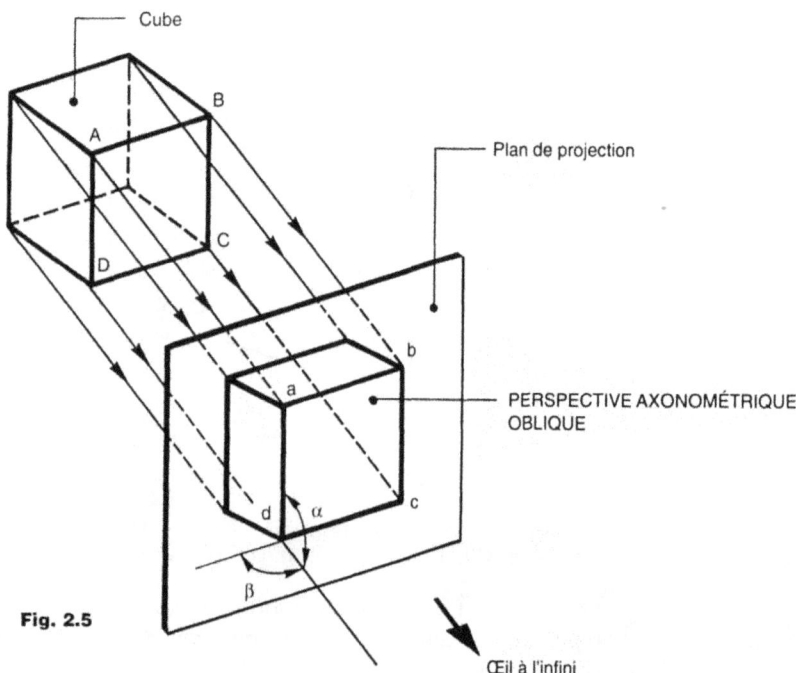

Fig. 2.5

Fig. 2.6	Œil de l'observateur situé à distance finie		Œil de l'observateur situé à l'infini					
Orientation du tableau	Tableau vertical	Tableau oblique	Tableau vertical					Tableau horizontal
Orientation des rayons par rapport au tableau	Rayon principal orthogonal		Rayons orthogonaux				Rayons obliques	
Appellation	Perspectives coniques centrales et obliques	Perspectives coniques plongeantes et plafonnantes	Perspectives axonométriques orthogonales				Perspectives axonométriques obliques	
			isométrique	dimétrique	trimétrique		cavalière	planométrique
Exemples d'une table basse								

Deuxième partie

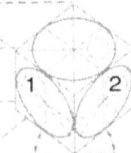

LES PERSPECTIVES

CONIQUES

Préambule

Les dessins d'objets représentés en perspective conique sont généralement d'une grande lisibilité. Leur lecture ne réclame aucun apprentissage particulier, contrairement au dessin technique qui exige la connaissance de conventions et de codes spécifiques.

Il est d'usage de dire que la perspective conique est l'ensemble des procédés graphiques permettant de représenter sur une surface plane les objets tels que notre œil les voit. Cette définition, qui peut paraitre satisfaisante de prime abord, est inexacte. Aucun dessin, aussi parfaitement exécuté soit-il, ne peut remplacer l'image de la vision qui est une image mentale **sans support** captée par l'œil et analysée par le cerveau.

La perspective conique repose en fait sur une simplification des phénomènes de la vision. L'œil humain est par nature double et mobile. En représentation perspective, par convention, l'œil de l'observateur est considéré comme unique et fixe. Le champ visuel perspectif communément admis est large d'une quarantaine de degrés environ, tandis que la vision nette de l'œil ne dépasse pas quelques degrés.

Néanmoins, la perspective conique demeure un moyen simple et pratique pour représenter les objets avec un certain réalisme.

Chapitre 3

Les mots de la perspective

La perspective conique d'un objet est la projection conique de cet objet sur un plan de projection (voir la première partie). La figure 3.1 illustre ce principe :

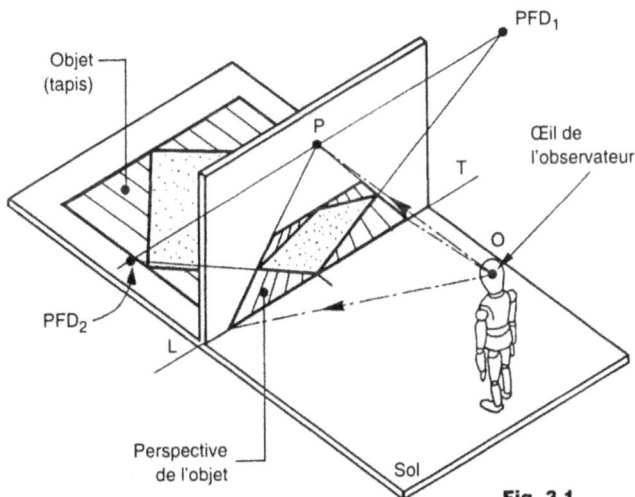

Fig. 3.1

Fig. 3.2

▶ l'**objet**, ici un tapis à motifs géométriques, est posé sur un plan horizontal appelé sol ;

▶ le point **O**, **œil de l'observateur**, est le lieu d'intersection des projetantes : c'est le point à partir duquel l'objet est observé ;

▶ l'image projetée sur le plan vertical de projection (**tableau**) est la **perspective conique** de l'objet : c'est l'objet tel que l'observateur le voit du point **O**.

La figure 3.2 présente les mêmes éléments observés en vue de face, vue de dessus et vue de droite. Sur cette dernière vue apparaît la perspective. Les termes associés à la perspective conique, couramment utilisés dans cet ouvrage, sont définis ci-après.

3.1. Les éléments de base

Voir la figure 3.3.

3.1.1 Le sol

C'est le plan horizontal sur lequel repose habituellement l'objet à mettre en perspective. Pour une meilleure compréhension des tracés sur toutes les figures explicatives de cet ouvrage, le sol, bien qu'illimité, sera représenté sous la forme d'un rectangle.

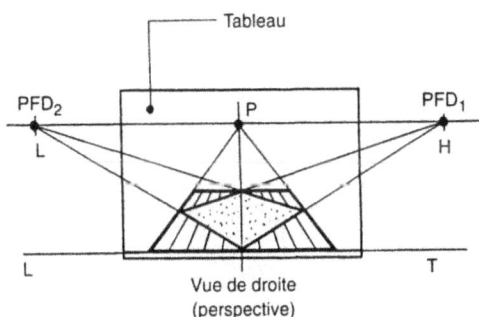

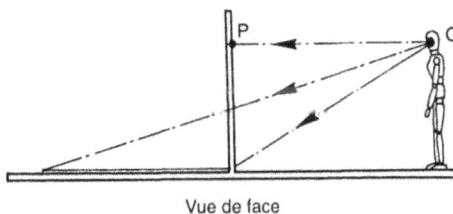

3.1.2 Le tableau

C'est le plan de projection qui contient l'ensemble des points projetés qui constituent la perspective. Ce plan est habituellement vertical mais, suivant le type de perspective, il peut être également horizontal ou incliné : c'est le cas des perspectives plongeantes ou plafonnantes.

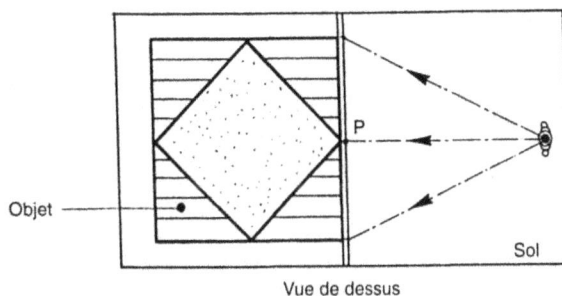

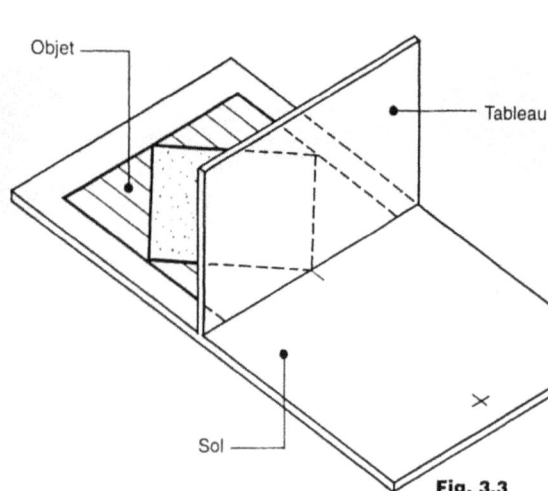

Fig. 3.3

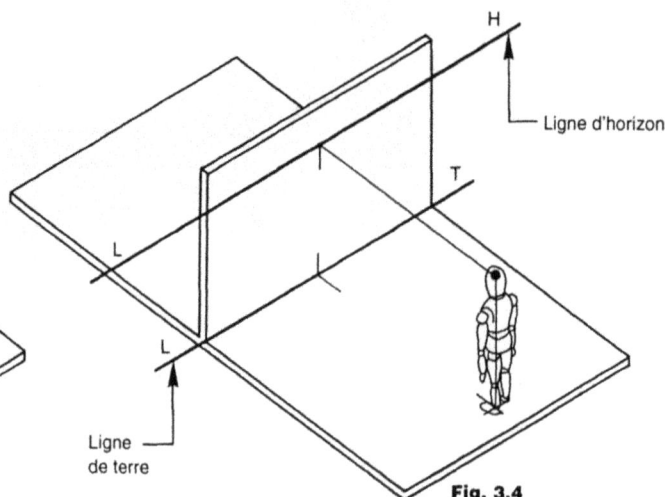

Fig. 3.4

3.1.3 L'objet

L'objet est l'élément, l'ouvrage ou la partie d'ouvrage que l'on souhaite représenter en perspective.

3.2. Les lignes caractéristiques

Voir la figure 3.4.

3.2.1 La ligne de terre (LT)

C'est la ligne horizontale d'intersection du sol et du tableau. Commune à ces deux plans, elle est le plus souvent située au-dessous de la perspective.

3.2.2 La ligne d'horizon (LH)

Cette ligne horizontale est toujours située à hauteur de l'œil de l'observateur. La distance verticale séparant **LH** de **LT** est fonction de la taille de l'observateur et de sa posture : debout, assis ou couché.

La ligne d'horizon ne doit pas être confondue avec l'horizon naturel.

3.3 L'œil et les éléments associés

Voir la figure 3.5.

3.3.1 L'œil (O)

Cet œil est celui de l'observateur. Appelé aussi **point de vue** ou **station d'observation**, c'est le point **O** à partir duquel la perspective est observée.

On suppose que l'observateur ne se sert que d'un œil, de surcroît fixe, sans mobilité aucune.

3.3.2 Le rayon visuel

On appelle ainsi tout rayon fictif dont l'origine est le point **O** et l'autre extrémité un point caractéristique de l'objet à mettre en perspective. Le **rayon visuel principal** est perpendiculaire au tableau.

La présence supposée des rayons (ou projetantes) permet un tracé géométrique de la perspective.

3.3.3 La distance principale

C'est la distance qui sépare le point **O** du tableau. Elle est égale à la longueur du rayon visuel principal.

3.3.4 Le plan d'horizon

C'est le plan horizontal qui passe par **O**. Son intersection avec le tableau est la ligne d'horizon **LH**.

3.3.5 Le plan neutre

C'est le plan vertical parallèle au tableau et passant par **O**. Les éléments contenus dans ce plan n'apparaissent jamais sur la perspective.

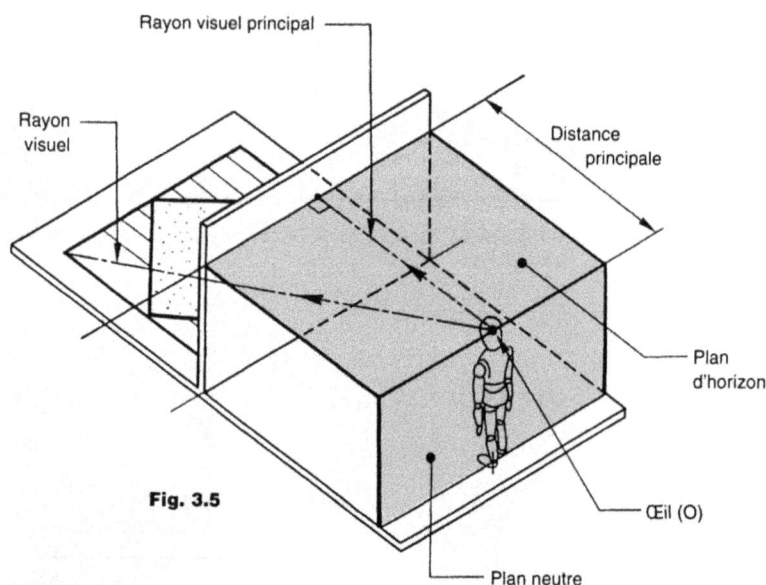

Fig. 3.5

3.4. La perspective et ses points de fuite

Voir les figures 3.6 et 3.7.

3.4.1 La perspective

Ce mot désigne le plus souvent l'**image** de l'objet située dans le plan du tableau. La grandeur de cette image est fonction de la position du tableau par rapport à **O**.

On distingue deux types de perspective conique :

▶ **la perspective frontale**, appelée aussi perspective vue de front, où l'objet mis en perspective possède une ou plusieurs arêtes parallèles au tableau. Le grand carré de la perspective, sur la figure 3.6, est observé en perspective frontale.

Cette perspective, improprement nommée perspective à un point de fuite, peut posséder plusieurs points de fuite suivant les formes de l'objet ;

▶ **la perspective oblique**, dite aussi perspective d'angle ou vue sur l'angle, où l'objet à représenter n'a pas de position particulière par rapport au tableau. Le petit carré intérieur de la perspective, sur la figure 3.6, est observé en perspective oblique.

Souvent appelée perspective à deux points de fuite, ce type de perspective peut comporter deux, trois, voire davantage de points de fuite selon les formes de l'objet.

3.4.2 Le point de fuite principal (P)

Il s'agit du point de contact du rayon visuel principal avec le tableau. **P** est le point de fuite de toutes les droites perpendiculaires au tableau.

3.4.3 Les points de distance (PFD₁ et PFD₂)

Ces deux points, appelés également **points de fuite des diagonales**, sont situés sur la ligne d'horizon. Ils sont les points de fuite des droites horizontales inclinées à 45° par rapport au tableau.

Les distances **PO**, **PPFD₁** et **PPFD₂** sont égales.

3.4.4 Les points de fuite secondaires (PF₁, PF₂...)

Toute famille de droites horizontales et parallèles entre elles possède un point de fuite secondaire (fig. 3.7). Il existe une infinité de points de fuite secondaires.

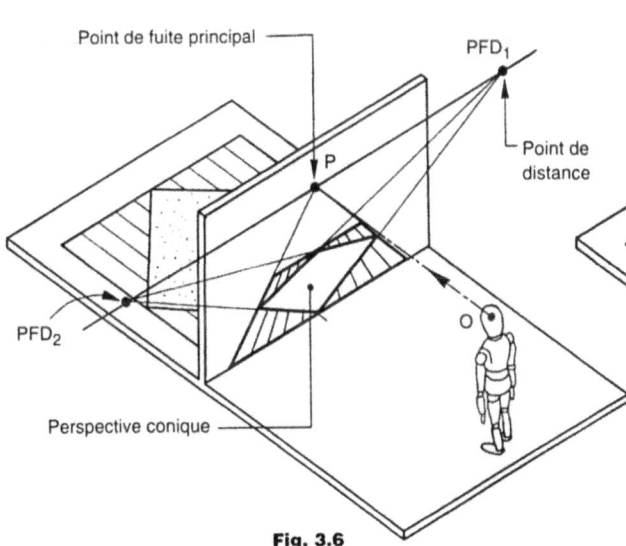

Fig. 3.6

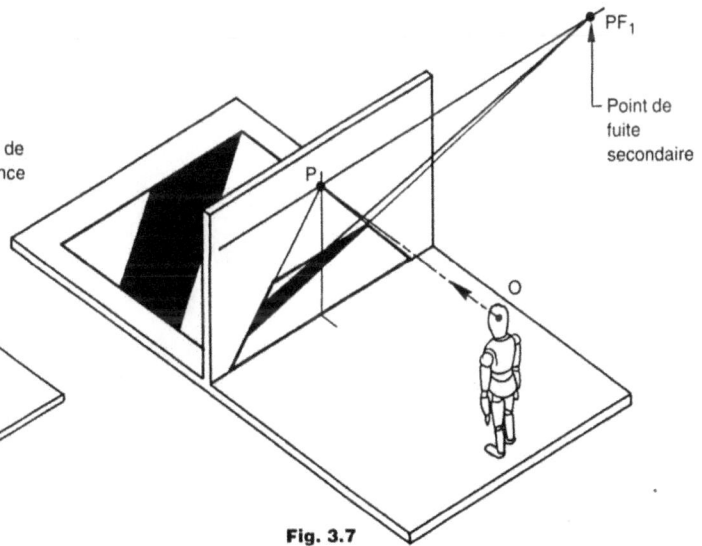

Fig. 3.7

Chapitre 4

Les faces et les arêtes particulières

Tout volume, à représenter en perspective, comprend des faces et des arêtes qui, par rapport aux deux plans de référence, sol et tableau, sont soit disposées de façon quelconque, soit possèdent une orientation particulière. Ces positions remarquables de faces et d'arêtes font l'objet d'une étude détaillée exposée ci-dessous. Les appellations utilisées sont empruntées à la géométrie descriptive.

4.1. Faces et arêtes horizontales

4.1.1 Définitions

Une **face horizontale** est une portion de plan parallèle au sol située au-dessus ou au-dessous de celui-ci (fig. 4.1). Toute arête située sur une face horizontale est **une arête horizontale**, quelle que soit son orientation.

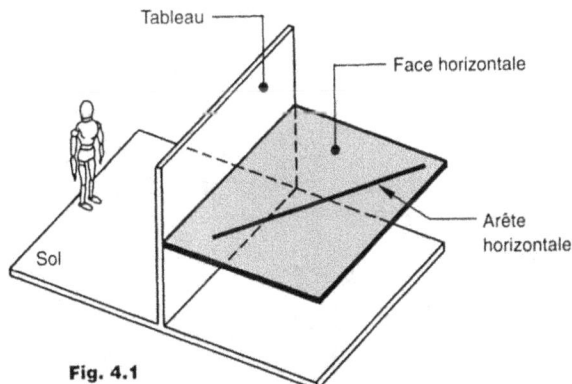

Fig. 4.1

En perspective, le point de fuite d'une arête horizontale est sur la ligne d'horizon ; il n'existe pas pour les arêtes horizontales parallèles au tableau.

4.1.2 Exemple

Soit un cube observé en perspective frontale (la face **ABCD** est parallèle au tableau) dont les diagonales des faces sont dessinées (fig. 4.2). La face fuyante grisée est une face horizontale. Les traits plus épais représentent des arêtes et segments horizontaux.

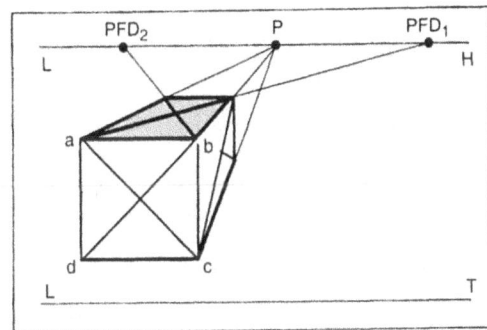

Fig. 4.2

4.2. Faces et arêtes frontales

4.2.1 Définitions

Une **face frontale** est une portion de plan parallèle au tableau (fig. 4.3). Toute arête située sur une face frontale est une **arête frontale**, quelle que soit son orientation.

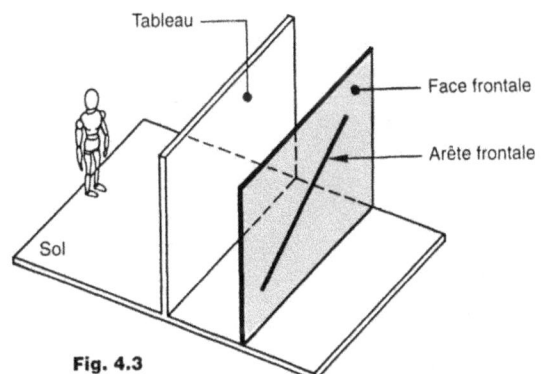

Fig. 4.3

En perspective, les arêtes frontales ne possèdent pas de point de fuite. Elles se représentent en vraie grandeur, à l'échelle du dessin.

4.2.2 Exemple

Sur le cube précédent, la face grisée est une face frontale (fig. 4.4). Les traits plus épais représentent des arêtes et segments frontaux.

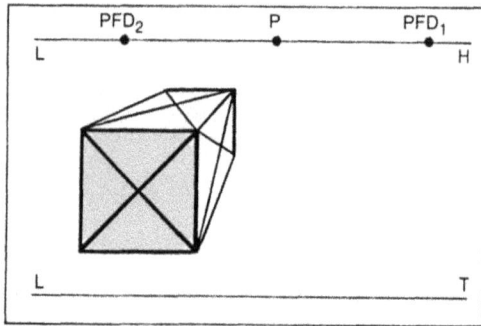

Fig. 4.4

4.3. Faces et arêtes de profil

4.3.1 Définitions

Une **face de profil** est une portion de plan perpendiculaire au sol et au tableau (fig. 4.5). Toute arête située sur une face de profil est une **arête de profil**, quelle que soit son orientation.

En perspective, le point de fuite d'une arête de profil est :

▶ soit sur une verticale passant par **P**, au-dessus ou au-dessous de **LT** ;

▶ soit en **P**, pour les arêtes de profil horizontales ;

▶ soit il n'existe pas, pour les arêtes de profil verticales.

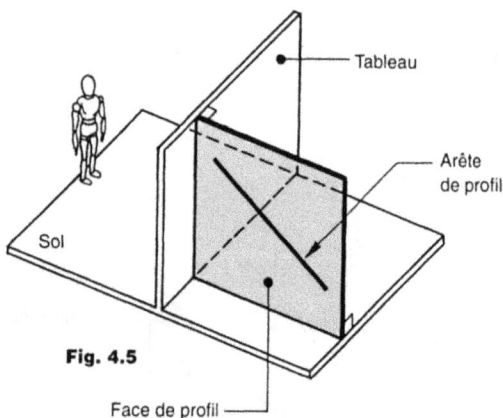

Fig. 4.5

4.3.2 Exemple

Sur le cube, la face grisée est une face de profil (fig. 4.6). Les traits plus épais représentent des arêtes et segments de profil.

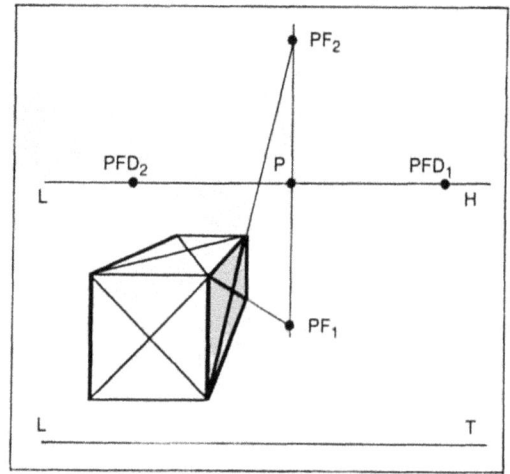

Fig. 4.6

4.4. Faces et arêtes verticales

4.4.1 Définitions

Une **face verticale** est une portion de plan perpendiculaire au sol (fig. 4.7). Une **arête verticale** est perpendiculaire au sol.

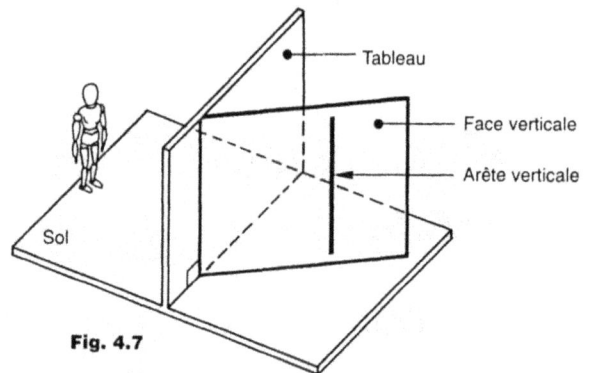

Fig. 4.7

En perspective, une arête verticale ne possède pas de point de fuite et se représente en vraie grandeur, à l'échelle du dessin.

4.4.2 Exemple

Sur le cube, les traits plus épais représentent trois arêtes verticales (fig. 4.8).

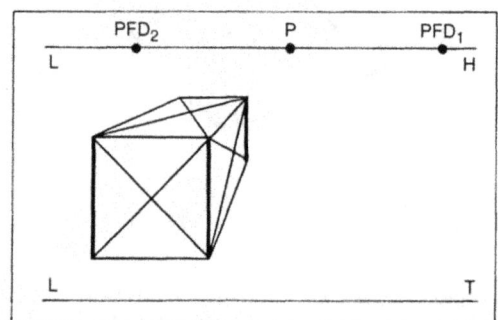

Fig. 4.8

4.5. Arêtes parallèles à la ligne de terre

4.5.1 Définitions

Une **arête parallèle à la ligne de terre** est parallèle au sol et au tableau (fig. 4.9). Elle est à la fois horizontale et frontale, ne possède pas de point de fuite en perspective et se représente en vraie grandeur, à l'échelle du dessin.

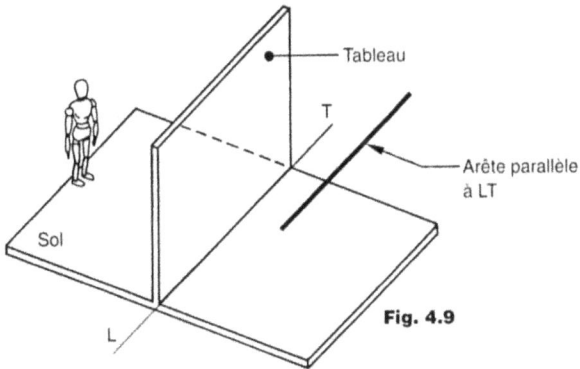

Fig. 4.9

4.5.2 Exemple

Sur le cube, les traits plus épais représentent trois arêtes parallèles à la ligne de terre (fig. 4.10).

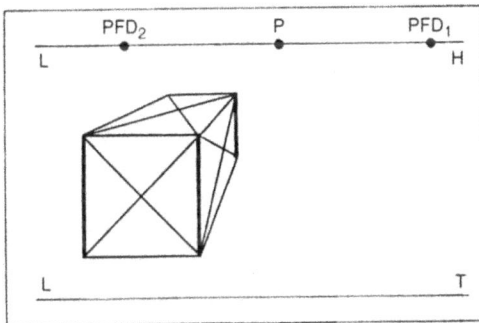

Fig. 4.10

4.6. Arêtes de bout

4.6.1 Définitions

Une **arête de bout** c'est-à-dire celle dont on ne voit que le bout, l'extrémité, est perpendiculaire au tableau (fig. 4.11).

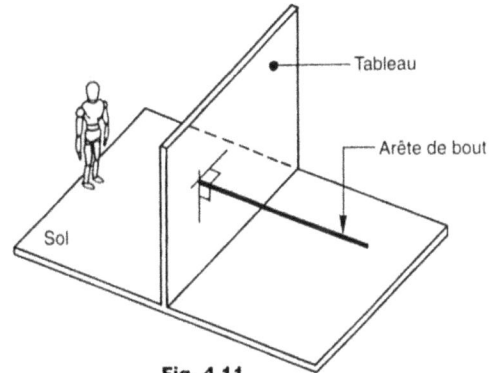

Fig. 4.11

En perspective, son point de fuite est le point principal **P**.

4.6.2 Exemple

Sur le cube, les traits plus épais représentent trois arêtes de bout (fig. 4.12).

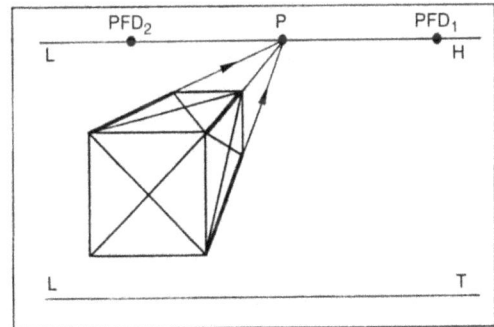

Fig. 4.12

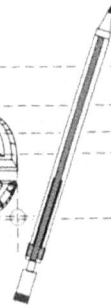

Chapitre 5

Les paramètres perspectifs

5.1. Les différents paramètres

Pour observer un objet, on peut s'en approcher ou s'en éloigner, déplacer son regard en hauteur et/ou latéralement.

À chaque position de l'œil correspond une perspective donnée et une seule.

Les différents facteurs ou paramètres qui influent sur l'aspect d'une perspective sont au nombre de cinq (fig. 5.1) :

1. La hauteur de l'œil
2. La position latérale de l'œil
3. La distance œil-objet
4. La distance œil-tableau
5. L'orientation du tableau

Les deux premiers paramètres concernent les déplacements de l'œil dans le plan neutre. Les deux suivants portent sur les distances qui séparent l'œil du tableau d'une part et l'œil de l'objet à représenter,

d'autre part. Le dernier facteur définit la position du tableau par rapport à l'objet.

Ces cinq paramètres font l'objet d'une étude détaillée dans les pages suivantes. En attribuant à tour de rôle, à chaque paramètre, plusieurs valeurs différentes pendant que les quatre autres paramètres demeurent inchangés, on observe les conséquences qui en résultent pour la perspective et l'on met en évidence l'influence de chaque facteur sur l'aspect final.

Nota : les figures suivantes servent à faire comprendre l'action exercée par les différents paramètres mais leurs constructions géométriques ne sont pas expliquées. Elles seront largement étudiées dans les prochains chapitres.

5.2. La hauteur de l'œil

5.2.1 Influence du paramètre sur la perspective

La hauteur de l'œil se mesure toujours par rapport au sol. À chaque altitude de l'œil correspond une perspective différente.

La ligne d'horizon suit les déplacements verticaux de l'œil. Elle s'abaisse quand celui-ci descend et s'élève dans le cas contraire, puisque l'œil et la ligne d'horizon sont situés tous deux dans le plan d'horizon.

La figure 5.2 présente trois perspectives obliques de deux parallélépipèdes rectangles. Seule la hauteur de l'œil change. Soit H_1, H_2 et H_3 **trois hauteurs différentes de l'œil**. Les quatre autres paramètres sont fixes.

Ce qui donne :

Hauteur de l'œil	Trois hauteurs : H_1, H_2 et H_3
Position latérale de l'œil	
Distance œil-objet	Valeurs identiques
Distance œil-tableau	pour les trois perspectives
Orientation du tableau	

La lecture des trois figures conduit aux observations suivantes.

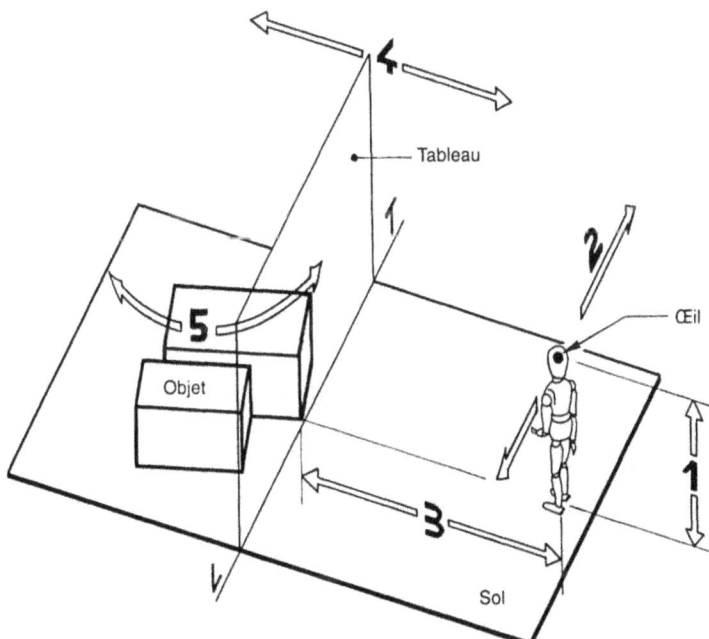

Fig. 5.1

Perspective ① : la hauteur de l'œil H_1 choisie est supérieure à la hauteur de l'objet. Cette disposition fait apparaître la face supérieure de l'objet. Cette vue est dite **plongeante sans déformation des verticales.**

Supposons H_1 égale à la hauteur de l'objet : la face supérieure de ce dernier est alors située exactement sur la ligne d'horizon. Cet effet perspectif n'est pas souhaitable – à moins d'être intentionnel – car il ne restitue pas pleinement les volumes et confère à l'objet un aspect tronqué.

Perspective ② : la hauteur de l'œil H_2 choisie est inférieure à la hauteur de l'objet. Cette disposition est souvent employée pour les objets et volumes dont la hauteur totale est supérieure à la hauteur moyenne de l'œil d'un observateur debout (1,60 m environ).

Perspective ③ : H_3 est située au-dessous du sol. Cette disposition est généralement réservée aux objets dont la face inférieure est soit intéressante à montrer, soit habituellement observée (plafonds, éléments suspendus...). Cette perspective est dite **plafonnante sans déformation des verticales**.

5.2.2 Commentaires

Le choix de la hauteur de l'œil, donc celui de la ligne d'horizon, dépend de ce que l'on souhaite mettre en valeur. **Il n'y a pas de hauteur de l'œil type**. Il y a des hauteurs adaptées aux objets à représenter.

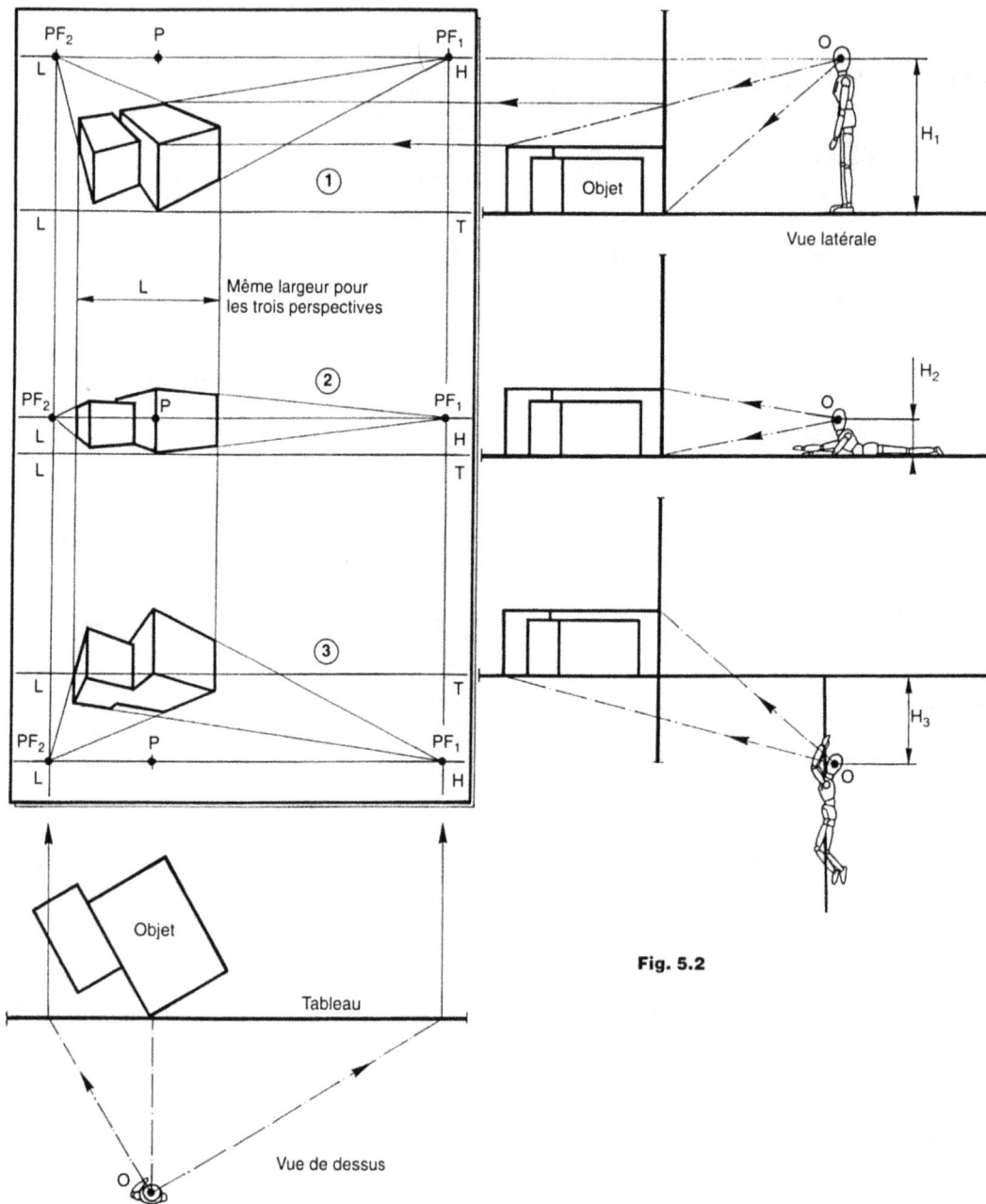

Fig. 5.2

5.3. La position latérale de l'œil

5.3.1 Influence du paramètre sur la perspective

Supposons la présence de plusieurs observateurs disposés côte à côte et parallèlement au tableau. Chaque observateur percevra l'objet sous un angle de vue différent. Ceux situés à droite verront davantage les faces de l'objet orientées vers la droite, tandis que ceux placés à gauche découvriront celles tournées vers la gauche.

La figure 5.3 présente trois perspectives obliques des deux parallélépipèdes obtenues avec **trois positions latérales différentes de l'œil**. Les quatre autres paramètres sont fixes.

Ce qui donne :

Hauteur de l'œil	Identique pour les trois perspectives
Position latérale de l'œil	Trois positions : O_1, O_2 et O_3
Distance œil-objet	Valeurs identiques pour les trois perspectives
Distance œil-tableau	
Orientation du tableau	

La lecture des trois figures conduit aux observations suivantes.

Perspective ① : sur cette perspective établie avec l'œil situé en **O_1**, les deux blocs apparaissent beaucoup plus allongés qu'ils ne le sont en réalité. Cette déformation est due à la position de l'œil trop excentrée à gauche de l'objet.

Perspective ② : l'œil est situé en **O_2**, face à l'objet. Cette disposition confère à la perspective un aspect réaliste. Les proportions sont conservées.

Perspective ③ : sur cette perspective établie avec l'œil situé en **O_3**, les volumes sont mal restitués et le décalage entre les deux blocs est peu visible. L'œil est situé trop à droite de l'objet.

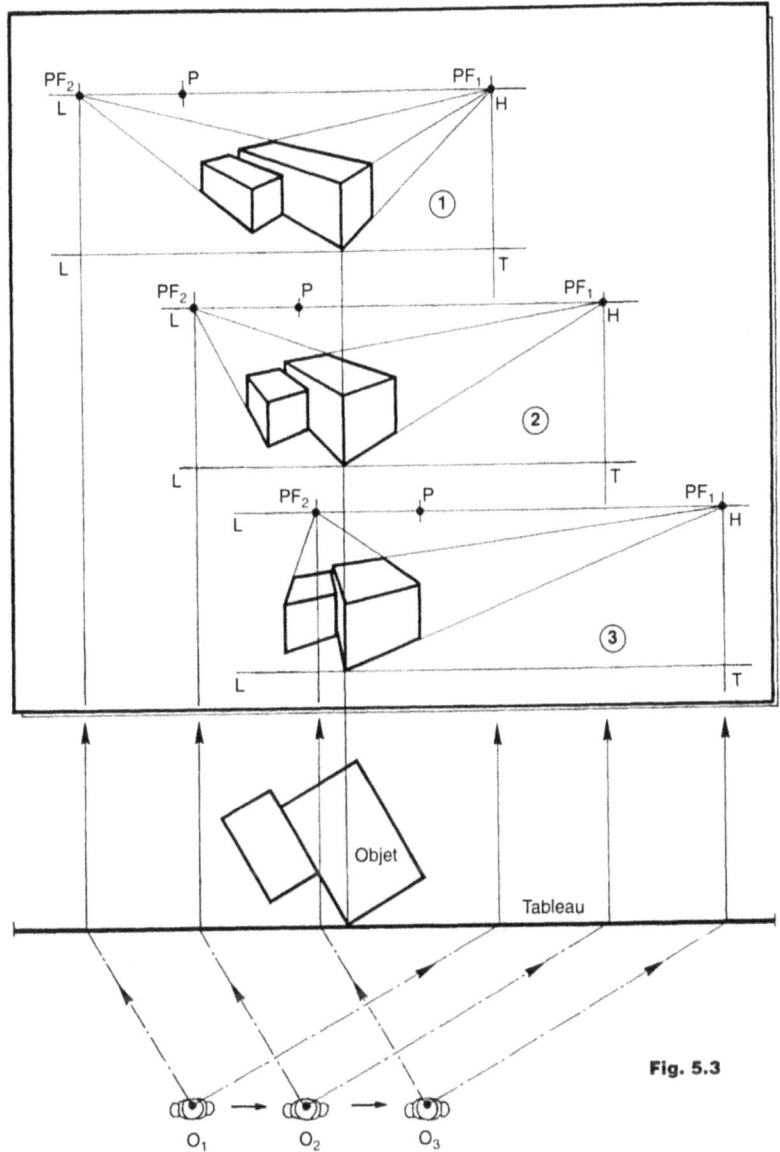

Fig. 5.3

5.3.2 Commentaires

Pour éviter des déformations latérales trop importantes, souvent incompatibles avec un rendu réaliste, il est conseillé de « faire passer » le rayon visuel principal par le centre géométrique de la vue de dessus de l'objet, ou de s'en approcher le plus possible (fig. 5.4 et 5.5).

5.4. La distance œil-objet

5.4.1 Influence du paramètre sur la perspective

La distance qui sépare l'observateur de l'objet est un paramètre important dans l'établissement d'une perspective.

La figure 5.6 présente trois perspectives obliques des deux parallélépipèdes, obtenues avec **trois distances œil-objet différentes**.

Ce qui donne :

Hauteur de l'œil	Valeurs identiques pour les trois perspectives
Position latérale de l'œil	

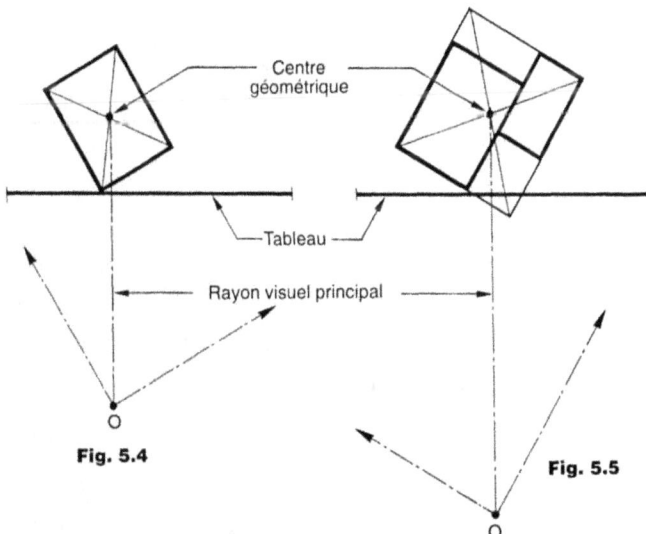

Fig. 5.4   Fig. 5.5

Distance œil-objet	Trois distances différentes : D_1, D_2 et D_3
Distance œil-tableau	D_1, D_2, D_3 avec tableau fixe
Orientation du tableau	La même pour les trois perspectives

La lecture des trois figures conduit aux observations suivantes.

Perspective ① : l'œil est situé en O_1, face à l'objet. La perspective obtenue est satisfaisante. Les volumes sont correctement restitués.

Perspective ② : l'œil se déplace de O_1 en O_2. En s'approchant de l'objet, il réduit la distance séparant les points de fuite PF_1 et PF_2. Les déformations commencent à apparaitre.

Perspective ③ : l'œil est placé en O_3, très près de l'objet. Les déformations apparaissent clairement. Cet effet perspectif n'est pas souhaitable, sauf si l'on désire une perspective « anguleuse », à l'aspect quelque peu irréaliste.

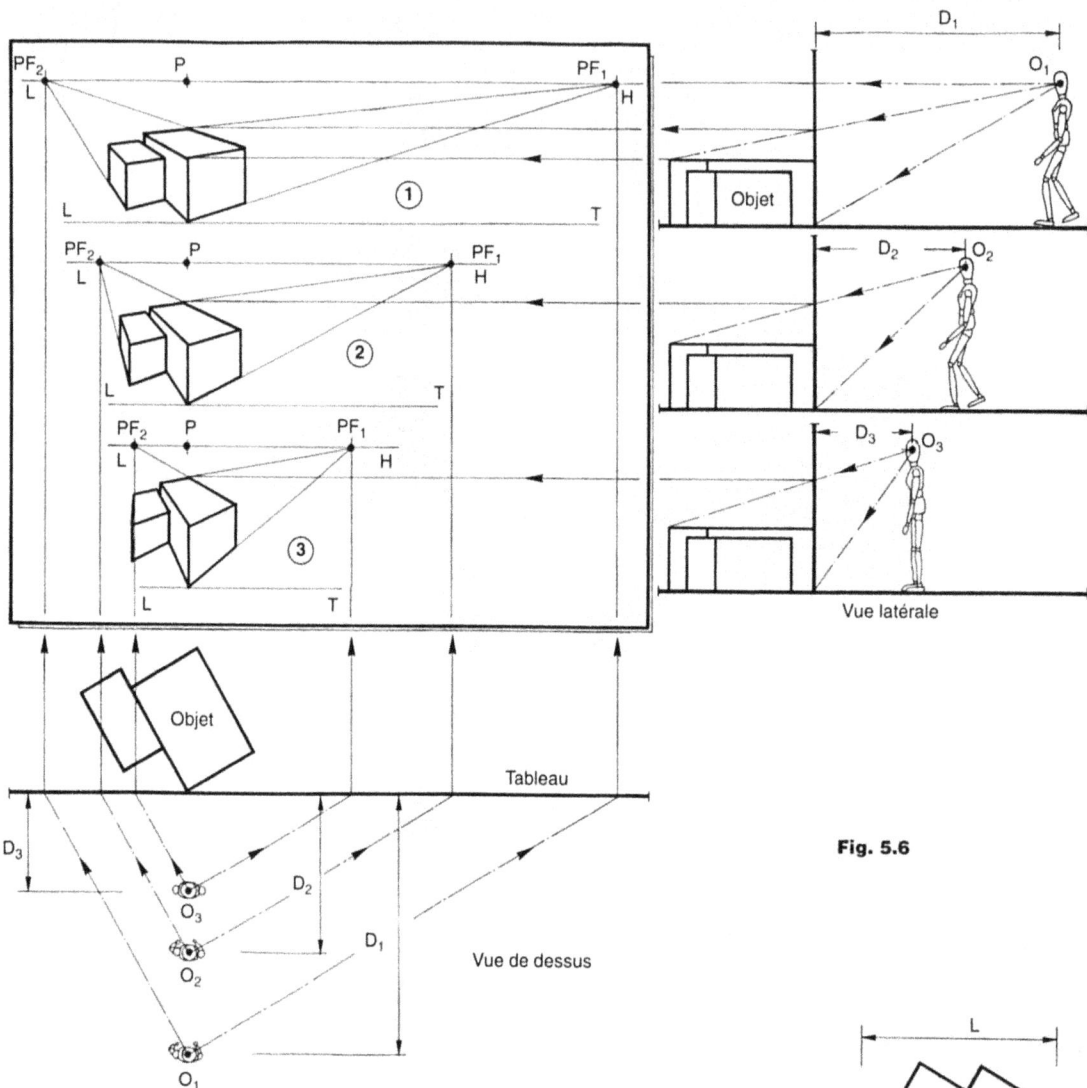

Vue latérale

Fig. 5.6

Vue de dessus

5.4.2 Commentaires

Pour éviter des effets perspectifs trop accentués ou au contraire insuffisamment prononcés, on retient habituellement la règle suivante (fig. 5.7) :

la distance œil-objet est égale à deux à trois fois la longueur maximale L de l'objet. Cela correspond à un angle visuel α de 20° à 30° environ. Ces valeurs indicatives permettent d'obtenir une perspective équilibrée. Cette règle peut évidemment être transgressée si l'on recherche un effet perspectif particulier.

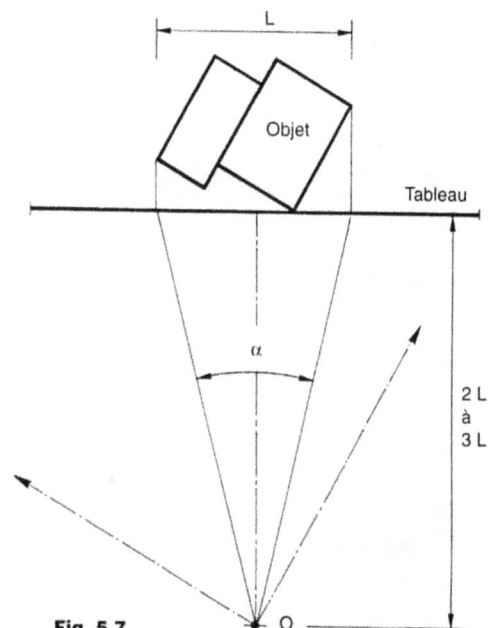

Fig. 5.7

5.5. La distance œil-tableau

5.5.1. Influence du paramètre sur la perspective

La distance œil-tableau détermine la grandeur de la perspective.

La figure 5.8 présente trois perspectives obliques des deux parallélépipèdes, obtenues avec **trois dis-** tances **œil-tableau différentes**. Les quatre autres paramètres sont fixes.

Ce qui donne :

Hauteur de l'œil	Valeurs identiques pour les trois perspectives
Position latérale de l'œil	
Distance œil-objet	Trois tableaux : T_1, T_2 et T_3
Distance œil tableau	Distances : L_1, L_2 et L_3
Orientation du tableau	La même pour les trois perspectives

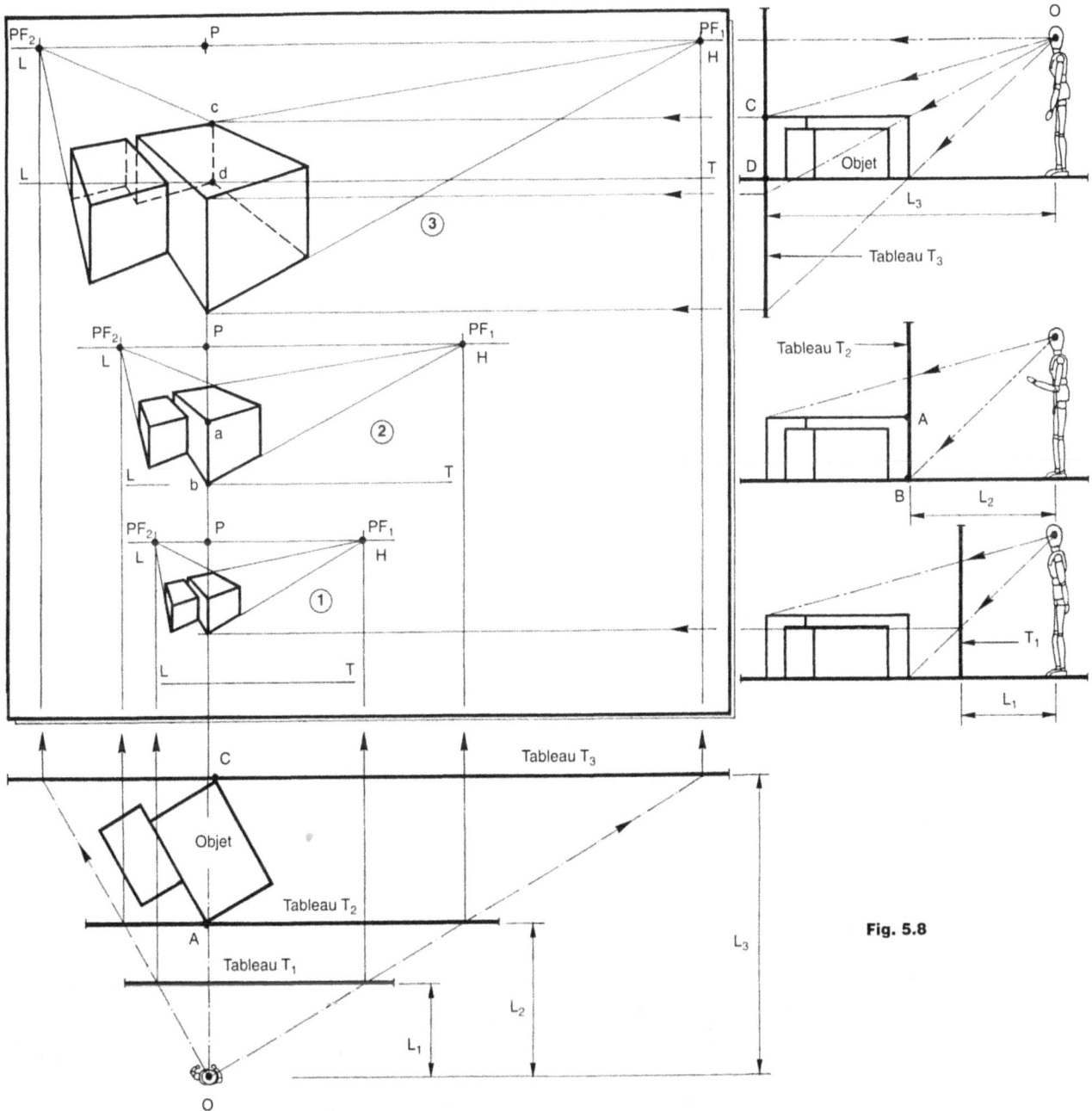

Fig. 5.8

La lecture des perspectives conduit aux observations suivantes.

Perspective ① : la perspective obtenue est de petite dimension car le tableau T_1 est près de l'œil (distance L_1).

Perspective ② : l'arête verticale **AB** de l'objet est située dans le tableau T_2. La perspective obtenue est plus grande que la perspective précédente.

Perspective ③ : le tableau passe derrière l'objet. L'arête verticale **CD** est située dans T_3. La perspective s'est encore agrandie.

5.5.2 Commentaires

Quand le tableau se déplace parallèlement à lui-même, les perspectives ne changent pas d'aspect : elles sont semblables. Seule l'échelle de l'image varie. Dans la pratique, il n'est pas toujours très inté-ressant de construire une grande perspective car les points de fuite risquent de sortir de la feuille et de devenir inaccessibles.

L'exécution de la perspective est rendue plus facile si l'on fait « passer » le tableau par une arête verticale de l'objet : on choisit souvent l'arête la plus proche de l'œil (dans notre exemple l'arête **AB**). Il est toujours possible, par la suite, d'agrandir l'image au moyen d'un photocopieur équipé d'une fonction d'agrandissement.

5.6. L'orientation du tableau

5.6.1 Influence du paramètre sur la perspective

Le tableau, qui est un plan vertical, peut être orienté dif-féremment par rapport à l'objet. À chaque orientation du tableau correspond une perspective particulière.

La figure 5.9 présente trois perspectives obliques d'un seul parallélépipède avec **trois orientations différentes du tableau**. À l'exception de la position de l'œil qui accompagne le déplacement du tableau, les trois autres paramètres sont fixes.

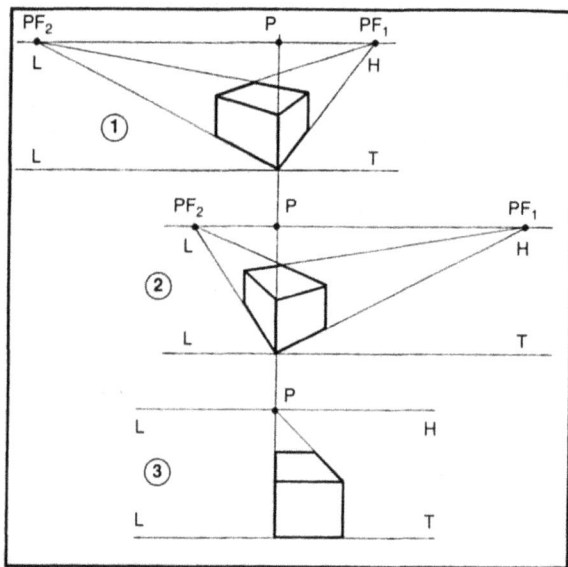

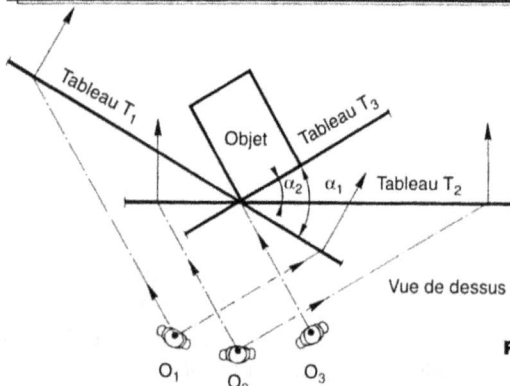

Fig. 5.9

Ce qui donne :

Hauteur de l'œil	Identique pour les trois perspectives
Position latérale de l'œil	Différente suivant l'orientation du tableau

Distance œil-objet	Valeurs identiques pour les trois perspectives
Distance œil-tableau	
Orientation du tableau	Trois orientations : T_1, T_2 et T_3

La lecture des trois figures conduit aux observations suivantes.

Perspective ① : le tableau est en position T_1 ($\alpha_1 = 60°$) et l'œil est situé en O_1. La perspective obtenue est satisfaisante. Les volumes sont correcte-ment restitués.

Perspective ② : le tableau est en position T_2 ($\alpha_2 = 30°$) et l'œil est situé en O_2. La perspective obtenue donne un bloc moins allongé que précédem-ment. Le rapport des côtés se trouve modifié.

Perspective ③ : le tableau est en position T_3 ($\alpha_3 = 0°$) et l'œil est situé en O_3. La perspective obtenue est une perspective conique frontale à un point de fuite. L'objet semble tronqué car l'œil est placé dans le pro-longement de sa face latérale gauche.

5.6.2 Commentaires

On remarque que la forme du parallélépipède se modifie lorsque l'orientation du tableau par rapport à l'objet change. Quand les grands côtés de l'objet sont inclinés de 60° par rapport au tableau et les petits côtés de 30°, les arêtes horizontales semblent être de même longueur (fig. 5.10). En revanche, les propor-tions sont mieux respectées quand les grands côtés sont inclinés de 30° par rapport au tableau et les petits côtés de 60° (fig. 5.11).

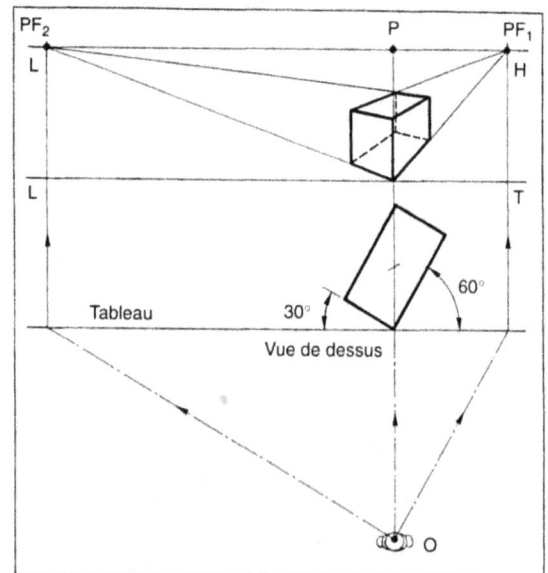

Fig. 5.10

Ces remarques ne signifient pas que la seconde figure soit la seule acceptable. La première, même si elle montre un volume aux proportions modifiées, est intéressante car l'effet perspectif est accentué par le côté droit très fuyant. La figure 5.12 illustre une situa-tion intermédiaire.

Si l'objet est constitué de plusieurs parallélépipèdes différemment orientés, il est impossible de restituer correctement tous les volumes. Ainsi, sur la figure 5.13, quand les proportions de l'objet **A** sont correctement traduites, celles de l'objet **B** ne le sont pas. Mais le rendu est bien meilleur si l'objet **B** est placé à droite de **A** (fig. 5.14).

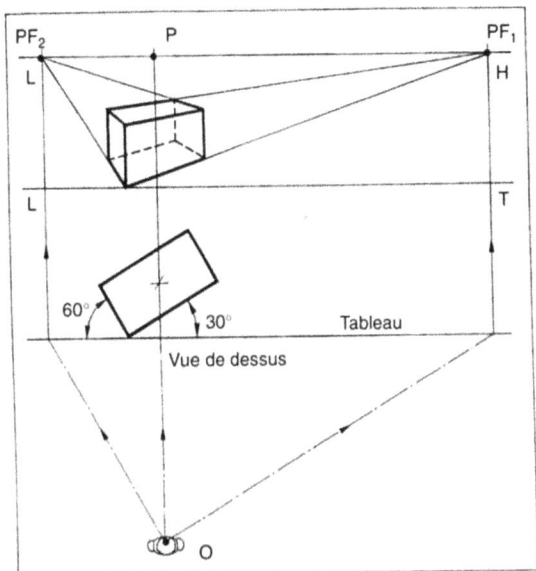

Fig. 5.11

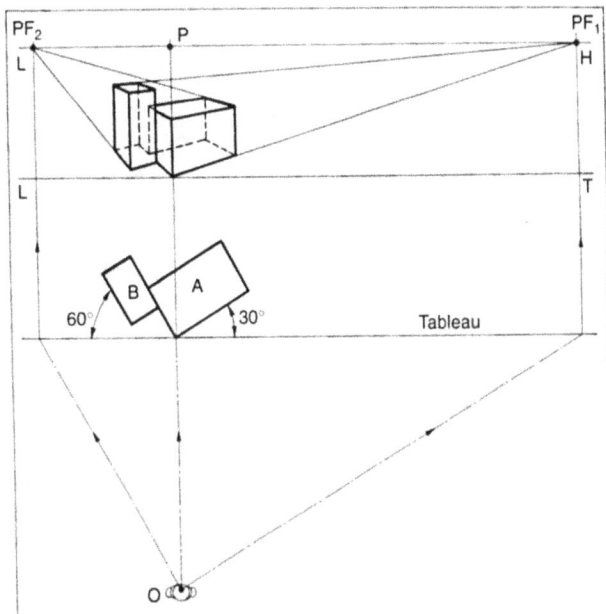

Fig. 5.13

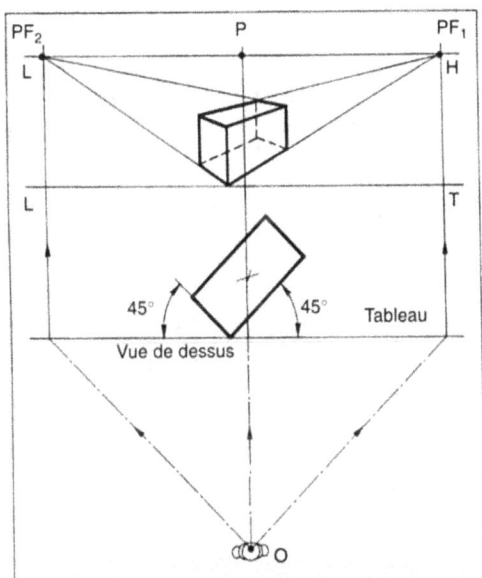

Fig. 5.12

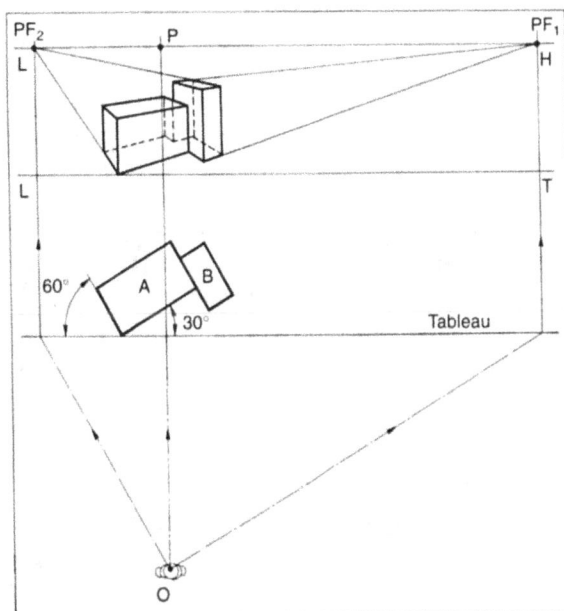

Fig. 5.14

5.7. Variations et choix des paramètres

5.7.1 Présentations des situations

Comme on vient de le voir, la variation d'un seul paramètre peut entraîner des modifications importantes sur le rendu final de la perspective. Mais que dire des variations simultanées de plusieurs paramètres ? Pour répondre à cette question, deux situations différentes relatives à un même objet, une table basse, sont étudiées ci-après.

Dans la **première situation**, on suppose deux paramètres variables : **la position latérale de l'œil** et la **distance œil-objet**, les trois autres étant soit liés aux deux premiers, soit invariables.

Dans la **seconde situation**, on suppose deux autres paramètres variables : **la hauteur de l'œil** et **l'orientation du tableau**, les trois autres étant liés aux deux premiers.

5.7.2 Situation n° 1

Les seize perspectives obliques de la figure 5.15 sont établies à partir des paramètres suivants :

PARAMÈTRES VARIABLES	
Position latérale de l'œil	Quatre emplacements différents notés **A**, **B**, **C** et **D**. Le rayon visuel principal se déplace de la gauche vers la droite
Distance œil-objet	Quatre distances croissantes numérotées de 1 à 4 exprimées en fonction de la longueur maximale L de la table

PARAMÈTRES LIÉS	
Distance œil-objet	Quatre distances croissantes identiques aux distances œil-objet

PARAMÈTRES INVARIABLES	
Hauteur de l'œil	Égale à deux fois la hauteur **H** de la table
Orientation du tableau	Voir la figure 5.16 ci-dessous

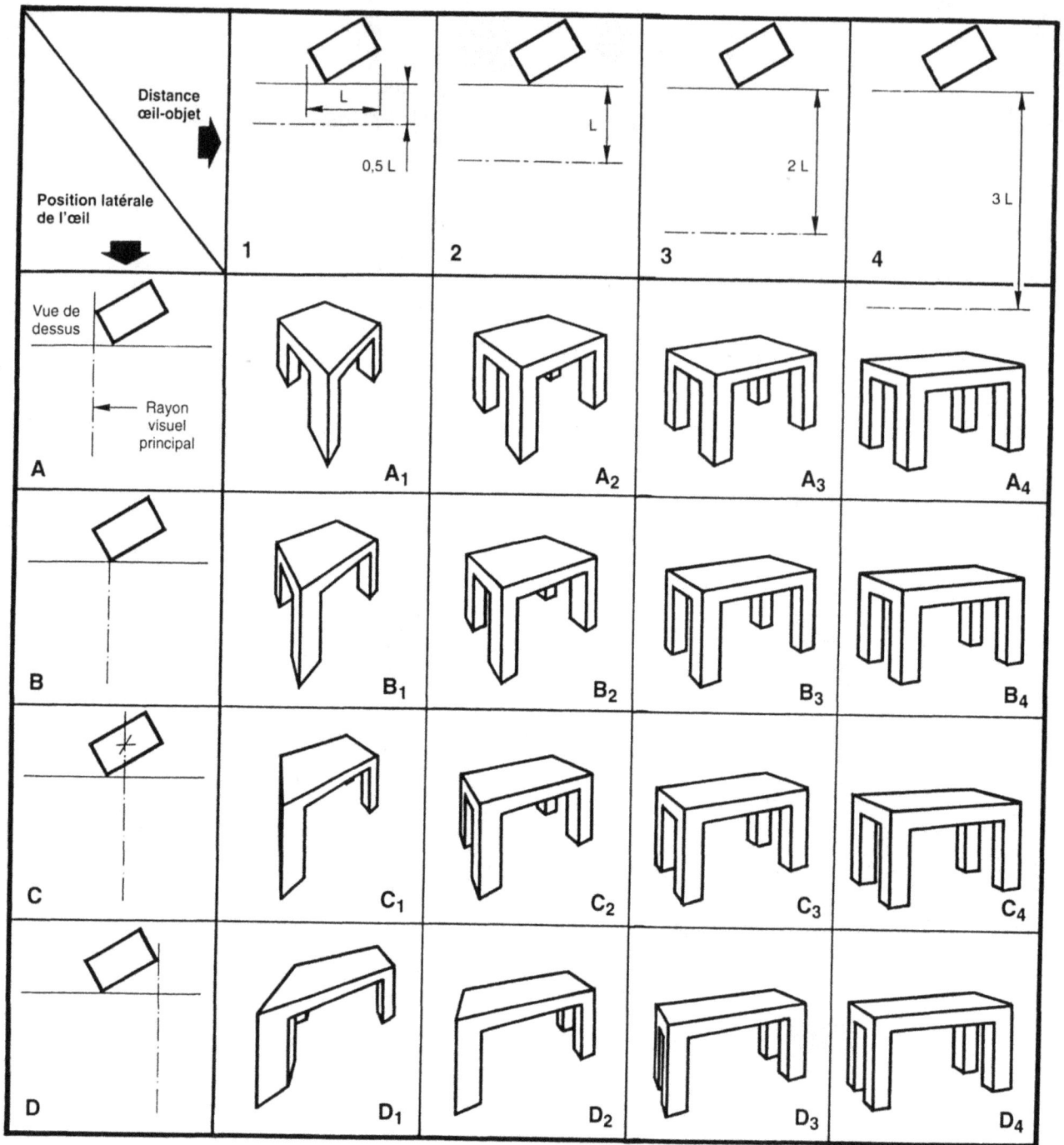

Fig. 5.15

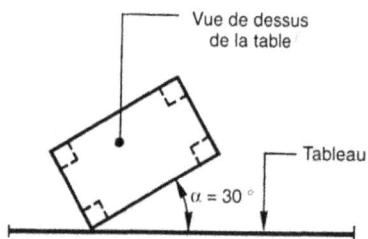

Fig. 5.16

La lecture de la figure 5.15 appelle les remarques suivantes :

▶ les quatre perspectives de la colonne 1 ne sont pas satisfaisantes : l'œil trop proche de l'objet, déforme exagérément les angles droits ;

▶ dans la colonne 2, les trois premières perspectives sont acceptables, bien que la faible distance œil-objet altère sensiblement les proportions de la table. La figure **D₂** ne peut être retenue ;

▶ les trois premières perspectives de la colonne 3 sont satisfaisantes car les proportions sont respectées. En **D₃**, la position légèrement excentrée de l'œil donne à la table une forme très allongée ;

▶ en colonne 4, les perspectives obtenues sont satisfaisantes.

5.7.3 Situation n° 2

Les seize perspectives obliques de la figure 5.17 sont établies à partir des paramètres suivants :

PARAMÈTRES VARIABLES	
Hauteur de l'œil	Quatre hauteurs croissantes numérotées, de **1** à **4** exprimées en fonction de la hauteur **H** de la table
Orientation du tableau	Quatre orientations différentes définies par un angle α et notées **A**, **B**, **C** et **D**

PARAMÈTRES LIÉS	
Distance œil-objet	Égale à deux fois la longueur maximale **L** de l'objet. **L** augmente quand α diminue
Distance œil-tableau	Quatre distances différentes identiques aux distances œil-objet
Position latérale de l'œil	Le rayon visuel principal passe toujours par le centre géométrique de la table quelle que soit l'orientation de celle-ci

La lecture de la figure 5.17 appelle les remarques suivantes :

▶ les perspectives de la ligne **A** restituent mal la forme rectangulaire de la table. Cette absence de profondeur due à un angle d'orientation du tableau trop ouvert ($\alpha = 75°$) est partiellement compensée en A_4 par une hauteur de l'œil importante ;

▶ à la ligne **B**, l'orientation à 60° du tableau renforce l'aspect fuyant des perspectives. L'impression de relief est bonne bien que les proportions de la table ne soient pas parfaitement respectées ;

▶ les perspectives de la ligne **C** sont satisfaisantes. L'orientation à 30° du tableau respecte les proportions de la table ;

▶ à la ligne **D**, les quatre perspectives ne sont pas très satisfaisantes car la table apparaît beaucoup plus allongée qu'elle ne l'est réellement. Cette déformation est due à l'angle d'orientation trop faible.

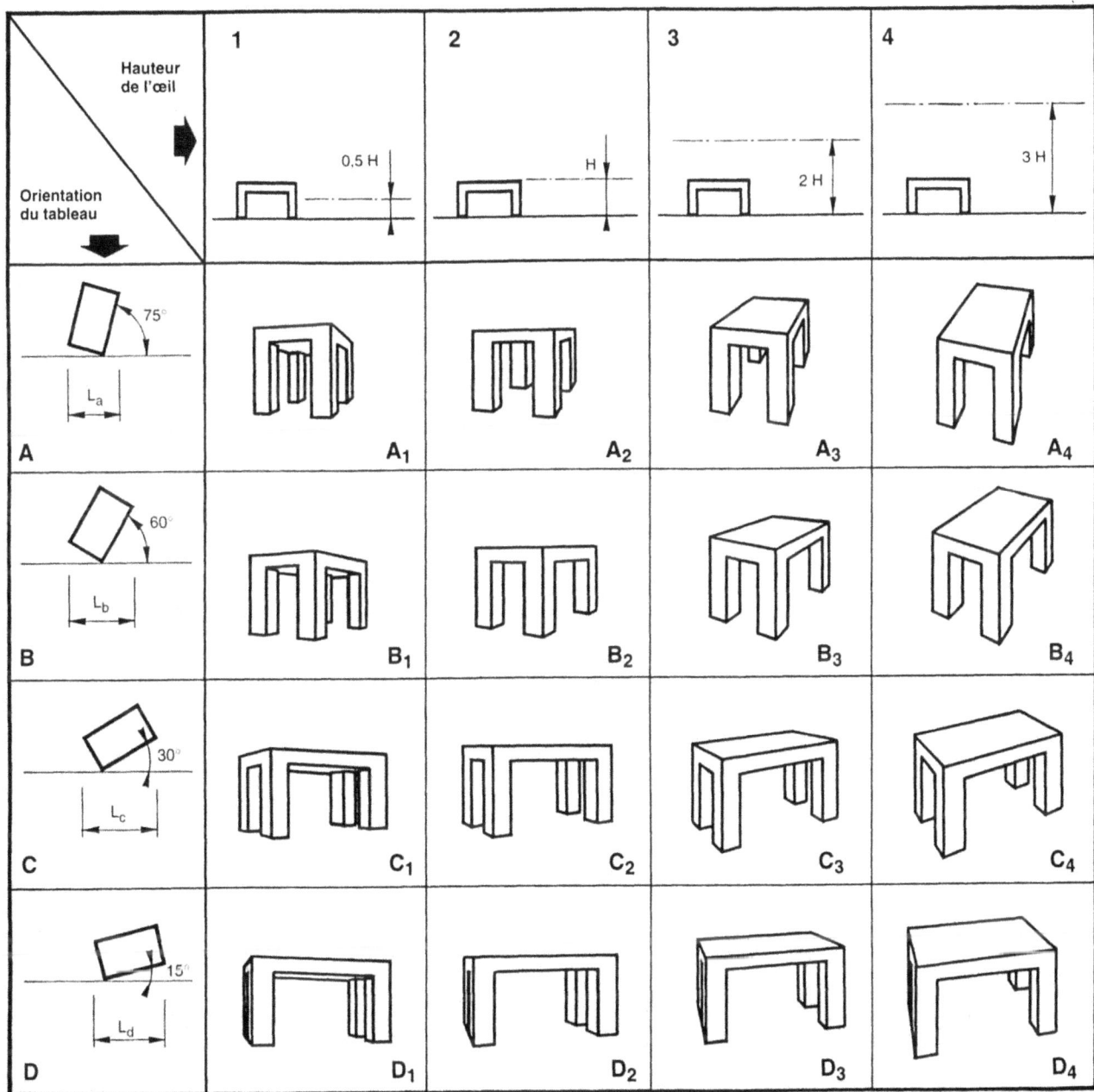

Fig. 5.17

5.7.4 Tableau synthétique

Le tableau suivant récapitule les observations relatives aux différents paramètres. Il présente pour chacun d'entre eux les valeurs ou positions moyennes, c'est-à-dire correspondant à une perspective « normale », sans effets perspectifs excessifs et les conséquences qui en résultent pour la perspective en cas de dépassement de ces valeurs.

Paramètres perspectifs	Au-dessous de la valeur moyenne	Valeur Position moyenne	Au-dessus de la valeur moyenne
Hauteur de l'œil	Diminuer la hauteur pour avoir des vues plus plafonnantes et accorder plus d'importance aux faces verticales	La valeur moyenne est fonction de ce que l'on souhaite privilégier	Augmenter la hauteur pour obtenir des vues plus plongeantes et donner plus d'importance aux faces supérieures
Position latérale de l'œil	Œil à gauche de **C** pour donner plus d'importance à la face latérale gauche ; mais attention aux déformations qui peuvent devenir excessives	Le rayon visuel principal passe par le centre géométrique **C**	Œil à droite de **C** pour donner plus d'importance à la face latérale droite ; mais attention aux déformations qui peuvent devenir excessives
Distance œil-objet	< **2 L** afin de donner plus d'importance aux faces supérieures de l'objet ; mais attention aux déformations exc	2 à 3 L	> **3 L** afin d'accorder plus d'importance aux faces verticales mais attention aux perspectives qui peuvent paraître plates, sans relief
Distance œil-tableau	Diminuer la distance pour réduire la perspective	Choisir la distance en fonction de la grandeur souhaitée de la perspective	Augmenter la distance pour agrandir la perspective
Orientation du tableau	Diminuer α pour donner plus d'importance à la face latérale droite	$30° < \alpha < 60°$ **Fig. 5.18**	Augmenter α pour donner plus d'importance à la face latérale gauche

Abréviations employées dans le tableau ci-dessus :

L : Longueur maximale de l'objet mesurée parallèlement au tableau.

C : Centre géométrique de la vue de dessus de l'objet.

5.7.5 Conclusion

Lire ce chapitre attentivement et observer les différentes figures sont nécessaires pour appréhender le rôle joué par chaque paramètre. Mais ce n'est pas suffisant. L'étape graphique est absolument indispensable à la consolidation de ces savoirs. Une fois les méthodes de tracé acquises – c'est le thème des prochains chapitres – il faut prendre une feuille, une règle et dessiner !

Pour commencer, Il est conseillé de représenter un objet familier, aux formes simples, suivant plusieurs perspectives, en changeant les paramètres. Il convient ensuite d'observer les variations d'aspect obtenues. Répéter l'opération avec un autre objet de forme différente. C'est la meilleure méthode pour s'approprier ces connaissances de base, pour s'imprégner de la fonction exacte de chaque paramètre. Le lecteur se donnera ainsi les moyens de représenter tout objet en perspective avec un minimum de tâtonnements et d'essais infructueux.

Chapitre 6

La méthode
des points de fuite

Cette méthode de tracé qui est à l'origine de la perspective conique est précise et rapide. Mais elle ne peut pas toujours être employée, notamment lorsque les points de fuite des diagonales et/ou secondaires sont inaccessibles parce que situés hors des limites de la feuille. Il faut alors recourir à d'autres méthodes de tracés détaillées plus loin.

Avant d'aborder les tracés proprement dits, il convient de définir les différents points de fuite couramment utilisés.

6.1. Les différents points
de fuite

Un point de fuite peut être défini comme étant, sur la perspective, le point de rencontre des images de droites parallèles à une direction donnée.

On distingue **trois types de points de fuite** (voir le chapitre 3) :
▶ le point de fuite principal **P** ;
▶ les points de distance **PFD$_1$** et **PFD$_2$** ;
▶ les points de fuite secondaires des droites horizontales **PF$_1$**, **PF$_2$**.

6.1.1 Le point de fuite principal

C'est le point de convergence, sur le tableau, des images de toutes les droites perpendiculaires au tableau, donc nécessairement horizontales. Chaque perspective possède un seul point de fuite principal, noté **P**. Ce point est utilisé autant pour le tracé des perspectives frontales que pour celui des perspectives obliques.

Position de P dans l'espace

Soit un segment **AB** perpendiculaire au tableau, situé sur le sol avec **A** sur la ligne de terre **LT** (fig. 6.1).

Pour placer le point de fuite principal **P** de **ab** et de toutes les droites parallèles à **AB**, il convient :

▶ de mener par l'œil **O** le rayon visuel principal perpendiculaire au tableau et parallèle à **AB** ;
▶ le point d'intersection de ce rayon avec la ligne d'horizon **LH** est **P**, le point de fuite recherché.

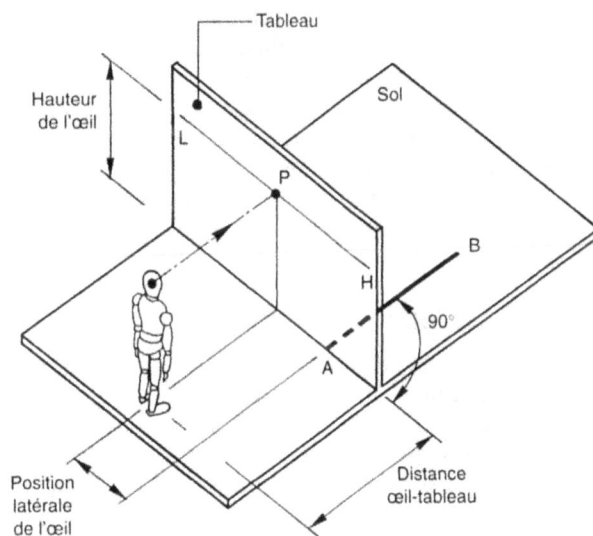

Fig. 6.1

Représentation de P sur la perspective

La figure 6.1 décrit une situation donnée dans l'espace mais n'informe pas sur les dimensions réelles des tracés représentés. Pour effectuer la perspective, il faut remplacer cette situation spatiale à trois dimensions par une représentation plane à deux dimensions.

Cette représentation comporte deux zones indispensables aux tracés :
▶ la zone affectée à la vue de face du tableau sur laquelle on trace la perspective ;
▶ la zone relative à la vue de dessus de l'objet avec la position exacte de l'œil. Cette vue qui donne les dimensions réelles de l'objet permet d'établir la perspective.

La figure 6.2 présente ces deux zones, dessinées en correspondance, l'une au-dessous de l'autre.

La figure 6.3 est la représentation plane de la situation spatiale précédente représentée sur la figure 6.1. Pour établir cette perspective il convient de procéder comme suit :

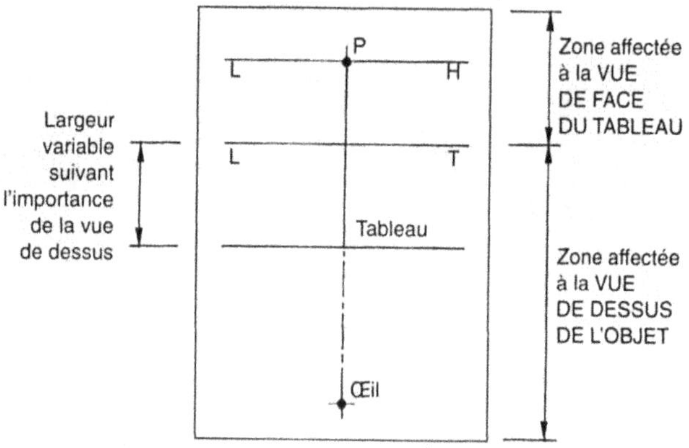

Fig. 6.2

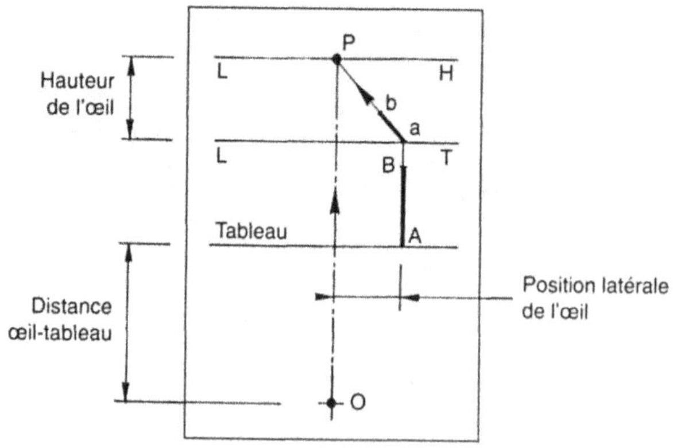

Fig. 6.3

▶ définir une échelle des longueurs ;

▶ tracer la ligne de terre **LT** et la ligne d'horizon **LH** à une distance correspondant à la hauteur de l'œil choisie ;

▶ tracer le tableau en vue de dessus et le segment **AB** ;

▶ tracer la verticale passant par **AB** et situer le point **a**, perspective (ou image) du point **A** sur la ligne de terre ;

▶ positionner latéralement l'œil par rapport au point **A** et choisir une distance œil-tableau ;

▶ tracer le rayon visuel représenté en trait mixte fin sur la vue de dessus, qui coupe **LH** en **P**, **point de fuite principal de ab** et de toutes les perspectives des droites parallèles à **AB** ;

▶ tracer la fuyante **aP** (pour déterminer la position du point **b**, voir les applications abordées plus loin).

6.1.2 Les points de distance

Ce sont les points de convergence, sur le tableau, des images des droites horizontales faisant un angle de 45° avec le tableau. Il existe, pour chaque perspective, deux points de distance appelés également **points de fuite des diagonales**, notés **PFD₁** et **PFD₂**. Par convention, **PFD₁** sera toujours situé à droite de **P** et **PFD₂** à gauche.

Position de PFD₁ et PFD₂ dans l'espace

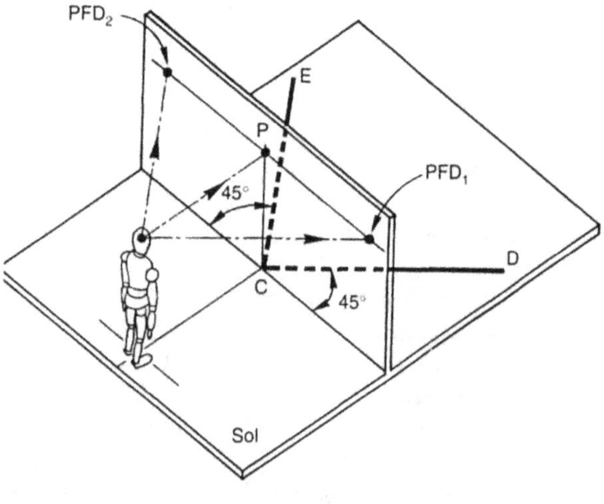

Fig. 6.4

Soit deux segments **CD** et **CE** faisant chacun un angle de 45° avec le tableau et situés sur le sol, avec **C** sur la ligne de terre **LT** (fig. 6.4). Pour placer le point de fuite **PFD₁** de cd, il suffit :

▶ de mener par **O** un rayon visuel horizontal parallèle à **CD**, donc incliné de 45° par rapport au tableau ;

▶ le point d'intersection de ce rayon avec la ligne d'horizon est **PFD₁**, le point de fuite recherché.

L'opération est similaire pour situer **PFD₂**, point de fuite de **ce**.

Représentation de PFD₁ et PFD₂ sur la perspective

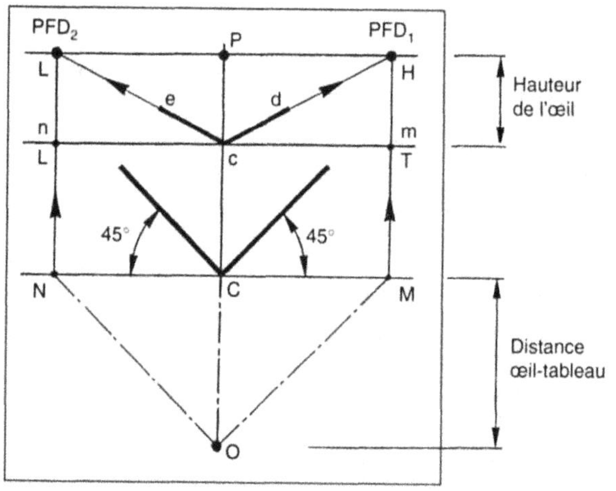

Fig. 6.5

▶ tracer la ligne de terre et la ligne d'horizon à une distance correspondant à la hauteur de l'œil choisie (fig. 6.5) ;

▶ tracer le tableau en vue de dessus et les segments **CD** et **CE**. Situer sur **LT** le point **c**, perspective de **C** ;

▶ positionner l'œil et choisir une distance œil-tableau ;

▶ tracer le rayon visuel principal qui coupe **LH** en **P**, point de fuite principal ;

▶ tracer le rayon visuel parallèle à **CD**, donc incliné à 45° par rapport au tableau. Il coupe en vue de dessus le tableau en **M**. Soit **m** perspective de **M** sur **LT** ;

▶ élever de ce point une verticale qui coupe **LH** en **PFD₁**, point de fuite de **cd** et de toutes les images des droites parallèles à **CD** ;

▶ tracer la fuyante passant par **c** (pour déterminer la position du point **d**, voir les applications abordées plus loin).

Procéder de même pour déterminer **PFD₂**, point de fuite de **ce** et de toutes les perspectives des droites parallèles à **CE**.

6.1.3 Les points de fuite secondaires des droites horizontales

Ce sont tous les points de convergence, sur le tableau, des images des droites horizontales. Comme il existe une infinité de directions de droites horizontales, il y a, en théorie, une infinité de points de fuite secondaires. Pratiquement, une perspective ordinaire admet de 2 à 4 points de fuites secondaires (notés PF_1, PF_2, PF_3...), voire davantage suivant la complexité des volumes à mettre en perspective.

Les points de fuite possédant un indice impair seront, par convention, toujours situés à droite de **P** (par exemple : PF_1, PF_3, PF_5) et les autres, affectés d'un indice pair, à gauche de **P**.

Position du point de fuite secondaire dans l'espace

Soit un segment **FG** situé sur le sol avec **F** sur **LT** et faisant un angle α avec la ligne de terre (fig. 6.6).

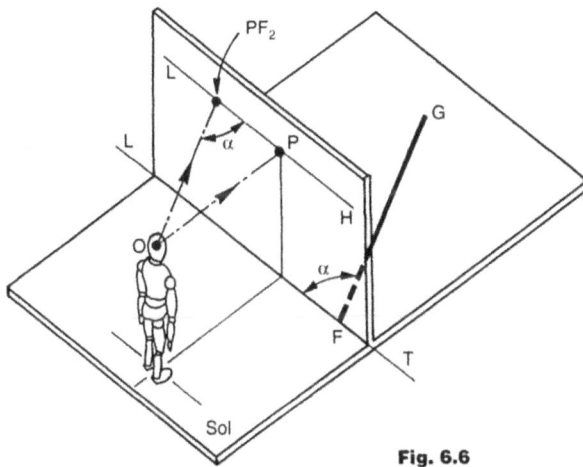

Fig. 6.8

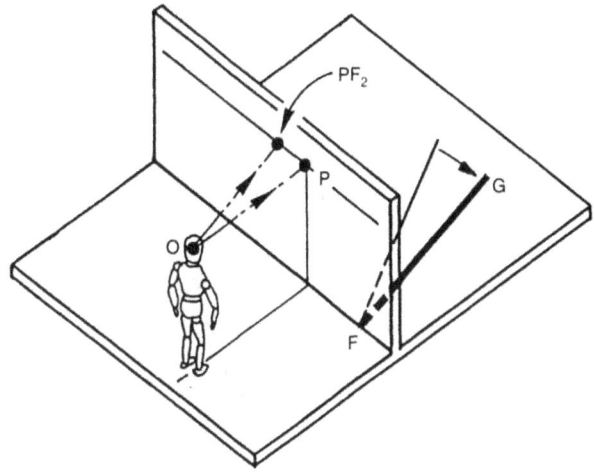

Fig. 6.6

Pour placer le point de fuite secondaire PF_2 de **fg** et de toutes les images des droites parallèles à **FG**, il suffit :

▶ de mener par **O** un rayon visuel horizontal parallèle à **FG** ;

▶ le point d'intersection de ce rayon avec **LH** est PF_2, point de fuite recherché.

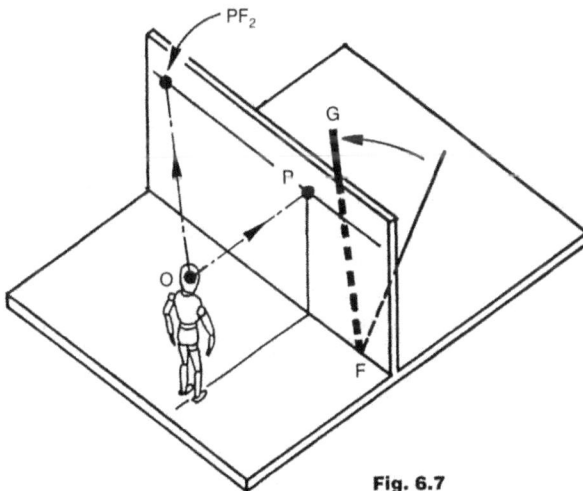

Fig. 6.7

Si α diminue, PF_2 s'éloigne de **P** (fig. 6.7) et inversement : si α augmente, PF_2 se rapproche de **P** (fig. 6.8). Pour $\alpha = 90°$, PF_2 est confondu avec **P**.

Représentation du point de fuite secondaire sur la perspective

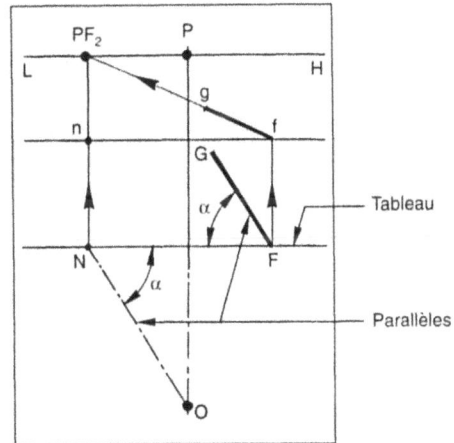

Fig. 6.9

▶ tracer la ligne de terre et la ligne d'horizon à une distance correspondant à la hauteur de l'œil choisie (fig. 6.9) ;

▶ tracer le tableau en vue de dessus et le segment **FG** ;

▶ situer sur **LT** le point **f**, image de **F** ;

▶ positionner latéralement l'œil par rapport au point **F** et choisir une distance œil-tableau ;

▶ tracer le rayon visuel parallèle à **FG** qui coupe le tableau en **N** ;

▶ élever de ce point une verticale qui coupe **LT** en **n** et **LH** en PF_2, point de fuite de **fg** et de toutes les images des droites parallèles à **FG**.

6.1.4 Remarque

On peut faire l'observation suivante, qui est toujours valable quel que soit le type de point de fuite : le point de fuite des images de toutes les droites de l'espace parallèles à une direction donnée est l'intersection avec le tableau du rayon visuel parallèle à cette direction.

6.2. Quelques applications simples

Les applications suivantes traitent des perspectives frontales et obliques de surfaces simples tracées à l'aide des points de fuite définis ci-dessus.

6.2.1 La perspective frontale d'un carré

Soit un carré **ABCD**, un tapis par exemple, dont les dimensions sont connues, à représenter en perspective frontale. Le carré repose sur le sol. Le côté **AB** est situé sur la ligne de terre (fig. 6.10).

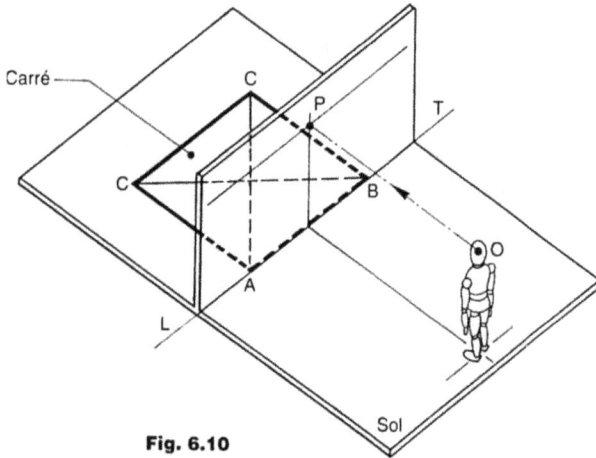

Fig. 6.10

Le traitement de cet exemple, comme toutes les applications suivantes, est décomposé étape par étape. Chaque étape est commentée et illustrée par une figure.

PARAMÈTRES RETENUS	
Dimensions du carré ABCD	5 cm de côté
Hauteur de l'œil	Égale à 5,5 cm
Position latérale de l'œil	O est situé sur la verticale passant par M
Distance œil-objet = Distance œil-tableau	Égales à deux fois le côté du carré, soit 10 cm
Orientation du tableau	AB est situé dans le tableau

Étape 1 (fig. 6.11)

▶ tracer **LT** et **LH,** puis tracer au-dessous de **LT** une horizontale figurant le tableau en vue de dessus et représenter le carré **ABCD** ;

▶ tracer la verticale passant par **M**, situer **O** et positionner sur **LH** le point de fuite principal **P** ;

▶ tracer à partir de **O** les deux rayons visuels parallèles aux diagonales du carré, et situer sur **LH** les points de distance **PFD₁** et **PFD₂**.

Étape 2 (fig. 6.12)

▶ tracer les verticales passant par les sommets **A** et **B** qui coupent **LT** en **a** et **b** ;

▶ tracer le segment **ab**, premier côté du carré en perspective ;

▶ tracer les fuyantes **Pa** et **Pb**.

Étape 3 (fig. 6.13)

▶ tracer la fuyante issue de **PFD₁**, passant par **a** et coupant la fuyante **Pb** en **c** ;

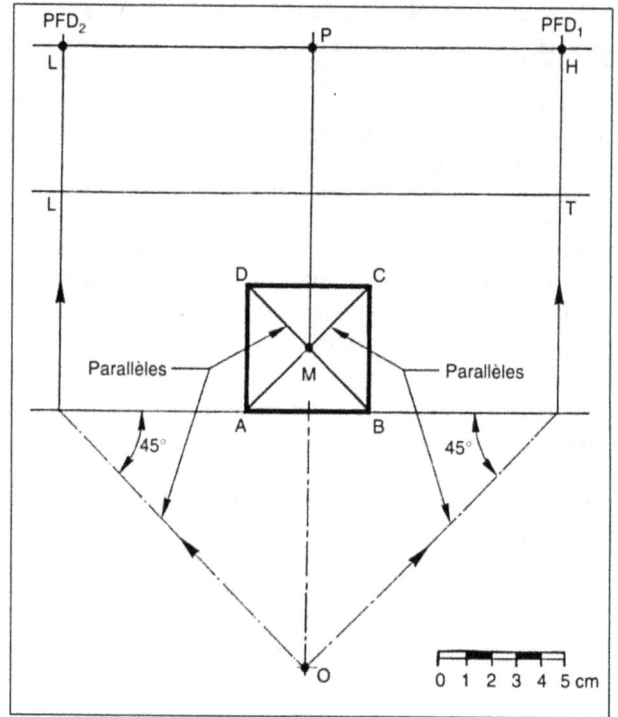

Fig. 6.11

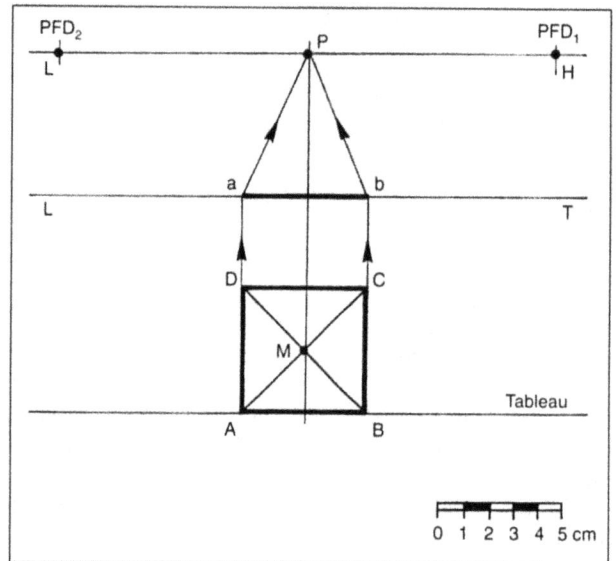

Fig. 6.12

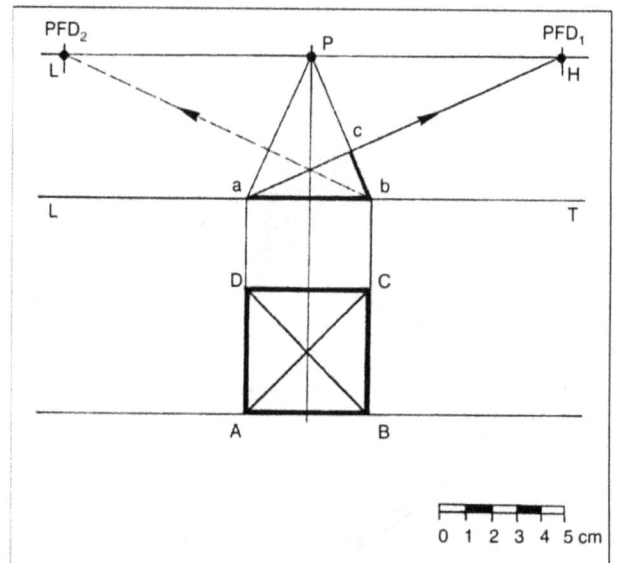

Fig. 6.13

▶ tracer le segment **bc**, côté droit du carré en perspective.

Étape 4 (fig. 6.14)

▶ tracer les deux autres côtés du carré en perspective : **cd** et **ad**.

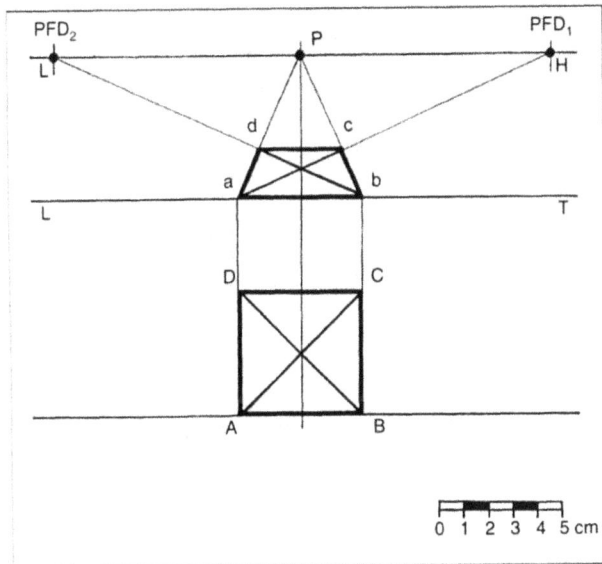

Fig. 6.14

Étape 5 (fig. 6.15)

▶ mettre au net la perspective, effacer les traits de construction ou reproduire la figure sur une feuille de calque.

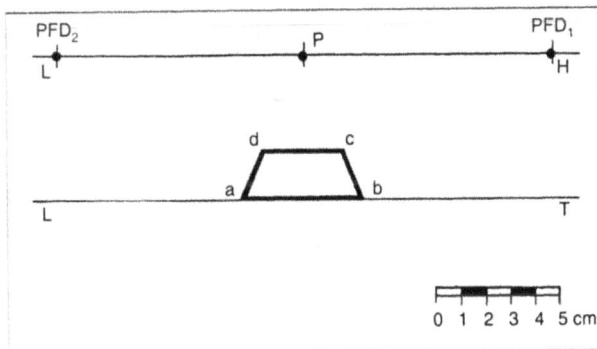

Fig. 6.15

6.2.2 La perspective frontale d'un rectangle

Soit un rectangle **ABCD** dont les dimensions sont connues, à représenter en perspective frontale. Le rectangle repose sur le sol. Le côté **AB** est situé sur la ligne de terre.

La perspective peut être obtenue soit à l'aide des points de fuite secondaires, soit à l'aide des points de distance.

PARAMÈTRES RETENUS	
Dimensions du rectangle	5 cm × 3 cm
Hauteur de l'œil	Égale à 5 cm
Position latérale de l'œil	O est situé sur la verticale passant par **M**
Distance œil-objet = Distance œil-tableau	Égales à 1,5 fois le grand côté du rectangle, soit 7,5 cm
Orientation du tableau	**AB** est situé dans le tableau

Étape 1 (fig. 6.16)

La figure montre la perspective frontale du rectangle obtenue à l'aide de deux points de fuite secondaires : dans notre exemple ce sont les points de fuite des deux diagonales du rectangle.

Mais si ces points de fuite secondaires sortent des limites de la feuille, il faut recourir à une autre méthode de tracé, par exemple, celle employant les points de distance, détaillée ci-après.

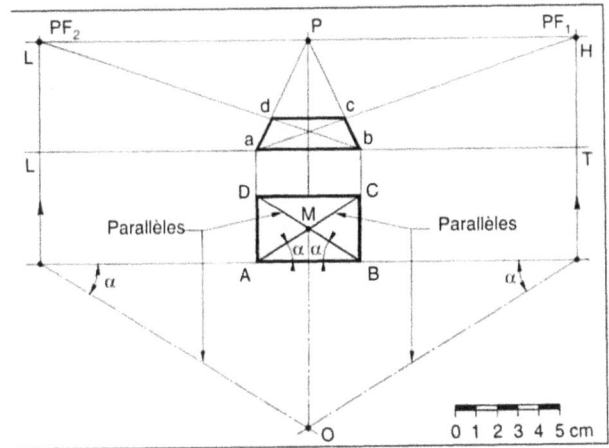

Fig. 6.16

Étape 2 (fig. 6.17)

▶ tracer les verticales passant par les sommets **A** et **B**, qui coupent **LT** en **a** et **b** ;
▶ tracer le segment **ab**, longueur du rectangle en perspective ;
▶ tracer les fuyantes **Pa** et **Pb** ;
▶ tracer les deux rayons visuels inclinés à 45° et déterminer sur **LH** les points de distance **PFD₁** et **PFD₂**.

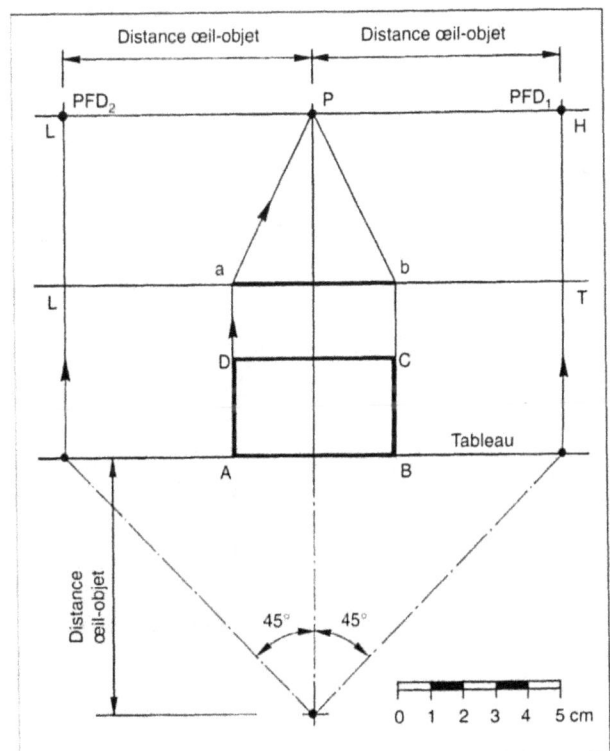

Fig. 6.17

Remarque : la représentation de l'œil et des deux rayons visuels inclinés à 45° n'est pas indispensable.

Les points de distance peuvent être obtenus directement en reportant la distance œil-objet de part et d'autre de **P**.

Étape 3 (fig. 6.18)

▶ mener par **C** une oblique à 45° qui coupe le tableau en **E** ;

▶ tracer le point **e** image de **E**. Le segment **CE** étant incliné à 45°, son point de fuite sur la perspective est **PFD₁** ;

▶ tracer la fuyante **PFD₁e**.

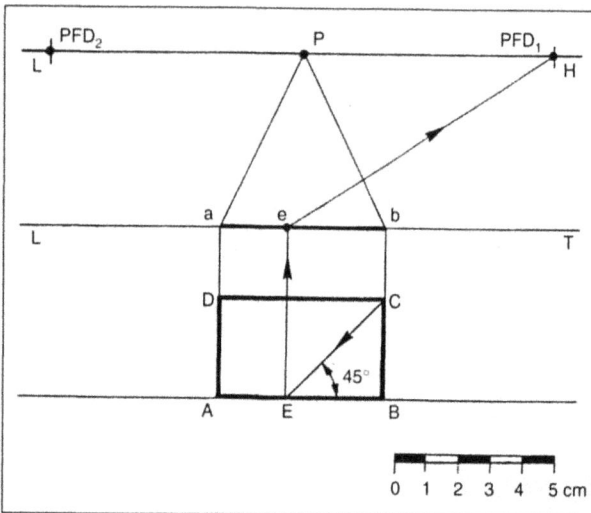

Fig. 6.18

Étape 4 (fig. 6.19)

▶ **c** est situé au point d'intersection des deux fuyantes **Pb** et **PFD₁e** ;

▶ tracer le segment **bc**, perspective du côté **BC** du rectangle ;

▶ tracer le segment horizontal **cd** et le segment oblique **ad** ;

▶ mettre au net la perspective.

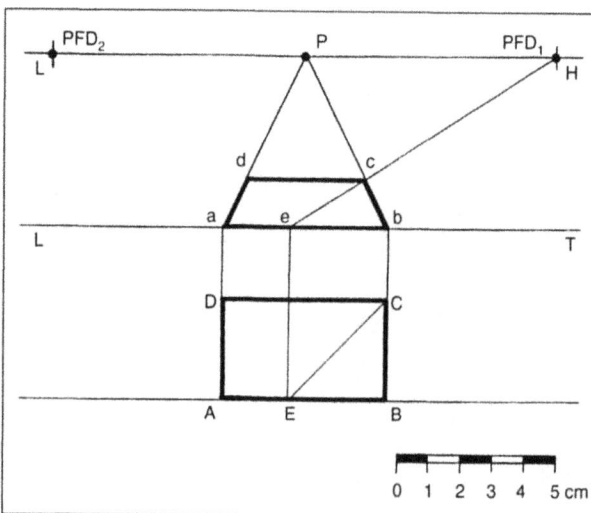

Fig. 6.19

Nota (fig. 6.20)

On obtient une perspective identique en traçant soit l'oblique **DF**, soit l'oblique **CG**.

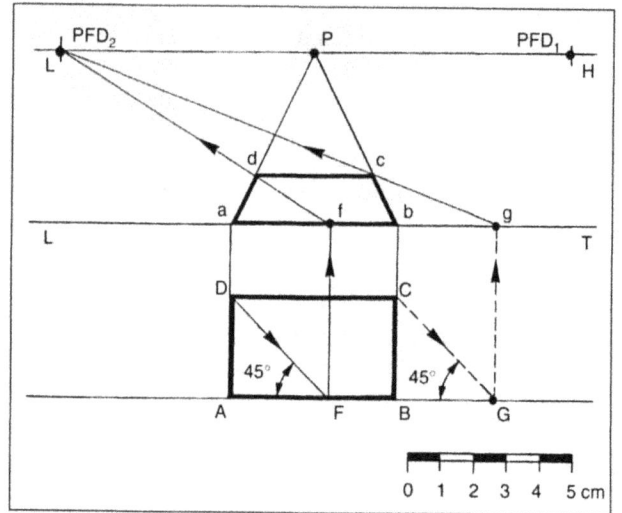

Fig. 6.20

6.2.3 La perspective oblique d'un rectangle

Soit un rectangle **ABCD** dont les dimensions sont connues, à représenter en perspective oblique. Le rectangle repose sur le sol. Le sommet **A** est situé sur la ligne de terre.

PARAMÈTRES RETENUS	
Dimensions du rectangle	5 cm × 3 cm
Hauteur de l'œil	Égale à 5 cm
Position latérale de l'œil	**O** est situé sur la verticale passant par **A**
Distance œil-objet = Distance œil-tableau	Égales à 1,5 fois le grand côté du rectangle soit 7,5 cm
Orientation du tableau	Le côté **AB** fait un angle de 30° avec le tableau

Étape 1 (fig. 6.21)

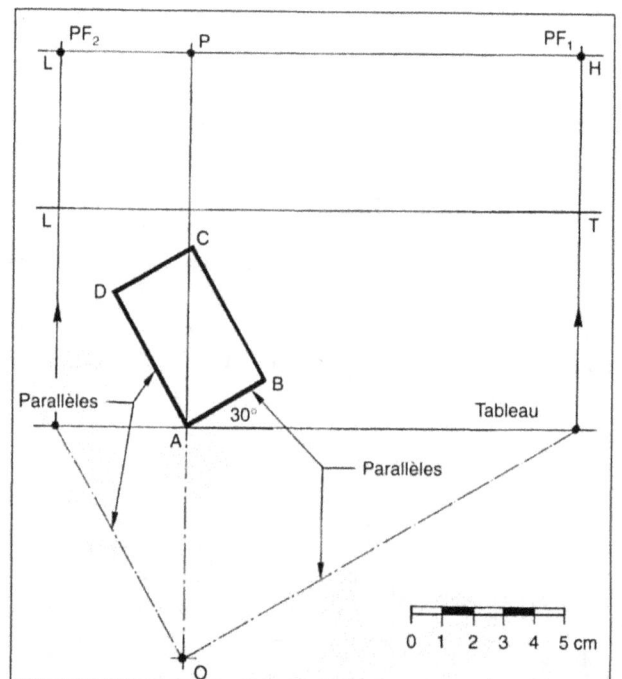

Fig. 6.21

- tracer **LT**, **LH** et le tableau ;
- représenter le rectangle **ABCD** suivant l'orientation retenue ;
- tracer la verticale passant par **A**, situer **O** et repérer **P** sur **LH** ;
- tracer à partir de **O** les deux rayons visuels parallèles aux côtés du rectangle et situer sur **LH** les points de fuite secondaires **PF₁** et **PF₂**.

Étape 2 (fig. 6.22)
- tracer les verticales issues des quatre sommets **A**, **B**, **C** et **D** ;
- à partir des points d'intersection obtenus sur **LT**, tracer les quatre fuyantes passant par **P**. Le point **a** sur **LT** est la perspective du sommet **A**.

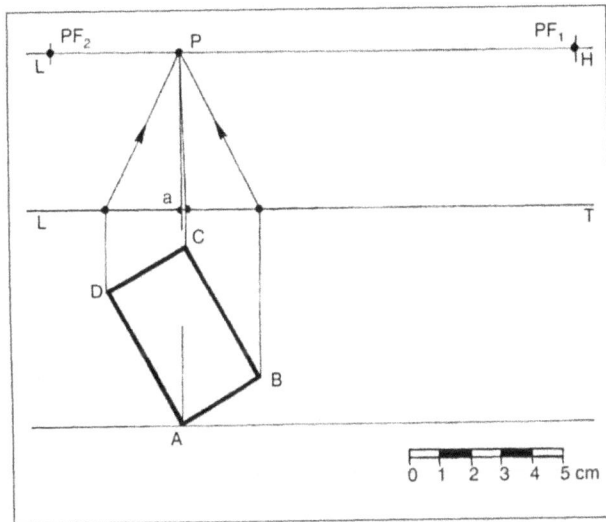

Fig. 6.22

Étape 3 (fig. 6.23)
- tracer la fuyante **PF₁a** qui coupe la fuyante **Pe** en **b**, image du sommet **B** ;
- définir la position du point **d** par un tracé analogue ;
- tracer les segments **ab** et **ad**.

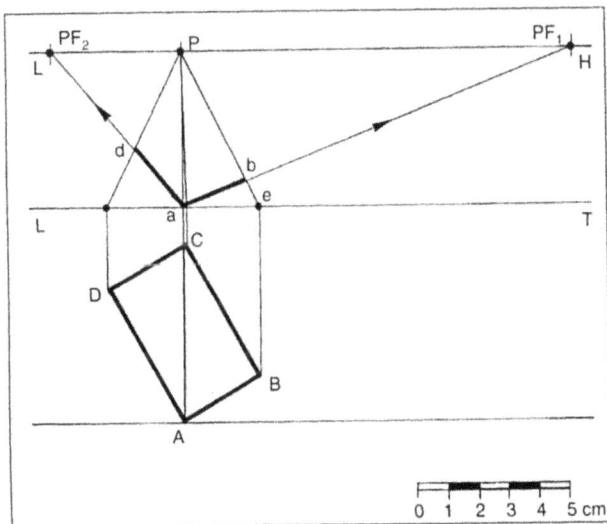

Fig. 6.23

Étape 4 (fig. 6.24)
- tracer les deux fuyantes **PF₁d** et **PF₂b** dont le point d'intersection est **c** ;
- mettre au net la perspective.

Remarque : la perspective oblique d'un carré s'obtient à partir de tracés semblables.

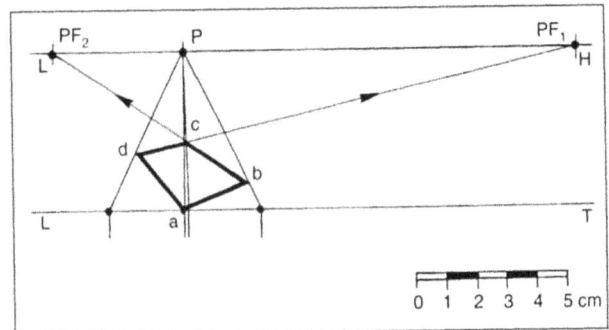

Fig. 6.24

Nota (fig. 6.25)

La perspective peut être tracée à l'aide de **P** et d'un seul point de distance **PFD₁** (ou **PFD₂**) mais le tracé obtenu est souvent moins précis.

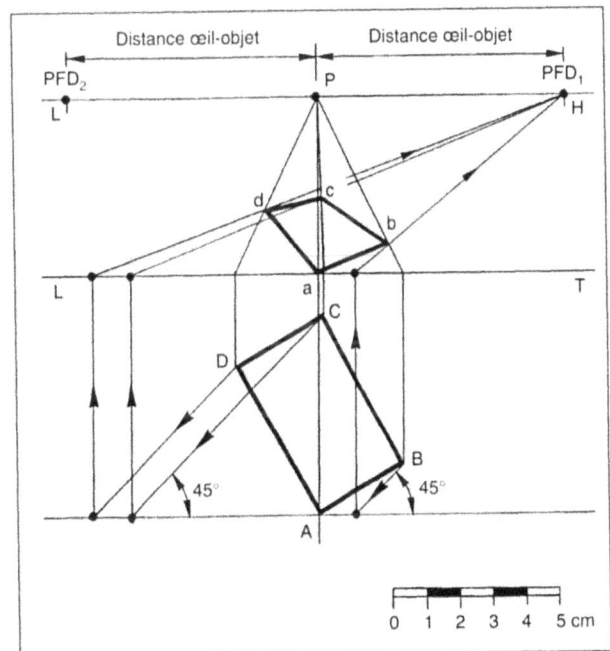

Fig. 6.25

6.2.4 La perspective oblique d'un polygone quelconque

Soit un polygone quelconque **ABCD** dont toutes les dimensions sont connues, à représenter en perspective oblique. Le polygone repose sur le sol. Le sommet **A** est situé sur la ligne de terre.

PARAMÈTRES RETENUS	
Dimensions du polygone	**AB** = 3 cm ; **BC** = 2 cm ; **DC** = 5,5 cm ; **AD** = 4 cm ;
Hauteur de l'œil	Égale à 6 cm
Position latérale de l'œil	**O** est situé sur la verticale passant par **A**
Distance œil-objet = Distance œil-tableau	Égales à 7,5 cm
Orientation du tableau	Le côté **AB** fait un angle de 30° avec le tableau

Étape 1 (fig. 6.26)

▶ tracer **LT**, **LH**, le tableau et représenter le polygone **ABCD** suivant l'orientation retenue ;

▶ tracer la verticale passant par **A**, situer **O** et repérer **P** sur **LH** ;

▶ tracer les verticales issues des sommets **B**, **C** et **D** et, à partir des points d'intersection obtenus sur **LT**, tracer les fuyantes passant par **P**. Repérer le point **a** ;

▶ tracer à partir de **O** le rayon visuel horizontal parallèle au côté **AD** du polygone, et situer sur **LH** le point de fuite secondaire **PF₂** ;

▶ tracer le segment **ad** fuyant en direction de **PF₂**.

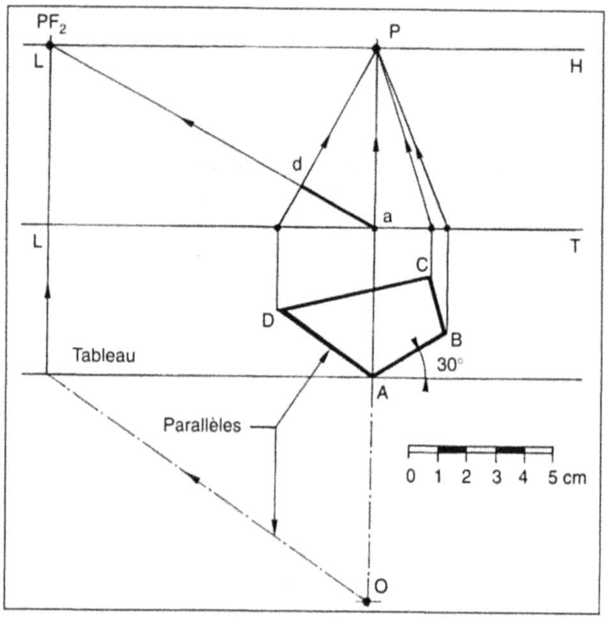

Fig. 6.26

Étape 2 (fig. 6.27)

▶ suivant le même principe, situer sur **LH** le point de fuite **PF₄** du segment **bc**. Mais ce dernier ne peut pas être tracé tout de suite car il faut déterminer, au préalable, la position du point **b** ;

▶ positionner **PFD₂** sur **LH** puis mener par **B** une oblique à 45° qui coupe le tableau en **E** ;

▶ situer **e** puis tracer la fuyante **PFD₂e** qui coupe la fuyante **Pf** en **b**, point recherché ;

▶ tracer les segments **ab** et **bc** puis joindre **c** à **d** pour compléter la perspective du polygone.

Remarque : dans la mesure du possible, effectuer la mise en perspective à partir des points de fuite secondaires (ici **PF₂** et **PF₄**) puis, si leur nombre ne permet pas un tracé complet, comme c'est le cas dans notre exemple où les points de fuite des segments **ab** et **dc** ne peuvent être utilisés parce qu'ils sortent des

limites de la feuille, il convient alors d'employer les points de distance.

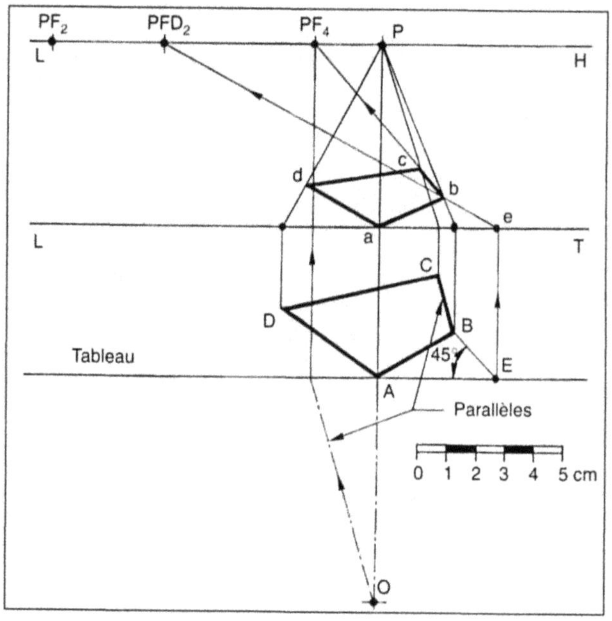

Fig. 6.27

Nota (fig. 6.28)

La perspective peut être tracée uniquement à l'aide de **P** et d'un seul point de distance. La méthode consiste à inscrire la surface quelconque dans un rectangle, puis à rechercher la perspective de tous les points de contact du polygone avec le rectangle.

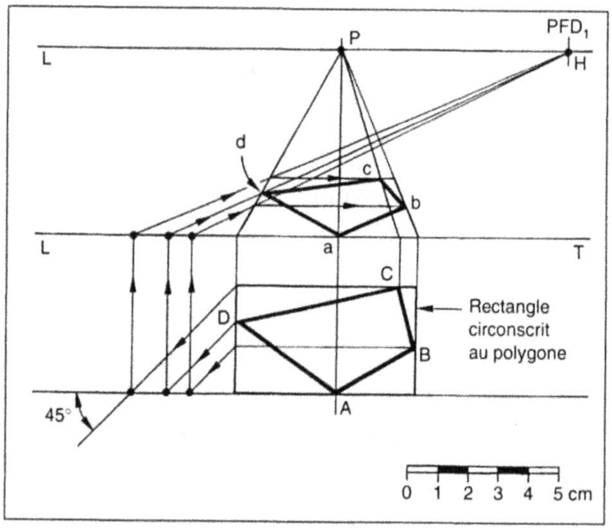

Fig. 6.28

Chapitre 7

La méthode des prolongements

La méthode des prolongements, qui consiste à prolonger jusqu'au tableau les côtés des surfaces à représenter en perspective, est surtout utilisée lorsque des points de fuite secondaires sont inaccessibles parce que situés hors des limites de la feuille.

Cette méthode ne donne pas toujours des tracés très précis et elle ne peut pas être employée seule. Elle est complémentaire de la méthode des points de fuite décrite précédemment.

7.1. Principes

Soit un segment **AB** dont la position est connue, posé sur le sol et éloigné du tableau, à représenter en perspective (fig. 7.1).

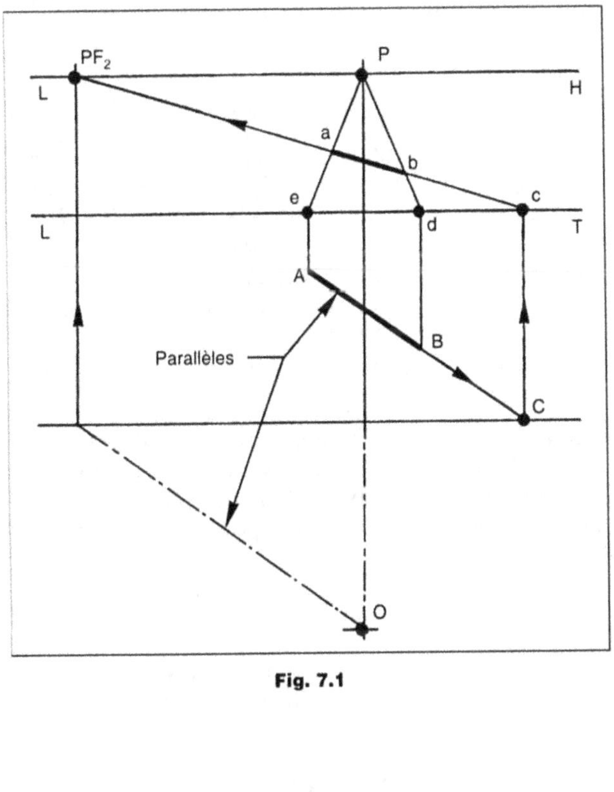

Fig. 7.1

Après avoir défini tous les paramètres nécessaires à la mise en perspective il convient de :

▶ prolonger le segment **AB** qui coupe le tableau en **C** ;
▶ tracer la verticale passant par ce point et situer **c**, image du point **C** sur **LT** ;
▶ élever les verticales passant par **A** et **B** et tracer les fuyantes **Pd** et **Pe** ;
▶ déterminer sur **LH** le point de fuite secondaire **PF₂** de **ab** suivant la méthode décrite au chapitre précédent ;
▶ tracer la fuyante **PF₂c** pour obtenir les points **a** et **b**.

7.2. Quelques applications simples

7.2.1 La perspective oblique d'un rectangle

Soit un rectangle **ABCD** dont les dimensions sont connues, à représenter en perspective oblique. Le rectangle qui repose sur le sol n'est pas en contact avec le tableau.

PARAMÈTRES RETENUS	
Dimensions du rectangle	5,5 cm × 3 cm
Hauteur de l'œil	Égale à 6 cm
Position latérale de l'œil	O est situé sur la verticale passant par A
Distance œil-objet	Égale à 9 cm
Distance œil-tableau	Égale à 1,5 fois le grand côté du rectangle, soit 7,5 cm
Orientation du tableau	AD fait un angle de 30° avec le tableau

Étape 1 (fig. 7.2)

tracer **LT**, **LH**, le tableau et représenter le rectangle **ABCD** suivant l'orientation et l'éloignement retenus ;
▶ tracer la verticale passant par **A**, situer **O** et **P** ;
▶ tracer à partir de **O** le rayon visuel parallèle à **AB** et situer **PF₁** sur **LH** ;
▶ prolonger les côtés du rectangle pour obtenir sur le tableau les points **E**, **F**, **G** et **J**, puis élever les verticales passant par ces points. Soit **e**, **f**, **g** et **j** leurs images respectives situées sur **LT**.

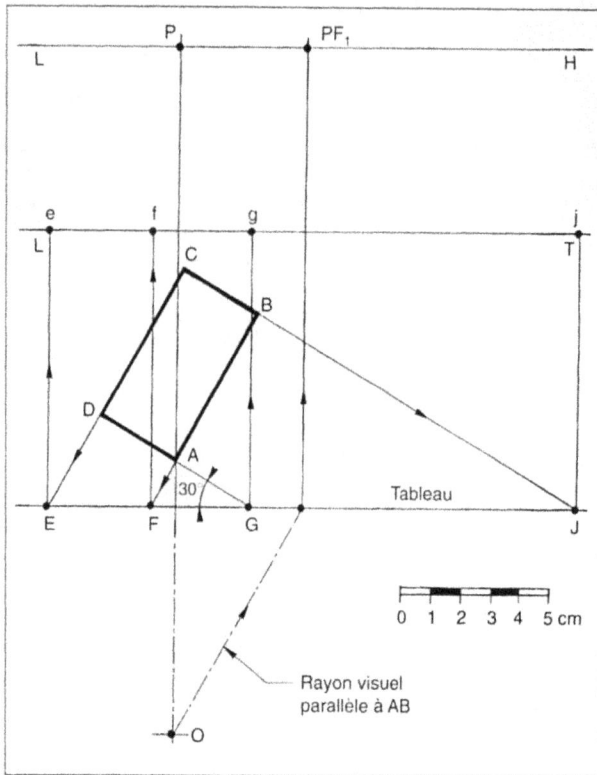

Fig. 7.2

Étape 2 (fig. 7.3)

▶ élever les verticales passant par les sommets **B**, **D** et **C** du rectangle et tracer les fuyantes correspondantes passant par **P** ;

▶ tracer la fuyante **PF₁**f pour obtenir le segment **ab**, image du côté **AB** ;

▶ tracer l'oblique passant par **g** et **a** qui fuit en direction de **PF₂**, inaccessible, pour obtenir le segment **ad**.

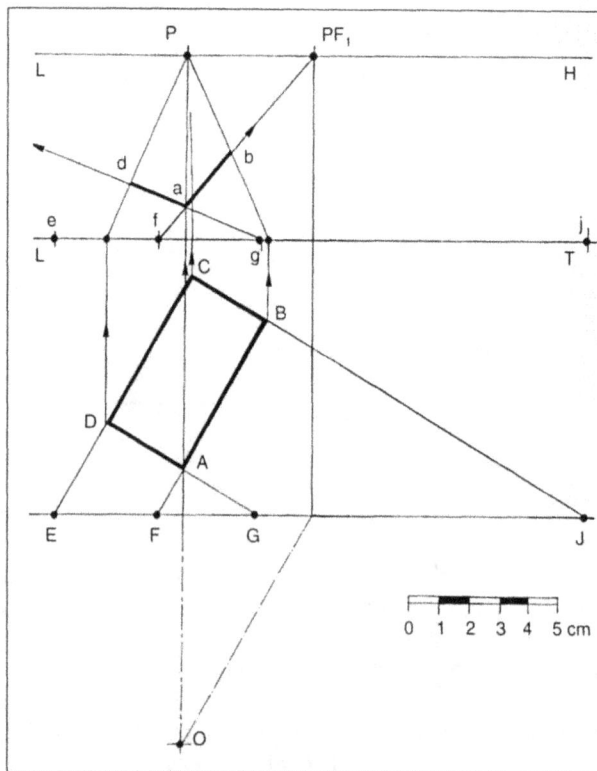

Fig. 7.3

Étape 3 (fig. 7.4)

▶ tracer l'oblique passant par **j** et **b** ;

▶ tracer la fuyante **PF₁**e qui coupe l'oblique précédente en **c**. (Vérifier que **c** est bien situé sur la fuyante issue de **P**) ;

▶ mettre au net la perspective, effacer les traits de construction ou reproduire la figure sur une feuille de calque.

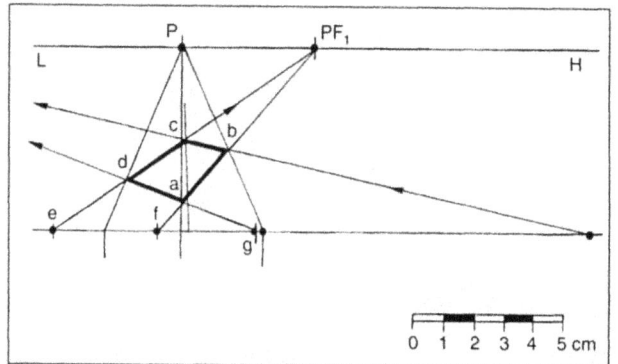

Fig. 7.4

7.2.2 La perspective oblique d'un polygone quelconque

Soit un polygone **ABCDE** dont toutes les dimensions sont connues, à représenter en perspective oblique. Le polygone qui repose sur le sol n'est pas en contact avec le tableau.

PARAMÈTRES RETENUS	
Dimensions du polygone	**AB** = 3,5 cm ; **BC** = 2 cm ; **CD** = 3 cm ; **DE** = 3,5 cm ; **EA** = 2,5 cm
Hauteur de l'œil	Égale à 6 cm
Position latérale de l'œil	**O** est situé sur la verticale passant par **A**
Distance œil-objet	Égale à 7,5 cm
Distance œil-tableau	Égale à 6 cm
Orientation du tableau	**AD** fait un angle de 30° avec le tableau

Étape 1 (fig. 7.5)

▶ tracer **LT**, **LH**, le tableau et représenter le polygone suivant l'orientation et l'éloignement retenus, puis tracer la verticale passant par **A** et situer **O** et **P** ;

▶ prolonger les côtés du polygone jusqu'au tableau et élever les verticales passant par les points d'intersection obtenus. Soit **f**, **g**, **j**, **k** et **m** les points définis sur **LT** ;

▶ tracer à partir de **O** le rayon visuel parallèle à **AE** et situer **PF₂** sur **LH**.

Remarque : on peut mener à partir de **O** des parallèles à d'autres côtés, par exemple **BC** ou **ED**. Les parallèles aux côtés **CD** et **AB** ne peuvent être tracées car les points de fuite correspondants sortent des limites du dessin.

Étape 2 (fig. 7.6)

▶ élever les verticales passant par les sommets du polygone et tracer les fuyantes correspondantes issues de **P** ;

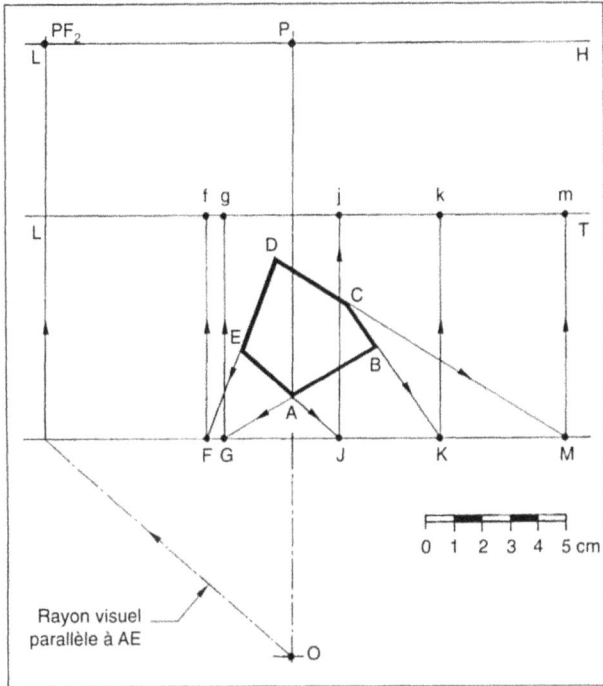

Fig. 7.5

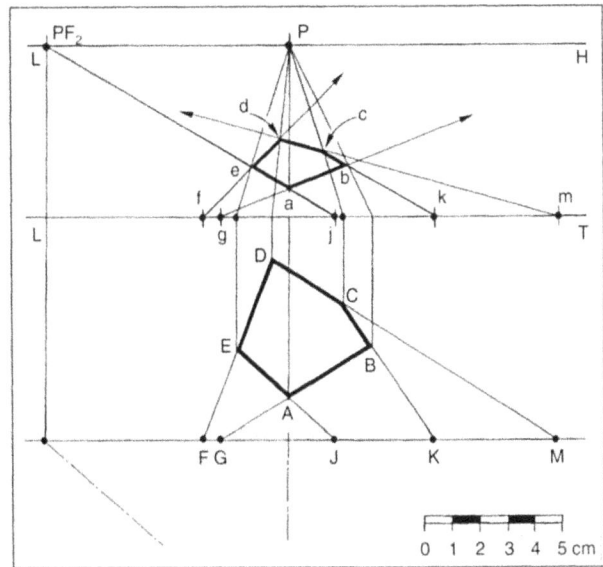

Fig. 7.6

▶ tracer la fuyante **PF2j** pour obtenir le segment **ae** ;

▶ tracer l'oblique passant par **g** et **a**, puis celle reliant **f** et **e** pour obtenir respectivement les segments **ab** et **ed** ;

▶ compléter la perspective en traçant l'oblique passant par **k** et **b** puis celle reliant **m** et **c**. Mettre au net.

Remarque : dans cet exemple on utilise un seul point de fuite secondaire afin de faire appel le plus possible à la méthode des prolongements. En employant d'autres points de fuite, on réduit le nombre de prolongements, notamment ceux qui apportent une moindre précision aux tracés : dans l'application précédente, c'est le cas des prolongements **ef** et **ag**.

Chapitre / 8

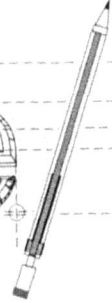

La méthode des points d'égale résection

Cette méthode, qui fait appel aux propriétés d'homothétie des droites sécantes, facilite le tracé des perspectives et permet, dans certains cas, de se dispenser de représenter la vue de dessus de l'objet.

Avant d'aborder les applications, il convient de rappeler quelques notions géométriques et de définir les points d'égale résection.

8.1. Les rappels mathématiques

8.1.1. Première propriété

Soit deux droites D_1 et D_2 sécantes en **A** et coupées par deux parallèles L_1 et L_2 (fig. 8.1). Le théorème de Thalès permet d'écrire les rapports suivants :

$$\frac{AB}{AF} = \frac{AC}{AE} = \frac{BC}{FE} \quad ou \quad \frac{AB}{AC} = \frac{AF}{AE} = \frac{BC}{FE}$$

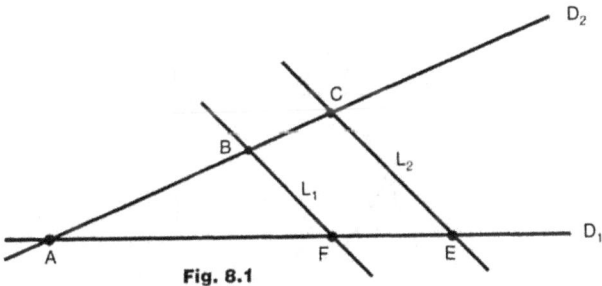

Fig. 8.1

Les triangles **ABF** et **ACE** sont homothétiques c'est-à-dire disposés de façon semblable.

8.1.2 Deuxième propriété

Quand $\alpha = \beta$ (fig. 8.2), les deux triangles homothétiques sont isocèles.

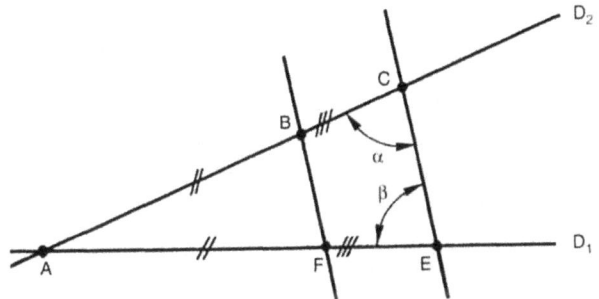

Fig. 8.2

Les parallèles L_1 et L_2 sont alors appelées **droites d'égale résection**[1], c'est-à-dire d'égale coupure ou d'égale division. Ces droites déterminent sur D_1 et D_2 des segments d'égale longueur : **AB = AF** ; **AC = AE** et **BC = FE**.

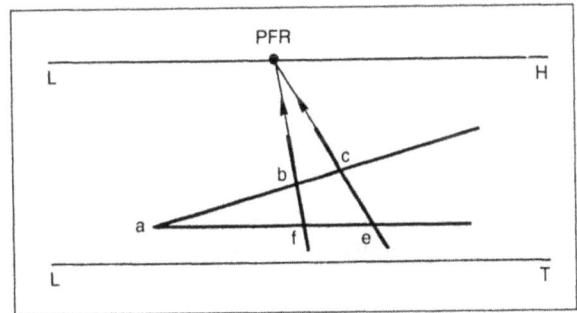

Fig. 8.3

La représentation en perspective de cette dernière construction géométrique (fig. 8.3) montre que les deux droites d'égale résection possèdent un point de fuite commun situé sur **LH** appelé **point de fuite des droites d'égale résection**, ou plus communément **point d'égale résection** ou **PFR**. À noter que l'on rencontre parfois l'appellation « point de mesure ».

Par convention, les points d'égale résection possédant un indice impair sont toujours situés à droite de **P** et les autres, affectés d'un indice pair, à gauche de **P**.

---

1. Réséquer : couper, trancher.

8.2. Les points d'égale résection

En théorie il y a une infinité de points d'égale résection, de même qu'il existe une infinité de directions possibles de droites horizontales. Mais, dans la pratique, on ne recherche et on n'utilise que les **PFR** nécessaires à la construction de la perspective, c'est-à-dire ceux qui sont associés aux directions principales de l'objet à représenter.

8.2.1 Position du PFR dans l'espace

Soit deux segments **AC** et **AE** situés sur le sol avec **AE** sur **LT** (fig. 8.4). Les segments parallèles **CE** et **BF** sont portés par deux droites d'égale résection.

Pour placer sur le tableau le **PFR** des deux droites, il convient de :

▷ mener par **O** un rayon visuel horizontal parallèle à **AC.** Le point d'intersection de ce rayon avec **LH** est **PF₁**, point de fuite de **ac** ;

▷ mener par **O** un rayon visuel horizontal parallèle à **CE** et **BF.** Le point d'intersection de ce rayon avec **LH** est **PFR₂**, le point d'égale résection recherché.

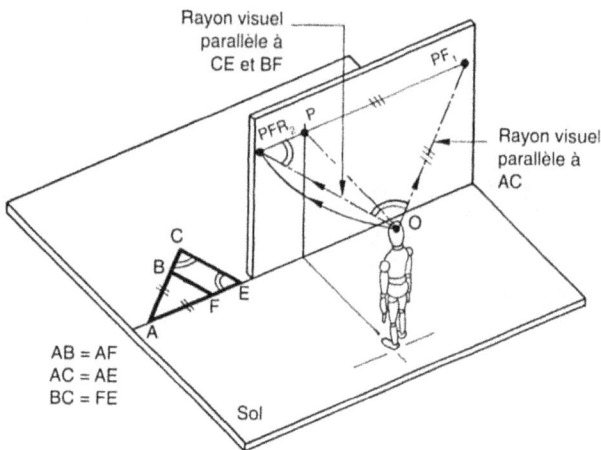

Fig. 8.5

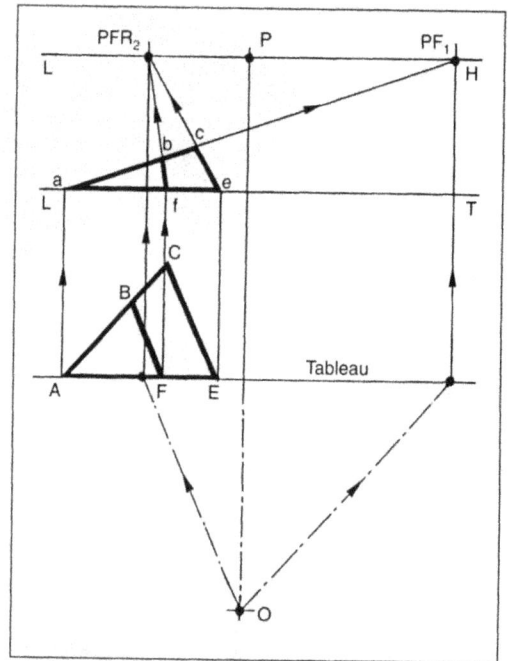

Fig. 8.4

Remarque : les deux triangles **ACE** et **OPFR₂PF₁**, sur la figure, sont homothétiques et isocèles.

8.2.2 Représentation du PFR sur la perspective

Après avoir défini tous les paramètres nécessaires à l'exécution de la perspective il convient de :

▷ représenter les deux triangles isocèles **ABF** et **ACE** (fig. 8.5) ;

▷ situer **PF₁** et **PFR₂** sur **LH** en traçant les rayons visuels correspondants ;

▷ tracer les fuyantes **PF₁a**, **PFR₂e** et **PFR₂f** ;

▷ tracer le segment incliné **abc**.

Remarque : le point d'égale résection permet de porter sur la perspective d'une ligne fuyante (**ac**) une longueur connue (**AE**). **Le PFR qui sert à déterminer les profondeurs sur la perspective est propre à une direction donnée.** Ainsi, quand **AC** tend vers l'horizontale, **PFR₂** se rapproche de **P** (fig. 8.6), et lorsque **AC** se redresse, **PFR₂** s'éloigne de **P** (fig. 8.7).

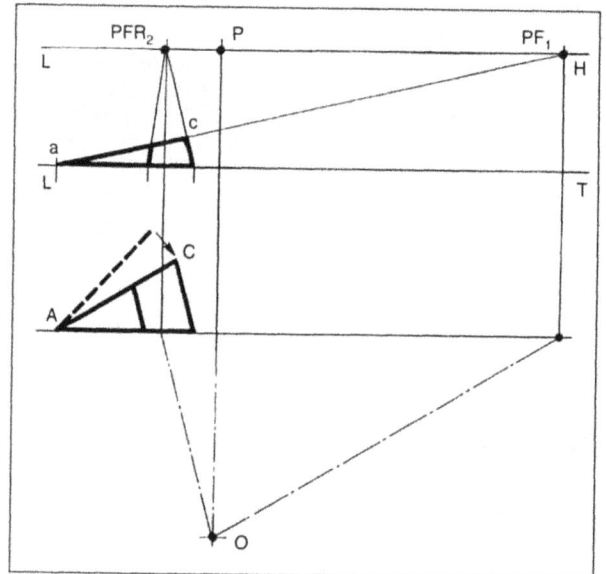

Fig. 8.6

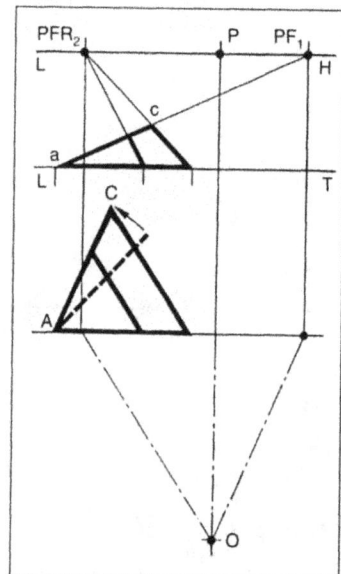

Fig. 8.7

8.3. Quelques applications simples

Les applications suivantes traitent de l'utilisation des points d'égale résection dans la mise en perspective de surfaces simples. L'étude des volumes sera abordée dans le chapitre suivant.

8.3.1 La perspective oblique d'un rectangle

Soit un rectangle **ABCD** dont les dimensions sont connues, à représenter en perspective oblique. Le rectangle repose sur le sol. Le sommet **A** est sur **LT**.

PARAMÈTRES RETENUS	
Dimensions du rectangle	5 cm × 3,5 cm
Hauteur de l'œil	Égale à 6 cm
Position latérale de l'œil	O est situé sur la verticale passant par M
Distance œil-objet = Distance œil-tableau	Égales à 1,5 fois le grand côté du rectangle, soit 7,5 cm
Orientation du tableau	AD fait un angle de 30° avec le tableau

Étape 1 (fig. 8.8)

▶ tracer **LT**, **LH**, le tableau et représenter le rectangle **ABCD** suivant l'orientation retenue. Porter sur **LH** les deux points de fuite secondaires **PF₁** et **PF₂** ;

▶ situer **a** et tracer les fuyantes **PF₁a** et **PF₂a** ;

▶ tracer sur le tableau à gauche de **A** le segment **AD′** = 5 cm (longueur du rectangle). Le triangle **ADD′** est isocèle ;

▶ suivant le même principe, porter **AB′** = 3,5 cm (largeur du rectangle) puis élever les verticales passant par **D′** et **B′** pour obtenir sur **LT** les points **d′** et **b′**.

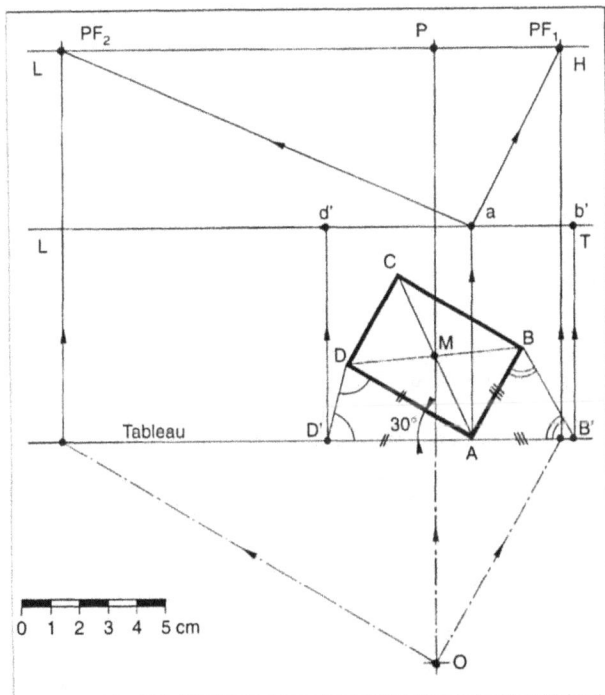

Fig. 8.8

Étape 2 (fig. 8.9)

▶ pour déterminer la position du point d'égale résec-

---

tion **PFR₁**, mener par **O** un rayon visuel parallèle à **DD′**. Soit **J** le point d'intersection de ce rayon avec le tableau. Par ce point, élever une verticale pour obtenir **PFR₁** sur **LH**. Le point **J** peut également être obtenu en traçant un arc de cercle de centre **K** et de rayon **KO** : c'est le tracé employé dans les applications suivantes ;

▶ déterminer la position du point d'égale résection **PFR₂** de façon analogue ;

▶ joindre **PFR₁** à **d′** pour obtenir le point **d** ;

▶ joindre **PFR₂** à **b′** pour obtenir le point **b**.

Remarque : les points liés à un même **PFR** portent la même lettre. Le signe prime (′) repère les points situés sur le tableau et **LT**. Cette notation adoptée dans toutes les applications suivantes permet une lecture plus aisée des figures.

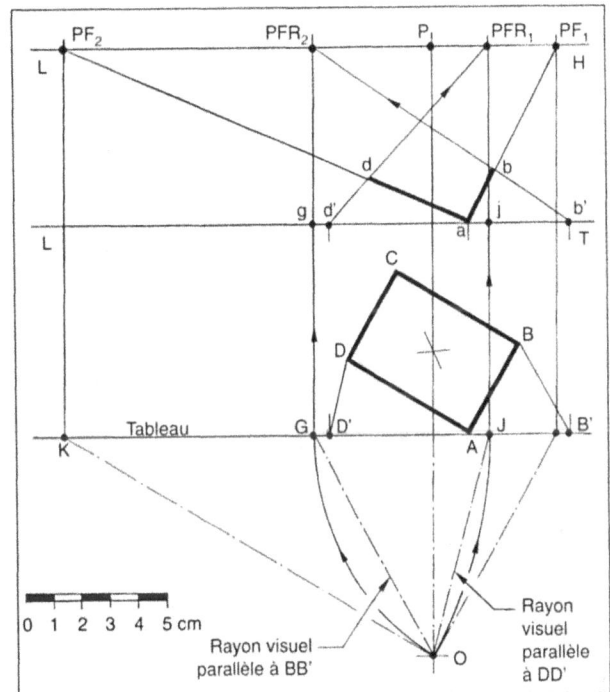

Fig. 8.9

Étape 3 (fig. 8.10)

▶ tracer les fuyantes **PF₂b** et **PF₁d** pour obtenir le point **c** ;

▶ mettre au net la perspective.

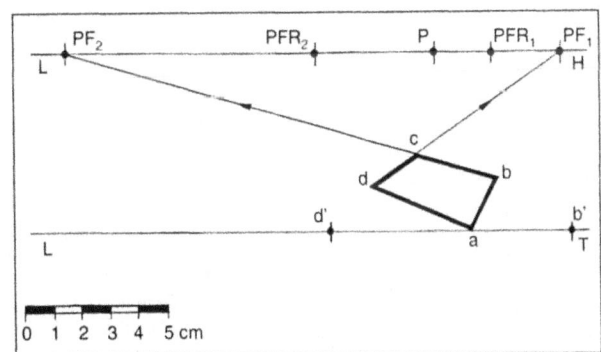

Fig. 8.10

Nota (fig. 8.11). Le tracé représenté sur la figure 8.11 permet d'éviter le dessin de la vue de dessus orientée de l'objet, en totalité ou en partie (suivant la complexité des formes) : soit **PO** égal à la distance œil-tableau. À partir de **O**, déterminer directement l'emplacement de **PF₁** et de **PF₂**. Sur la ligne de terre, mesurer **ad'**, la longueur du rectangle (5 cm) et **ab'**, la largeur du rectangle (3,5 cm). Ces mesures effectuées directement sur **LT** dispensent du tracé de la vue de dessus du rectangle.

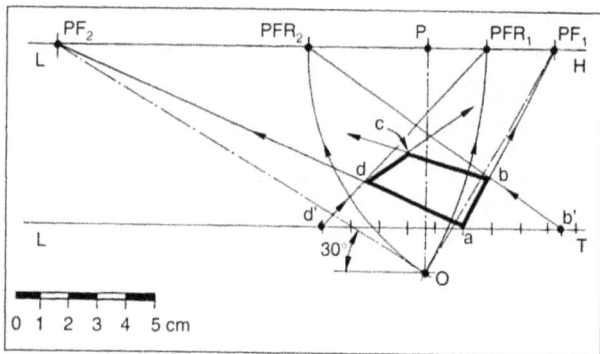

Fig. 8.11

Remarque : cette représentation réduit le nombre de traits mais présente souvent l'inconvénient de rendre la perspective moins compréhensible en cours d'exécution, surtout si de nombreux points d'égale résection sont nécessaires.

8.3.2 La perspective oblique d'un polygone

Soit un polygone dont les dimensions sont connues (fig. 8.12), à représenter en perspective oblique **sans utiliser la vue de dessus**. Le polygone repose sur le sol et le sommet **A** est sur **LT**.

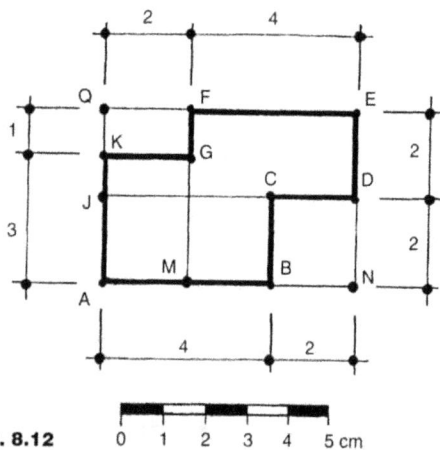

Fig. 8.12

PARAMÈTRES RETENUS	
Dimensions du polygone	6 cm × 4 cm
Hauteur de l'œil	Égale à 6 cm
Position latérale de l'œil	Distance entre **PO** et **a** : 1 cm
Distance œil-objet = Distance œil-tableau	Égales à 7,5 cm
Orientation du tableau	**AB** fait un angle de 30° avec le tableau

Étape 1 (fig. 8.13)

▶ tracer **LT**, **LH**, **PO** et les points de fuite **PF₁** et **PF₂** ;
▶ positionner **PFR₁** et **PFR₂** suivant la méthode précédemment étudiée (avec **ak'** = AK = 3 cm et

ab' = AB = 4 cm), puis tracer les fuyantes **PF₁a** et **PF₂a** ;
▶ à l'aide des points d'égale résection, situer les points **b** et **k** puis tracer les segments **ab** et **ak**.

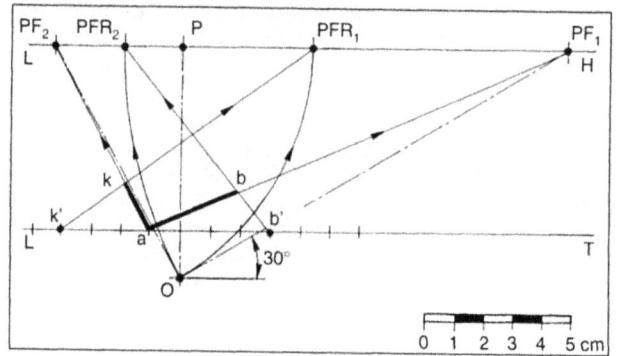

Fig. 8.13

Étape 2 (fig. 8.14)

Pour situer le point **c** il convient de :
▶ mesurer **aj'** = **AJ** = 2 cm et joindre **PFR₁** à **j'** pour obtenir le point **j** ;
▶ tracer la fuyante **PF₁j** puis la fuyante **PF₂b** qui coupe la précédente en **c**. Représenter le segment **bc**.

Pour situer le point **d**, on procède de la manière suivante :
▶ mesurer **an'** = **AN** = 6 cm et joindre **PFR₂** à **n'** ;
▶ tracer la fuyante **PF₂n** qui coupe la fuyante **PF₁c** en **d**, puis tracer le segment **cd**.

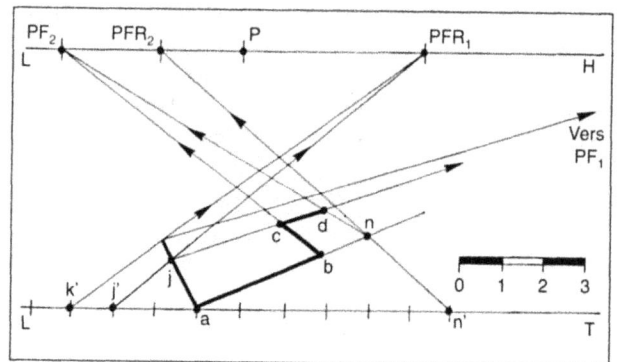

Fig. 8.14

Étape 3 (fig. 8.15) :

La démarche est analogue pour déterminer la position de **g** à partir des points **m'** et **m**, et celle de **f** à partir des points **q'** et **q**.

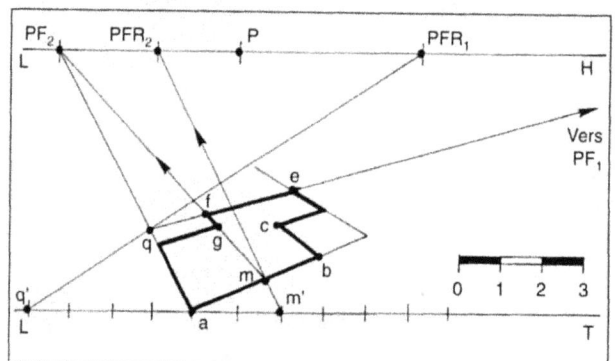

Fig. 8.15

Chapitre 9

La mise en perspective des volumes

Les études précédentes traitent exclusivement des perspectives de surfaces horizontales. Pour obtenir des volumes à partir de celles-ci, il suffit de mettre en perspective les arêtes verticales. Mais avant d'aborder les applications proprement dites, il est nécessaire d'étudier le tracé des hauteurs.

9.1. Le tracé des hauteurs

9.1.1 Généralités

Soit un mur de forme rectangulaire, perpendiculaire au tableau, représenté en perspective frontale (fig. 9.1). La hauteur réelle du mur, à l'échelle du dessin, est donnée par la longueur du segment aa_1 ou bb_1, les arêtes AA_1 et BB_1 étant situées dans le tableau.

Le segment cc_1 représente la hauteur apparente du mur à son extrémité. L'effet de perspective donne : $cc_1 < bb_1$.

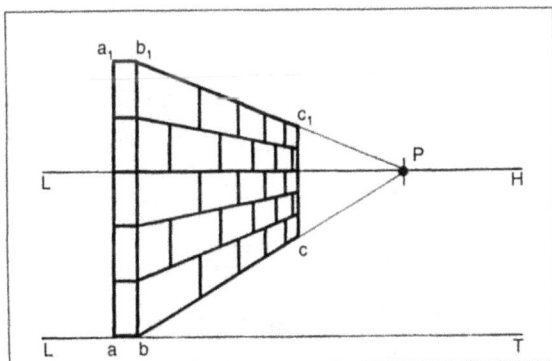

Fig. 9.1

Remarque : les points situés sur une même verticale portent la même lettre. Les lettres sans indice repèrent des points situés au sol tandis que les indices ($_1$, $_2$...) sont réservés aux points d'altitude. Cette notation, adoptée dans toutes les applications suivantes, permet d'inventorier rapidement, sans erreur ni oubli, tous les points situés sur une même verticale.

9.1.2 L'échelle des hauteurs

Principes d'utilisation

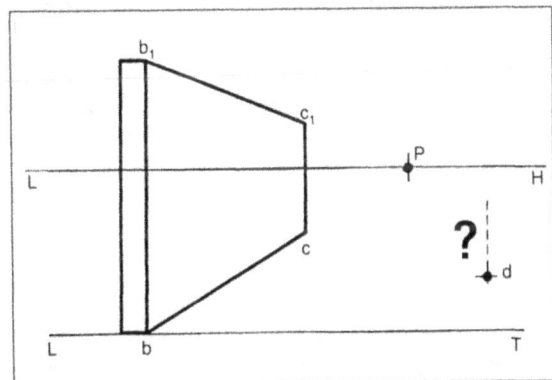

Fig. 9.2

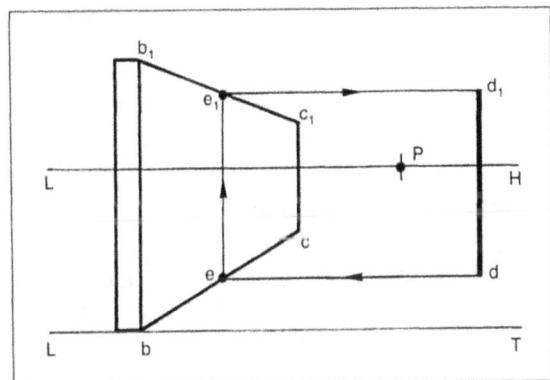

Fig. 9.3

Soit un point d du sol situé à proximité du mur (fig. 9.2). Pour élever en ce point un segment vertical dont la hauteur réelle est égale à la hauteur du mur, il convient de :

▶ tracer l'horizontale qui passe par d et coupe bc en e (fig. 9.3) ;

▶ tracer la verticale qui passe par **e** et coupe **b₁c₁** en **e₁** ;

▶ tracer l'horizontale passant par **e₁**. Elle coupe la verticale élevée en **d** au point **d₁**. Le segment **dd₁** est la hauteur recherchée.

Remarque : les points **d**, **e**, **e₁** et **d₁** appartiennent à un même plan frontal (plan vertical parallèle au tableau). Une même hauteur peut se déplacer à volonté dans ce plan, sans subir de modification de grandeur.

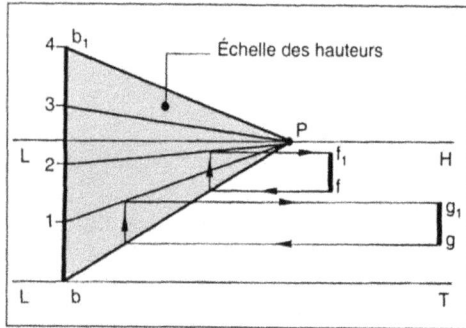

Fig. 9.4

Si l'on gradue le segment **bb₁**, on obtient **une échelle fuyante des hauteurs** (fig. 9.4) qui permet de tracer tout segment vertical de hauteur donnée. **FF₁**, dans cet exemple, est égal à la moitié de la hauteur du segment **BB₁**, tandis que **GG₁** est égal au quart de ce même segment.

Le point de fuite de l'échelle des hauteurs n'est pas nécessairement le point principal **P** ; il peut être choisi n'importe où sur **LH**. L'échelle peut être disposée à droite ou à gauche de la figure (fig. 9.5).

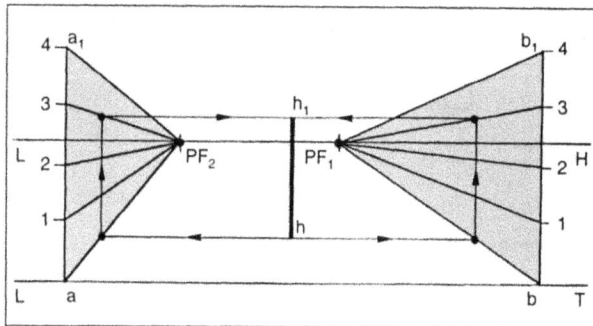

Fig. 9.5

La représentation des personnages

L'échelle des hauteurs permet également de représenter des personnages différemment éloignés par rapport au tableau (fig. 9.6). Les adultes en **A**, **B** et **C** mesurent 1,80 mètre et l'enfant en **D**, mesure 1 mètre.

Le dessin des personnages doit respecter les proportions du corps humain. Si l'on divise la taille moyenne d'un adulte debout en huit parties égales, la tête en représente une, le tronc trois et les jambes quatre. Pour un enfant ou un adolescent, selon l'âge, la taille est à diviser en cinq, six ou sept parties égales.

À l'aide de l'échelle des hauteurs, on peut également représenter des personnages situés à des altitudes différentes (fig. 9.7). Soit un personnage en **a** d'une

taille de 1,80 m. On souhaite figurer sur le socle en **b** un personnage debout de même taille.

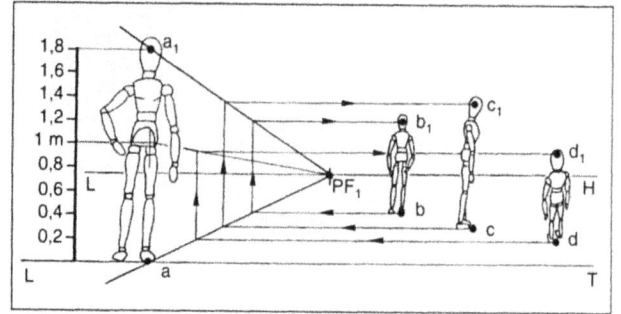

Fig. 9.6

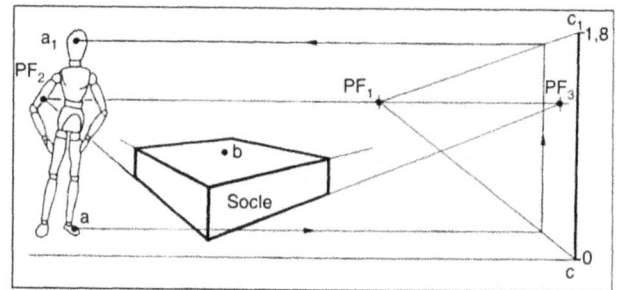

Fig. 9.7

Pour mettre en perspective le second personnage il convient de :

▶ déterminer par la méthode des prolongements la hauteur réelle **mm₁** du socle, à l'échelle du dessin (fig. 9.8) ;

▶ reporter cette hauteur sur l'échelle des hauteurs en **cd** puis tracer la fuyante **PF₁d**. Les points **PF₂**, **m₁**, **d** et **PF₁** appartiennent au même plan horizontal que le point **b** ;

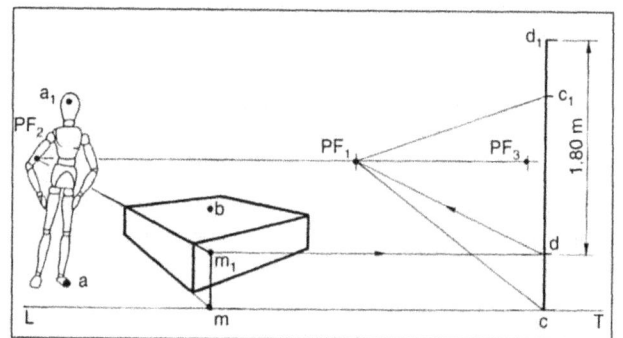

Fig. 9.8

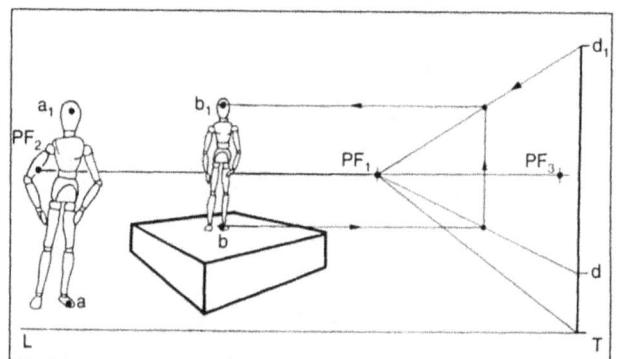

Fig. 9.9

- tracer **c₁d₁** = **cd** de manière à obtenir **dd₁** = 1,80 m (en vraie grandeur, à l'échelle du dessin) ;
- tracer la fuyante **PF₁d₁** puis déterminer la hauteur apparente du second personnage par la méthode habituelle (fig. 9.9).

9.2. Les applications aux volumes simples

Les mises en perspective abordées ci-dessous font appel aux méthodes de tracé détaillées dans les chapitres 6, 7 et 8. Seuls sont étudiés ci-après les volumes dont les faces sont planes. Les volumes cylindriques feront l'objet d'une étude particulière au chapitre 12.

9.2.1 La perspective frontale d'un parallélépipède rectangle

Soit un parallélépipède rectangle à représenter en perspective frontale. le volume repose sur le sol et la face verticale **ABB₁A₁** est située dans le plan du tableau.

PARAMÈTRES RETENUS	
Dimensions du parallélépipède rectangle	6 cm × 3 cm × 3 cm (hauteur)
Hauteur de l'œil	Égale à 5 cm
Position latérale de l'œil	A est situé à 2 cm à droite de **PO**
Distance œil-objet = Distance œil-tableau	Égales à 7 cm
Orientation du tableau	**AB** est sur **LT**

Étape 1 (fig. 9.10)
- tracer **LT**, **LH** et le tableau ;
- mettre en place **P** et les deux points de distance **PFD₁** et **PFD₂**. À noter que les points de distance peuvent être obtenus directement en reportant, de part et d'autre de **P**, la distance œil-tableau ;
- tracer **ab** et les fuyantes **Pa** et **Pb** ;
- déterminer, à l'aide de **PFD₁**, la position du point **d** puis compléter le tracé de la face inférieure.

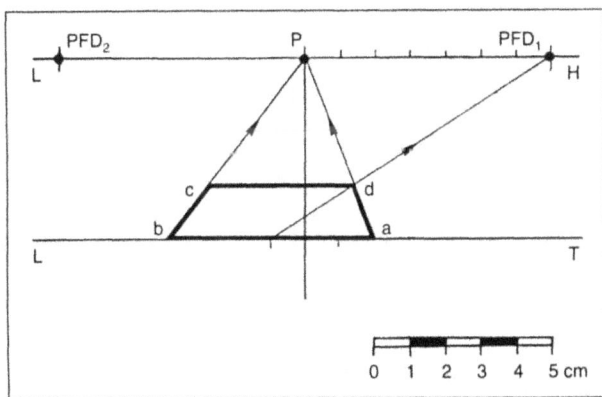

Fig. 9.10

Étape 2 (fig. 9.11)
- élever la verticale passant par **a** et porter **aa₁** = 3 cm, à l'échelle du dessin ;

- représenter **bb₁** et l'arête horizontale **a₁b₁** ;
- compléter la face supérieure et mettre au net la perspective (figurer éventuellement les arêtes cachées en pointillé).

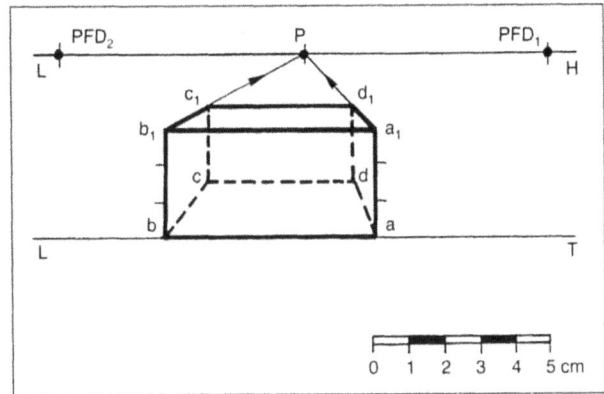

Fig. 9.11

9.2.2 La perspective oblique d'un parallélépipède rectangle

Soit un parallélépipède rectangle à représenter en perspective oblique. Le volume repose sur le sol et l'arête verticale **AA₁** est située dans le plan du tableau.

PARAMÈTRES RETENUS	
Dimensions du parallélépipède rectangle	7 cm × 3 cm × 3 cm (hauteur)
Hauteur de l'œil	Égale à 5 cm
Position latérale de l'œil	A est situé sur **PO**
Distance œil-objet = Distance œil-tableau	Égales à 7 cm
Orientation du tableau	**AB** fait un angle de 30° avec le tableau

Étape 1 (fig. 9.12)
- tracer **LT**, **LH** et le tableau ;
- mettre en place **P**, **a** et, sans utiliser la vue de dessus, disposer **PF₁**, **PF₂** et les deux points d'égale résection **PFR₁** et **PFR₂** ;
- représenter la base du parallélépipède suivant la méthode des points d'égale résection (voir chapitre 8).

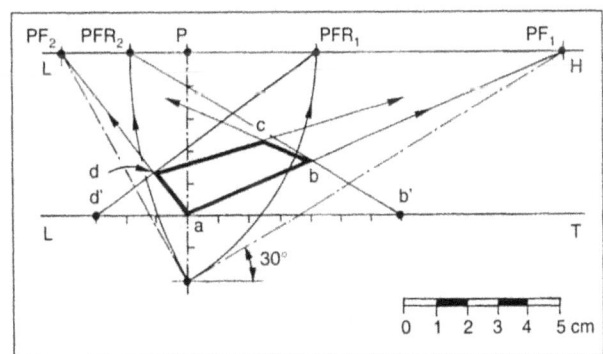

Fig. 9.12

Étape 2 (fig. 9.13)
- porter **aa₁** = 3 cm puis tracer les fuyantes **PF₁a₁** et **PF₂a₁** ;

- élever les verticales passant par **b**, **c** et **d** et compléter la perspective en traçant les arêtes de la face supérieure ;
- mettre au net et représenter éventuellement les arêtes cachées en pointillé.

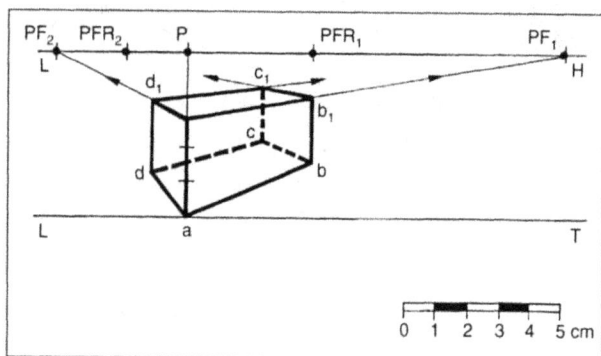

Fig. 9.13

Nota (fig. 9.14)

Si l'un des points de fuite est inaccessible, Il faut recourir à d'autres méthodes de tracés. Supposons **PF$_1$** inaccessible :

- représenter la vue de dessus et, suivant la méthode des prolongements (voir chapitre 7), situer le point **e** et tracer l'échelle des hauteurs **ee$_1$** ;
- utiliser les points **PF$_2$** et **PFR$_1$** pour représenter la face fuyante **aa$_1$d$_1$d** ;
- déterminer la position des points **b** et **c** à l'aide des fuyantes **PF$_2$e**, **Pf** et **Pg** ;
- employer l'échelle de hauteurs pour placer les points **b$_1$** et **c$_1$** ;
- compléter le tracé du parallélépipède.

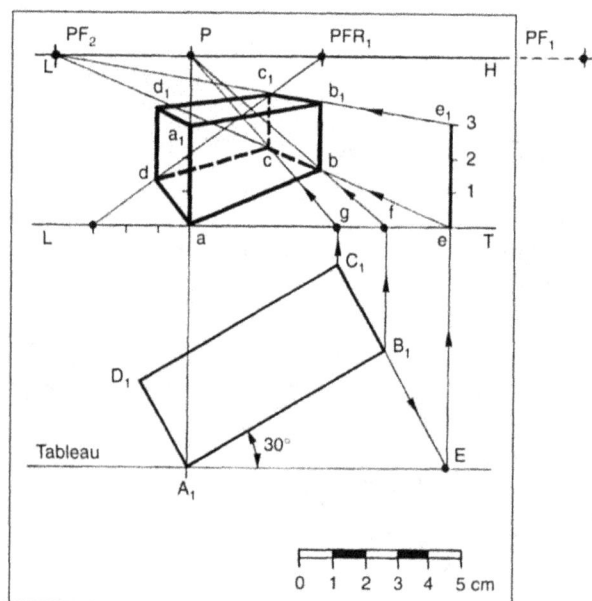

Fig. 9.14

9.2.3 Autres positions du parallélépipède

Le parallélépipède ne repose pas sur le sol (fig. 9.15)

Le volume précédent est placé à une distance de 4 cm au-dessus du sol. La perspective peut être abordée de deux façons différentes :

- la première consiste à représenter la trace au sol (projection), à élever les verticales passant par les sommets **a**, **b**, **c** et **d** puis à placer l'arête **a$_1$a$_2$** à l'altitude choisie. On complète ensuite la perspective à l'aide de l'échelle des hauteurs ;
- dans la seconde méthode, on met en place directement la face inférieure **a$_1$b$_1$c$_1$d$_1$** à la hauteur voulue, puis on complète la perspective en représentant les autres arêtes.

Remarque : si l'on utilise l'échelle des hauteurs, ne pas oublier de graduer celle-ci à partir de **LT**.

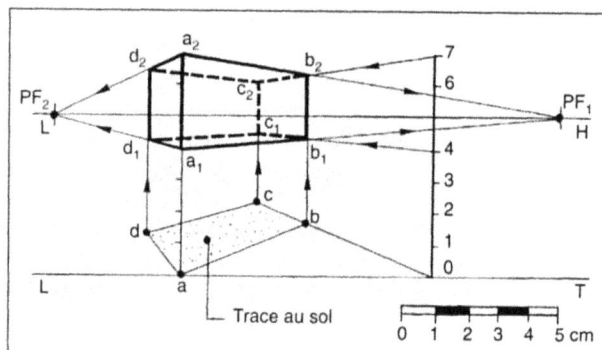

Fig. 9.15

Le parallélépipède traverse le tableau (fig. 9.16)

Le parallélépipède traverse le tableau avec l'arête **DD$_1$** située sur ce dernier. Dans ce cas, la distance œil-objet est inférieure à la distance œil-tableau.

Pour représenter la perspective, il suffit de :

- tracer **dd$_1$** en vraie grandeur (3 cm), à l'échelle du dessin, et compléter le tracé à l'aide des points de fuite et du point principal **P** (l'arête fictive **ee$_1$** située dans le tableau mesure 3 cm).

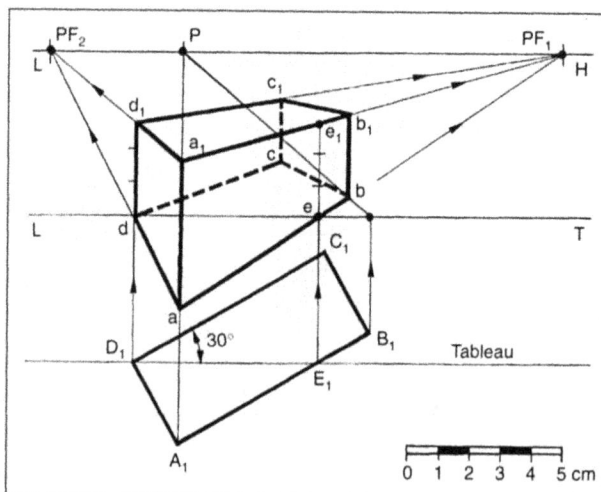

Fig. 9.16

Remarque : la position particulière du volume par rapport au tableau engendre des déformations importantes. Si l'on ne peut modifier cette position, il faut alors augmenter la distance œil-objet pour atténuer le plus possible ces effets inesthétiques.

9.2.4 La perspective oblique de plusieurs parallélépipèdes

À côté du parallélépipède étudié au paragraphe 9.2.2 (nommé V_1), on souhaite en représenter deux autres différemment orientés (V_2 et V_3).

Étape 1 (fig. 9.17)

PARAMÈTRES RETENUS	
Dimensions de V_2	3,5 cm × 2,5 cm × 3 cm (hauteur)
Hauteur de l'œil	Inchangée (5 cm)
Position latérale de l'œil	E est situé à 6,5 cm à droite de **PO**
Distance œil-objet pour V_2	Égale à 7,5 cm
Distance œil-tableau	Inchangée (7 cm)
Orientation du tableau	**EF** fait un angle de 45° avec le tableau

▶ représenter en perspective oblique le parallélépipède rectangle V_2. Le volume repose sur le sol. Le grand côté JJ_1G_1G est en contact avec l'arête BB_1 de V_1 ($BJ = 2$ cm) ;

▶ suivant la méthode des points de fuite tracer, à partir de **O**, le rayon visuel parallèle aux grands côtés de V_2 et situer sur **LH** le point de fuite secondaire PF_3 ;

▶ suivant la méthode des prolongements, situer sur **LT** les points **l** et **k** puis tracer $ll_1 = kk_1 = 3$ cm (hauteur de V_2, en vraie grandeur, à l'échelle du dessin) ;

▶ représenter les quatre fuyantes issues de PF_3.

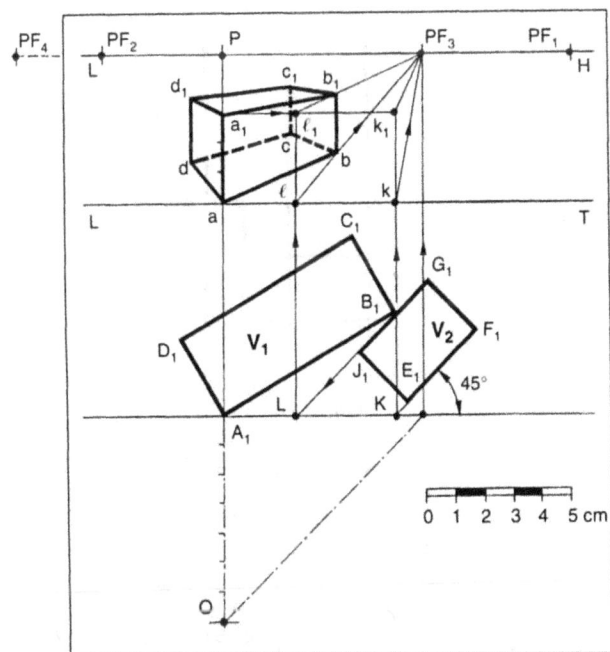

Fig. 9.17

Étape 2 (fig. 9.18)

▶ suivant la méthode des prolongements, situer le point **e** sur la fuyante PF_3k ;

▶ à l'aide du point principal **P** situer le point **j** sur la fuyante **Pm** ;

▶ tracer la face avant ee_1j_1j.

Étape 3 (fig. 9.19)

▶ suivant la méthode des prolongements, situer les

points **g** et **f** puis tracer la face arrière ff_1g_1g ;

▶ compléter la perspective du parallélépipède par la représentation des quatre arêtes horizontales.

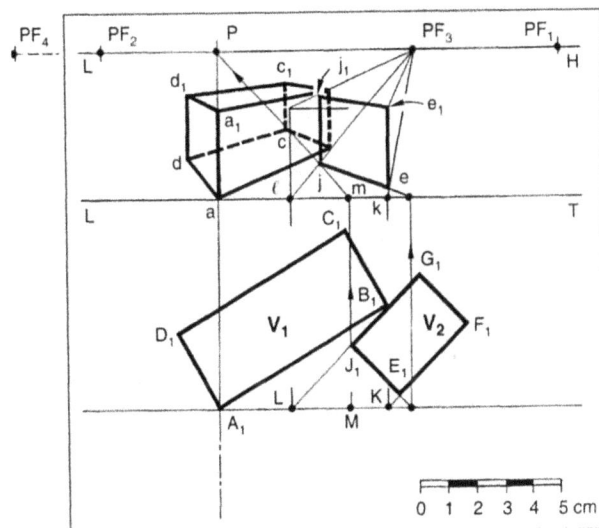

Fig. 9.18

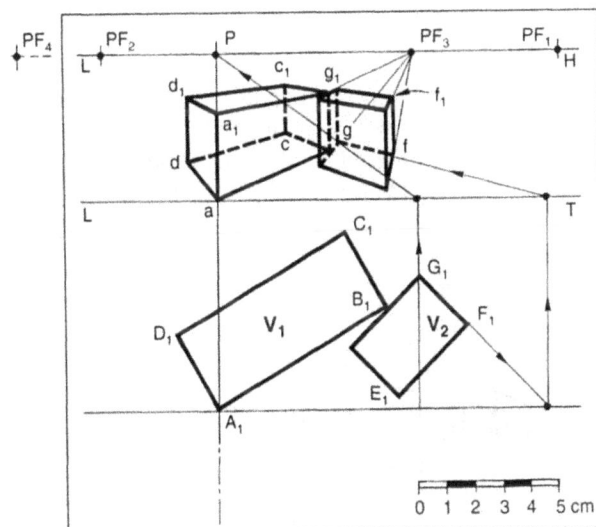

Fig. 9.19

Étape 4 (fig. 9.20)

– représenter en perspective oblique le cube V_3. Le volume repose sur le sol, à gauche de V_1 ;

PARAMÈTRES RETENUS	
Dimensions du cube V_3	2 cm de côté
Hauteur de l'œil	Inchangée (5 cm)
Position latérale de l'œil	U_1 est situé à 4,5 cm à gauche de **PO**
Distance œil-objet pour V_3	Égale à 7,5 cm
Distance œil-tableau	Inchangée (7 cm)
Orientation du tableau	**UR** fait un angle de 20° avec le tableau

▶ placer PF_5 sur **LH** et, suivant la méthode des prolongements, situer sur **LT** les points **w** et **x** puis tracer le carré ww_1x_1x ;

▶ représenter les quatre fuyantes passant par PF_5.

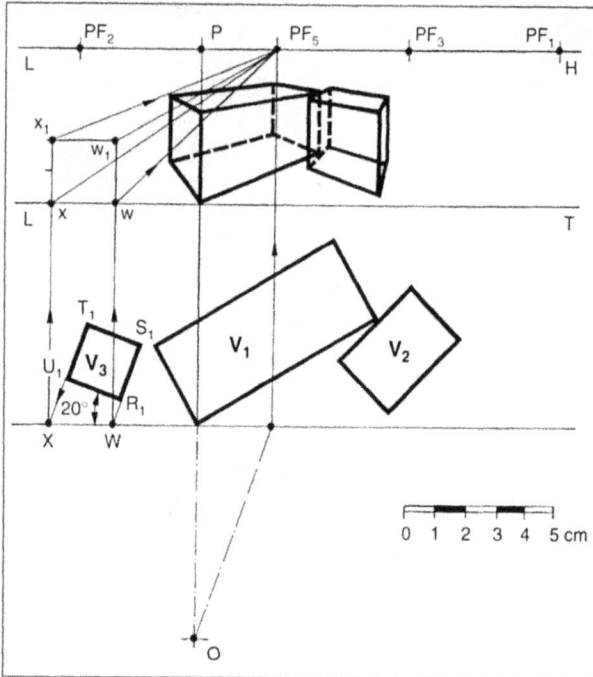

Fig. 9.20

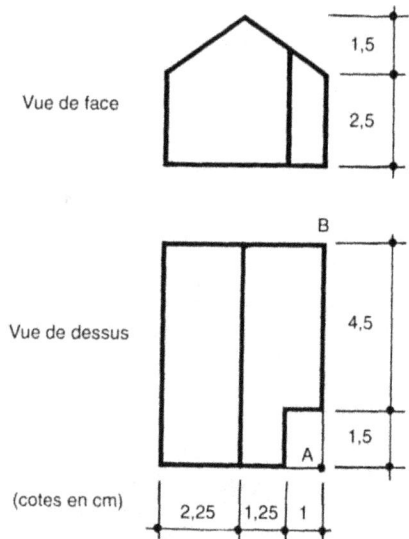

Fig. 9.22

9.2.5. La perspective oblique d'une petite maison

Ce paragraphe, comme le suivant, traite de la mise en perspective de petits volumes prismatiques. Pour donner à ces volumes un caractère concret, les formes retenues s'inspirent de celles des maisons d'habitation.

Soit une petite maison à représenter en perspective oblique (fig. 9.23). L'arête verticale passant par **A** est sur le tableau.

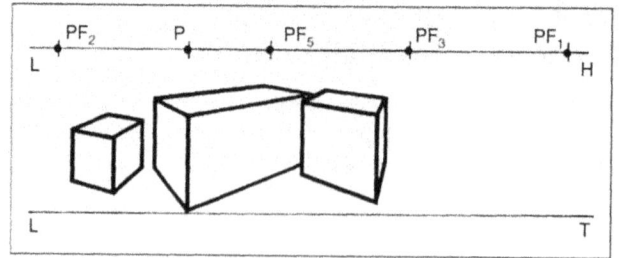

Fig. 9.23

PARAMÈTRES RETENUS	
Dimensions de la maison	Voir la figure 9.23
Hauteur de l'œil	Égale à 6 cm
Position latérale de l'œil	**A** est situé sur **PO**
Distance œil-objet = Distance œil-tableau	Égales à 8 cm
Orientation du tableau	**AB** fait un angle de 45° avec le tableau

Étape 1 (fig. 9.24)

▶ tracer **LT**, **LH** et le tableau ;

▶ mettre en place la vue de dessus de la maison suivant l'orientation choisie ainsi que la vue de face reposant sur **LT** (la présence de la vue de face facilite le report sur la perspective des différentes hauteurs) ;

▶ placer **P** et les deux points de fuite **PFD₁** et **PFD₂**, puis représenter la perspective oblique du

Étape 5 (fig. 9.21)

▶ mettre en place le point d'égale résection **PFR₂** ;

▶ suivant la méthode des points d'égale résection, tracer la face horizontale **urst** du cube puis représenter les arêtes verticales pour compléter la perspective.

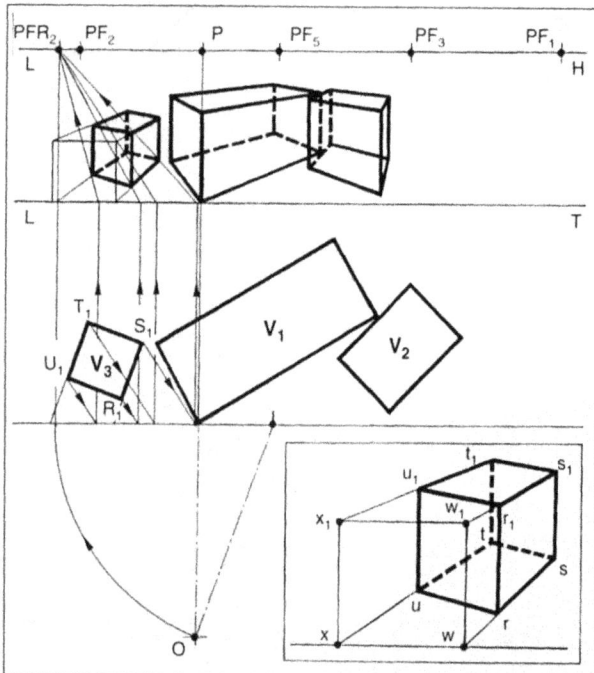

Fig. 9.21

Étape 6 (fig. 9.22)

▶ mettre au net la figure.

Remarque : cette marche à suivre n'est pas la seule possible. La même perspective peut être obtenue en opérant différemment : utiliser, par exemple, davantage les fuyantes issues de **P** ou employer d'autres points d'égale résection.

parallélépipède rectangle « enveloppant » la maison. Ce volume, dit volume d'encombrement ou boîte d'épannelage, est couramment utilisé quand la pièce à représenter est constituée de plusieurs volumes accolés. Les longueurs des côtés de ce volume sont égales aux plus grandes dimensions de la maison suivant les trois directions.

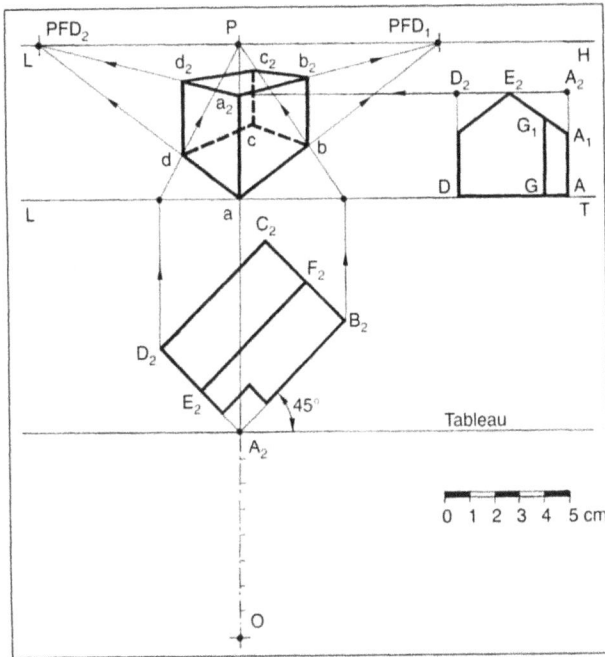

Fig. 9.24

Étape 2 (fig. 9.25)

▶ représenter les deux pans de toiture en perspective, à l'aide de la vue de face (arêtes verticales **DD₁** et **AA₁**) et de la vue de dessus (ligne de faîtage **E₂F₂**).

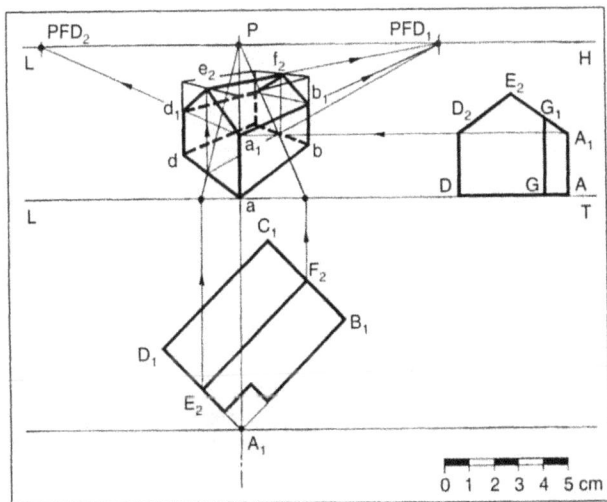

Fig. 9.25

Remarque : les toitures, qui constituent des faces inclinées, peuvent également être tracées à partir de leurs propres points de fuite (voir le chapitre 11).

Étape 3 (fig. 9.26)

▶ représenter le décrochement avant de la façade à l'aide de la vue de dessus (points **G₁** et **K₁**).

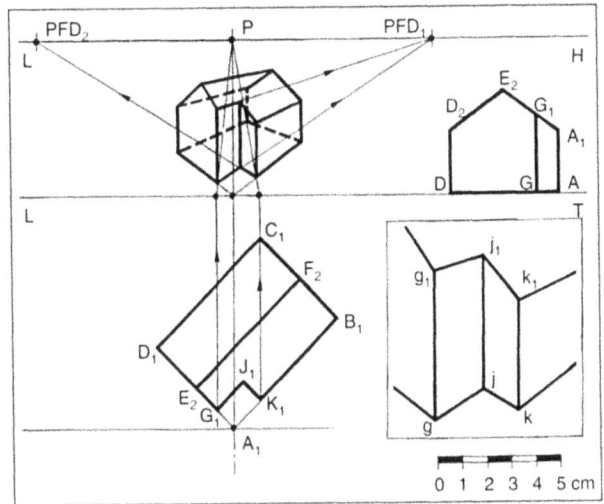

Fig. 9.26

Étape 4 (fig. 9.27)

La perspective peut être construite sans l'aide des vues de dessus et de face, en utilisant les points d'égale résection **PFR₁** et **PFR₂** et l'arête **aa₂** comme échelle des hauteurs.

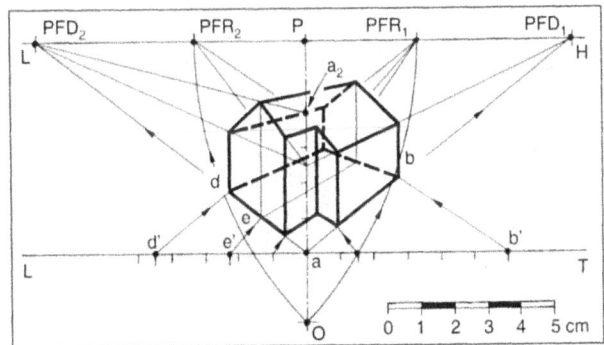

Fig. 9.27

9.2.6 La perspective oblique d'une maison contemporaine

Soit une maison contemporaine composée de trois blocs prismatiques, à représenter en perspective oblique (fig. 9.28). L'arête verticale **AA₁** est sur le tableau.

PARAMÈTRES RETENUS	
Dimensions de la maison	Voir la figure 9.28
Hauteur de l'œil	Égale à 7 cm
Position latérale de l'œil	**A** est situé sur **PO**
Distance œil-objet = Distance œil-tableau	Égales à 9 cm
Orientation du tableau	**AB** fait un angle de 30° avec le tableau

Étape 1 (fig. 9.29)

▶ tracer **LT**, **LH** et le tableau ;

▶ dessiner la vue de dessus et la vue de face. Situer **PF₂** sur **LH** (**PF₁** est inaccessible) ;

Vue de face

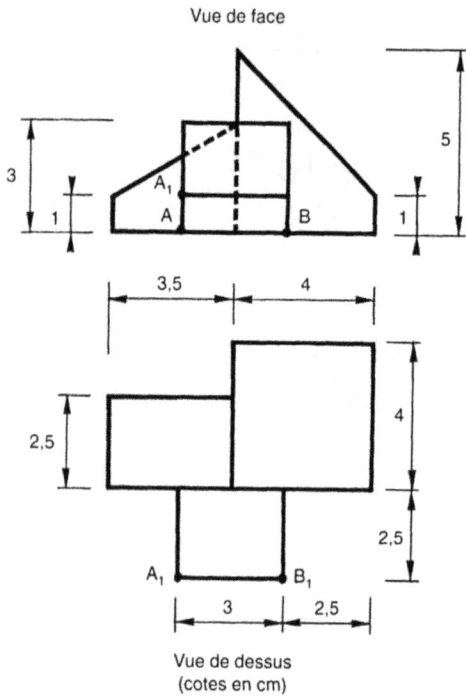

Fig. 9.28

Vue de dessus
(cotes en cm)

Étape 2 (fig. 9.30 et 9.31)

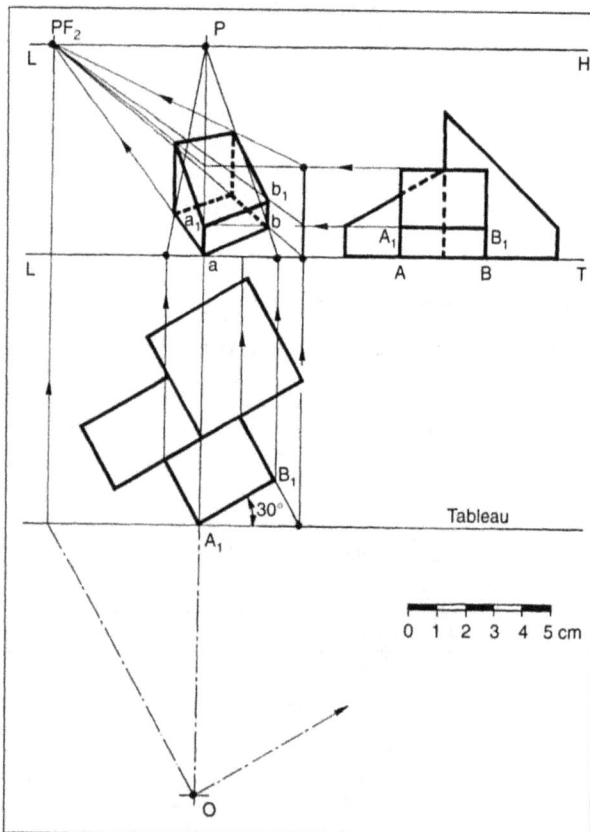

Fig. 9.30

▶ représenter le bloc qui est en contact avec le tableau. Dans cet exemple, la figure est construite directement sans passer par le volume d'encombrement. Ces tracés font appel à la méthode des points de fuite (**P** et **PF₂**) et à celle des prolongements. Une échelle des hauteurs est également utilisée.

▶ représenter les deux autres blocs en utilisant les mêmes méthodes de tracés ;
▶ observer les arêtes cachées sur la figure 9.31.

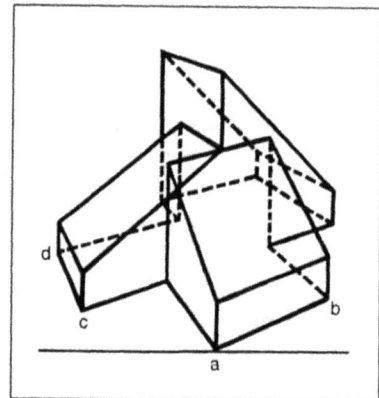

Fig. 9.31

Nota (fig. 9.32 et fig. 9.33)

Sur la figure 9.32, la hauteur de l'œil est modifiée : elle passe de 7 cm à 3 cm.

Sur la figure 9.33, c'est l'orientation de la maison par rapport au tableau qui est différente. L'arête **DC** fait un angle de 60° avec le tableau.

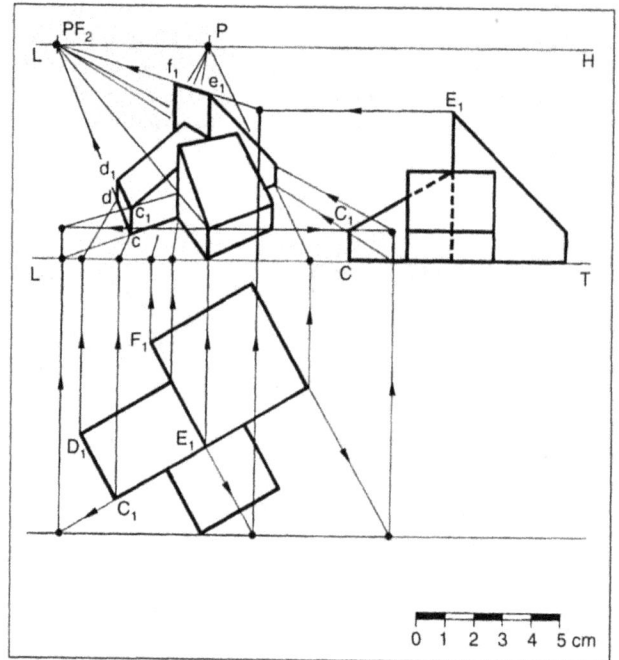

Fig. 9.29

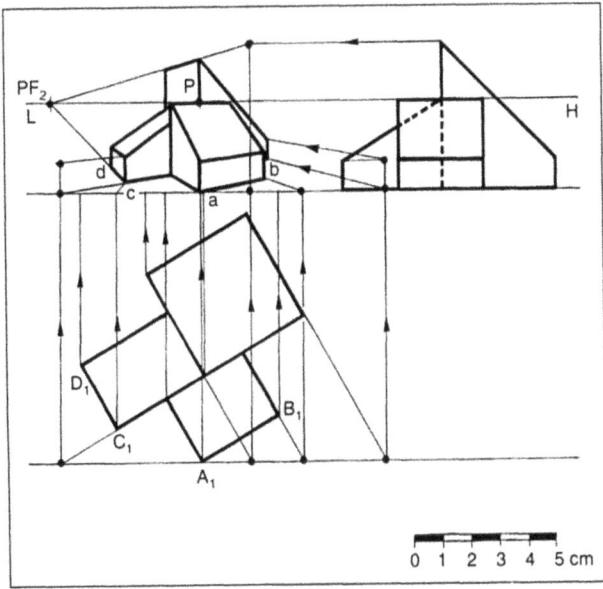

Fig. 9.32

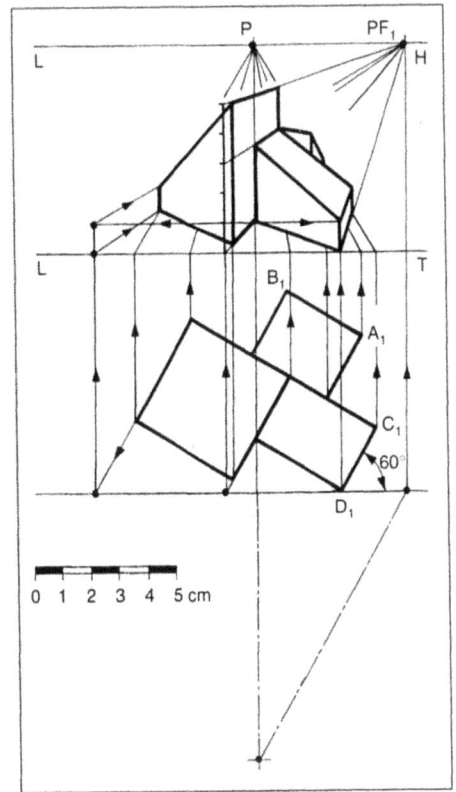

Fig. 9.33

Chapitre 10

Les tracés pratiques

La mise en perspective demande souvent des constructions géométriques telles que diviser une arête fuyante en plusieurs parties égales, fragmenter une face en surfaces égales, tracer des fuyantes dont les points de fuite sont inaccessibles. Ces tracés peuvent s'effectuer directement sur la perspective sans utiliser la vue de dessus de l'objet.

10.1. Diviser une fuyante en plusieurs parties

10.1.1 Division en parties égales

Données (fig. 10.1)

Soit une arête fuyante horizontale **af** dont la position en perspective est connue. On souhaite diviser la longueur réelle **AF** en cinq parties égales.

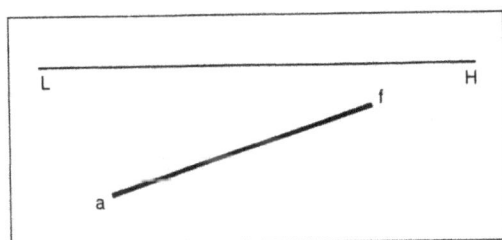

Fig. 10.1

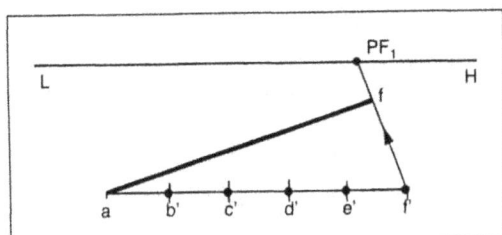

Fig. 10.2

Étape 1 (fig. 10.2)

▶ tracer à partir de **a** (ou de **f**) un segment parallèle à **LH** ;

▶ porter sur celui-ci cinq segments identiques de longueur quelconque (**ab' = b'c' = c'd' = d'e' = e'f'**) ;

▶ tracer le segment passant par **f'** et **f** pour obtenir sur **LH** le point de fuite **PF₁**.

Étape 2 (fig. 10.3)

tracer les fuyantes issues de **PF₁** et passant par les points **b'**, **c'**, **d'** et **e'** ;

les divisions obtenues sur **af** correspondent à des intervalles réguliers sur **AF**.

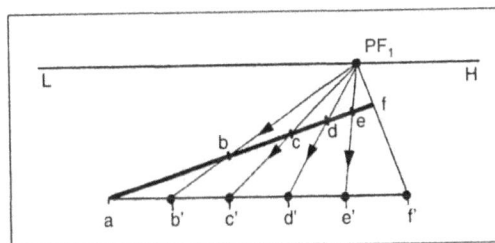

Fig. 10.3

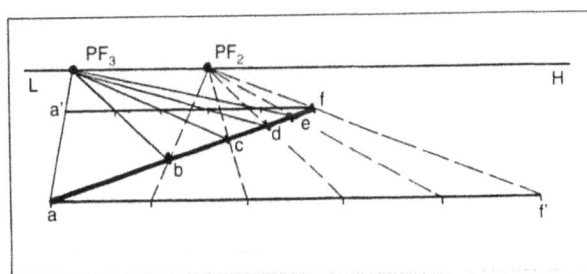

Fig. 10.4

Nota (fig. 10.4)

Pour une fuyante donnée et pour un même nombre de parties égales, les divisions obtenues sont toujours les mêmes, quelle que soit la position du point de fuite sur **LH**.

Exemple (fig. 10.5)

Soit une maison représentée en perspective oblique. On souhaite placer sur la façade deux fenêtres et trois pans de mur de même largeur. On utilise la méthode de division en parties égales pour répartir correctement les intervalles.

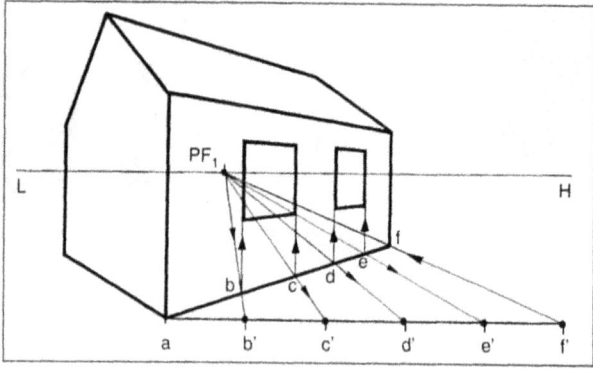

Fig. 10.5

10.1.2 Division en parties inégales

Le tracé ressemble au précédent mais les divisions portées sur le segment horizontal doivent être proportionnelles aux valeurs réelles des intervalles.

Exemple (fig. 10.6)

On souhaite représenter sur la façade de la maison une porte et une fenêtre disposées à intervalles irréguliers.

Les largeurs des murs, de la porte et de la fenêtre étant connues, l'ensemble est reporté sur l'horizontale **af'** à une échelle donnée.

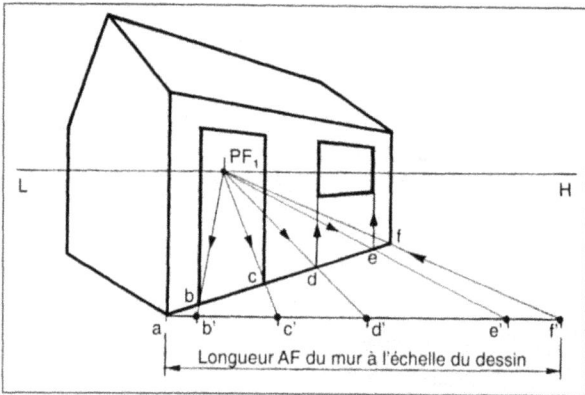

Fig. 10.6

10.2. Diviser une face rectangulaire en plusieurs parties

10.2.1 Division en deux parties égales

Rappels (fig. 10.7)

On peut diviser un rectangle en deux parties égales en traçant les diagonales puis en menant par **M** une parallèle au petit ou au grand côté.

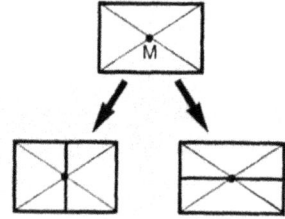

Fig. 10.7

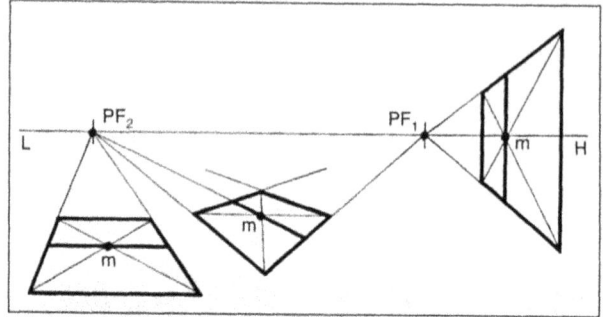

Fig. 10.8

Application à la perspective (fig. 10.8)

La même construction peut être employée pour la division des faces horizontales ou verticales fuyantes.

Nota (fig. 10.9)

Le tracé décrit au paragraphe 10.1.1 permet également de diviser les surfaces.

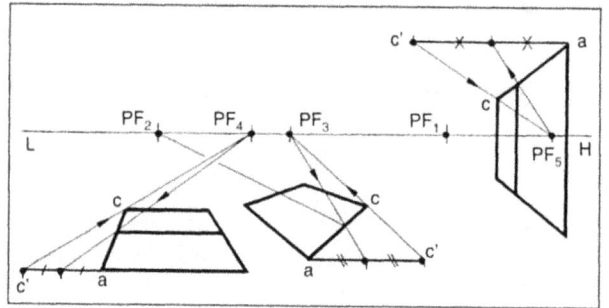

Fig. 10.9

Exemple (fig. 10.10)

Soit une maison représentée en perspective oblique. On utilise cette méthode pour déterminer l'emplacement du faîtage de la toiture.

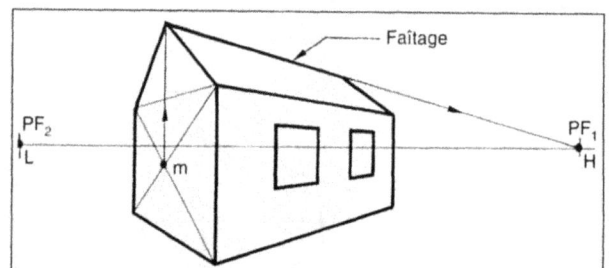

Fig. 10.10

10.2.2 Division en trois parties égales

Rappels (fig. 10.11)

On peut diviser un rectangle en trois parties égales en procédant ainsi :

▶ représenter les diagonales, placer **M** et tracer le segment **EF** passant par **M** ;

▶ tracer les deux obliques **AF** et **EC** puis diviser, à partir des deux points d'intersection obtenus **N** et **P**, le rectangle en trois parties verticales ou horizontales.

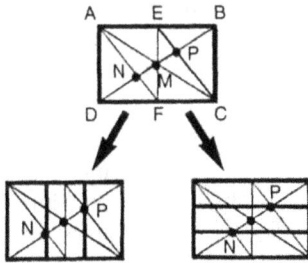

Fig. 10.11

Application à la perspective (fig. 10.12)

La même construction peut être employée pour la division des faces horizontales ou verticales fuyantes.

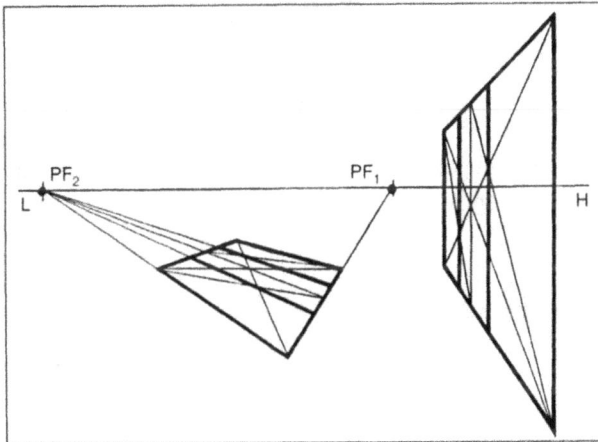

Fig. 10.12

Exemple (fig. 10.13)

Soit un élément bas de cuisine représenté en perspective oblique. On utilise cette méthode pour déterminer la grandeur apparente des portes (de largeur égale) sur la face fuyante.

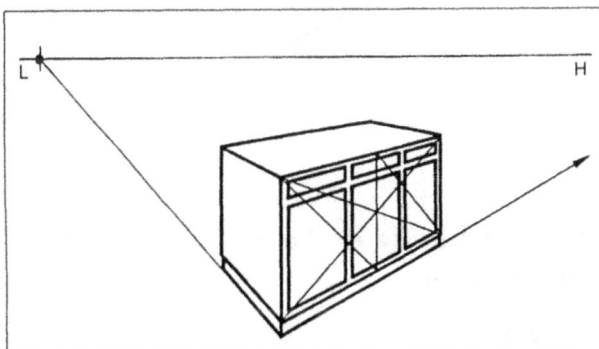

Fig. 10.13

10.3. Tracer une fuyante dont le point de fuite est inaccessible

10.3.1 Introduction

Lorsqu'un point de fuite est inaccessible, on peut soit utiliser la méthode des prolongements pour réaliser la perspective, soit employer les constructions géométriques détaillées ci-dessous.

10.3.2 Méthode des divisions proportionnelles

Données (fig. 10.14)

Soit deux arêtes fuyantes (ou une arête fuyante et la ligne d'horizon) connues en direction et dont le point de fuite **PF₂** est inaccessible.

On souhaite mener par un point **m** connu une arête ayant **PF₂** comme point de fuite.

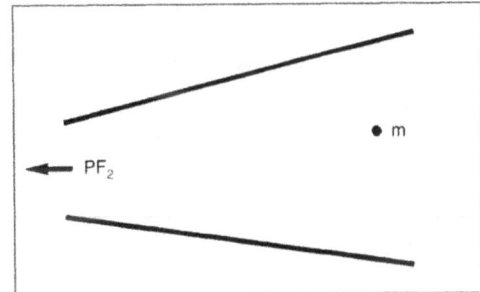

Fig. 10.14

Étape 1 (fig. 10.15)

▶ tracer une verticale passant par **m** ; soit **x** et **y** les longueurs des segments situés de part et d'autre de **m** ;

▶ tracer une seconde verticale éloignée le plus possible de la précédente ; soit **a** et **b** les points d'intersection avec les fuyantes.

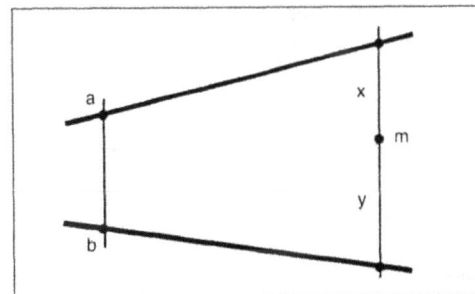

Fig. 10.15

Étape 2 (fig. 10.16)

▶ sur une oblique d'inclinaison quelconque, tracée à partir de **b**, situer les points **c** et **d** tels que : **bc = y** et **cd = x** (si l'on trace l'oblique à partir de **a**, ce sont les longueurs **x** et **y** qu'il faut successivement reporter) ;

▶ tracer **ad** puis mener à partir de **c** une parallèle à **ad** qui coupe **ab** en **e**. La droite passant par les points **e** et **m** est la fuyante recherchée.

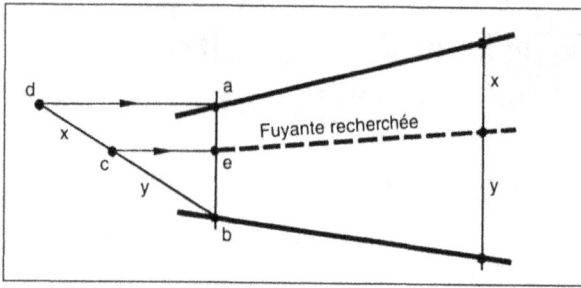

Fig. 10.16

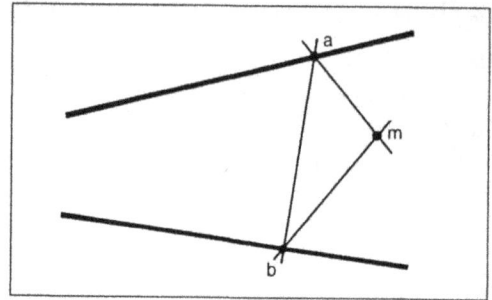

Fig. 10.19

Nota (fig. 10.17)

Cette méthode peut également être utilisée quand la fuyante est située à l'extérieur des deux autres.

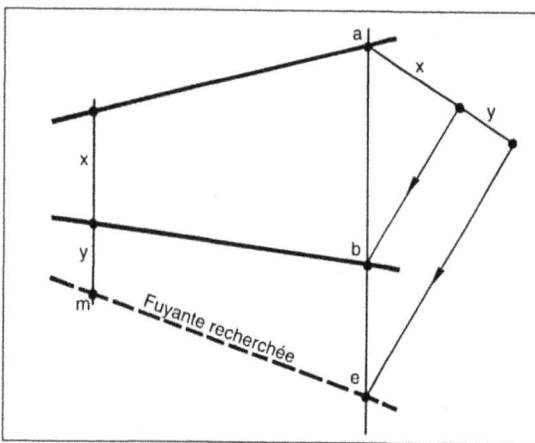

Fig. 10.17

10.3.3 Méthode des triangles semblables

Données (fig. 10.18)

Soit deux arêtes fuyantes (ou une arête et la ligne d'horizon) connues en direction et dont le point de fuite PF_2 est inaccessible.

On souhaite mener par un point **m** connu une arête ayant PF_2 comme point de fuite.

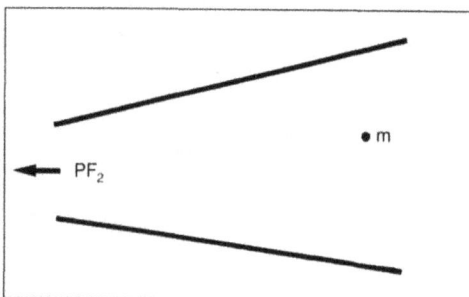

Fig. 10.18

Étape 1 (fig. 10.19)

▶ tracer deux obliques quelconques passant par **m** ; soit **a** et **b** les points obtenus sur les fuyantes ; joindre **a** à **b**.

Étape 2 (fig. 10.20)

▶ tracer **cd** parallèle à **ab** ;

▶ par **c** mener une parallèle à **am** et par **d** une parallèle à **bm**. Soit **e** leur point d'intersection. La droite passant par les points **e** et **m** est la fuyante recherchée.

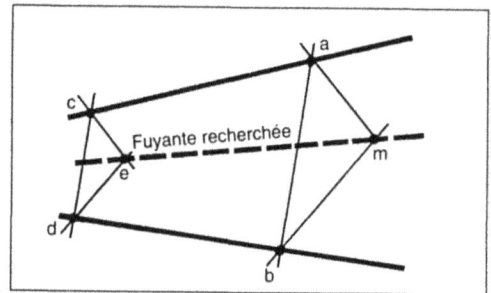

Fig. 10.20

Remarque : éloigner le plus possible les deux triangles pour obtenir un tracé précis de la fuyante.

Nota (fig. 10.21)

Cette méthode peut également s'appliquer quand la fuyante est située à l'extérieur des deux autres.

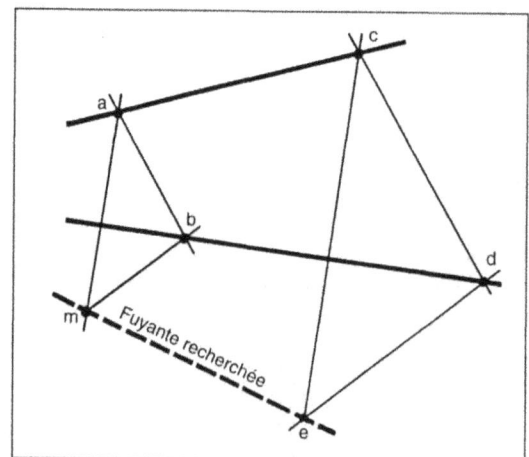

Fig. 10.21

10.3.4 Méthode de l'échelle des hauteurs

Données (fig. 10.22)

Soit la ligne d'horizon et une fuyante connue dont le point de fuite PF_1 est inaccessible.

On souhaite mener par un point **m** connu une arête ayant **PF₁** comme point de fuite.

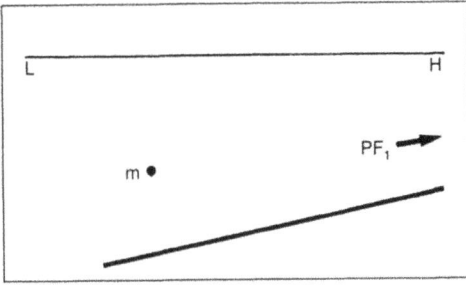

Fig. 10.22

Étape 1 (fig. 10.23)
▶ tracer la verticale passant par **m** ;
▶ à partir d'un point de fuite **PF₂** quelconque situé sur **LH**, mener deux fuyantes passant par les points **m** et **a**.

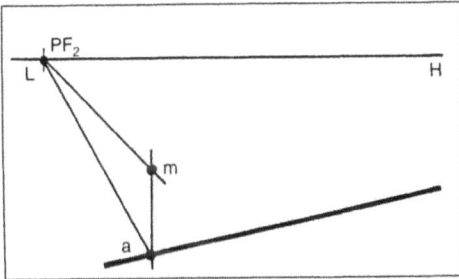

Fig. 10.23

Étape 2 (fig. 10.24)
▶ par un point **c** situé sur la fuyante connue, mener une horizontale qui coupe **PF₂a** en **e** ;
▶ tracer le segment vertical **ef** puis l'horizontale passant par **f** qui coupe la verticale menée par **c** en **d**. La droite passant par les points **m** et **d** est la fuyante recherchée.

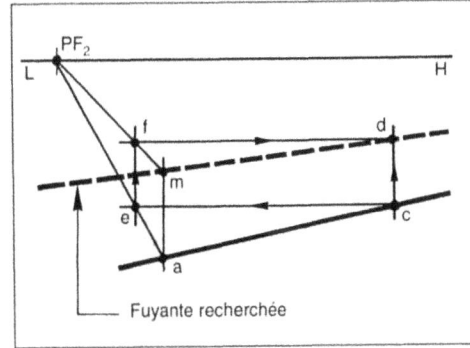

Fig. 10.24

Remarque : éloigner le plus possible **PF₂** de **m** pour obtenir des tracés précis. Pour la même raison, tracer le segment **ec** le plus long possible.

Les deux fuyantes issues de **PF₂** constituent une échelle des hauteurs (les segments **EF** et **DC** sont de même hauteur).

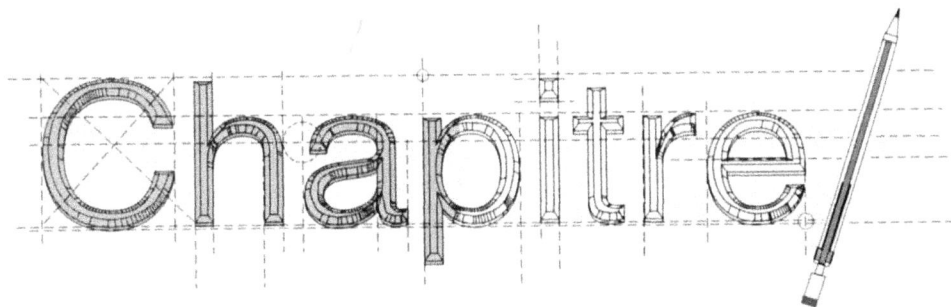

Chapitre 11

Les faces inclinées

Jusqu'à présent, pour représenter une face inclinée en perspective, il fallait mettre en perspective le plan vertical correspondant à la partie supérieure de la face puis celui correspondant à la partie inférieure, et joindre obliquement les deux plans pour obtenir la face inclinée fuyante. Cette méthode, qui peut être suffisante pour représenter une seule face inclinée, est longue et souvent imprécise quand il s'agit de plusieurs faces. Il est alors préférable de rechercher et de placer les points de fuite propres aux faces inclinées, puis d'effectuer les tracés à partir de ceux-ci. Mais avant d'aborder ces constructions, il est nécessaire de définir les lignes de fuite d'un plan et de présenter les caractéristiques des faces inclinées.

11.1. Les lignes de fuite

11.1.1 Définitions et propriétés

La ligne située à l'infini d'un plan est appelée **ligne de fuite** du plan. La ligne de fuite d'un plan et de tous ceux qui lui sont parallèles réunit les points de fuite des images des droites fuyantes contenues dans ce plan.

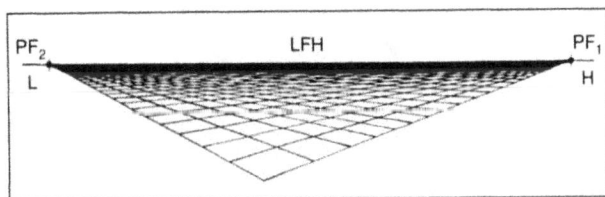

Fig. 11.1

L'emplacement de la ligne de fuite change suivant la position du plan, à savoir :

▶ si le plan est horizontal, la ligne de fuite est la ligne d'horizon. La figure 11.1 représente une très grande surface horizontale carrelée observée en perspective oblique. La ligne qui joint les deux points de fuite est la ligne de fuite horizontale ou **LFH** ;

▶ quand la face est verticale, sa ligne de fuite est verticale (**LFV**). Elle se superpose à la verticale passant par **P** si la face est de profil (perpendiculaire au tableau et au sol) (fig. 11.2) ;

▶ si la face est inclinée, sa ligne de fuite est oblique (**LFO**) (fig. 11.3).

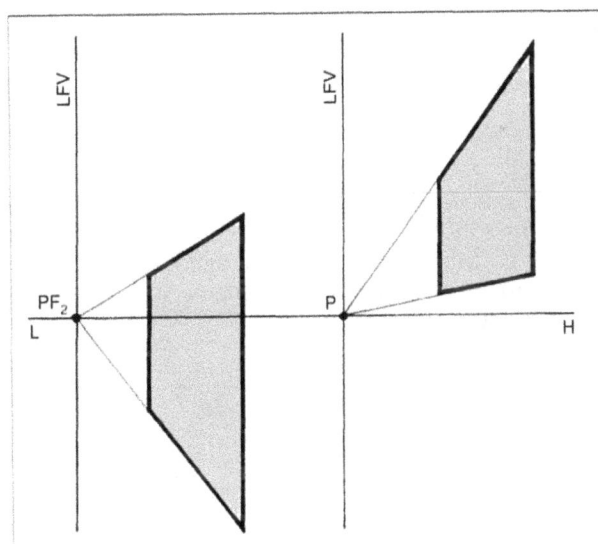

Fig. 11.2

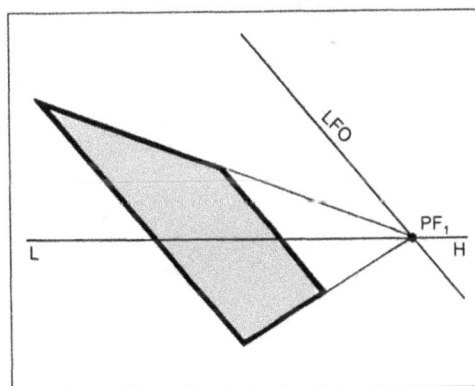

Fig. 11.3

11.1.2 Exemples

Soit une face polygonale verticale **ABCD** observée en perspective oblique (fig. 11.4).

Les segments horizontaux **ab** et **ec** fuient en direction de **PF₁**. La verticale passant par **PF₁** est la ligne de fuite verticale de la face. Elle porte tous les points de fuite des images des droites contenues dans la face. Ainsi **PF₃**, point de fuite de l'arête inclinée **ed**, est situé sur **LFV**. **PF₅** est le point de fuite de la diagonale **ac** et des segments qui lui sont parallèles.

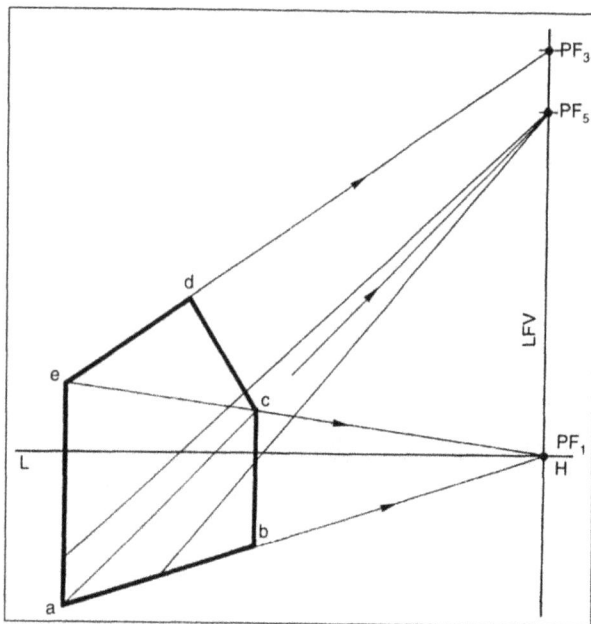

Fig. 11.4

Complétons la figure précédente pour obtenir une petite maison (fig. 11.5). L'arête **ed** est commune au mur et au versant du toit rectangulaire **edkm**. Les arêtes **ed** et **mk** admettent le même point de fuite **PF₃** (**ED** est parallèle à **MK**).

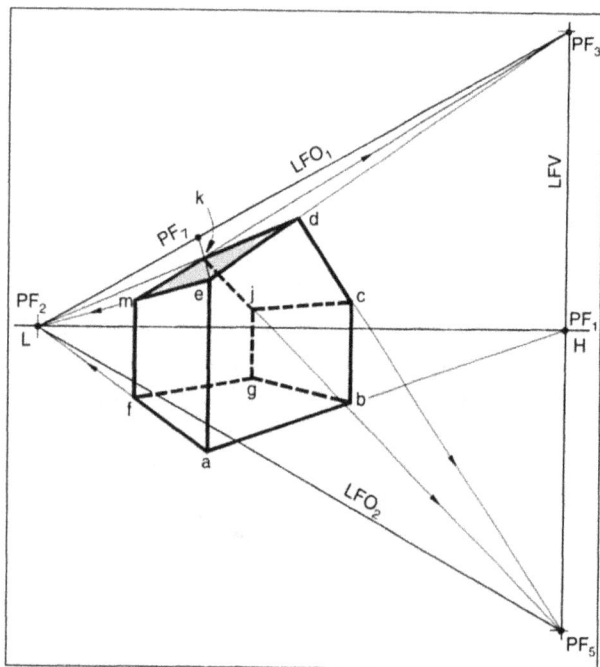

Fig. 11.5

La ligne passant par les points **PF₃** et **PF₂** est la ligne de fuite oblique du pan de toiture (**LFO₁**). Elle porte tous les points de fuite des images des droites appartenant au pan dont **PF₇**, point de fuite de la diagonale **ek**.

Les arêtes inclinées **cd** et **jk** de l'autre pan de toiture fuient en direction de **PF₅**. **LFO₂** est la ligne de fuite oblique de ce versant.

Si la maison est représentée en perspective frontale, les lignes de fuite des toitures sont horizontales (fig. 11.6).

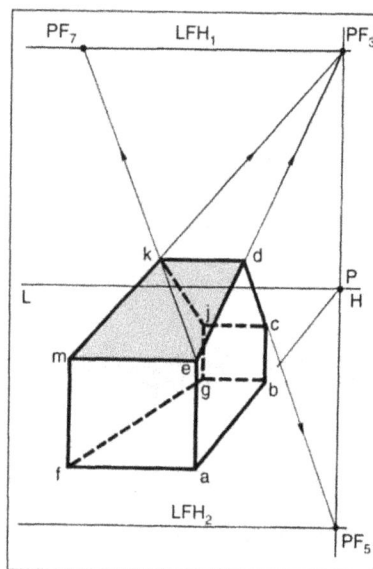

Fig. 11.6

Remarque : **PF₃** et **PF₅** sont parfois appelés points de fuite accidentels.

11.2. Les caractéristiques des faces inclinées

Pour rendre plus compréhensibles les figures suivantes, on suppose que toute face inclinée est le côté incliné d'un prisme en forme de cale (fig. 11.7).

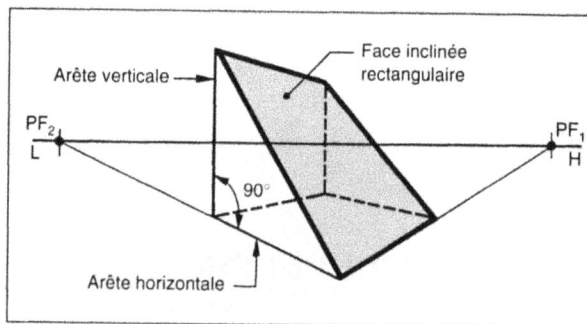

Fig. 11.7

11.2.1 Les différentes positions

Par rapport au tableau, une face inclinée peut prendre trois positions différentes.

1. Ses deux arêtes inclinées sont parallèles au tableau (fig. 11.8). En perspective, la face ne possède qu'un seul point de fuite situé sur **LH**. Si les deux arêtes horizontales sont en même temps perpendiculaires au tableau, le point de fuite de la face inclinée est **P**.

2. Ses arêtes horizontales, supérieure et inférieure, étant parallèles au sol et au tableau, **la face inclinée est parallèle à la ligne de terre** (fig. 11.9). En perspective, la face possède un seul point de fuite, situé sur la verticale passant par **P,** soit au-dessus de **LH,** soit au-dessous.

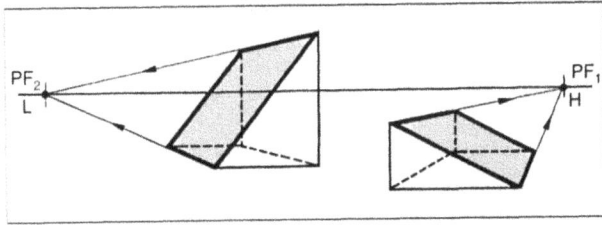

Fig. 11.8

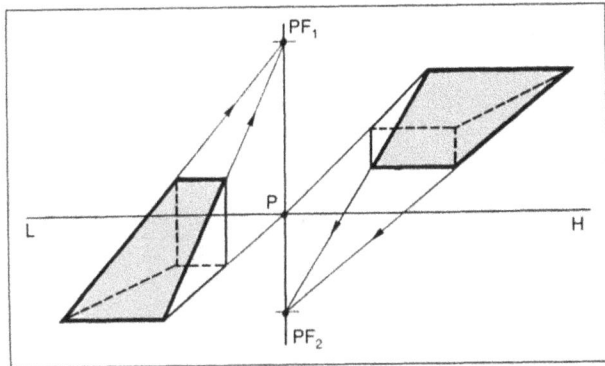

Fig. 11.9

3. La face inclinée est disposée de façon quelconque par rapport au tableau, tout en conservant ses deux arêtes supérieure et inférieure horizontales (fig. 11.10). En perspective, elle admet deux points de fuite. Celui des arêtes horizontales est situé sur **LH.** Le second point, vers lequel convergent les deux arêtes inclinées, est placé au-dessus ou au-dessous de **LH.**

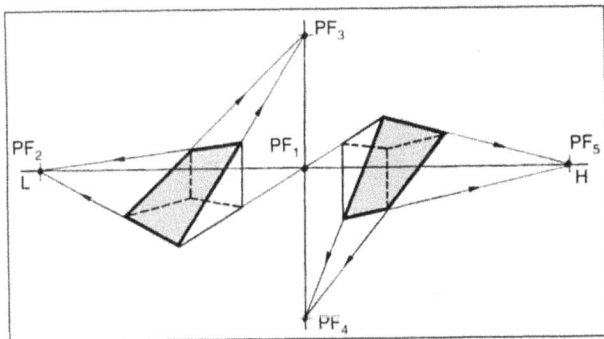

Fig. 11.10

11.2.2 Les différents types de faces inclinées

On distingue deux types de faces inclinées.

1. La face inclinée montante ou ascendante (fig. 11.11), dont l'extrémité la plus haute est la plus éloignée de l'œil. **Sa ligne de fuite est située au-dessus de LH.**

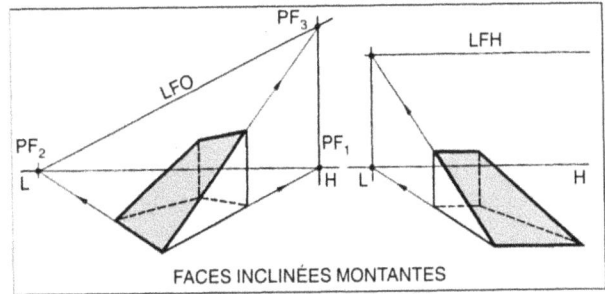

FACES INCLINÉES MONTANTES

Fig. 11.11

2. La face inclinée descendante (fig. 11.12), dont l'extrémité la plus haute est la plus proche de l'œil. **Sa ligne de fuite est située au-dessous de LH.**

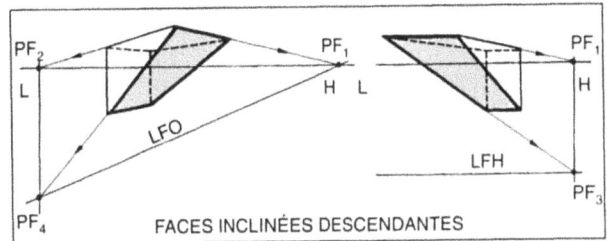

FACES INCLINÉES DESCENDANTES

Fig. 11.12

11.2.3. Exemples

La figure 11.13 représente une maison et un appentis.

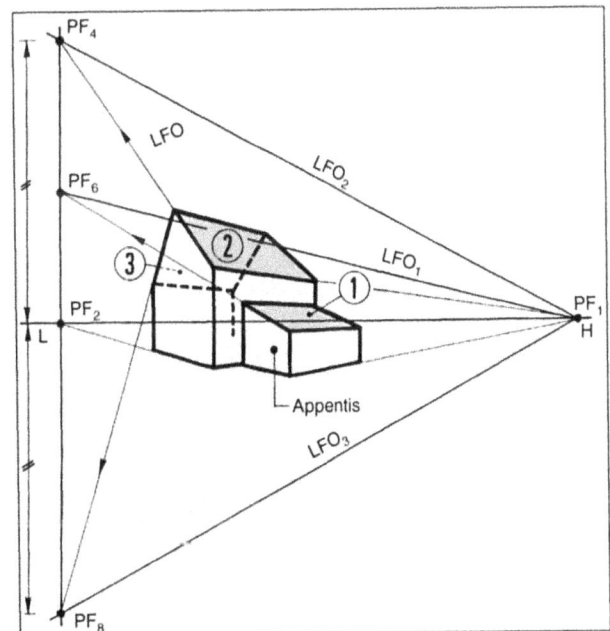

Fig. 11.13

On observe la présence de trois faces inclinées :

▶ **la face ①** (toit de l'appentis) est montante : sa ligne de fuite **LFO$_1$** est située au-dessus de **LH** ;

▶ **la face ②** (pan de toiture de la maison) est montante : sa ligne de fuite **LFO$_2$** est située au-dessus de **LH** ;

▶ **la face ③** (l'autre pan de toiture) est descendante : sa ligne de fuite **LFO$_3$** est située au-dessous de **LH.**

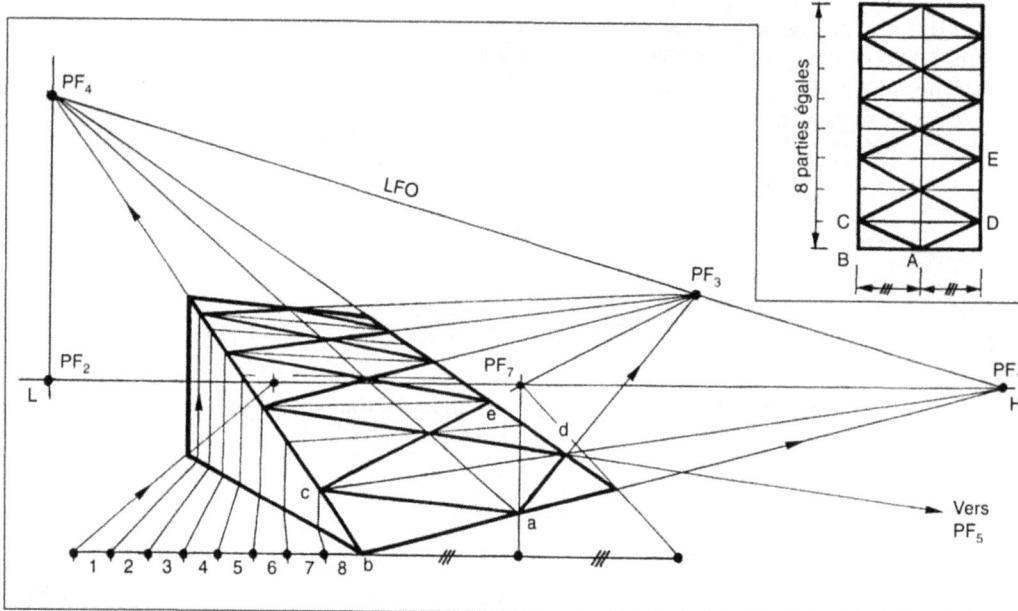

Fig. 11.14

Les deux pans de toiture de la maison étant symétriques (plan vertical de symétrie), les distances qui séparent les points **PF₂** de **PF₄** d'une part et **PF₂** de **PF₈** d'autre part sont égales.

La figure 11.14 représente une face inclinée ascendante décorée de motifs géométriques en forme de losanges.

LFO est la ligne de fuite oblique de la face. On effectue le report des mesures nécessaires au tracé des losanges par divisions proportionnelles. On détermine la position de **PF₃** sur **LFO** en prolongeant le segment **ad** ou mieux, le segment **ce** car il est plus long. **PF₃** est le point de fuite de tous les segments parallèles à **AD**. Les losanges admettent un second point de fuite **PF₅**, inaccessible, situé sur **LFO**.

Remarque : on peut dessiner la frise sans utiliser **PF₃**, mais le tracé demande plus de temps et il est moins précis, surtout pour la partie la plus éloignée de la frise.

11.3. Les faces inclinées parallèles à la ligne de terre

11.3.1 Mise en perspective par la méthode courante

Soit une face carrée inclinée descendante **ABCD** parallèle à la ligne de terre (fig. 11.15). Les caractéristiques de la face et les paramètres perspectifs sont les suivants :

Caractéristiques de la face inclinée	$AD = AB = 7$ cm et $\alpha = 20°$

PARAMÈTRES RETENUS	
Hauteur de l'œil	Égale à 4 cm
Position latérale de l'œil	**A** est situé à 3 cm à gauche de **PO**
Distance œil-objet = Distance œil-tableau	Égales à 5 cm

PARAMÈTRES RETENUS	
Orientation du tableau	**AB** est placé dans le tableau

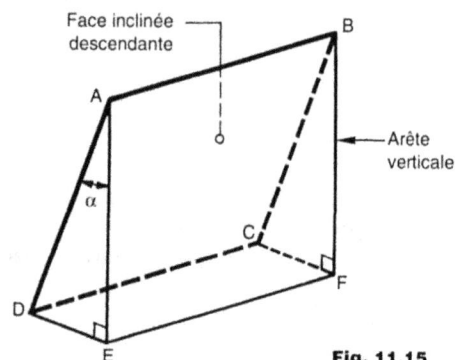

Fig. 11.15

Étape 1 (fig. 11.16)

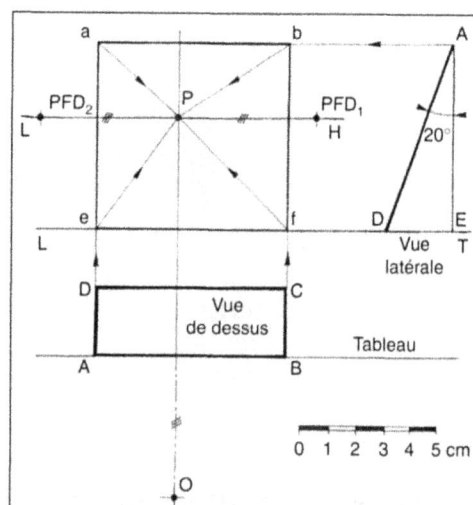

Fig. 11.16

▶ mettre en place **LT**, **LH** le tableau et l'œil ;

▶ situer **P** et les points de distance **PFD₁** et **PFD₂** ;

▶ représenter la vue de dessus du prisme et la vue latérale ;

▶ tracer le rectangle **abfe** et représenter les quatre fuyantes passant par **P**.

Étape 2 (fig. 11.17)

▶ à l'aide des points de distance, situer le point **c** sur la perspective, et tracer l'horizontale **cd** ;

▶ compléter la perspective. Les arêtes **bc** et **ad** fuient en direction d'un même point, **PF$_1$**, situé sur la verticale passant par **P**.

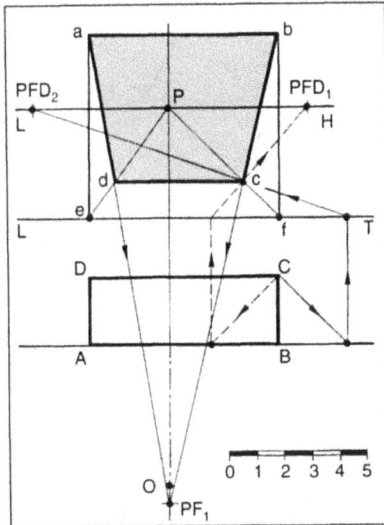

Fig. 11.17

Nota (fig. 11.18)

Procéder à l'identique pour la mise en perspective d'une **face inclinée montante**.

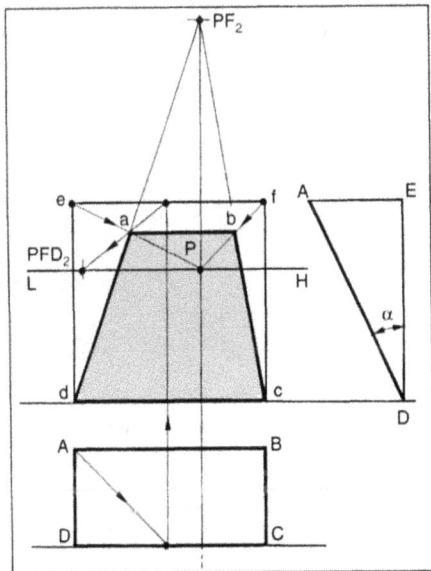

Fig. 11.18

11.3.2 Mise en perspective par rabattement

Principes

Soit la face inclinée descendante étudiée au paragraphe 11.3.1, telle qu'elle se présente par rapport au sol et au tableau (fig. 11.19).

Le rayon visuel oblique parallèle à **AD** et **BC** coupe le tableau en **PF$_1$**. L'angle α que fait ce rayon avec le tableau est égal à 20°. Pour faire apparaître cet angle en vraie grandeur dans le tableau et déterminer ainsi la position exacte de **PF$_1$**, il faut rabattre (faire pivoter), dans le plan du tableau, le triangle rectangle **POPF$_1$**. Ce rabattement permet de réaliser la perspective de la face inclinée sans l'aide des vues de face et de côté.

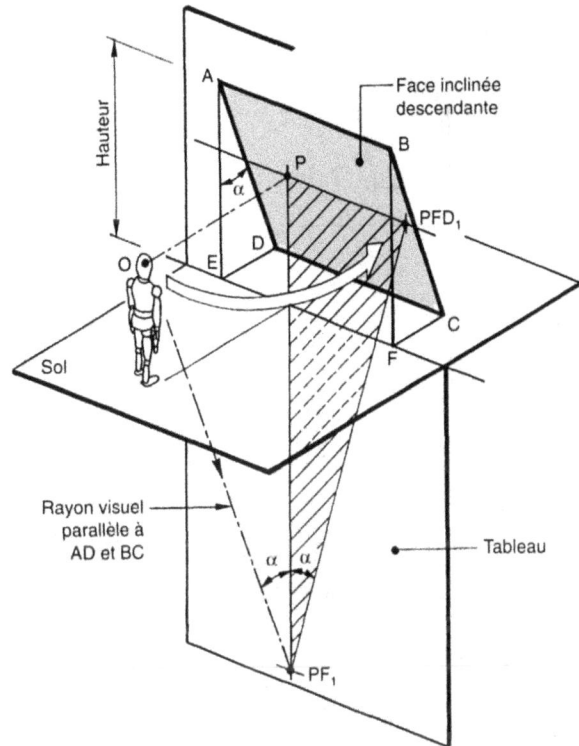

Fig. 11.19

Exemple (fig. 11.20)

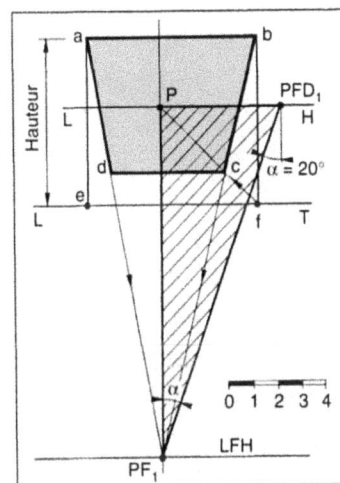

Fig. 11.20

La mise en perspective comprend les étapes suivantes :

▶ tracer le rectangle **abfe** avec **ae** = **bf** = cos 20° × 7 ≈ 6,6 cm ;

▶ tracer à partir de **PFD$_1$** (ou **PFD$_2$**) une oblique inclinée de 20° par rapport à la verticale pour obtenir directement **PF$_1$** ;

▶ tracer les fuyantes **PF₁a** et **PF₁b**, puis la fuyante **Pf** pour obtenir le point **c** ;

▶ compléter la perspective.

Remarque : si l'on rabat la distance **PF₁PFD₁** sur la ligne de fuite horizontale (**LFH**) de la face, on obtient **PF₃**, point de fuite de la diagonale **ac** (fig. 11.21). Il suffit ensuite de tracer la fuyante **PF₃a** pour obtenir le point **c**.

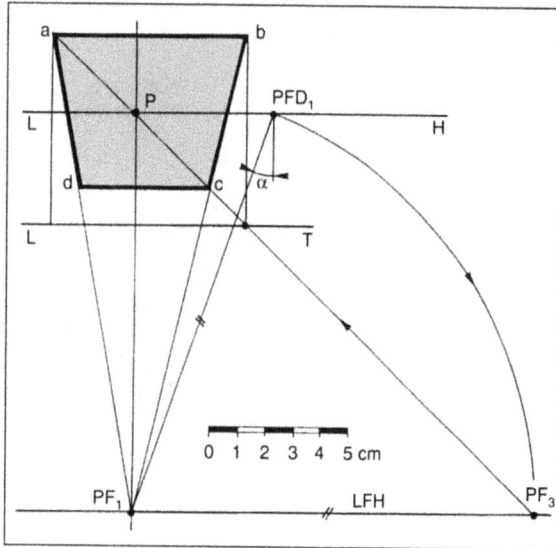

Fig. 11.21

Ce tracé, qui occupe souvent beaucoup de place sur la feuille, est surtout intéressant si l'on doit tracer, sur la perspective, plusieurs parallèles à **AC**.

Nota 1 (fig. 11.22)

Procéder à l'identique pour la mise en perspective d'une **face carrée inclinée montante.**

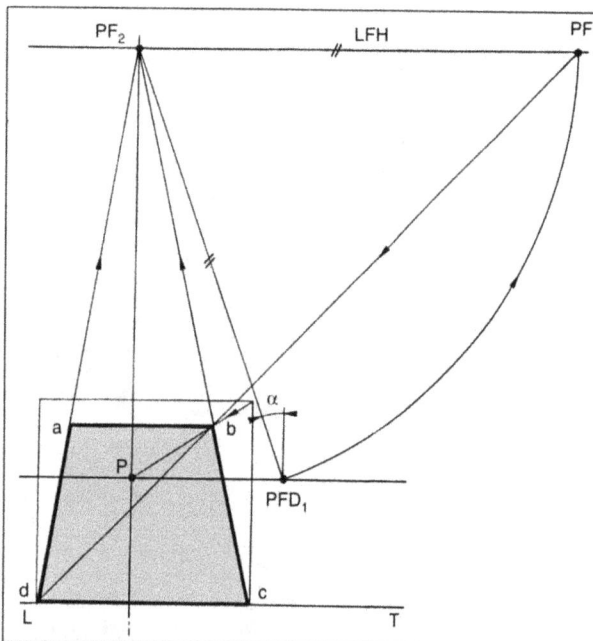

Fig. 11.22

Nota 2 (fig. 11.23)

Pour représenter une **face inclinée rectangulaire parallèle à la ligne de terre**, on effectue un tracé

identique à celui décrit précédemment, mais le point de fuite situé sur **LFH** ne peut être utilisé.

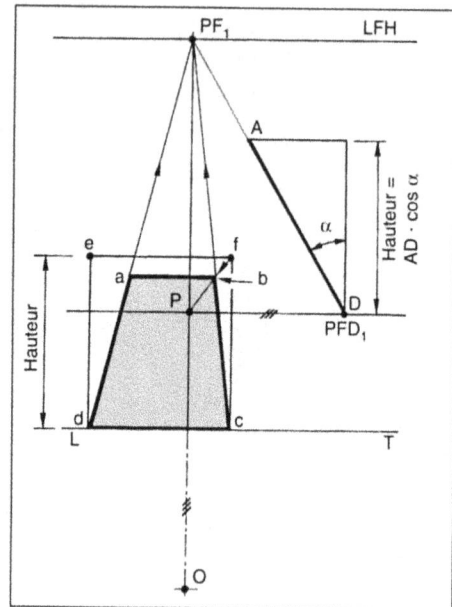

Fig. 11.23

11.4. Les faces inclinées quelconques

11.4.1 Mise en perspective par la méthode courante

Soit une face rectangulaire inclinée montante **ABCD** quelconque (fig. 11.24). Les caractéristiques de la face et les paramètres perspectifs sont les suivants :

Caractéristiques de la face inclinée	**AB** = 5 cm ; **AD** = 7 cm et α = 30°

PARAMÈTRES RETENUS	
Hauteur de l'œil	Égale à 4 cm
Position latérale de l'œil	C est situé à 1 cm à droite de PO
Distance œil-objet = Distance œil-tableau	Égales à 5 cm
Orientation du tableau	θ = 20°

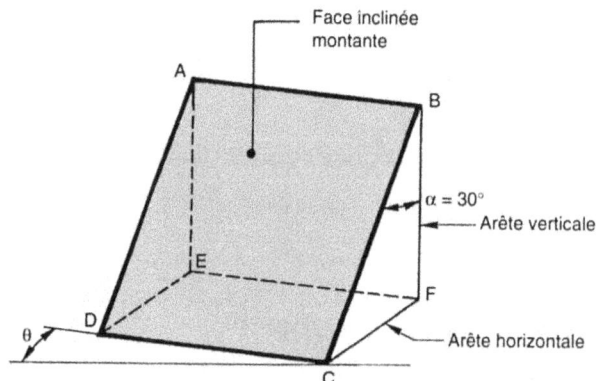

Fig. 11.24

Exemple (fig. 11.25)

▶ mettre en place **LT**, **LH**, le tableau, l'œil, **P** et représenter la vue de dessus du prisme ;

▶ situer **PF1** et tracer la perspective de la face horizontale fuyante **cdef** du prisme ;

▶ tracer les fuyantes issues de **PF₁** puis placer les points **a** et **b** pour obtenir la perspective de la face inclinée. Il est à noter que l'absence matérielle du point de fuite **PF₃** ne permet pas un tracé très précis de la face.

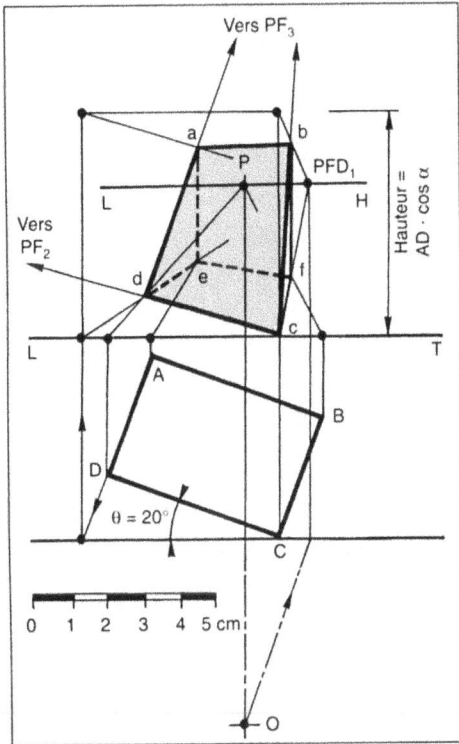

Fig. 11.25

11.4.2 Mise en perspective par simple rabattement

Principes

Soit la face inclinée montante étudiée au paragraphe 11.4.1, telle qu'elle se présente par rapport au sol et au tableau (fig. 11.26).

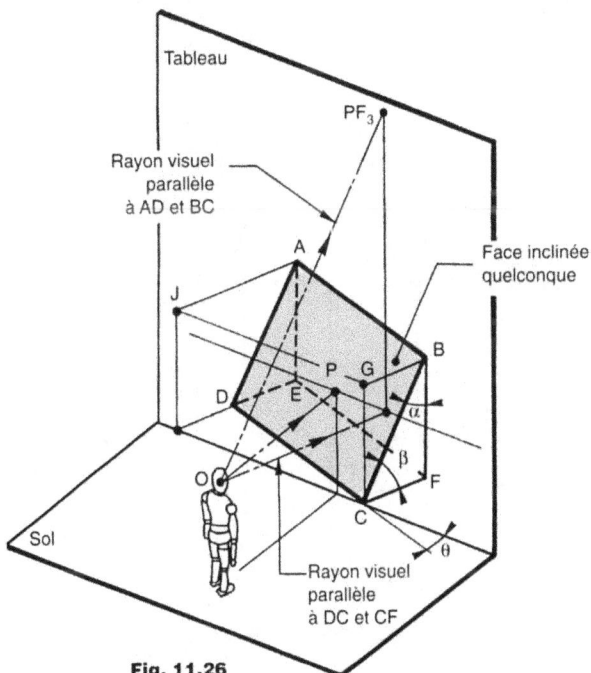

Fig. 11.26

Le triangle rectangle vertical **PF₃OPF₁**, parallèle aux deux faces latérales **BCF** et **ADE** du prisme, est rabattu sur le tableau en utilisant le côté **PF₃PF₁** comme charnière (fig. 11.27).

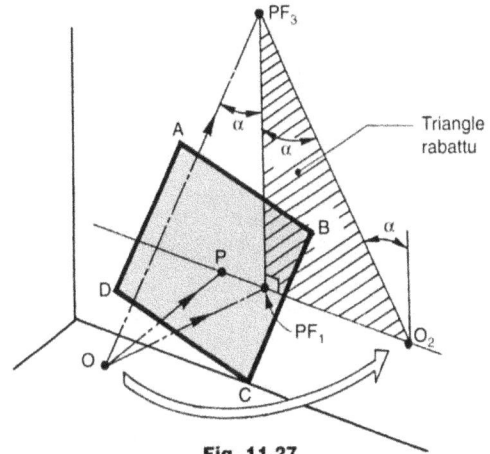

Fig. 11.27

Exemple (fig. 11.28)

Pour effectuer la mise en perspective de la face inclinée, on procède comme suit :

▶ représenter l'arête oblique **dc** ;

▶ tracer **PO₁** = distance œil-objet = 5 cm, puis reporter au compas, sur **LH**, la longueur **PF₁O₁** pour obtenir le point **O₂** ;

▶ dessiner le triangle rabattu avec $\beta = 60°$ ($\beta = 90° - \alpha$). Le sommet **PF₃** est le point de fuite des deux bords obliques de la face inclinée ;

▶ tracer les fuyantes **PF₃c** et **PF₃d** puis situer les points **a** et **b** à l'aide des fuyantes passant par **PF₁** ;

▶ compléter la perspective.

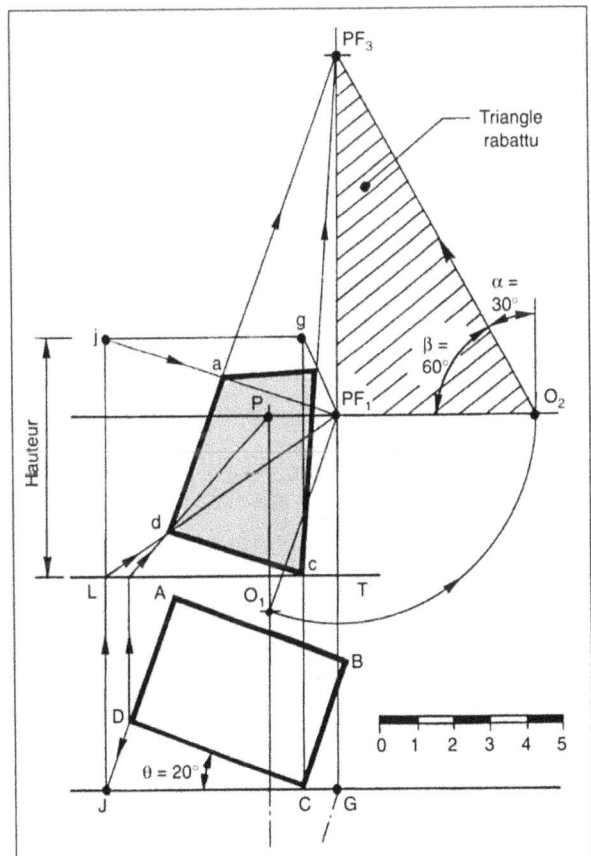

Fig. 11.28

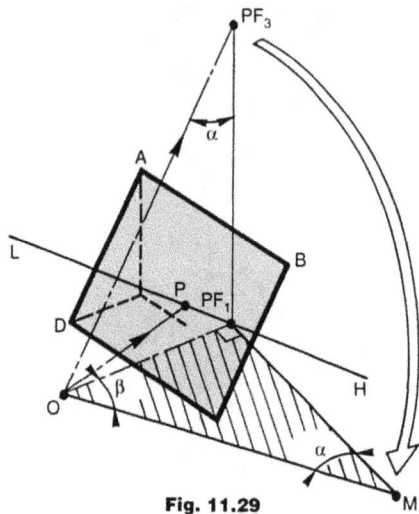

Fig. 11.29

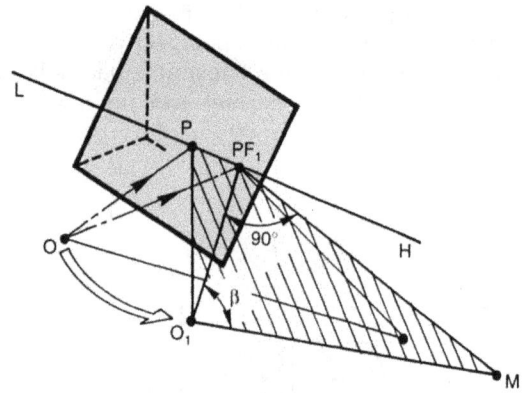

Fig. 11.30

11.4.3 Mise en perspective par double rabattement

Principes

Dans cette méthode on réalise deux rabattements successifs :

▶ le triangle rectangle vertical **PF₃OPF₁** est rabattu sur le plan d'horizon en utilisant le côté **OPF₁** comme charnière (fig. 11.29) ;

▶ ensuite, le quadrilatère horizontal **POMPF₁** est rabattu sur le tableau en utilisant le côté **PPF₁** comme charnière (fig. 11.30).

Exemple (fig. 11.31)

Pour effectuer la mise en perspective de la face inclinée, il convient de :

▶ représenter la face horizontale fuyante **dcfe** ;

▶ tracer le triangle rectangle **PO₁PF₁** ;

▶ tracer le triangle rectangle **PF₁O₁m** à partir de l'angle β = **60°** (β = **90° − α**),

▶ reporter au compas, sur la verticale passant par **PF₁**, la longueur **PF₁m** pour obtenir l'emplacement du point **PF₃** ;

▶ compléter le tracé de la face inclinée.

11.5. Quelques applications simples

11.5.1 Toiture à deux pans

Soit une toiture à deux pans égaux et une lucarne jacobine, à représenter en perspective oblique (fig. 11.32). Le sommet **A** est sur le tableau.

Dimensions de la toiture	Voir la figure 11.32
PARAMÈTRES RETENUS	
Hauteur de l'œil	Égale à 7 cm
Position latérale de l'œil	**A** est situé sur **PO**
Distance œil-objet = Distance œil-tableau	Égales à 8 cm
Orientation du tableau	**AD** fait un angle de 45° avec le tableau

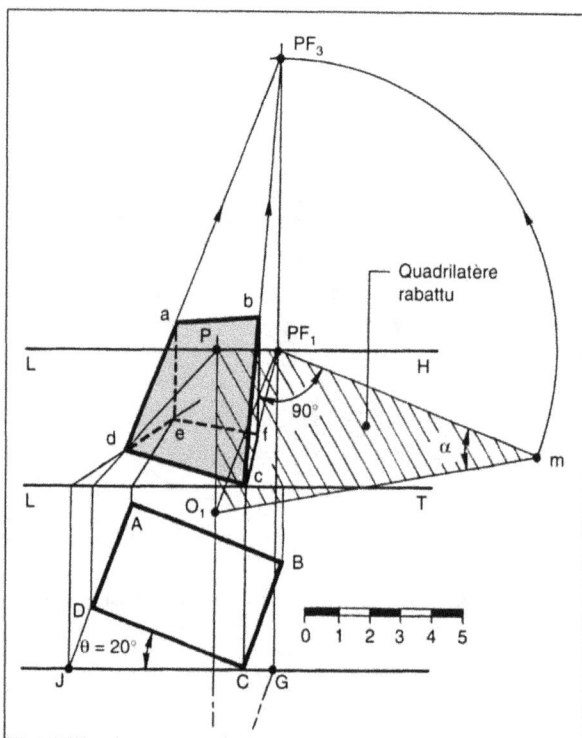

Fig. 11.31

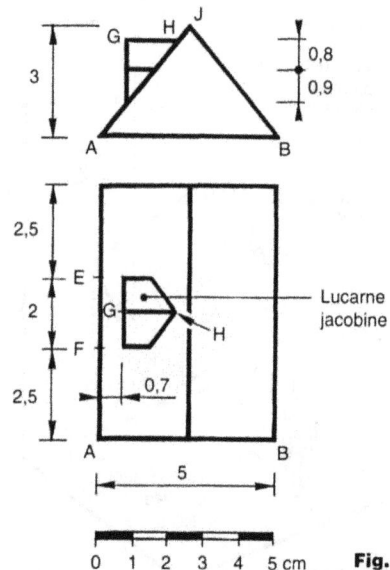

Fig. 11.32

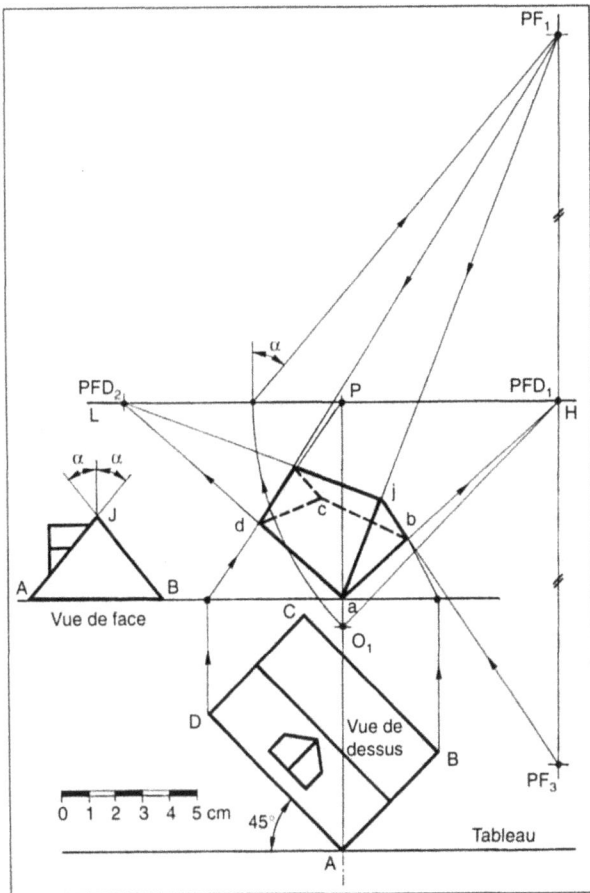

Fig. 11.33

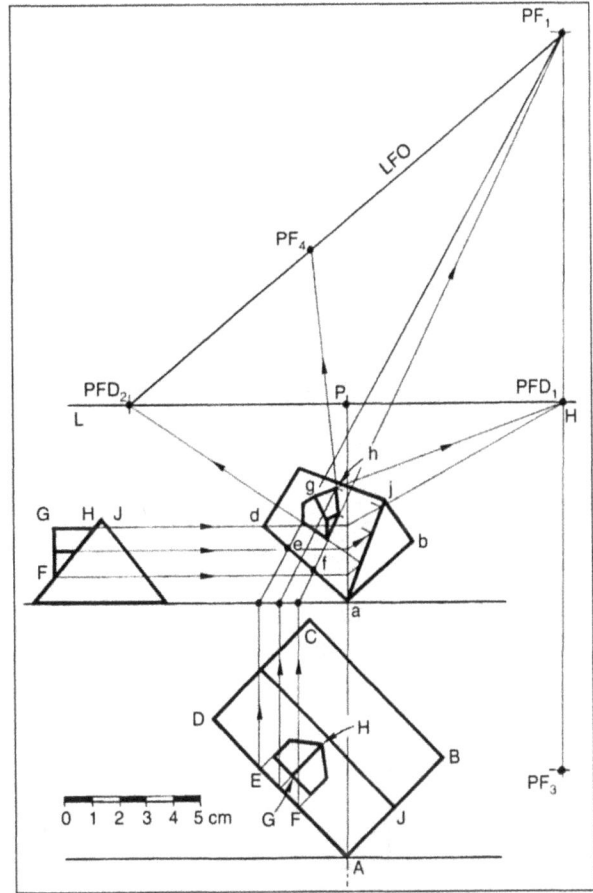

Fig. 11.34

Étape 1 (fig. 11.33)

▶ tracer **LT, LH**, le tableau, **P** et représenter les vues de dessus et de face. Situer **PFD₁** et **PFD₂** ;

▶ tracer la base **abcd** puis déterminer, par un rabattement, l'emplacement de **PF₁** sur la verticale passant par **PFD₁**. **PF₁** est le point de fuite de la face inclinée montante de la toiture et **PF₃** celui de la face inclinée descendante. Ces deux points sont situés à égale distance de **PFD₁** car les pans de toiture ont la même inclinaison α par rapport à la verticale ;

▶ à partir de ces deux points, tracer les arêtes inclinées des toitures et la ligne de faîtage (horizontale commune aux deux pans fuyant en direction de **PFD₂**).

Étape 2 (fig. 11.34)

Pour représenter la lucarne jacobine en perspective, il suffit de :

▶ placer sur l'arête **ad** les points de la lucarne issus de la vue de dessus ;

▶ placer sur l'arête inclinée **aj** les points de la lucarne issus de la vue de face ;

▶ tracer la lucarne à l'aide des deux points de distance et de **PF₁**.

Nota (fig. 11.35)

La figure peut être construite sans l'aide de la vue de dessus en utilisant les points d'égale résection **PFR₁** et **PFR₂**.

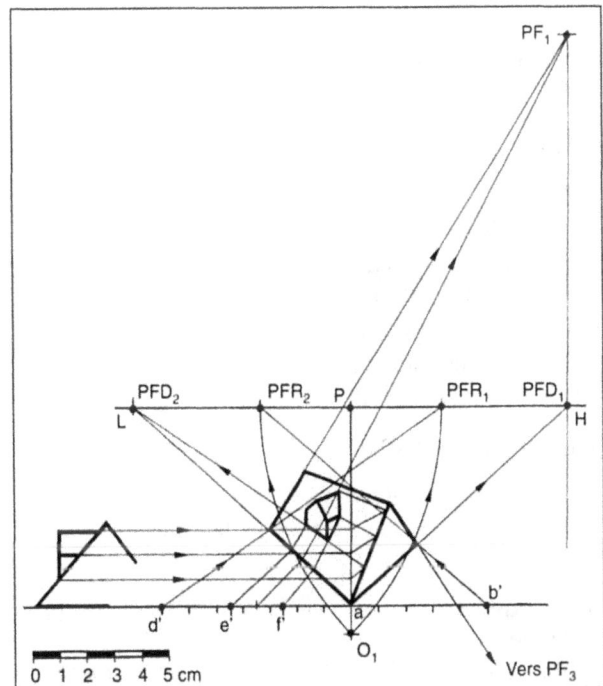

Fig. 11.35

11.5.2 Petit escalier

Un escalier est une succession régulière de plans horizontaux (les marches) dont les arêtes longitudinales sont situées dans deux plans inclinés parallèles. Un escalier peut donc être assimilé à une face inclinée dont on recherche le point de fuite.

69

Soit un petit escalier en béton, à représenter en perspective oblique (fig. 11.36). Le sommet **A** est sur le tableau.

Dimensions de l'escalier	Voir la figure 11.36

PARAMÈTRES RETENUS	
Hauteur de l'œil	Égale à 7 cm
Position latérale de l'œil	**A** est situé à 1 cm à gauche de **PO**
Distance œil-objet Distance œil-tableau	Égales à 8 cm
Orientation du tableau	**AD** fait un angle de 45° avec le tableau

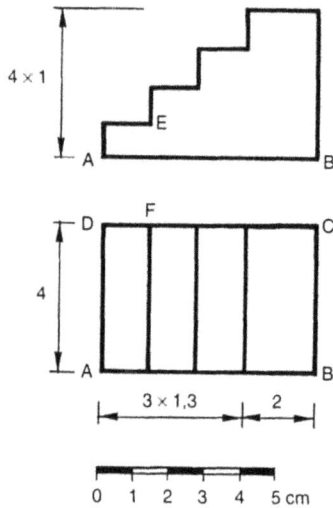

Fig. 11.36

Remarque : les perspectives d'escalier réclament beaucoup de soin et de méthode, sinon les marches sont mal dessinées et l'effet perspectif obtenu est incorrect.

Étape 1 (fig. 11.37)

▶ tracer **LT**, **LH**, le tableau et **P** ;

▶ représenter les vues de dessus et de face puis situer **PFD₁** et **PFD₂** ;

▶ tracer la base **abcd** et par rabattement situer **PF₁**, point de fuite des deux plans inclinés délimitant les marches.

Étape 2 (fig. 11.38)

Porter sur la verticale élevée en **a** les différentes hauteurs de marche puis tracer les marches à l'aide des points de fuite.

Remarque : la perspective peut être réalisée sans l'aide de vues annexes, en utilisant seulement les points d'égale résection, mais cette méthode demande une très grande attention. Le risque est grand d'avoir à la fin une marche en trop ou en moins !

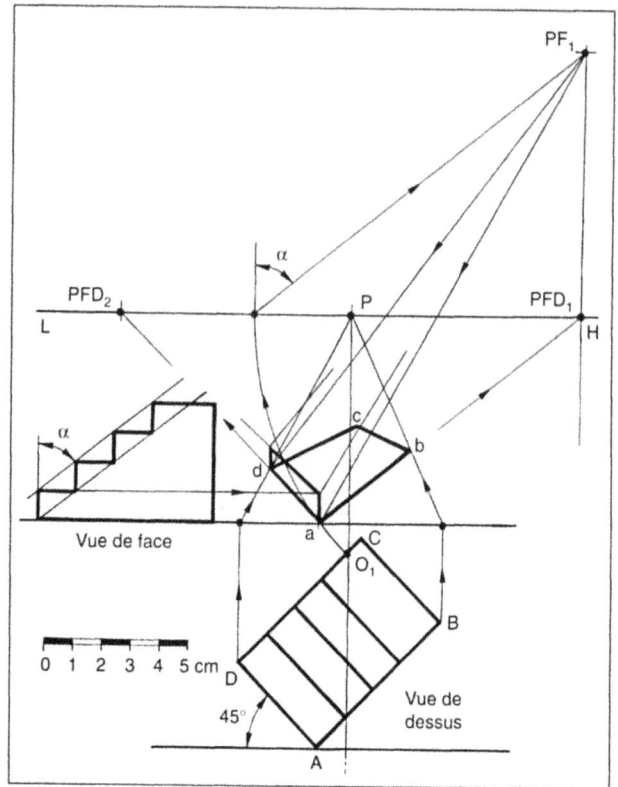

Fig. 11.37

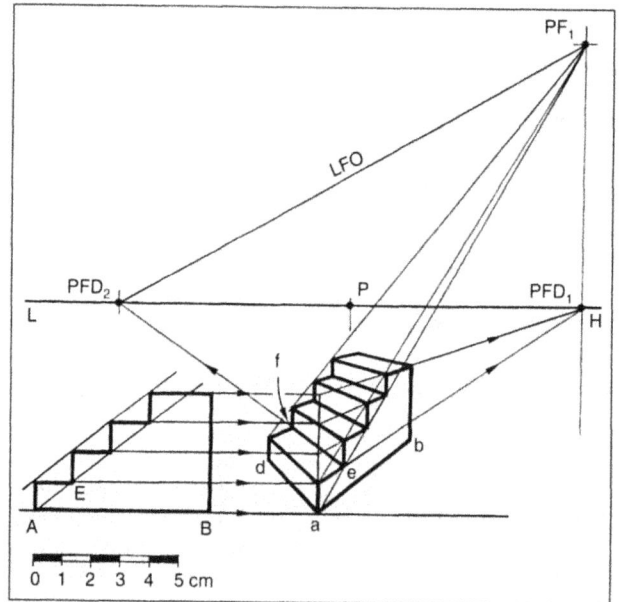

Fig. 11.38

Si l'on considère un escalier comme étant une addition de parallélépipèdes rectangles, on peut ne pas utiliser les propriétés relatives aux faces inclinées et n'employer que les points de fuite situés sur la ligne de terre. Mais les tracés manquent souvent de précision.

Chapitre 12

Le cercle

12.1. Généralités

12.1.1 Les différentes positions du cercle

Un cercle observé en perspective se représente sous la forme d'un cercle s'il est situé dans un plan frontal (fig. 12.1), sinon il apparaît toujours déformé et plus ou moins aplati.

Un cercle peut prendre par rapport au tableau trois positions différentes :

▶ le cercle est derrière le tableau (fig. 12.2) : il apparaît sous la forme d'une **ellipse** ;

▶ le cercle traverse le tableau et l'observateur est sur la circonférence (fig. 12.3) : la courbe projetée est une **parabole** ;

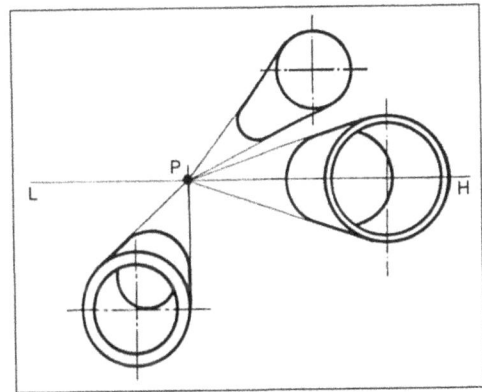

Fig. 12.1

▶ le cercle traverse le tableau et l'observateur est à l'intérieur de la circonférence (fig. 12.4) : la courbe obtenue est une **hyperbole**.

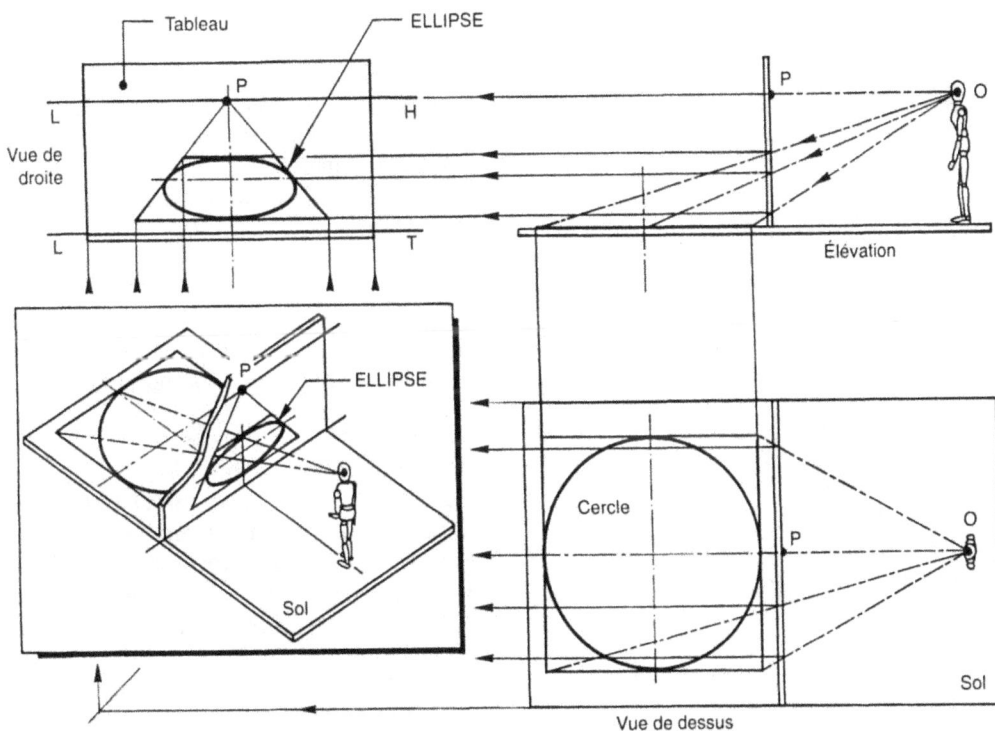

Fig. 12.2

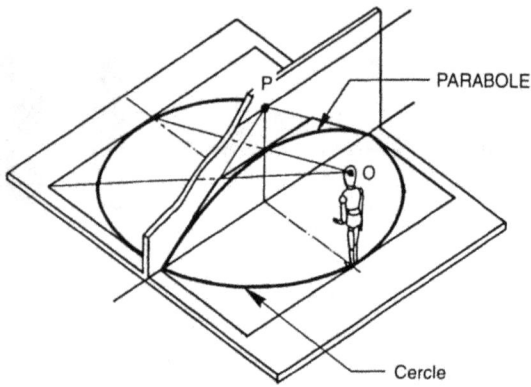

Fig. 12.3

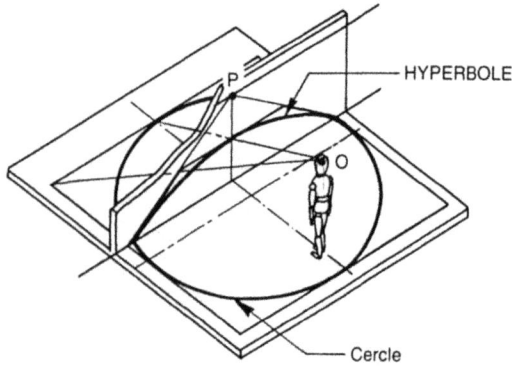

Fig. 12.4

Seule la première position, la plus courante, est étudiée dans les pages suivantes.

12.1.2 Le carré circonscrit

Tout cercle s'inscrit dans un carré dont la longueur du côté est égale au diamètre du cercle (fig. 12.5). **E**, **F**, **G** et **J** sont les points de contact du cercle avec le carré. Le point d'intersection des diagonales du carré correspond au centre **M** du cercle.

Pour représenter un cercle en perspective, il faut, au préalable, tracer le carré circonscrit fuyant puis dessiner l'ellipse à l'intérieur. Il existe plusieurs méthodes pratiques pour représenter les ellipses.

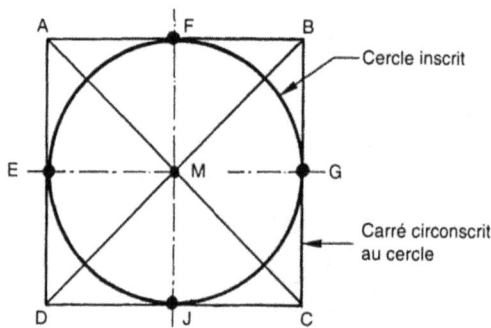

Fig. 12.5

12.2. Le tracé des ellipses

Dans les trois méthodes exposées ci-dessous, le cercle est supposé horizontal et inscrit dans un carré observé en perspective frontale. Pour les cercles orientés différemment ces méthodes s'appliquent moyennant quelques adaptations (voir le paragraphe 12.2.4).

12.2.1 La méthode des diagonales

Soit un cercle horizontal de 7 cm de diamètre, à représenter en perspective. Tous les paramètres perspectifs sont définis. La distance œil-objet est égale à 10 cm.

Étape 1 (fig. 12.6)

▶ tracer la perspective frontale du carré **ABCD** circonscrit au cercle ; à noter qu'il n'est pas nécessaire de représenter la vue de dessus en totalité, une demi-vue suffit ;

▶ situer sur la perspective les quatre points de tangence **e**, **f**, **g** et **j**.

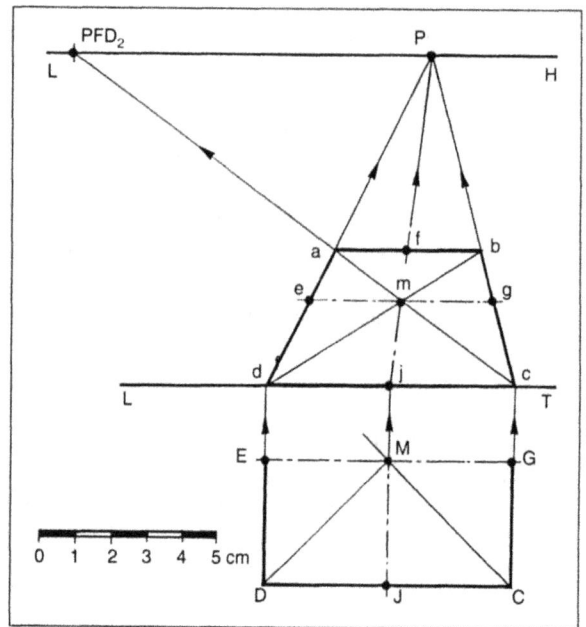

Fig. 12.6

Étape 2 (fig. 12.7)

▶ tracer le demi-cercle en vue de dessus. Soit **N** et **Q** les points d'intersection de la circonférence avec les diagonales ;

▶ situer **n** et **q** sur la perspective ainsi que les deux autres points symétriques **k** et **r**.

Étape 3 (fig. 12.8)

L'ellipse recherchée passe par les huit points obtenus. Effectuer le tracé à main levée ou à l'aide des instruments (voir le paragraphe 12.2.5).

Nota (fig. 12.9)

Si les huit points obtenus ne sont pas suffisants pour représenter l'ellipse avec précision, par exemple une ellipse de grande dimension, il est possible de trouver d'autres points par le tracé suivant :

▶ soit **S** un point de la circonférence. Mener une verticale et une horizontale passant par ce point. La verticale permet de tracer la fuyante passant par **P**. L'horizontale coupe, à gauche de **R**, la diagonale en **T** et, à droite, la circonférence en **U**. Il suffit ensuite de reporter ces tracés sur la perspective pour obtenir deux points supplémentaires de l'ellipse, **s** et **u**.

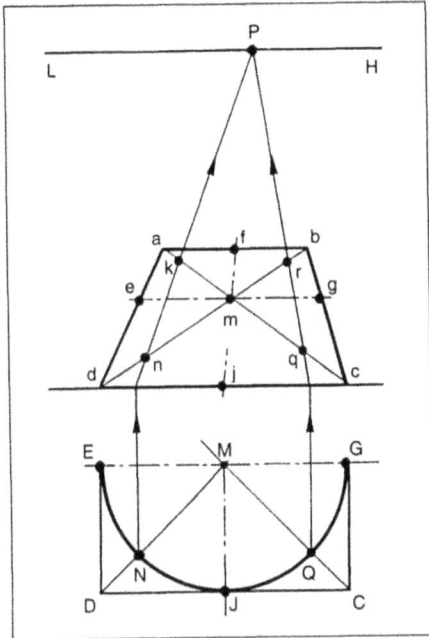

Fig. 12.7

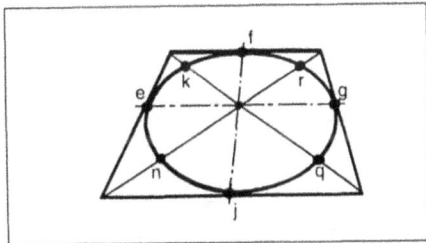

Fig. 12.8

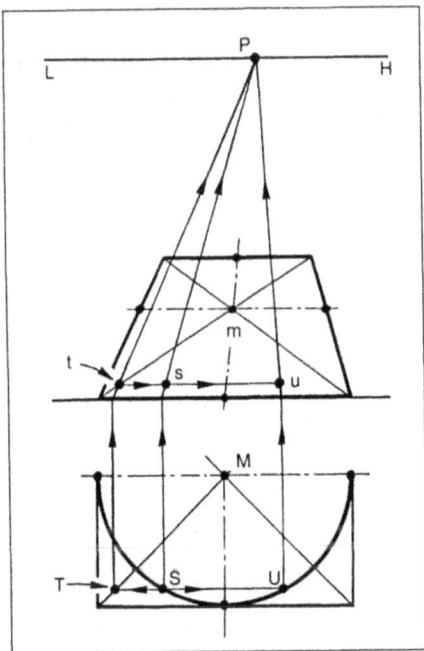

Fig. 12.9

Remarque : cette opération répétée plusieurs fois permet d'obtenir un tracé plus précis de l'ellipse.

12.2.2 La méthode du triangle isocèle rectangle

Cette méthode permet d'obtenir rapidement les huit points de l'ellipse sans l'aide de la vue de dessus

(fig. 12.10). Elle consiste à :

▶ représenter un triangle isocèle rectangle avec **dj** pour hypoténuse ;

▶ reporter sur **dj**, suivant un arc de cercle, la longueur du côté **jv'** ;

▶ tracer ensuite la fuyante **Pv** pour déterminer les quatre points de l'ellipse : **n**, **r**, **s** et **u**.

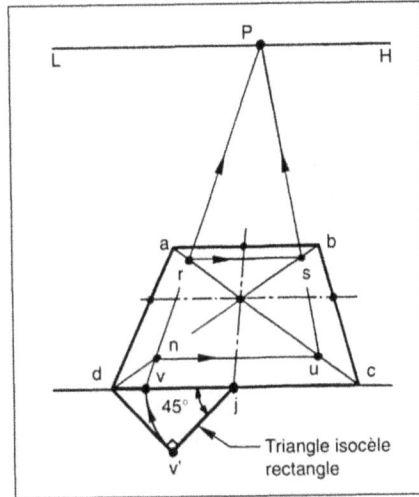

Fig. 12.10

12.2.3 La méthode des triangles rectangles inscrits

Principe (fig. 12.11)

Soit un cercle inscrit dans un carré. Situer **N**, milieu de **DJ**, puis tracer **EN** et **DG**. Ces deux segments se coupant à angle droit, le point **R** obtenu est situé sur la circonférence du cercle. **EGR** est donc un triangle rectangle inscrit dans un demi-cercle.

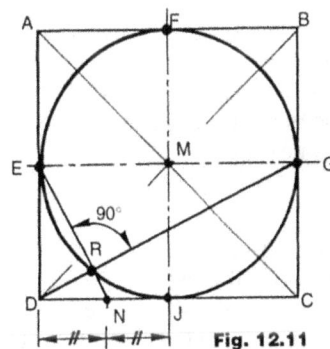

Fig. 12.11

Étape 1 (fig. 12.12)

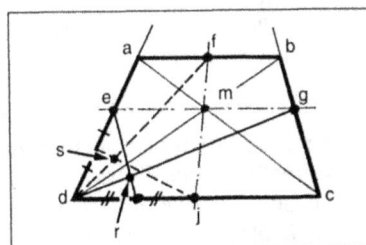

Fig. 12.12

▶ tracer le carré **ABCD** en perspective frontale ;

▶ transposer, sur la perspective, le tracé de la figure 12.11 pour obtenir le point **r** puis répéter l'opération dans le quadrilatère **afjd** pour obtenir **s**, nouveau point de l'ellipse.

Étape 2 (fig. 12.13)

▶ reproduire les mêmes tracés dans chacune des trois autres parties de la figure.

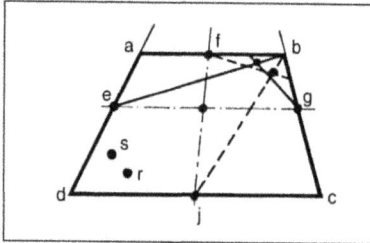

Fig. 12.13

Étape 3 (fig. 12.14)

▶ tracer l'ellipse passant par les douze points obtenus dont les quatre points de contact.

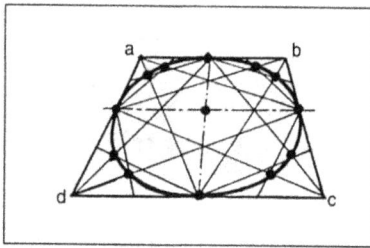

Fig. 12.14

12.2.4 Observations sur les différentes méthodes

Parmi ces trois méthodes, seule celle des triangles rectangles inscrits peut être utilisée en toute circonstance, quelle que soit l'orientation du cercle. Les autres tracés sont à aménager suivant la position du cercle dans l'espace.

Cercle horizontal

Deux cas peuvent se présenter :

▶ le cercle est seul. Il n'est pas lié à d'autres formes ni d'autres objets. Il suffit de représenter le carré circonscrit en perspective frontale et d'employer les méthodes décrites ci-avant.

▶ le cercle fait partie d'un ensemble de volumes représentés en perspective oblique. Il est lié à d'autres éléments de la figure et parfois n'est représenté que partiellement (arc de cercle). Il faut alors utiliser les points de fuite existants.

Exemples

▶ soit un carré **abcd** observé en perspective oblique, dans lequel on souhaite représenter une ellipse en employant la méthode des diagonales (fig. 12.15). Le tracé consiste à placer tout d'abord **E**, point d'intersection de la fuyante **PF₁d** avec l'horizontale passant par **c**, puis à tracer le demi-cercle de diamètre **cE** et le rectangle circonscrit **EcCD**. On

applique ensuite la méthode des diagonales pour trouver les points de l'ellipse **n**, **r**, **s** et **u**.

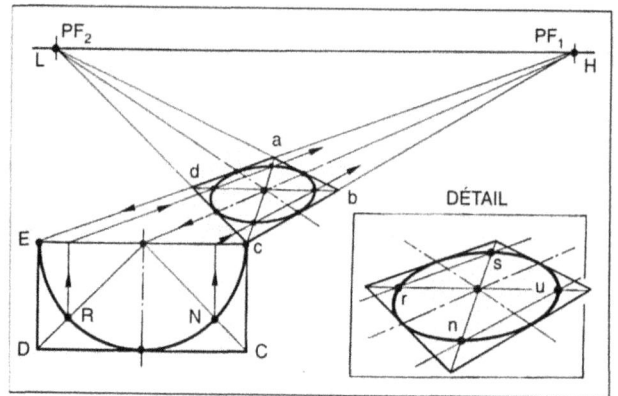

Fig. 12.15

On peut également effectuer le même tracé à partir d'un point de fuite quelconque (fig. 12.16). La figure 12.17 montre l'emploi de la méthode du triangle isocèle rectangle.

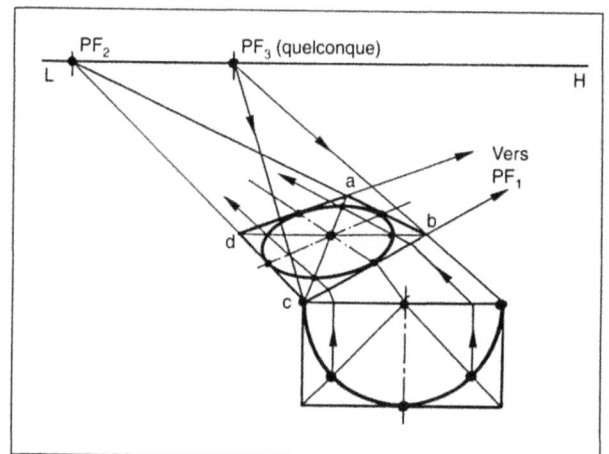

Fig. 12.16

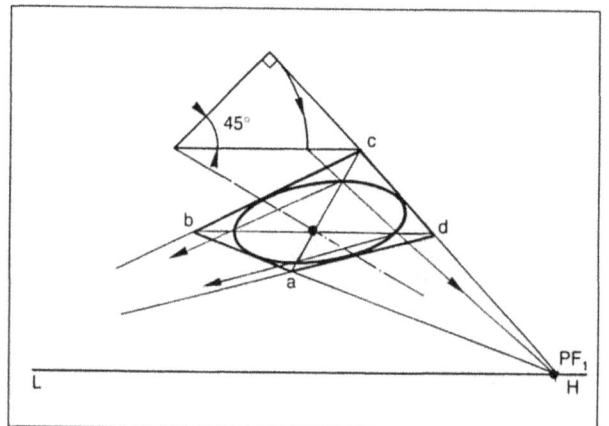

Fig. 12.17

Cercle vertical

Le carré circonscrit possède deux côtés verticaux ; les deux autres fuient soit en direction d'un point de fuite secondaire, soit en direction de **P**.

Pour obtenir une bonne précision dans les tracés, accoler de préférence le demi-cercle ou le triangle isocèle rectangle au grand côté vertical du carré fuyant (fig. 12.18).

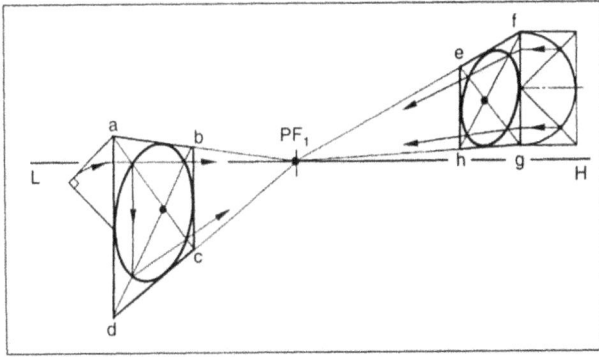

Fig. 12.18

Cercle incliné

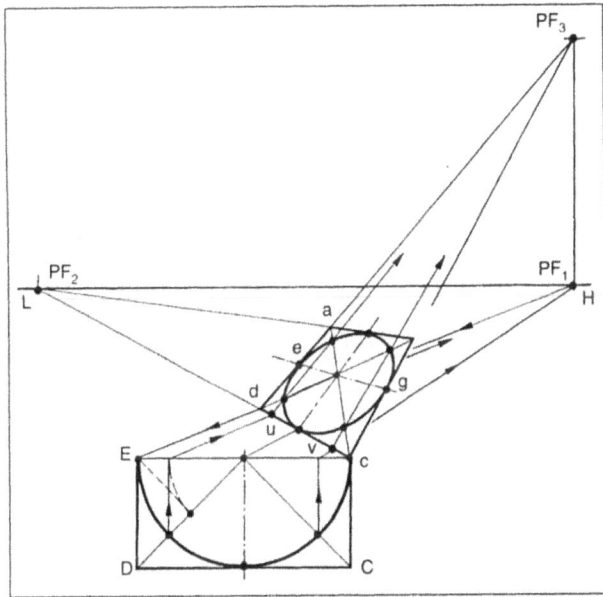

Fig. 12.19

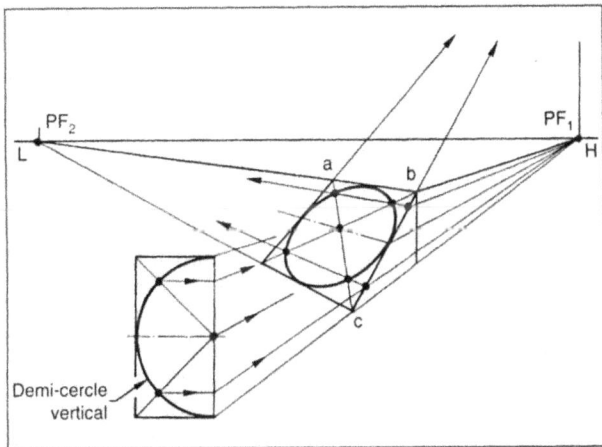

Fig. 12.20

Le carré circonscrit au cercle possède deux côtés horizontaux **AB** et **DC** (fig. 12.19). Pour trouver les points de l'ellipse par la méthode des diagonales, il convient de :

▶ placer **E**, point d'intersection de la fuyante **PF₁d** avec l'horizontale passant par **c**, puis tracer le demi-cercle et le rectangle circonscrit **EcCD** ;

▶ situer sur **dc** les points **u** et **v** à l'aide du point de fuite **PF₁** ;

▶ déterminer la position des points de l'ellipse à l'aide du point de fuite **PF₃**.

Remarque : si le demi-cercle est représenté verticalement, le point de fuite **PF₃** n'est pas nécessaire au tracé de l'ellipse (fig. 12.20).

12.2.5 Le tracé à l'aide des instruments

Le tracé à main levée des ellipses est rarement satisfaisant, même en y apportant beaucoup de soin. Aussi est-il recommandé de les dessiner à l'aide d'un instrument adapté. On trouve dans le commerce plusieurs types d'instruments dont les plus courants sont répertoriés ci-dessous.

La règle flexible

Elle est constituée d'une enveloppe en matériau souple renfermant une tige en plomb. Souvent munie d'un bord anti-taches, elle est disponible en plusieurs longueurs (fig. 12.21).

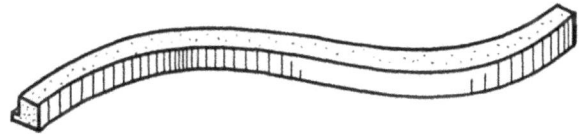

Fig. 12.21

Le tracé à la règle flexible s'effectue de la manière suivante :

▶ rechercher au préalable, par constructions géométriques, le plus grand nombre de points de l'ellipse ou de la courbe à représenter ;

▶ cintrer la règle de manière à faire coïncider son bord avec les points du dessin (fig. 12.22) ;

▶ maintenir la règle en position et tracer la courbe au crayon, sans appuyer ;

▶ observer l'allure générale du tracé. Si la courbe est une ellipse ou une portion d'ellipse, le tracé doit être régulier, sans changement brusque de direction ;

▶ mettre le tracé au propre.

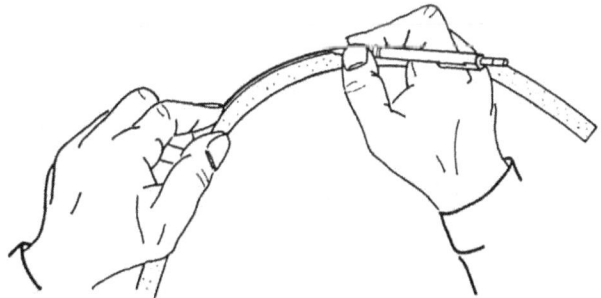

Fig. 12.22

Si la courbe à tracer est plus longue que la règle, il faut répéter l'opération en soignant tout particulièrement les raccords. La flexibilité de la règle n'est pas sans limite. Elle ne permet pas de tracer les courbes de faible rayon.

Le pistolet ou perroquet

Un pistolet est une plaque de faible épaisseur en plexiglass transparent découpée suivant des formes arrondies. Il existe plusieurs types de pistolets qui diffèrent par leur taille et la forme de leurs contours (fig. 12.23).

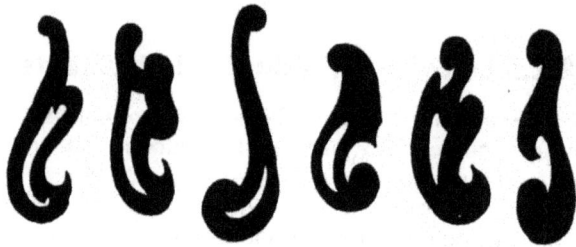

Fig. 12.23

Pour utiliser un pistolet, il faut au préalable posséder les points de la courbe à représenter, puis déplacer et orienter devant ceux-ci l'instrument jusqu'à ce que la portion du pistolet coïncide parfaitement avec une série de points (fig. 12.24). Répéter l'opération autant de fois que nécessaire.

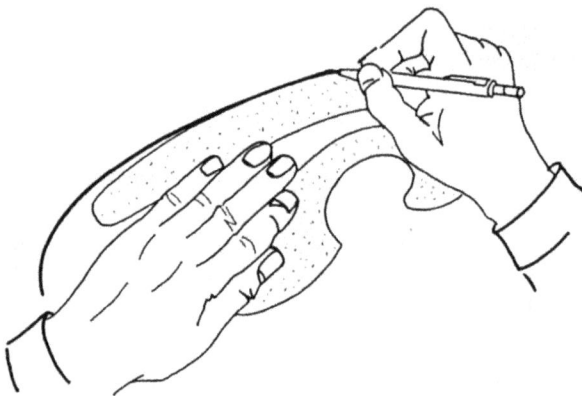

Fig. 12.24

Le pistolet n'est pas d'un usage aisé. Son maniement requiert une certaine habileté et un minimum d'apprentissage. La courbe doit être régulière, exempte de tout changement brusque de direction et les raccords doivent passer inaperçus.

Un seul pistolet ne permet pas de tracer tous les types de courbes. On trouve dans le commerce des pochettes contenant plusieurs pistolets de tailles et de courbures différentes.

Le pistolet est un instrument fragile. Il faut le remettre dans sa pochette après chaque utilisation.

Le gabarit à ellipses ou trace-ellipses

Il se présente sous la forme d'une fine plaque en plexiglass transparent percée de plusieurs trous elliptiques (fig. 12.25). Le gabarit permet de représenter des **ellipses exactes** (ce qui n'est pas possible avec les instruments précédents) par un tracé continu, sans qu'il soit nécessaire de connaître un grand nombre de points.

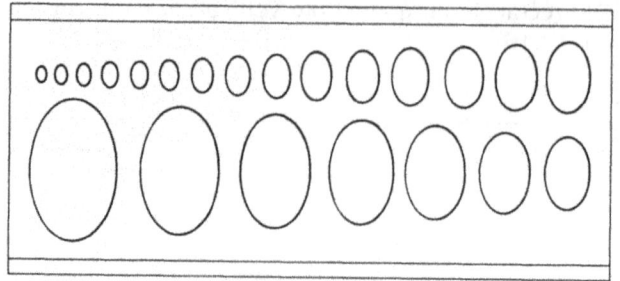

Fig. 12.25

Toute ellipse se caractérise par la longueur de son grand axe et par une **valeur angulaire** θ exprimée en degrés. Le sinus de cet angle est égal au rapport de la longueur du petit axe sur celle du grand axe (fig. 12.26).

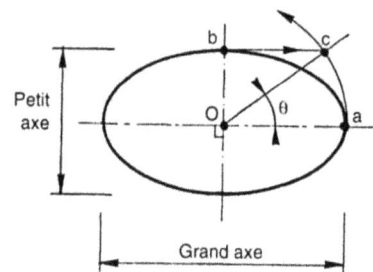

Fig. 12.26

$$\sin\theta = \frac{ob}{oc} = \frac{ob}{oa} = \frac{1/2 \ \text{petit axe}}{1/2 \ \text{grand axe}} = \frac{\text{petit axe}}{\text{grand axe}}$$

Attention ! Les axes de l'ellipse ne doivent pas être confondus avec les axes du carré perspectif (fig. 12.27).

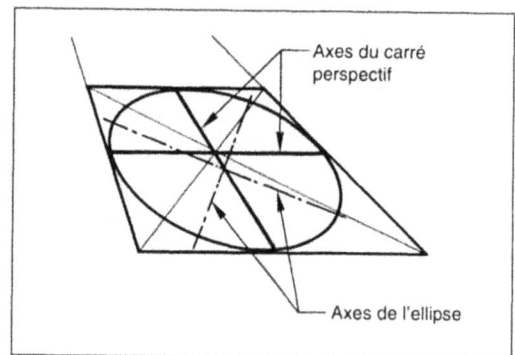

Fig. 12.27

Les ellipses sont habituellement désignées par leur valeur angulaire θ. On parle ainsi d'ellipses à 30°, 45°, etc. Les gabarits du commerce sont disponibles pour les valeurs suivantes : 15°, 20°, 25°, 30°, 35°, 40°, 45°, 50° et 55°. Chaque gabarit comprend généralement plusieurs ellipses de même valeur angulaire, rangées suivant la longueur de leur grand axe, soit de 5 mm à 150 mm environ.

Il existe également des gabarits comportant plusieurs séries d'ellipses de petites tailles de 1 mm à 10 mm environ, de valeurs angulaires différentes. On trouve aussi des gabarits à ellipses réservés aux tracés des perspectives axonométriques (voir dans la troisième partie de cet ouvrage).

Pour l'utilisation pratique du gabarit il convient de :

▶ rechercher par constructions géométriques les points de l'ellipse ;

▶ observer la position du carré circonscrit par rapport au point principal **P**. Plus le cercle horizontal s'éloigne de **P**, plus l'ellipse s'amincit (fig. 12.28). Plus le cercle vertical s'écarte de **LH**, plus le grand axe de l'ellipse tend vers la verticale et plus l'ellipse s'amincit également (fig. 12.29) ;

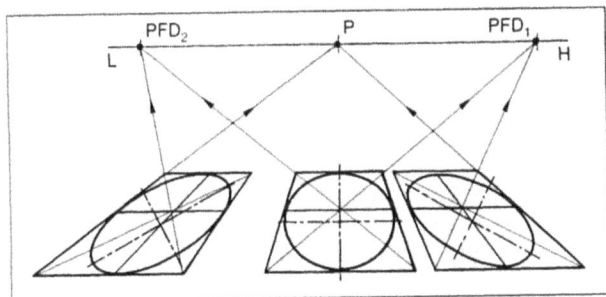

Fig. 12.28

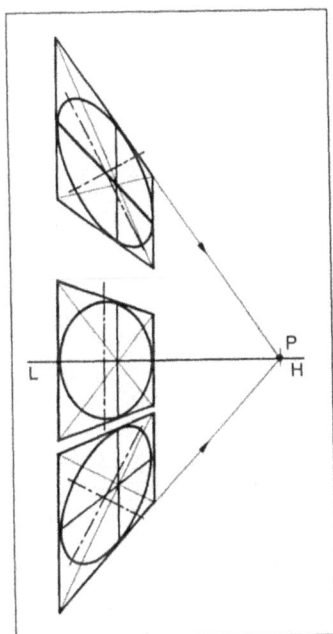

Fig. 12.29

▶ tracer l'ellipse à main levée en traits fins pour estimer sa valeur angulaire, sachant que plus l'ellipse est aplatie, plus θ est faible (fig. 12.30).

▶ choisir le trou elliptique correspondant à l'ellipse à tracer et faire coïncider le bord du trou avec les points. Tracer l'ellipse.

Remarque : bien souvent, l'ellipse à tracer ne correspond pas exactement à celle du gabarit. Si la différence est faible, il suffit d'incliner légèrement le porte-mine vers l'intérieur ou l'extérieur du trou pour combler cette différence. Mais si celle-ci est trop importante, il faut utiliser le gabarit à la manière d'un pistolet : lorsque le trou elliptique est plus long que l'ellipse à tracer, dessiner une extrémité de l'ellipse puis déplacer le gabarit parallèlement au grand axe pour tracer l'autre extrémité. Si le trou elliptique est plus court que l'ellipse, il faut dessiner les deux extrémités de l'ellipse que l'on raccorde soit au pistolet, soit en utilisant un trou plus grand du gabarit.

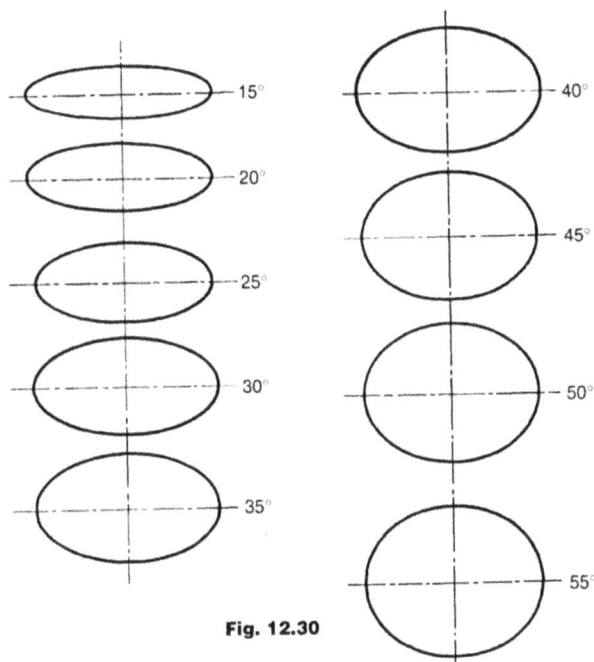

Fig. 12.30

L'ellipsographe

Il s'agit d'un appareil en plexiglass transparent constitué de pièces mobiles dont le déplacement permet de tracer d'un mouvement continu des ellipses de taille différente.

Il existe plusieurs types d'ellipsographe, dont le modèle dit à rainures (fig. 12.31). Les ellipses obtenues peuvent atteindre 200 mm de longueur suivant leur grand axe. L'ellipsographe est peu utilisé dans le tracé des perspectives coniques car, outre son coût non négligeable. Il ne peut être utilisé que si les deux axes de l'ellipse sont connus en position et en longueur.

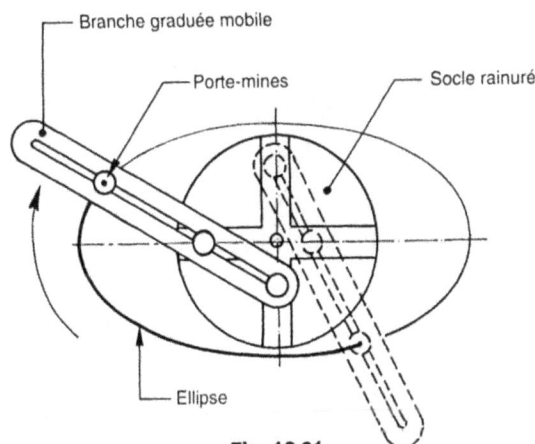

Fig. 12.31

12.2.6 Le tracé de l'ovale

L'**ovale** est une figure géométrique dont la forme ressemble beaucoup à celle de l'ellipse. Il peut, sans nuire à la précision du dessin, se substituer à cette dernière, à condition toutefois que les deux axes soient connus.

Étape 1 (fig. 12.32)

▶ soit **ab** et **cd** respectivement grand axe et petit axe. Joindre **a** à **c** puis tracer un arc de cercle de centre

i et de rayon **ai**. Soit **e** le point d'intersection obtenu dans le prolongement du petit axe.

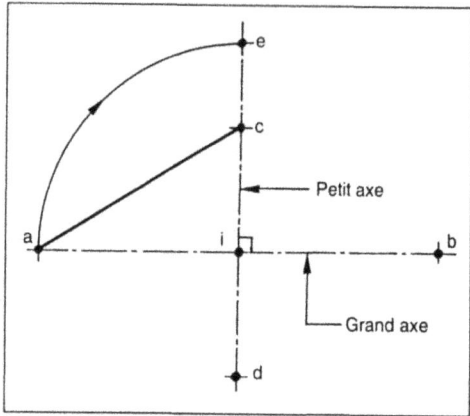

Fig. 12.32

Étape 2 (fig. 12.33)

▶ tracer un arc de cercle de centre **c** et de rayon **ce**, qui coupe **ac** en **f** ;

▶ construire la médiatrice du segment **af** en traçant deux petits arcs de centre **f**, l'un au-dessus de **af** et l'autre au-dessous. Sans modifier l'ouverture du compas, répéter l'opération avec le point **a** comme centre. La droite qui joint les points d'intersection des arcs est la médiatrice du segment **af**.

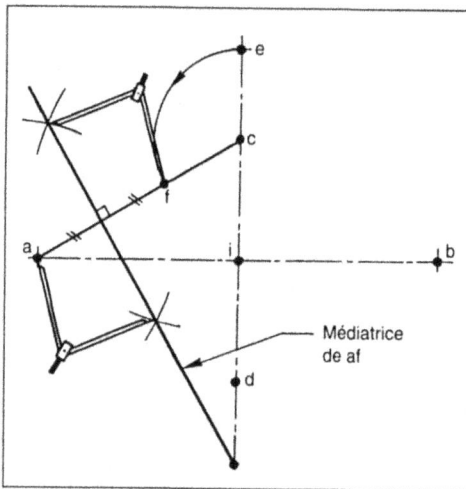

Fig. 12.33

Étape 3 (fig. 12.34)

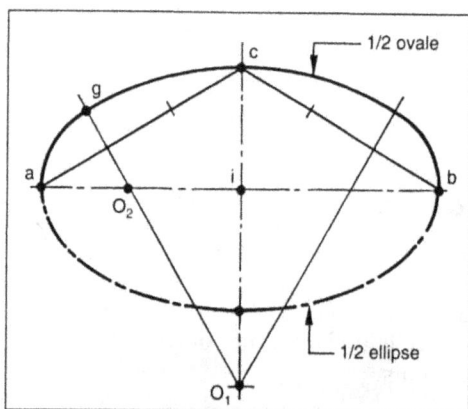

Fig. 12.34

▶ soit **O₁** et **O₂** les points d'intersection de la médiatrice avec les axes. Tracer un premier arc de cercle

de centre **O₁** et de rayon **O₁c** qui coupe la médiatrice en **g** ;

▶ tracer un second arc de cercle de centre **O₂** et de rayon **O₂g**. Répéter ce tracé dans les quatre zones délimitées par les axes pour obtenir l'ovale entier ;

▶ observer sur la figure la similitude de forme entre l'ovale et l'ellipse correspondante.

12.3. Quelques applications simples

Ce paragraphe comprend trois applications différentes :

▶ un abat-jour comportant des cercles horizontaux ;

▶ une borne kilométrique comprenant des portions de cercles verticaux ;

▶ un petit cadre photo constitué de cercles obliques.

12.3.1 Un abat-jour

Soit un abat-jour de lampe de chevet, à représenter en perspective.

Dimensions de l'abat-jour	Voir la figure 12.35
PARAMÈTRES RETENUS	
Hauteur de l'œil	Égale à 9 cm
Position latérale de l'œil	**M** est situé sur **PO**
Distance œil-objet = Distance œil-tableau	Égales à 11 cm
Orientation du tableau	**J** est situé sur le tableau et **EG** est parallèle au tableau

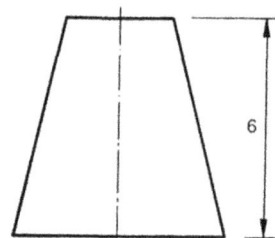

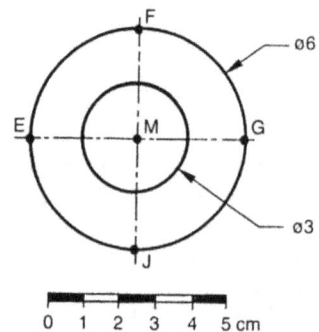

Fig. 12.35

Étape 1 (fig. 12.36)

▶ tracer **LT**, **LH** et **P**. Situer **PFD₁** ;

▶ représenter en perspective frontale le carré **ABCD** circonscrit à la base circulaire de l'abat-jour ;

▶ rechercher les points de l'ellipse par la méthode des triangles rectangles inscrits ;

▶ tracer l'ellipse au trace-ellipse (la valeur angulaire θ est égale à 45° environ).

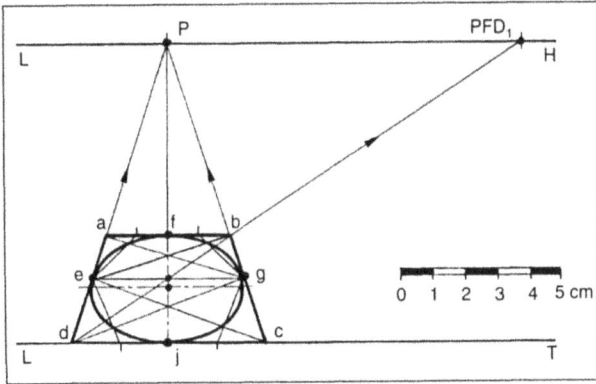

Fig. 12.36

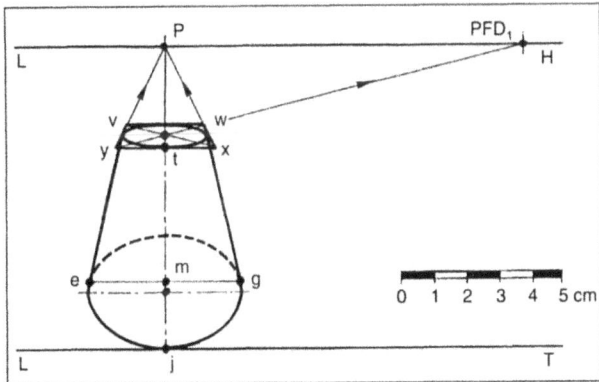

Fig. 12.38

Étape 2 (fig. 12.37)

▶ porter la hauteur de l'abat-jour, soit **jt** = 6 cm. Représenter en perspective frontale le carré **VWXY** circonscrit au cercle supérieur de l'abat-jour ;

▶ rechercher les points de l'ellipse et tracer l'ellipse au trace-ellipse (θ est égal à 15° environ) ;

▶ tracer les deux génératrices inclinées tangentes aux ellipses et passant par les points **e** et **g**.

▶ rechercher les points de l'ellipse par la méthode du triangle isocèle rectangle ;

▶ dessiner l'ellipse au trace-ellipse (θ est égal à 40° environ). Pour une meilleure précision des tracés, il est conseillé de représenter l'ellipse en totalité, même si la moitié inférieure disparaît au moment de la mise au net.

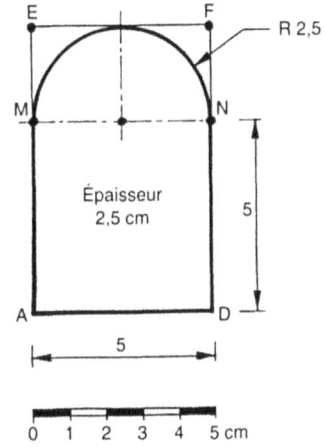

Fig. 12.37

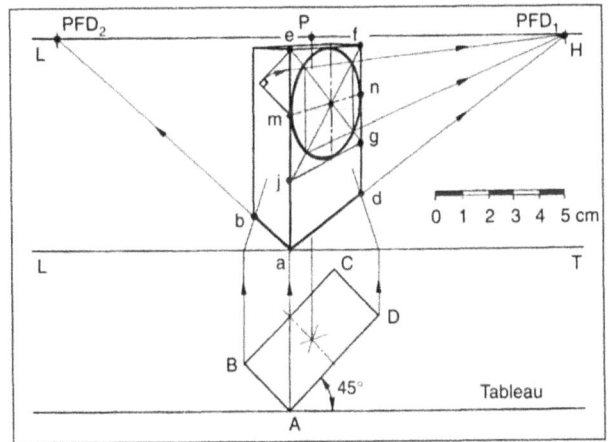

Fig. 12.39

12.3.2 Une borne kilométrique

Soit une borne kilométrique, à représenter en perspective oblique.

Dimensions de la borne	Voir la figure 12.38
PARAMÈTRES RETENUS	
Hauteur de l'œil	Égale à 8 cm
Position latérale de l'œil	**M** est situé sur **PO**
Distance œil-objet = Distance œil-tableau	Égales à 10 cm
Orientation du tableau	**AD** fait un angle de 45° avec le tableau

Étape 1 (fig. 12.39)

▶ tracer **LT**, **LH**, le tableau et **P** ;

▶ représenter la vue de dessus de la borne. Situer **PFD₁** et **PFD₂** ;

▶ mettre en perspective le parallélépipède enveloppe (**ae** = 7,5 cm) et situer le carré vertical fuyant **efgj** (**em** = **mj** = 2,5 cm) ;

Étape 2 (fig. 12.40)

▶ représenter la portion d'ellipse correspondant à la face arrière de la borne, et tracer la génératrice supérieure horizontale tangente aux deux ellipses et fuyant vers **PFD₂**.

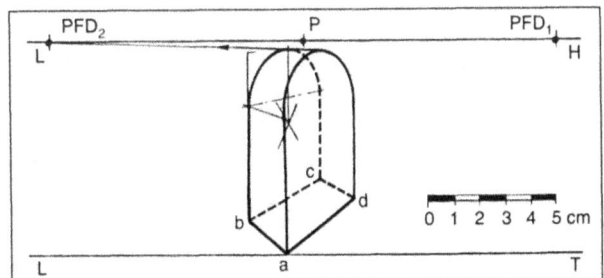

Fig. 12.40

12.3.3 Un cadre de photo

Soit un cadre de photo, à représenter en perspective oblique.

Dimensions du cadre de photo	Voir la figure 12.41

PARAMÈTRES RETENUS	
Hauteur de l'œil	Égale à 4 cm
Position latérale de l'œil	**A** est situé sur **PO**
Distance œil-objet = Distance œil-tableau	Égales à 9 cm
Orientation du tableau	**AB** fait un angle de 45° avec le tableau

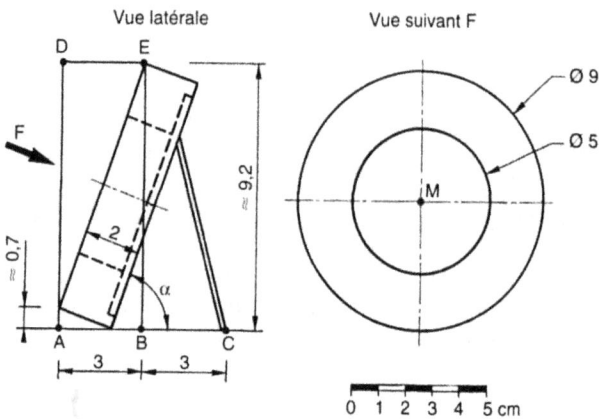

Fig. 12.41

Étape 1 (fig. 12.42)
- tracer **LT**, **LH**, le tableau et **P** ;

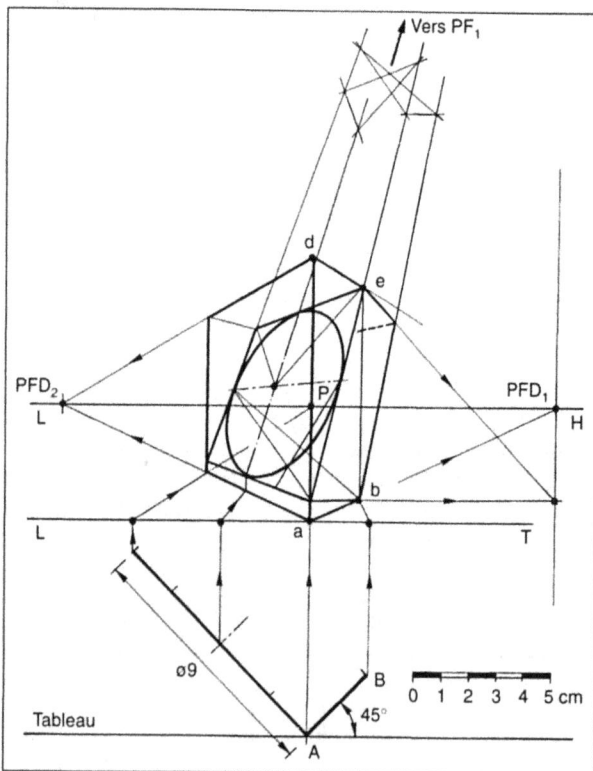

Fig. 12.42

- représenter les seuls éléments de la vue de dessus nécessaires au tracé. Situer **PFD₁** et **PFD₂** ;
- dessiner le carré incliné fuyant circonscrit à la face avant circulaire du cadre de photo (**ad** ≈ 9,2 cm et **AB** = 3 cm) ;
- rechercher les points de l'ellipse par la méthode des triangles rectangles inscrits ;
- tracer l'ellipse au trace-ellipse (θ est égal à 35° environ).

Étape 2 (fig. 12.43)
- représenter le carré incliné fuyant circonscrit à la face arrière circulaire du cadre de photo ;
- rechercher les points de l'ellipse et tracer l'ellipse (θ est égal à 40° environ) ;
- tracer les génératrices tangentes aux deux ellipses fuyant en direction de **PF₃**.

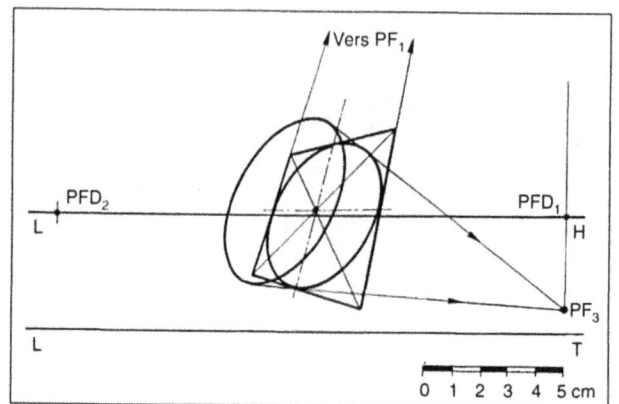

Fig. 12.43

Étape 3 (fig. 12.44)
- compléter la figure en représentant la partie centrale du cadre (diamètre de 5 cm) ;
- mettre au net la perspective.

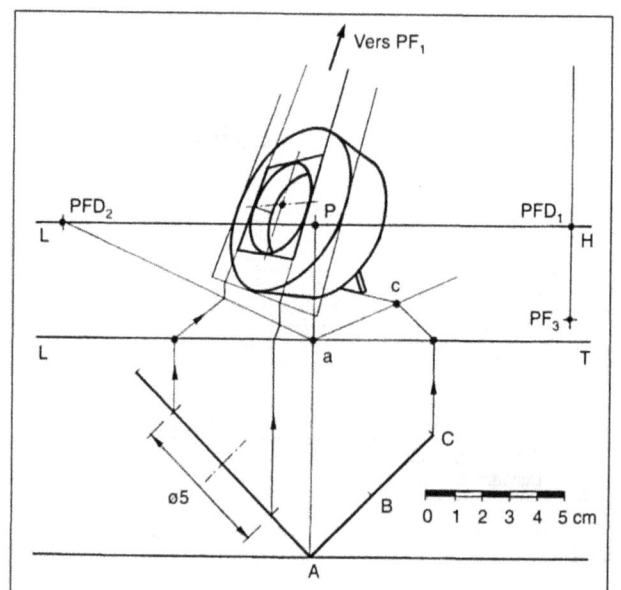

Fig. 12.44

▶ tracer l'ellipse au trace-ellipse (la valeur angulaire θ est égale à 45° environ).

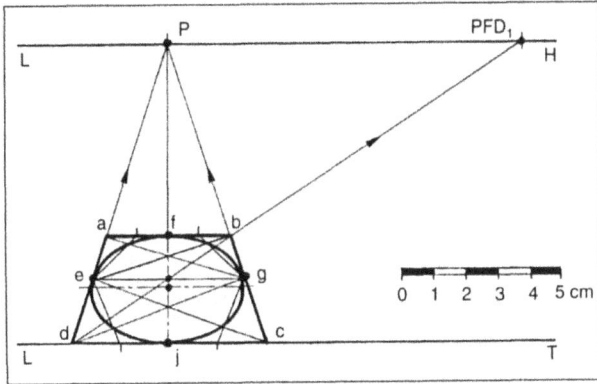

Fig. 12.36

Étape 2 (fig. 12.37)
▶ porter la hauteur de l'abat-jour, soit **jt** = 6 cm. Représenter en perspective frontale le carré **VWXY** circonscrit au cercle supérieur de l'abat-jour ;
▶ rechercher les points de l'ellipse et tracer l'ellipse au trace-ellipse (θ est égal à 15° environ) ;
▶ tracer les deux génératrices inclinées tangentes aux ellipses et passant par les points **e** et **g**.

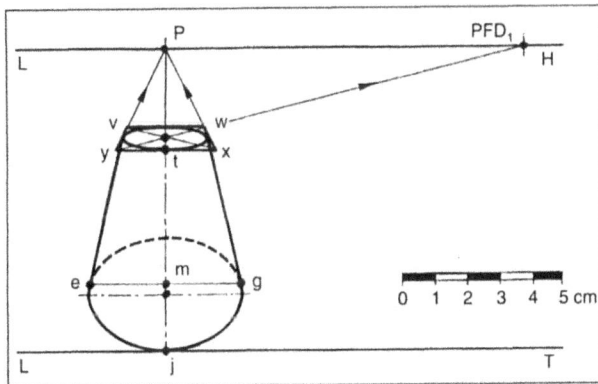

Fig. 12.37

12.3.2 Une borne kilométrique

Soit une borne kilométrique, à représenter en perspective oblique.

Dimensions de la borne	Voir la figure 12.38
PARAMÈTRES RETENUS	
Hauteur de l'œil	Égale à 8 cm
Position latérale de l'œil	**M** est situé sur **PO**
Distance œil-objet = Distance œil-tableau	Égales à 10 cm
Orientation du tableau	**AD** fait un angle de 45° avec le tableau

Étape 1 (fig. 12.39)
▶ tracer **LT**, **LH**, le tableau et **P** ;
▶ représenter la vue de dessus de la borne. Situer **PFD₁** et **PFD₂** ;
▶ mettre en perspective le parallélépipède enveloppe (**ae** = 7,5 cm) et situer le carré vertical fuyant **efgj** (**em** = **mj** = 2,5 cm) ;

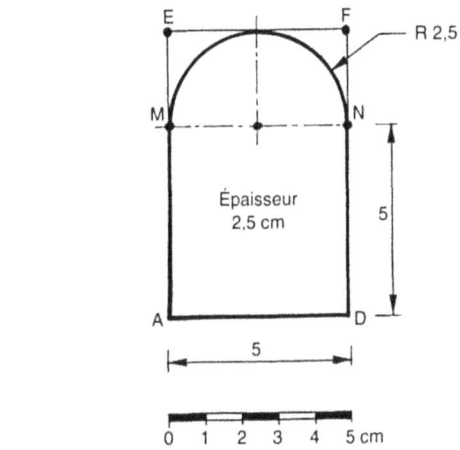

Fig. 12.38

▶ rechercher les points de l'ellipse par la méthode du triangle isocèle rectangle ;
▶ dessiner l'ellipse au trace-ellipse (θ est égal à 40° environ). Pour une meilleure précision des tracés, il est conseillé de représenter l'ellipse en totalité, même si la moitié inférieure disparaît au moment de la mise au net.

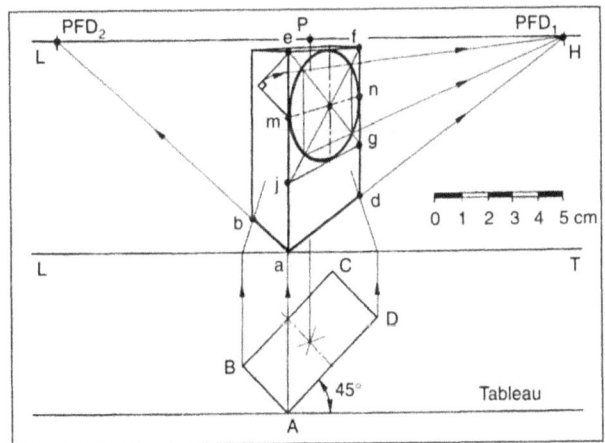

Fig. 12.39

Étape 2 (fig. 12.40)
▶ représenter la portion d'ellipse correspondant à la face arrière de la borne, et tracer la génératrice supérieure horizontale tangente aux deux ellipses et fuyant vers **PFD₂**.

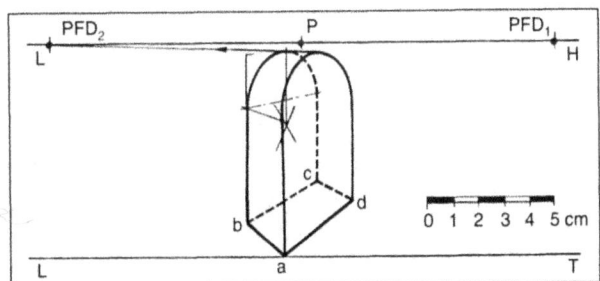

Fig. 12.40

12.3.3 Un cadre de photo

Soit un cadre de photo, à représenter en perspective oblique.

Dimensions du cadre de photo	Voir la figure 12.41

PARAMÈTRES RETENUS	
Hauteur de l'œil	Égale à 4 cm
Position latérale de l'œil	A est situé sur PO
Distance œil-objet = Distance œil-tableau	Égales à 9 cm
Orientation du tableau	AB fait un angle de 45° avec le tableau

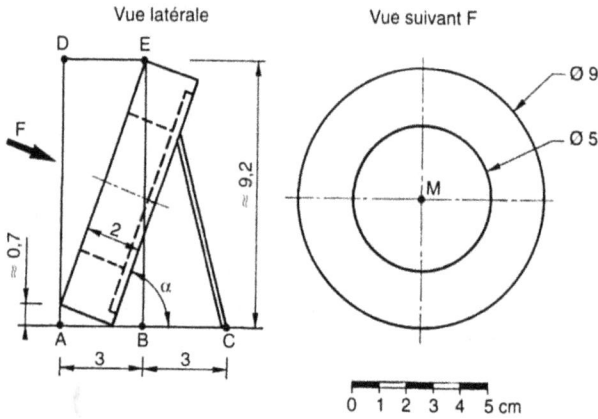

Fig. 12.41

Étape 1 (fig. 12.42)

▶ tracer **LT**, **LH**, le tableau et **P** ;

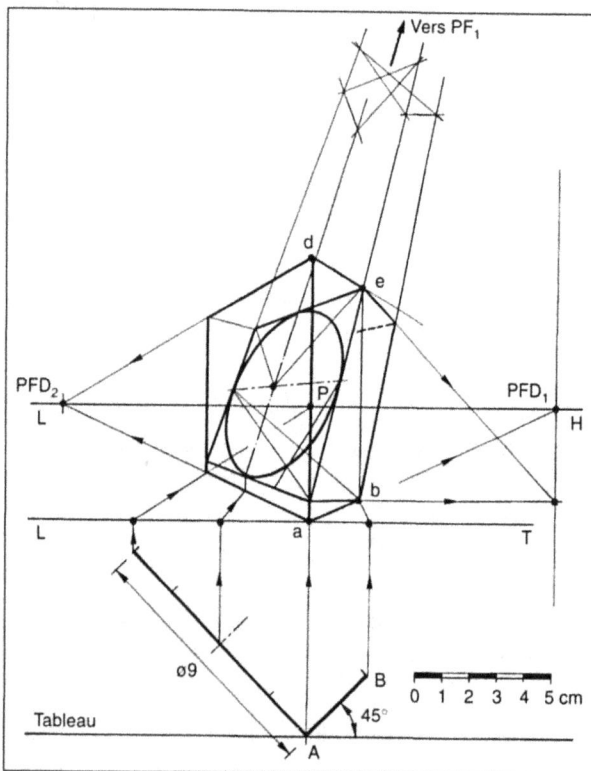

Fig. 12.42

▶ représenter les seuls éléments de la vue de dessus nécessaires au tracé. Situer **PFD₁** et **PFD₂** ;
▶ dessiner le carré incliné fuyant circonscrit à la face avant circulaire du cadre de photo (**ad** ≈ 9,2 cm et **AB** = 3 cm) ;
▶ rechercher les points de l'ellipse par la méthode des triangles rectangles inscrits ;
▶ tracer l'ellipse au trace-ellipse (θ est égal à 35° environ).

Étape 2 (fig. 12.43)

▶ représenter le carré incliné fuyant circonscrit à la face arrière circulaire du cadre de photo ;
▶ rechercher les points de l'ellipse et tracer l'ellipse (θ est égal à 40° environ) ;
▶ tracer les génératrices tangentes aux deux ellipses fuyant en direction de **PF₃**.

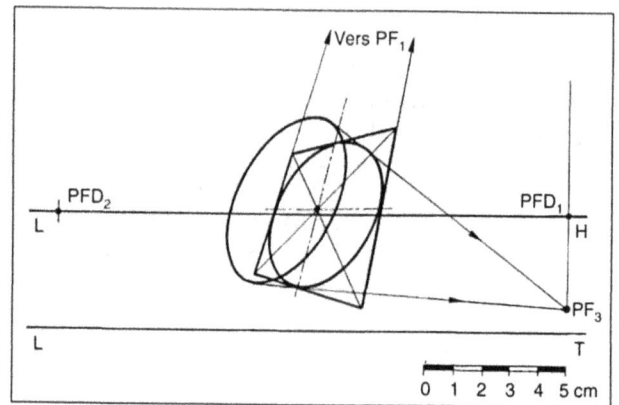

Fig. 12.43

Étape 3 (fig. 12.44)

▶ compléter la figure en représentant la partie centrale du cadre (diamètre de 5 cm) ;
▶ mettre au net la perspective.

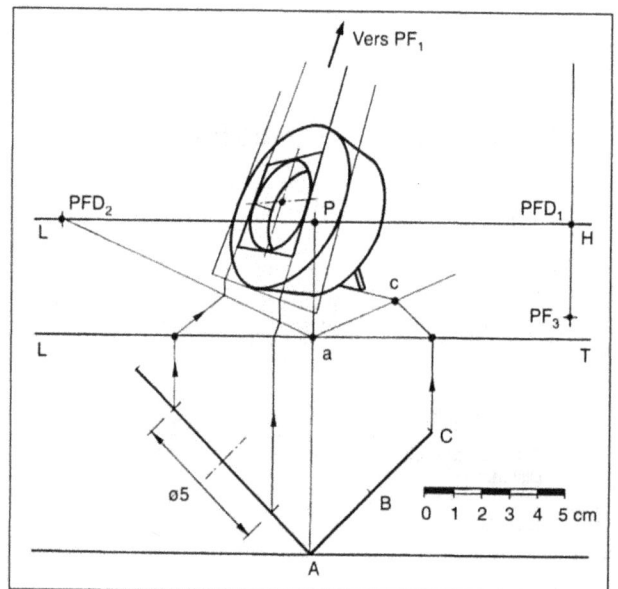

Fig. 12.44

Chapitre 13

Les ombres en lumière solaire

Les objets dessinés en perspective sont le plus souvent supposés éclairés de tous côtés. Cet éclairage uniforme ne met pas toujours correctement en valeur les effets perspectifs qui peuvent être rehaussés par la représentation des ombres.

13.1. Généralités

13.1.1 Les sources lumineuses

Le tracé des ombres diffère suivant la nature de la source lumineuse qui peut être :

▶ **le soleil**, dont la lumière est dite naturelle. Très éloigné de la terre, il est considéré comme situé à l'infini : les rayons solaires sont parallèles ;

▶ **une lampe** ou une **flamme**. Dans ce cas, la lumière émise est dite artificielle. Les rayons lumineux, issus d'une origine commune placée à distance réduite de l'objet, sont divergents.

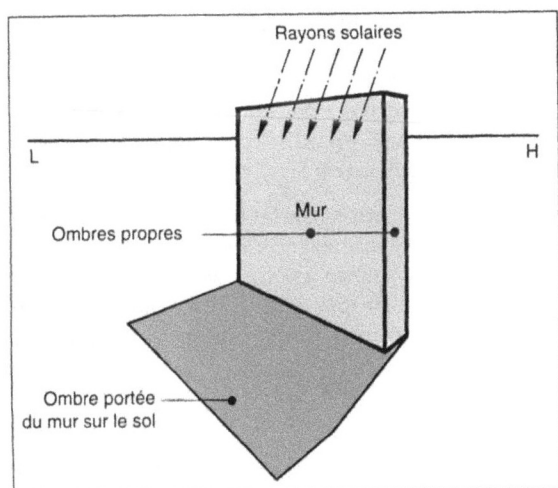

Fig. 13.1

On distingue par ailleurs deux sortes d'ombres (fig. 13.1) :

▶ **l'ombre portée** est due aux faces de l'objet qui arrêtent les rayons lumineux. Elle se projette sur un plan ou sur un autre objet ;

▶ **l'ombre propre** recouvre les parties de l'objet qui ne sont pas directement exposées à la lumière.

13.1.2 La lumière solaire

Par convention, on considère la lumière solaire comme étant un ensemble de rayons lumineux rectilignes parallèles. Le soleil est situé à l'infini. Son image, sur le dessin perspectif, est un point dont la projection au sol se trouve sur la ligne d'horizon (fig. 13.2).

Chaque rayon solaire est l'hypoténuse d'un triangle rectangle vertical dont les deux autres côtés sont :

▶ la hauteur, segment vertical joignant l'image du soleil à sa projection sur **LH** ;

▶ la base, projection au sol du rayon solaire, est aussi appelée trace au sol.

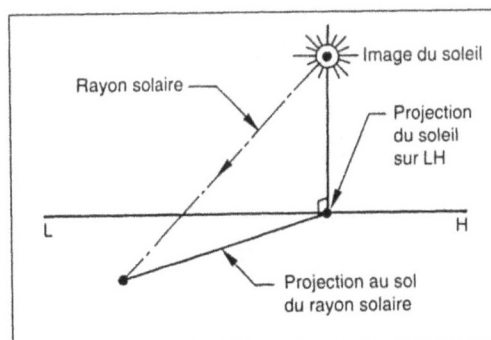

Fig. 13.2

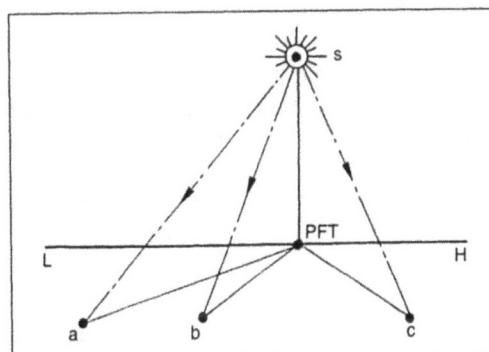

Fig. 13.3

Les rayons solaires ont pour point de fuite l'image du soleil sur le tableau. Dans les pages suivantes, l'image du soleil est désignée par la lettre **s** et sa projection sur **LH** est **PFT** (fig. 13.3).

13.2. Les positions du soleil

Il existe trois positions différentes du soleil par rapport à l'œil auxquelles correspondent trois types de constructions géométriques différentes (fig. 13.4) :

▶ **le soleil est devant l'œil** (position ①). Il est situé dans l'espace limité par le plan neutre. L'astre peut être placé à droite, à gauche ou en face de l'observateur ;

▶ **le soleil est derrière l'œil** (position ②). Dans cet espace également limité par le plan neutre, l'astre peut être placé à droite, à gauche ou dans le dos de l'observateur ;

▶ **le soleil est dans le plan neutre** (position ③). On parle dans ce cas de soleil latéral. L'astre peut être placé à droite ou à gauche de l'observateur.

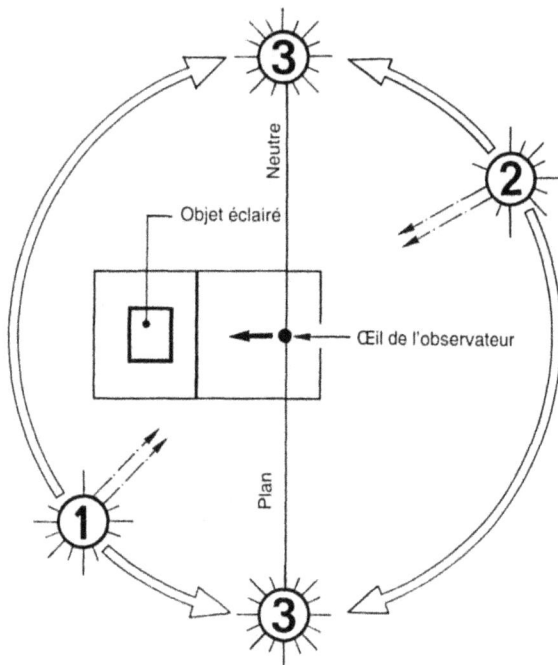

Fig. 13.4

13.2.1 Soleil situé devant l'œil

Principes

Sur la figure 13.5, l'objet exposé au soleil est un panneau vertical rectangulaire. Deux rayons solaires, venant de la droite, passent par les sommets **A** et **B** et rencontrent le sol en **A₁** et **B₁**. La figure **ABB₁A₁** est un parallélogramme.

Le rayon solaire, parallèle aux deux autres, qui passe par l'œil, intercepte le tableau en un point **s** qui est l'image du soleil.

La perspective correspondante (fig. 13.6) montre l'image du soleil placée à droite, au-dessus de la ligne d'horizon. Les deux rayons issus de **s**, coupent le sol en **a₁** et **b₁**, sommets de l'ombre portée. Les segments horizontaux **ab** et **a₁b₁** fuient en direction de

PF₂. L'ombre propre recouvre la face du panneau non exposée à la lumière.

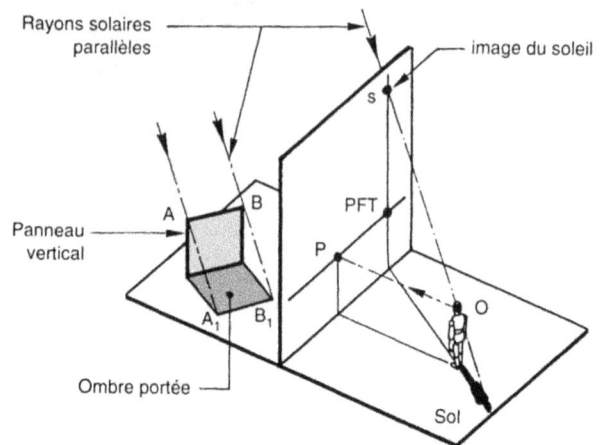

Fig. 13.5

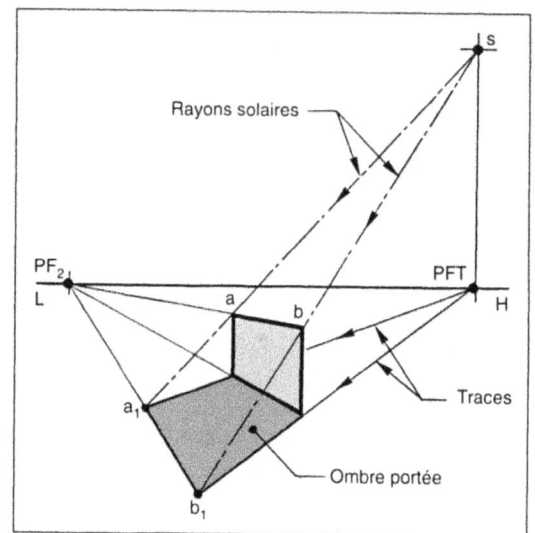

Fig. 13.6

13.2.2 Soleil situé derrière l'œil

Principes

Sur la figure 13.7, les deux rayons solaires qui passent par les sommets **A** et **B** coupent auparavant le tableau en **M** et **N**. Le rayon solaire, parallèle aux deux autres, qui passe par l'œil coupe le sol avant de rencontrer le tableau en **s'**, image fictive du soleil et point de fuite des rayons.

La perspective correspondante (fig. 13.8) montre le point **s'** à droite, au-dessous de **LH**. Les deux rayons coupent le sol en **a₁** et **b₁**, sommets de l'ombre portée. L'ombre propre qui recouvre la face du panneau non exposée à la lumière n'est pas visible sur la perspective.

Remarque

Le soleil réel, situé au-dessus du sol, à l'infini, ne doit pas être confondu avec le point **s'**, situé au-dessous du sol, qui n'est que le point de fuite des rayons solaires. Quand le soleil est situé à gauche, derrière l'œil, le point **s'** se trouve à la droite de **P**, et inversement lorsque le soleil est situé à droite, derrière l'œil.

Cette position très particulière du soleil est peu utilisée car les ombres portées sont le plus souvent cachées par les formes de l'objet.

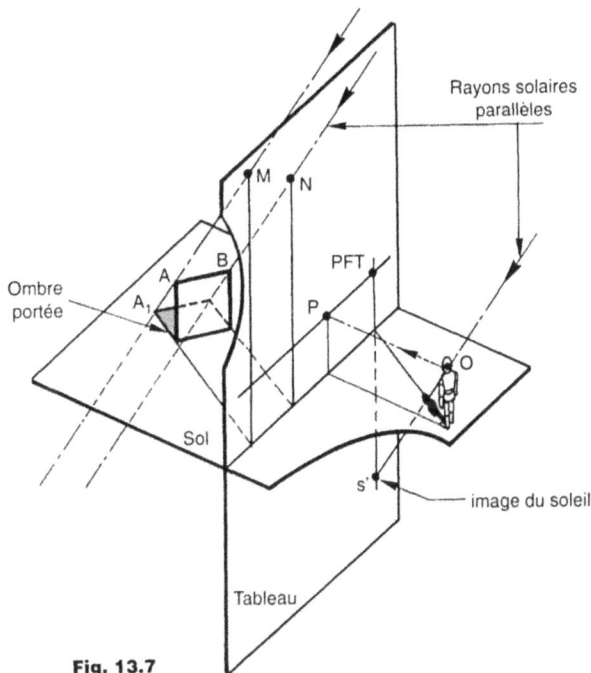

Fig. 13.7

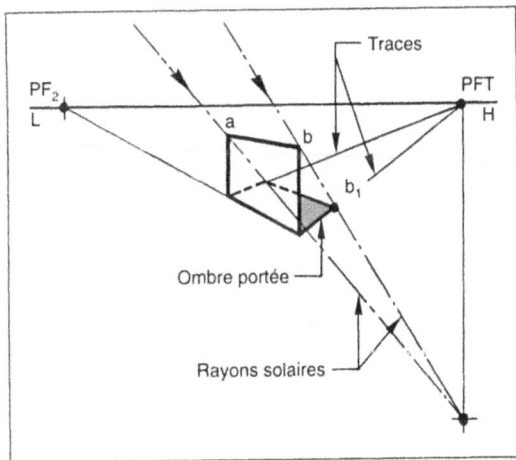

Fig. 13.8

13.2.3 Soleil latéral

Principes

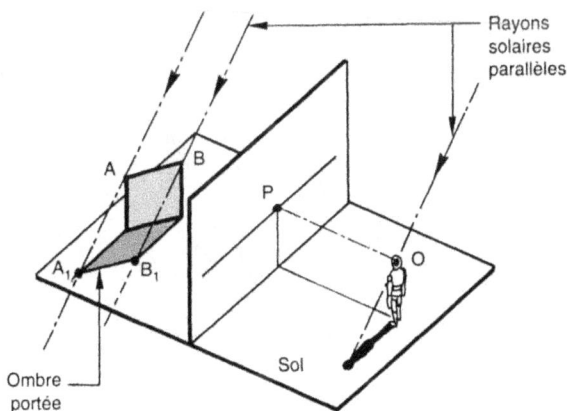

Fig. 13.9

Sur la figure 13.9, les deux rayons solaires venant de la droite qui passent par les sommets **A** et **B** du panneau sont parallèles au tableau. Par conséquent, leurs deux traces sont parallèles à la ligne de terre.

La perspective correspondante (fig. 13.10) montre les deux rayons obliques parallèles qui coupent le sol en **a₁** et **b₁**, sommets de l'ombre portée. L'ombre propre recouvre la face du panneau non exposée à la lumière.

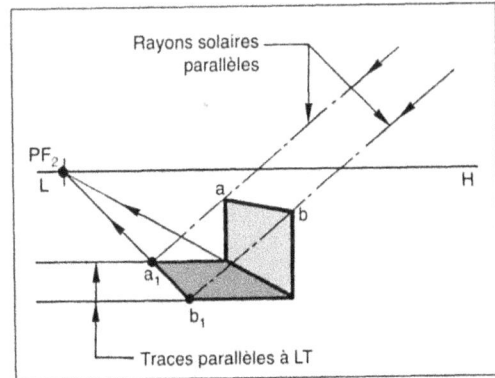

Fig. 13.10

Remarque

Ce type d'éclairage est souvent utilisé. Les tracés des ombres sont simples à réaliser parce qu'ils ne comportent que des horizontales et des obliques parallèles.

L'absence de l'image du soleil sur la figure autorise plus de liberté dans le choix des ombres. Celles-ci peuvent être peu étendues afin de souligner discrètement les volumes sans les surcharger.

13.2.4 Observations

La mise en perspective des rayons solaires présente des similitudes avec celle des faces inclinées. Les deux obéissent aux mêmes règles de perspective car deux rayons solaires définissent un plan incliné appelé parfois plan lumineux.

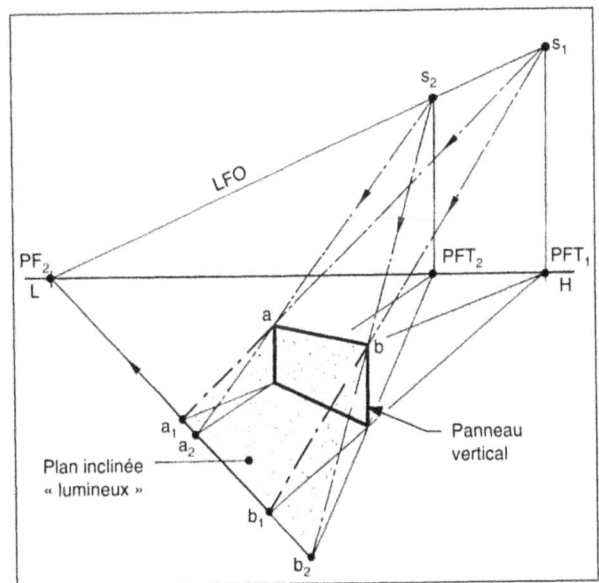

Fig. 13.11

Sur la figure 13.11, la zone grisée inclinée correspond à la position s_1 du soleil. La ligne de fuite oblique **LFO** de cette zone joint les points **PF$_2$** et s_1. Sur çette ligne figurent « tous les soleils » dont les rayons sont situés dans le même plan incliné que la zone grisée. C'est le cas notamment pour le soleil s_2.

13.3. Quelques applications simples

Ce paragraphe comprend trois exemples différents de tracés d'ombres sur des volumes simples :

▶ un parallélépipède rectangle ;
▶ un cylindre vertical plein ;
▶ un cylindre horizontal creux (tube).

13.3.1 Ombres d'un parallélépipède rectangle

Étape 1 (fig. 13.12)

▶ soit un parallélépipède rectangle observé en perspective oblique. On souhaite représenter les ombres avec l'image du soleil située devant l'œil et à droite ;
▶ choisir la position du point **s**.

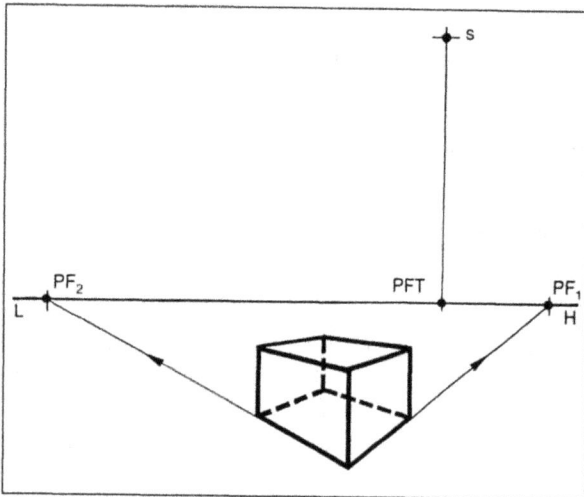

Fig. 13.12

Étape 2 (fig. 13.13)

▶ représenter le rayon lumineux issu de **s** et passant par **a** ainsi que la trace au sol du rayon. Soit a_1 le point d'intersection obtenu sur le sol (le segment a_1e est l'ombre de l'arête verticale ae) ;
▶ de la même manière, positionner les points b_1, c_1 et d_1 (ce dernier peut être omis car il se trouve à l'intérieur du parallélépipède).

Étape 3 (fig. 13.14)

▶ tracer la ligne brisée $a_1b_1c_1$ et la relier aux sommets **e** et **g** pour obtenir le contour de l'ombre portée. Le segment a_1b_1 fuit en direction de **PF$_2$**, comme l'arête **ab** dont il est l'ombre. De même, b_1c_1 et bc ont le même point de fuite (**PF$_1$**) ;
▶ placer les ombres propres qui recouvrent les deux faces non exposées à la lumière.

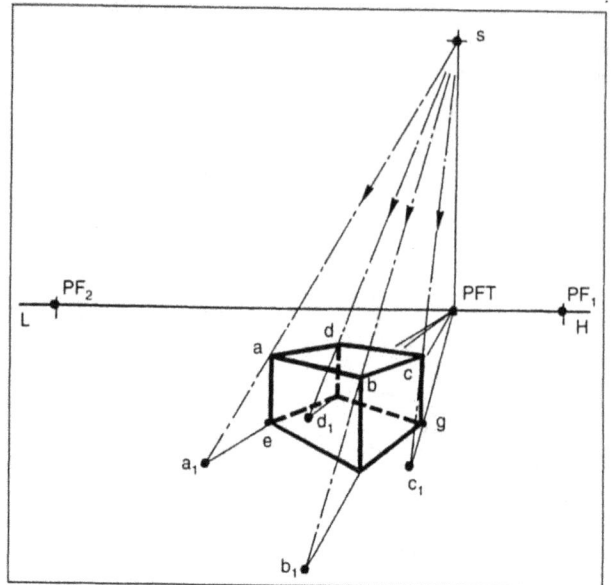

Fig. 13.13

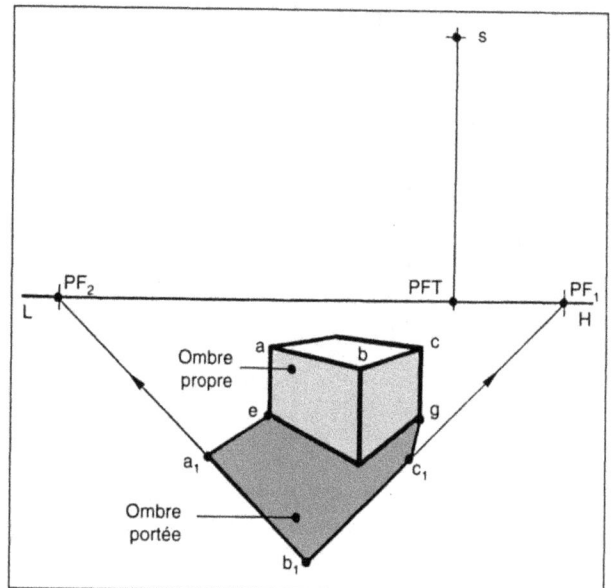

Fig. 13.14

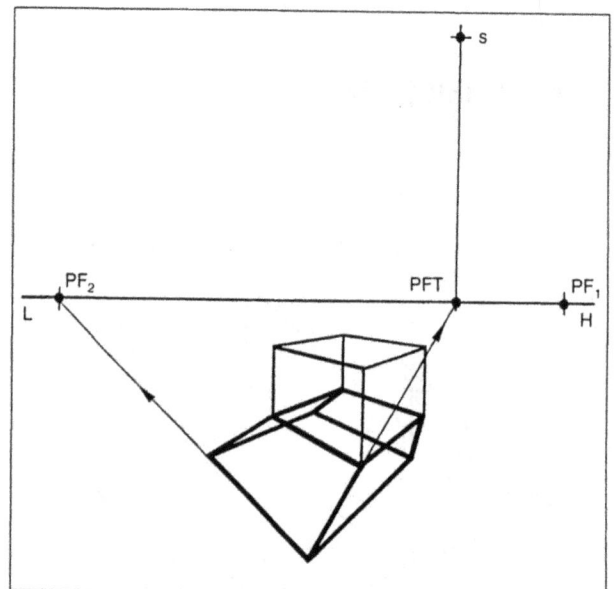

Fig. 13.15

Nota 1 (fig. 13.15)

Dessiner l'ombre revient à représenter une **perspective déformée** du volume dans laquelle les arêtes horizontales fuient en direction de **PF₁** et **PF₂** et les arêtes « verticales » en direction de **PFT**.

Lorsque les objets comportent des formes complexes, Il peut être intéressant de faire apparaître cette représentation filaire, appelée aussi tracé « fil de fer », dont le contour extérieur est celui de l'ombre.

Nota 2 (fig. 13.16 et 13.17)

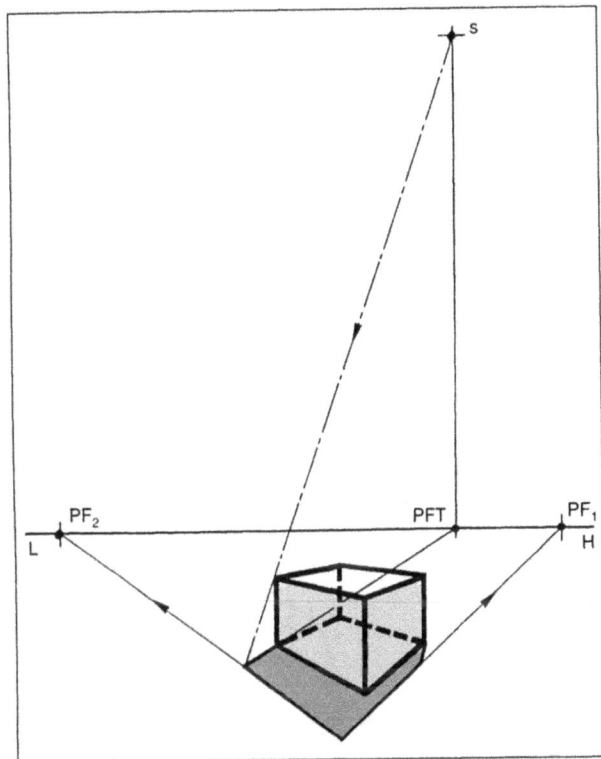

Fig. 13.16

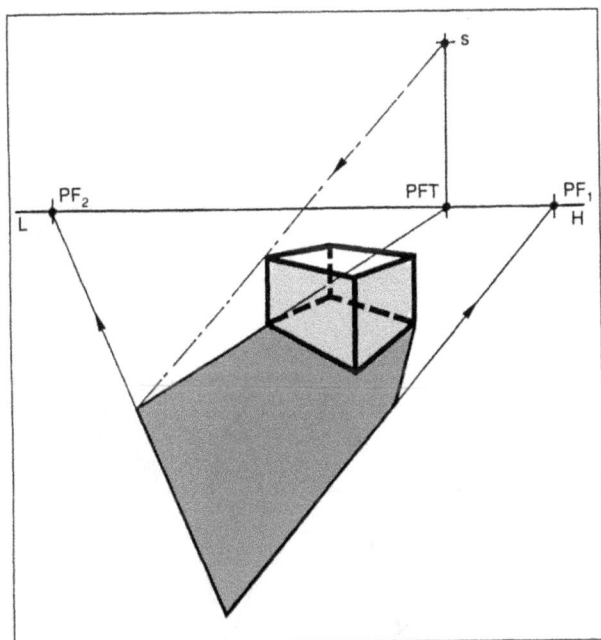

Fig. 13.17

▶ quand le point **s** s'éloigne de **LH**, c'est-à-dire lorsque le soleil monte au-dessus de l'horizon, la surface de l'ombre portée diminue (fig. 13.16), et quand il se rapproche de **LH**, l'ombre portée s'agrandit (fig. 13.17).

Nota 3

Le principe de base du tracé des ombres peut s'énoncer ainsi : une face d'un objet ne donne de l'ombre que si elle reçoit de la lumière. Autrement dit, les parties de l'objet non exposées à la lumière ne participent pas à la création de l'ombre.

13.3.2 Ombres d'un cylindre vertical plein

Étape 1 (fig. 13.18)

▶ soit un cylindre vertical plein et son parallélépipède d'enveloppement, observés en perspective oblique. On souhaite représenter les ombres avec l'image du soleil située devant l'œil et à droite.

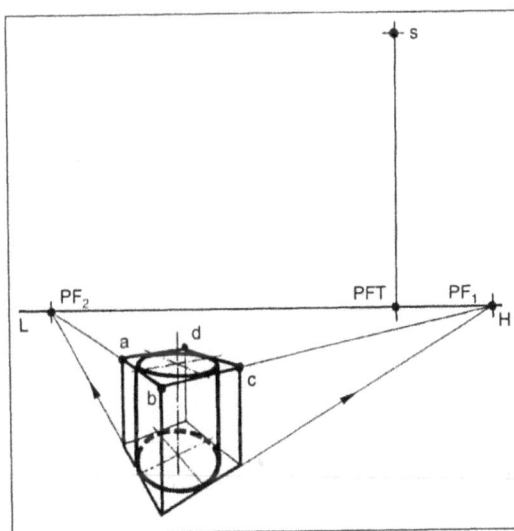

Fig. 13.18

Étape 2 (fig. 13.19)

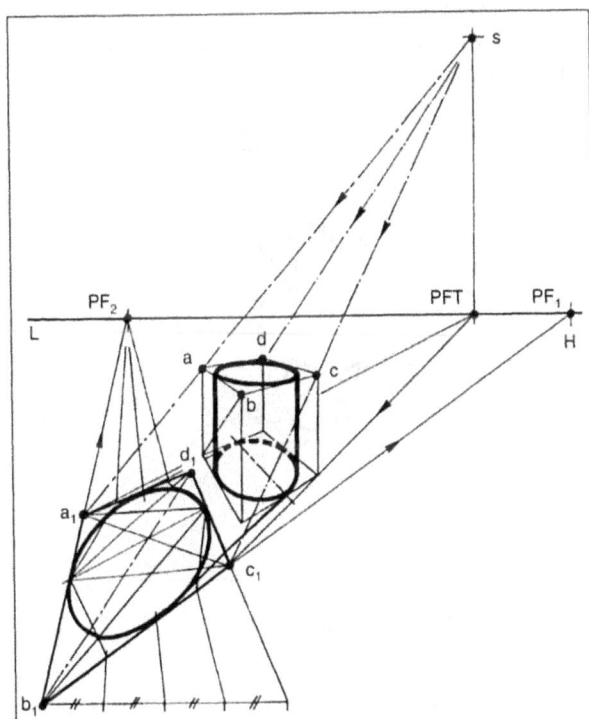

Fig. 13.19

- tracer les rayons lumineux issus de **s** et passant par les sommets **a**, **b**, **c** et **d**. Le quadrilatère **a₁b₁c₁d₁** est le contour, sur le sol, de l'ombre portée de la face supérieure du parallélépipède ;
- représenter l'ellipse inscrite dans le quadrilatère par la méthode des triangles rectangles inscrits.

Étape 3 (fig. 13.20)

- mettre au net la perspective. L'ombre propre est délimitée devant le cylindre par la séparatrice verticale **pm**, et derrière par une autre séparatrice (non visible sur la figure).

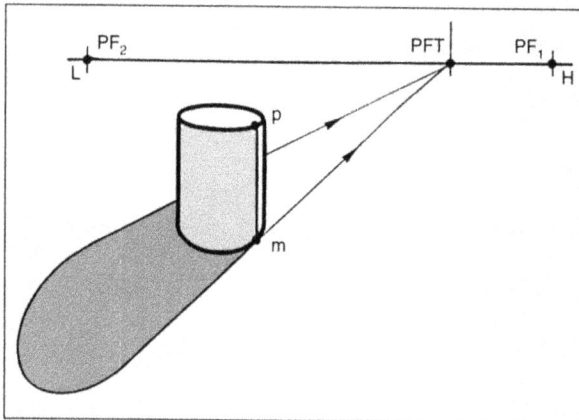

Fig. 13.20

13.3.3 Ombres d'un cylindre horizontal creux

Étape 1 (fig. 13.21)

- soit un cylindre horizontal creux (morceau de tube), d'épaisseur négligeable et son parallélépipède d'enveloppement observés en perspective oblique. On souhaite représenter les ombres avec l'image du soleil située derrière l'œil et à droite ;
- représenter au sol le tracé « fil de fer » de l'ombre du parallélépipède.

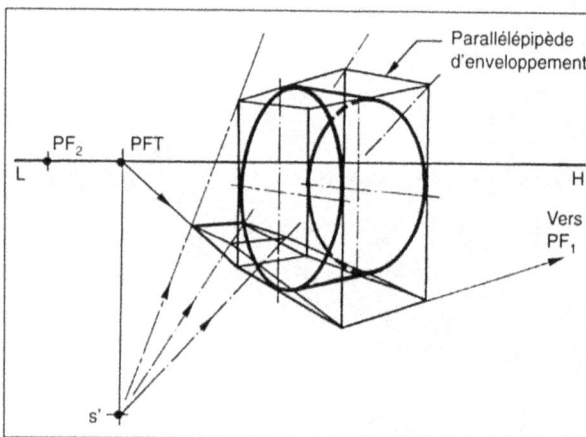

Fig. 13.21

Étape 2 (fig. 13.22)

- représenter l'ombre portée du cylindre composée de deux ellipses très aplaties ;

- il existe une seconde ombre portée, celle située à l'intérieur du cylindre et dont le tracé comprend les étapes suivantes :
  - → tracer la ligne de fuite oblique **LFO** reliant les points **PF₁** et **s'**. Cette ligne porte « tous les soleils » dont les rayons sont situés dans le même plan incliné que celui défini par les deux rayons **js'** et **ns'**,
  - → tracer la ligne de fuite verticale **LFV** de la circonférence **C₁**. Cette ligne porte tous les points de fuite des droites situées dans le plan vertical contenant **C₁**,
  - → repérer **PF₃** qui, situé à l'intersection des deux lignes de fuite, constitue le point de fuite des obliques qui appartiennent à la fois au plan vertical de la circonférence **C₁** et à celui, incliné, des rayons solaires,
  - → soit **n** un point situé sur la circonférence. Tracer le rayon solaire **s'n** et la fuyante **PF₃n**. Tracer la fuyante issue de **PF₁** et passant par **n₁**, point de la circonférence **C₁**. **nn₁n₂** est un triangle rectangle, **nn₂** son hypoténuse et **n₂** le point de rencontre du rayon avec l'intérieur du cylindre,
  - → répéter les mêmes opérations pour les points **m**, **p**, **q** et **r** de la circonférence.

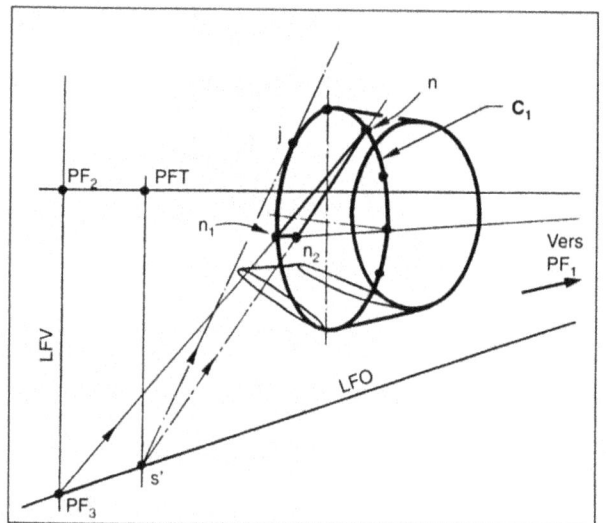

Fig. 13.22

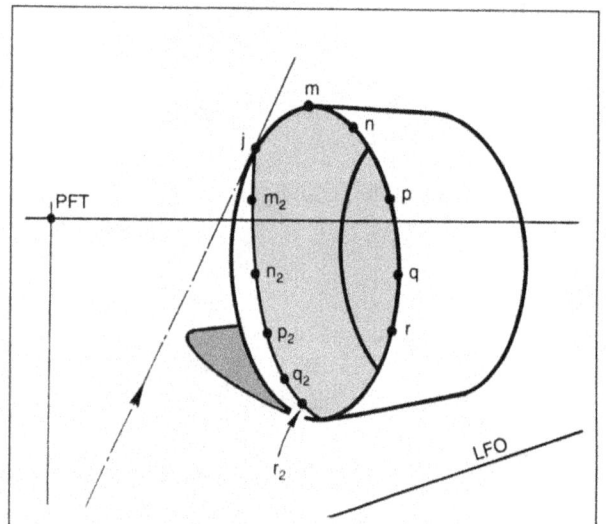

Fig. 13.23

Étape 3 (fig. 13.23)

- tracer la courbe qui passe par les points **j**, **m₂**, **n₂**, **p₂**, **q₂** et **r₂**. Elle représente la limite de l'ombre portée intérieure appelée parfois ombre auto-portée ;
- mettre au net la perspective.

13.4. Les ombres portées sur les faces inclinées

L'exemple le plus courant est celui de la souche de cheminée dont l'ombre s'étend sur un pan incliné de toiture. Les tracés qui ne présentent pas de difficultés particulières doivent prendre en compte l'inclinaison de la toiture.

Ce paragraphe comprend deux applications simples, l'une avec le soleil devant l'œil et l'autre avec le soleil latéral.

13.4.1 Application avec le soleil situé devant l'œil

Étape 1 (fig. 13.24)

- représenter l'ombre portée de la souche de cheminée avec l'image du soleil située devant l'œil et à gauche ;
- choisir la position de **s** et tracer les rayons lumineux issus de **s** et passant par les sommets **a**, **b** et **c** ;
- représenter la ligne de fuite oblique de la toiture.

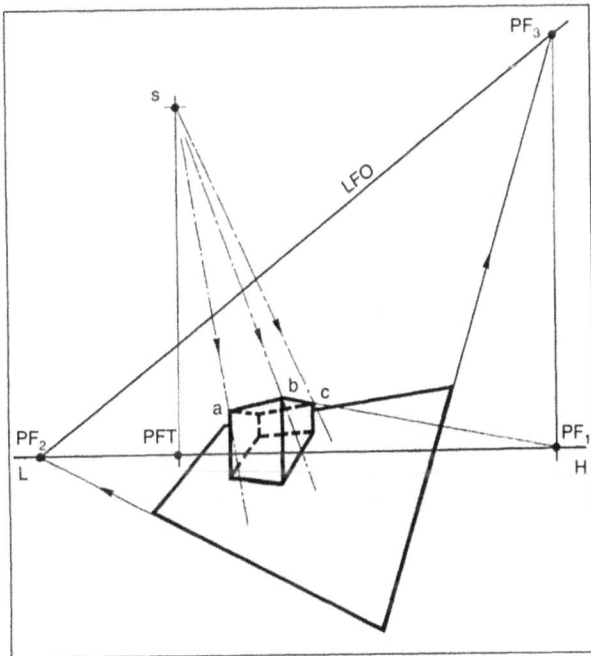

Fig. 13.24

Étape 2 (fig. 13.25)

- le point d'intersection de **LFO** et de la verticale **sPFT** est **PF₄**, point de fuite des traces des rayons solaires sur la toiture ;
- représenter ces traces passant par les points **e**, **f** et **g**. Soit **a₁**, **b₁** et **c₁** les sommets de l'ombre portée.

Joindre ces points pour obtenir le contour de l'ombre ;

- représenter les ombres propres et mettre au net la figure.

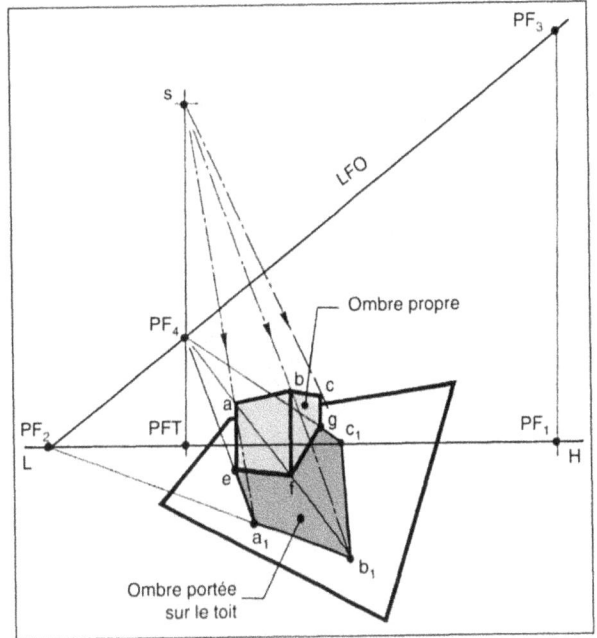

Fig. 13.25

Nota (fig. 13.26)

La marche à suivre est identique quand le soleil est situé derrière l'œil et à droite.

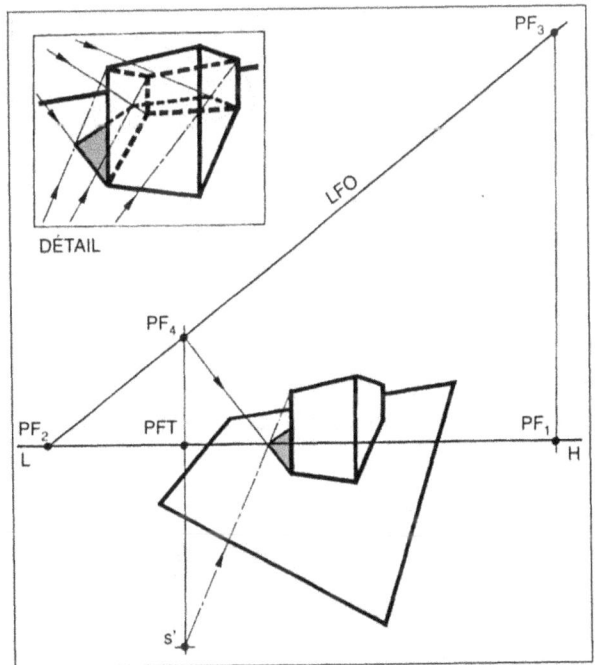

Fig. 13.26

13.4.2 Application avec le soleil latéral

Étape 1 (fig. 13.27)

- représenter l'ombre portée avec le soleil latéral situé à droite (les rayons sont inclinés de 30° par rapport au sol) ;

- tracer les rayons lumineux passant par les sommets **a**, **b** et **c** ;
- représenter la ligne de fuite oblique de la toiture et les traces, parallèles à cette ligne, qui passent par les points **e**, **f** et **g**.

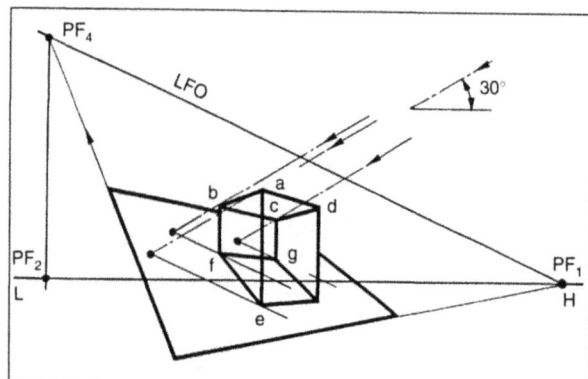

Fig. 13.27

Étape 2 (fig. 13.28)

- les traces interceptent les rayons en **a₁**, **b₁** et **c₁**. Joindre ces points pour obtenir le contour de l'ombre portée ;
- représenter l'ombre propre et mettre au net la figure.

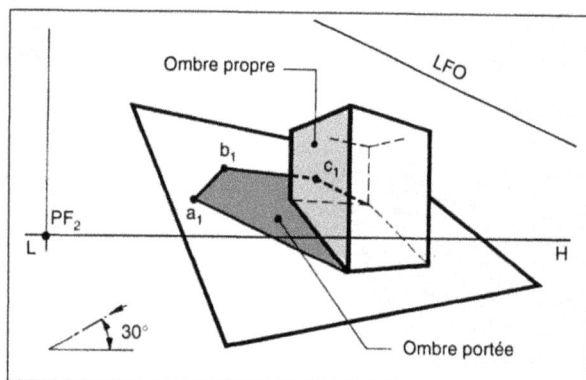

Fig. 13.28

13.5. Les ressauts d'ombres

13.5.1 Généralités

Les ombres portées s'étendent rarement en totalité sur une surface parfaitement plane. Elles rencontrent souvent des obstacles, saillies ou cavités, qui les dévient.

Ces changements de direction, appelés **ressauts d'ombres**, peuvent être très différents suivant la forme des volumes qui reçoivent les ombres. Les cas les plus courants sont étudiés ci-après.

13.5.2 Les ressauts d'ombre sur les plans verticaux

Ombres portées d'un parallélépipède

- soit un parallélépipède rectangle situé à proximité d'un plan vertical. Représenter l'ombre portée avec

le soleil latéral situé à droite de l'œil (les rayons lumineux sont inclinés de 20° par rapport au sol) ;
- la figure 13.29 représente l'ombre portée d'un parallélépipède sur le sol, sans tenir compte de la présence du plan vertical ;

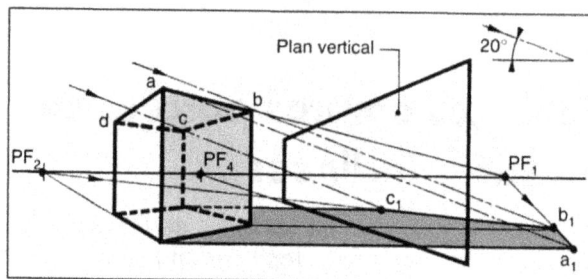

Fig. 13.29

- pour tracer le ressaut d'ombre sur le plan vertical (fig. 13.30) :
  → du point **m**, intersection de la trace **ea₁** avec la base du plan, élever une verticale qui intercepte en **a₂** le rayon solaire **aa₁**,
  → situer les points **b₂** et **c₂** de la même façon,
  → joindre les points **m**, **a₂**, **b₂**, **c₂** et **n** pour obtenir le ressaut d'ombre. L'ombre portée du plan vertical sur le sol n'est pas représentée sur la figure.

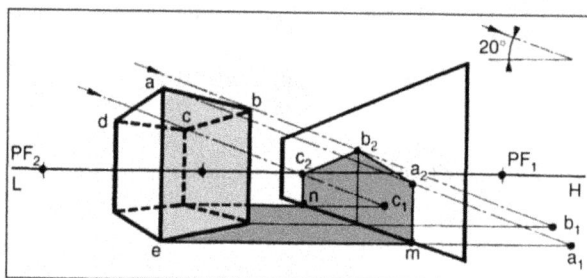

Fig. 13.30

Remarque : l'ombre d'une arête verticale (par exemple **ae**) sur un plan vertical est toujours un segment vertical (**ma₂**).

Ombres portées d'un cylindre

- soit un cylindre vertical situé à proximité d'un plan vertical. Représenter l'ombre portée avec le soleil latéral situé à droite de l'œil (les rayons lumineux sont inclinés de 30° par rapport au sol) ;
- la figure 13.31 montre le tracé de l'ombre portée au sol et sur le plan ;

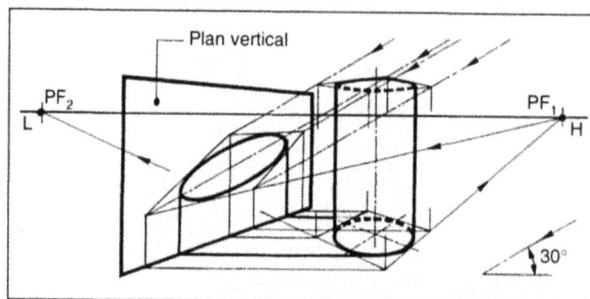

Fig. 13.31

- mettre au net la perspective (fig. 13.32). L'ombre portée du plan vertical sur le sol n'est pas représentée sur la figure.

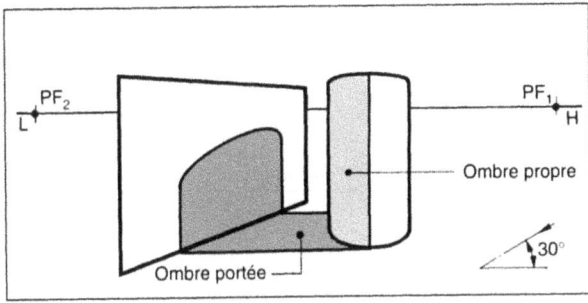

Fig. 13.32

13.5.3 Les ressauts d'ombre sur les plans inclinés

Ombres portées d'un parallélépipède

▶ soit un parallélépipède rectangle situé à proximité d'un plan incliné. Représenter l'ombre portée avec l'image du soleil située devant l'œil et à droite ;

▶ situer au sol les points a_1, b_1 et d_1, ombres des sommets **a**, **b** et **d** du bloc (fig. 13.33) ;

▶ soit **pq** l'arête supérieure du plan incliné, et p_1q_1 sa projection au sol. La trace horizontale passant par **e** coupe l'arête inférieure du plan en **m** et la ligne p_1q_1 en r_1 ;

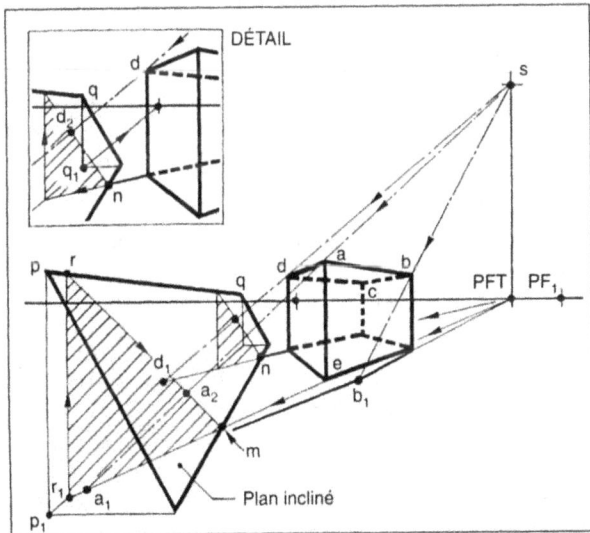

Fig. 13.33

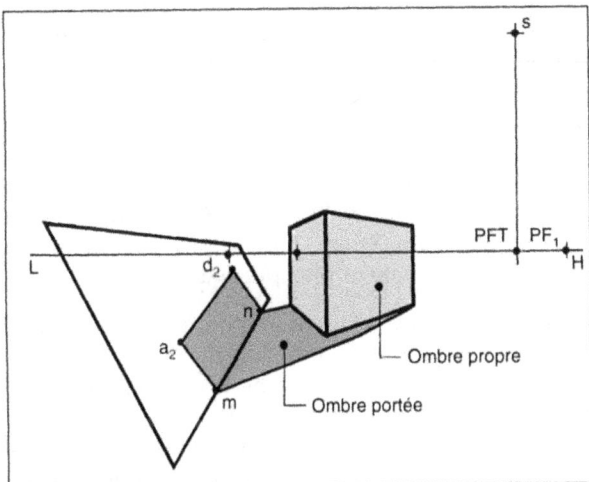

Fig. 13.34

▶ élever la verticale passant par r_1, qui coupe **pq** en **r** et tracer **rm** ;

▶ les deux triangles r_1rm et $PFTa_1s$ sont situés dans un même plan vertical : le rayon lumineux qui passe par **a** intercepte le plan incliné en a_2 ;

▶ déterminer l'emplacement du point d_2 suivant la même méthode ;

▶ joindre les points **m**, a_2, d_2 et **n** pour obtenir le contour de l'ombre portée sur le plan incliné et mettre au net la perspective (fig. 13.34).

Remarque : l'ombre portée du plan incliné sur le sol n'est pas représentée sur la figure. Les constructions géométriques ne présentent pas davantage de difficultés dans le cas d'un **soleil latéral** (fig. 13.35).

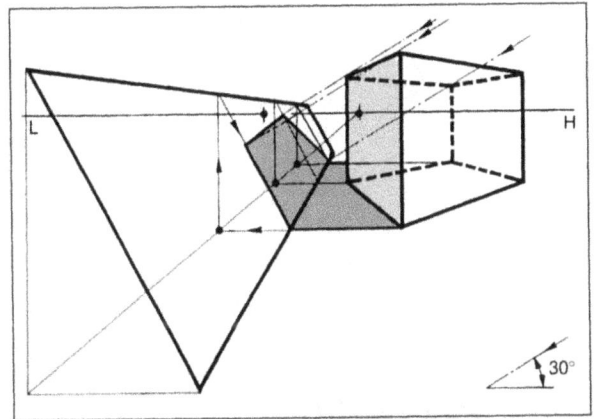

Fig. 13.35

Ombres portées d'un cylindre

▶ soit un cylindre horizontal situé à proximité d'un plan incliné. Représenter l'ombre portée avec l'image du soleil située devant l'œil et à gauche ;

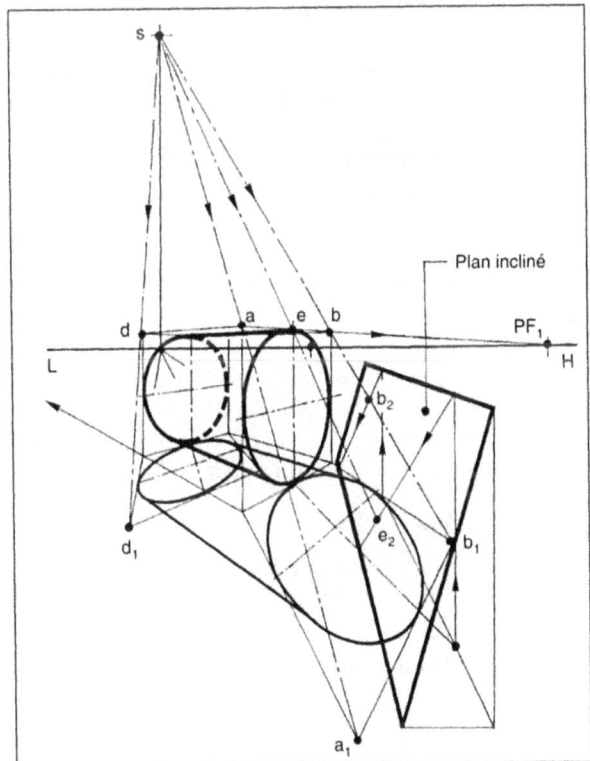

Fig. 13.36

- la figure 13.36 montre l'ombre portée du volume sur le sol. Comme dans l'exemple précédent, on détermine la position des points b_2 et e_2 sur le plan incliné ;
- représenter les ombres propres et mettre au net la perspective (fig. 13.37).

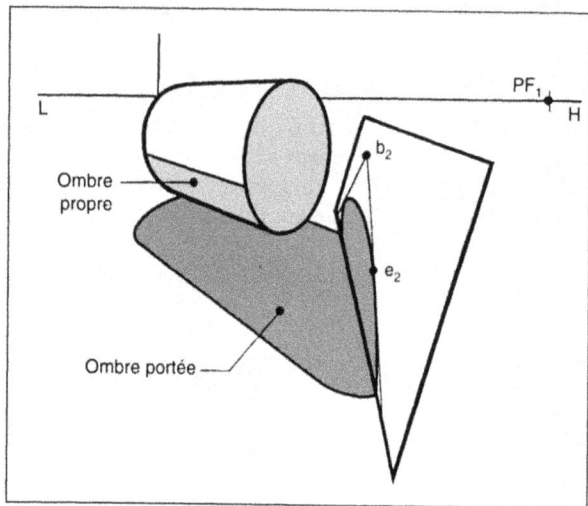

Fig. 13.37

13.6. Les réseaux solaires

13.6.1 Généralités

Les ombres peu étendues rehaussent discrètement le dessin sans l'envahir, mais leur exécution présente souvent des difficultés. En effet, de telles ombres correspondent à une position élevée du soleil qui rend ce dernier généralement inaccessible, excepté en soleil latéral où les rayons sont toujours parallèles quelle que soit l'altitude de l'astre. Pour contourner cette difficulté, on peut utiliser un **réseau solaire**. Le réseau ou **régulateur solaire** est une grille préparée à l'avance qui, disposée sous une feuille de calque, permet de représenter les ombres à l'aide des traits observés par transparence.

13.6.2 La réalisation pratique des réseaux

Dans l'exemple ci-dessous le soleil est situé devant l'œil et à droite à une certaine distance de la ligne d'horizon. La marche à suivre est identique pour toutes les autres positions du soleil.

Marche à suivre

- sur une feuille à dessin au format A4 (21 cm × 29,7 cm), tracer la ligne d'horizon environ à mi-hauteur (fig. 13.38) ;
- situer le soleil à droite, dans l'angle supérieur de la feuille ;
- tracer deux segments gradués tous les 5 mm, l'un **AB**, vertical, situé à proximité du bord gauche de la feuille et l'autre **BC**, horizontal, en bas de la feuille (fig. 13.39) ;

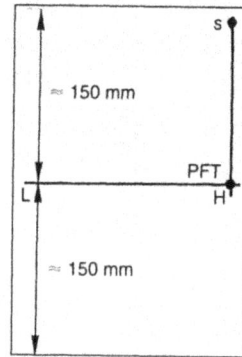

Fig. 13.38

- représenter les rayons solaires issus de **s** et passant par toutes les divisions des segments **AB** et **BC**. De même, figurer les traces au sol issues de **PFT** et passant par ces mêmes divisions (fig. 13.40).

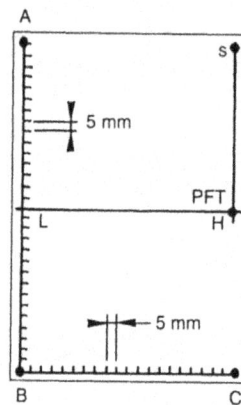
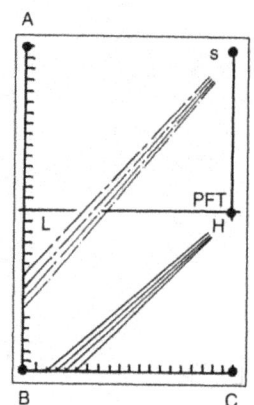

Fig. 13.39   Fig. 13.40

- le tracé achevé se présente sous la forme d'une grille composée de deux faisceaux croisés de droites (fig. 13.41) ;
- agrandir au photocopieur une partie du tracé, par exemple la zone encadrée **A**, pour obtenir un réseau solaire (fig. 13.42).

L'agrandissement obtenu n'est pas toujours de bonne qualité car les traits apparaissent souvent trop épais. Il est alors conseillé de décalquer la copie, à l'encre, au stylo à pointe tubulaire de 0,2 mm ou au feutre calibré ultra-fin. Pour améliorer la lisibilité des tracés, on peut également utiliser deux encres de couleur différente, l'une pour les rayons solaires et l'autre pour les traces au sol.

Remarques

- si l'on augmente le nombre de rayons solaires et de traces par un maillage plus serré, par exemple tous les 2 ou 3 mm, l'utilisation du réseau est rendue plus facile et plus précise ;
- à partir d'un même tracé on peut obtenir plusieurs réseaux différents : les figures 13.43 et 13.44 représentent respectivement les zones agrandies repérées **B** et **C** sur la figure 13.41. En retournant les réseaux **A**, **B** et **C** on obtient trois nouveaux réseaux pour lesquels le soleil est situé derrière l'œil et à droite. Par exemple, la zone **C** retournée donne le réseau **D** (fig. 13.45).

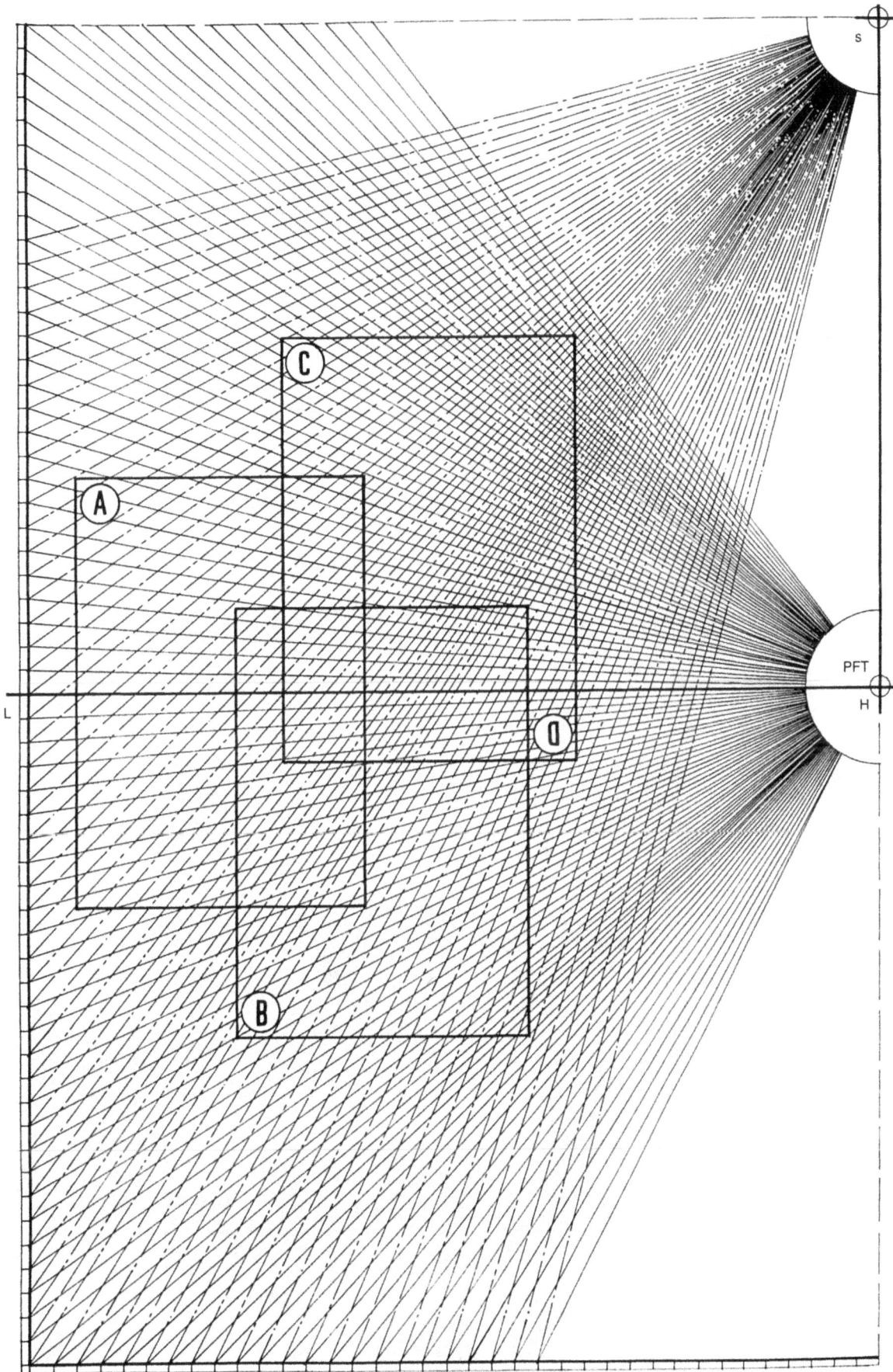

Fig. 13.41

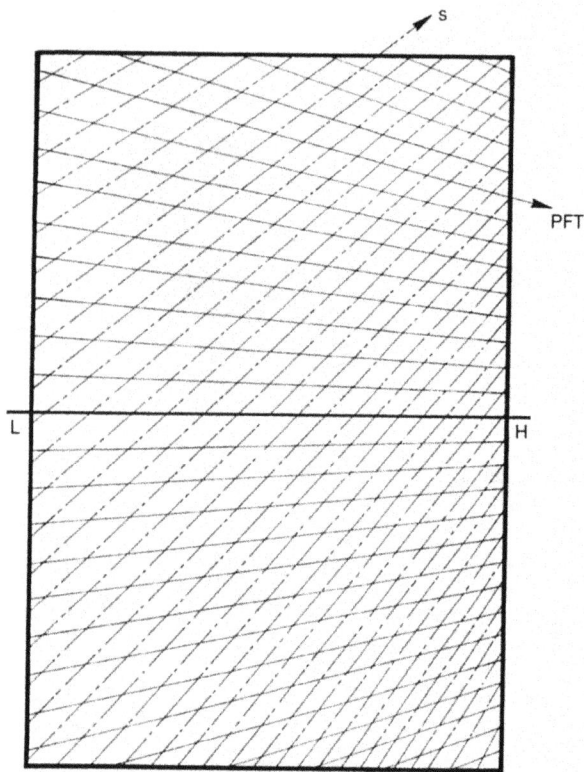

RÉSEAU **A**

FIG. 13.42

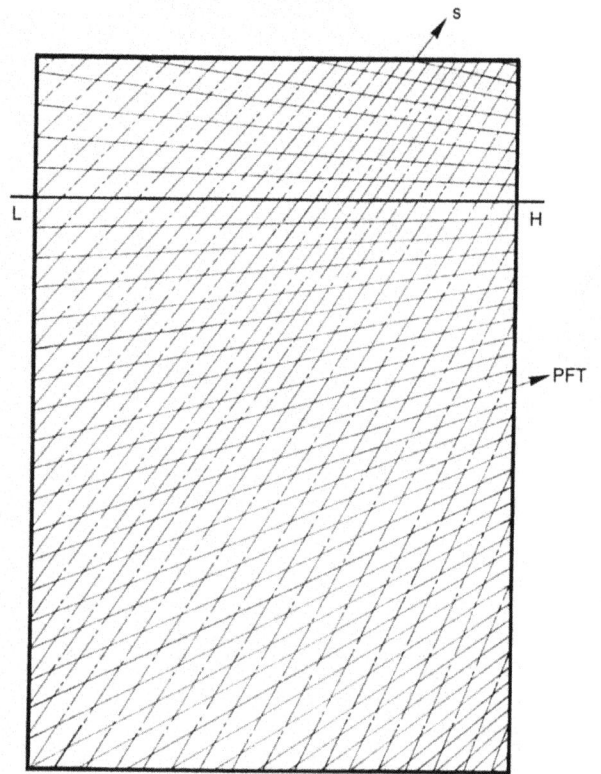

RÉSEAU **B**

FIG. 13.43

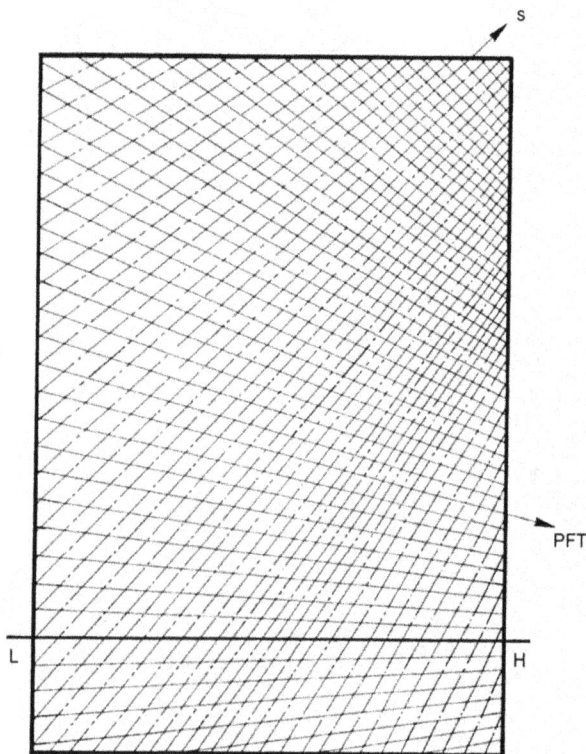

RÉSEAU **C**

FIG. 13.44

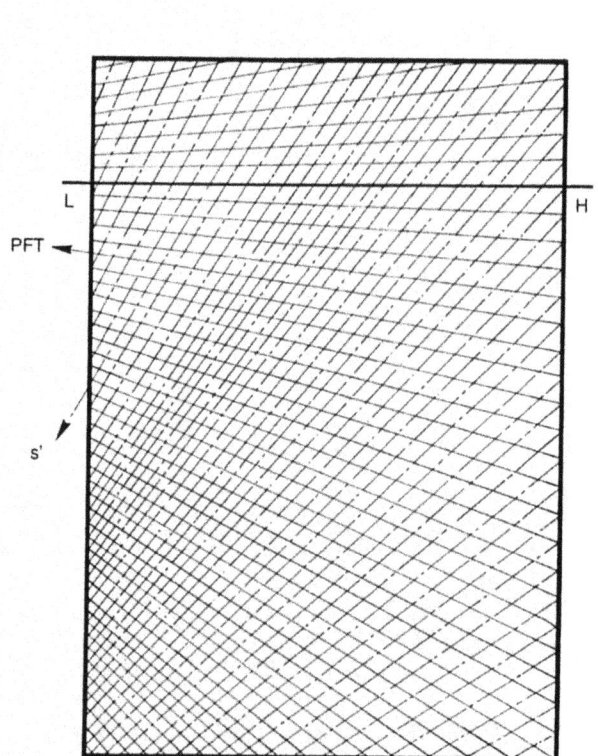

RÉSEAU **D**

FIG. 13.45

13.6.3 Exemple d'utilisation

On souhaite représenter les ombres de deux parallélépipèdes rectangles observés en perspective oblique
(fig. 13.46). L'ensoleillement choisi est celui donné
par le réseau **D** (le soleil est derrière l'œil et à droite).

Étape 1 (fig. 13.47)

▶ après avoir dessiné la perspective sur une feuille
de calque, glisser sous celle-ci le réseau et faire
coïncider les deux lignes de terre ;

▶ déplacer latéralement le réseau suivant l'importance que l'on veut donner aux ombres. Dans cet

exemple, si l'on décale le réseau vers la droite en maintenant la perspective fixe, les ombres portées sont moins allongées que celles obtenues avec le réseau déplacé vers la gauche.

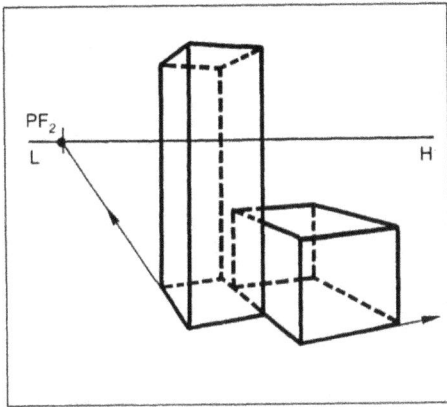

Fig. 13.46

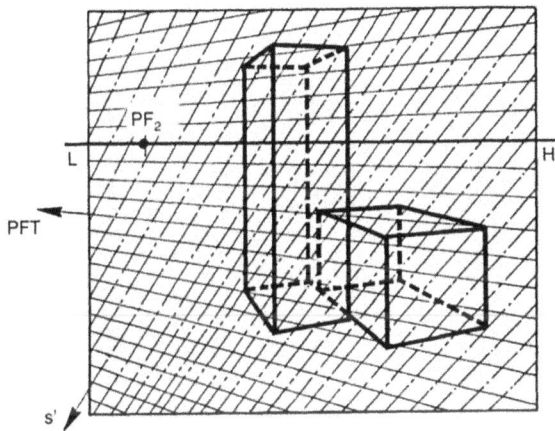

Fig. 13.47

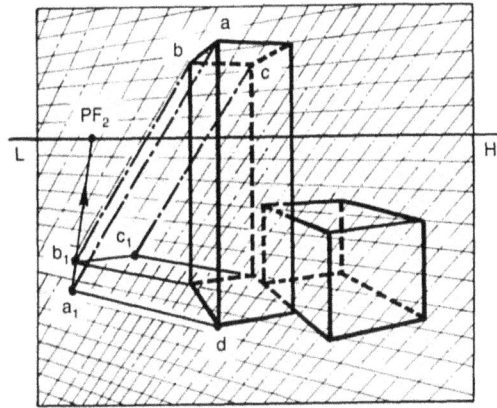

Fig. 13.48

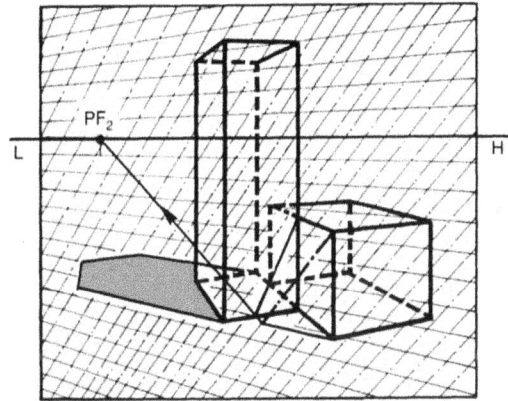

Fig. 13.49

Étape 2 (fig. 13.48)

▶ pour déterminer l'ombre de l'arête **ad**, tracer le rayon solaire passant par **a** et dessiner la trace au sol passant par **d**. Celle-ci ne figurant pas sur le réseau, il convient de fixer son inclinaison en se guidant sur les traces voisines. Soit a_1 le point d'intersection des deux lignes ;

▶ situer les points b_1 et c_1 en appliquant la même méthode.

Étape 3 (fig. 13.49)

▶ compléter le tracé des ombres portées sans oublier le ressaut d'ombre du petit parallélépipède sur le plus grand.

Étape 4 (fig. 13.50)

▶ représenter les ombres propres ;

▶ mettre au net la perspective et figurer le type d'ensoleillement par un petit schéma.

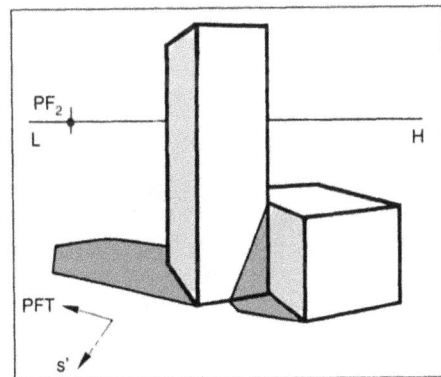

Fig. 13.50

Chapitre 14

Les ombres en lumière artificielle

14.1. Généralités

En lumière artificielle, la source lumineuse est située à une distance finie de l'objet. Les ombres obtenues sont souvent appelées ombres au flambeau en référence à la grande chandelle de cire ou de suif utilisée autrefois pour l'éclairage domestique.

Le principe général de construction des ombres en lumière artificielle est identique à celui des ombres en lumière solaire. Seul le point de fuite des traces **PFT** est différemment placé : il n'est plus situé sur **LH** mais au sol, à la verticale de l'image de la source lumineuse ponctuelle **I** (fig. 14.1).

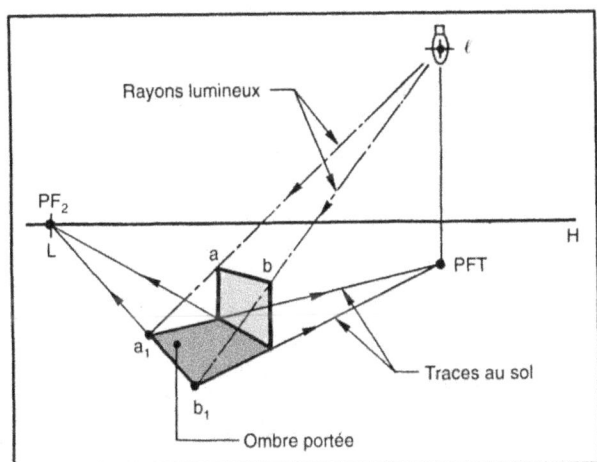

Fig. 14.1

Comme le soleil, la source lumineuse **I** peut occuper différentes positions :

▶ **devant l'œil** et à droite, à gauche ou en face ;

▶ **derrière l'œil** et à droite, à gauche ou dans le dos de l'observateur ;

▶ **dans le plan neutre** et à droite ou à gauche (éclairage latéral).

14.2. Quelques applications simples

Ce paragraphe comporte trois exemples de volumes ombrés :

▶ un parallélépipède rectangle ;

▶ deux livres empilés ;

▶ une étagère murale.

14.2.1 Ombres d'un parallélépipède rectangle

Étape 1 (fig. 14.2)

Soit un parallélépipède rectangle observé en perspective oblique. On souhaite représenter les ombres en lumière artificielle avec l'image de la source **I** située devant l'œil et à droite.

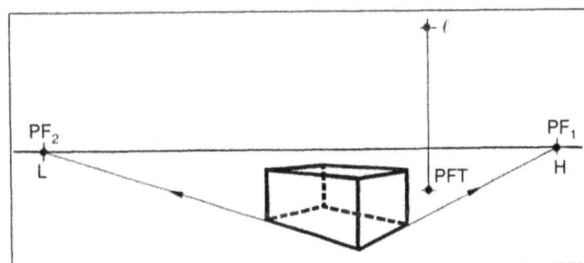

Fig. 14.2

Étape 2 (fig. 14.3)

▶ tracer les rayons lumineux issus de **I** et passant par les sommets **a**, **b**, **c** et **d** ;

▶ représenter les traces au sol issues de **PFT** ;

▶ tracer la ligne brisée $d_1a_1b_1c_1$ et la relier aux deux sommets **j** et **g** pour obtenir le contour de l'ombre portée. Le segment a_1b_1 fuit en direction de **PF₂** comme l'arête **ab** dont il est l'ombre. De même, **bc** et b_1c_1 ont le même point de fuite **PF₁** ;

▶ placer les ombres propres et mettre au net la perspective.

Nota 1 (fig. 14.4)

Quand la source lumineuse est disposée à la verticale de l'objet, l'ombre portée entoure celui-ci et les

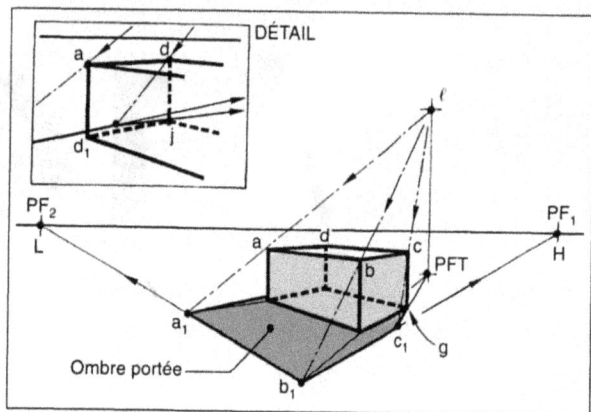

Fig. 14.3

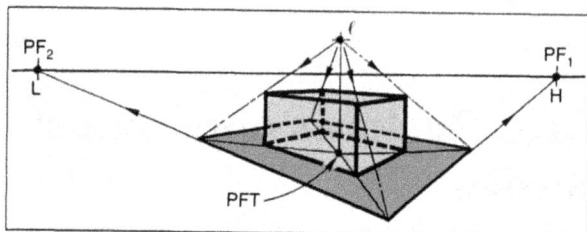

Fig. 14.4

ombres propres sont présentes sur les quatre faces verticales du volume.

Nota 2 (fig. 14.5)

Quand l'altitude de la source lumineuse est inférieure à la hauteur de l'objet, les rayons lumineux orientés vers le haut ne rencontrent jamais le sol. L'ombre portée s'étend indéfiniment si aucun obstacle vertical ne l'arrête. Ce type d'éclairage est peu utilisé, sauf à rechercher un effet particulier, car il donne une trop grande importance aux ombres au détriment de l'objet lui-même.

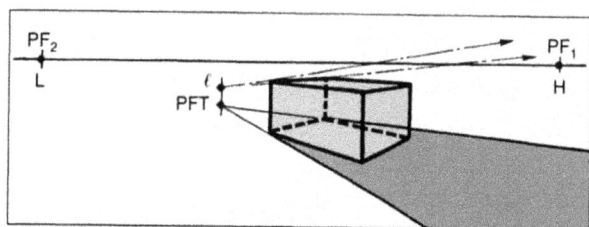

Fig. 14.5

14.2.2 Ombres de livres empilés

Étape 1 (fig. 14.6)

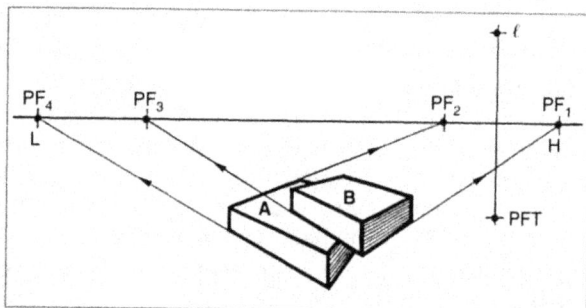

Fig. 14.6

Soit deux livres empilés **A** et **B** observés en perspective oblique. On souhaite représenter les ombres

avec l'image de la source lumineuse située devant l'œil et à droite.

Étape 2 (fig. 14.7)

Représenter l'ombre portée du livre **A** sur le sol suivant la méthode courante (rayons lumineux et traces au sol).

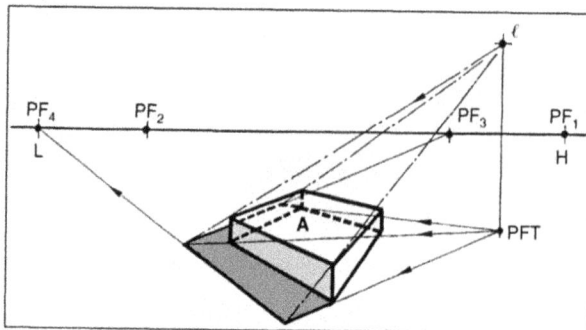

Fig. 14.7

Étape 3 (fig. 14.8)

▶ supposer le livre **A** enlevé et le livre **B** comme suspendu au-dessus du sol ;

▶ représenter l'ombre portée du livre **B** à partir de sa projection sur le sol (quadrilatère **efgj**).

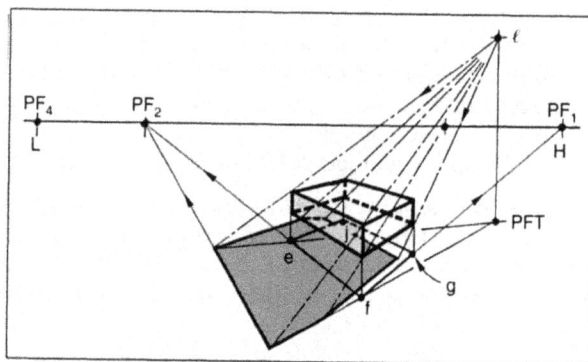

Fig. 14.8

Étape 4 (fig. 14.9)

▶ réunir les deux tracés d'ombres. Soit m_2 le point d'intersection au sol des deux contours. Le rayon passant par m_2 entre en contact avec le livre **A** en m_1 et avec le livre **B** en **m** ;

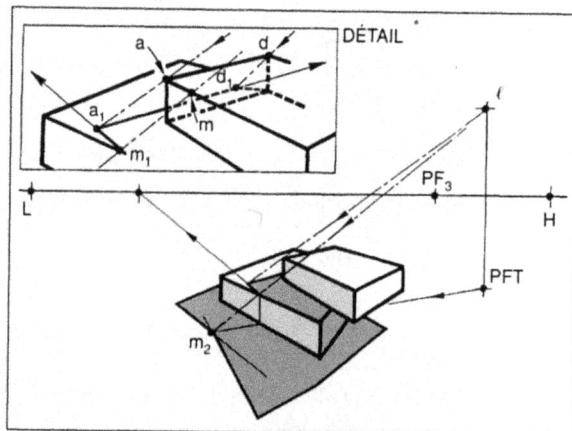

Fig. 14.9

▶ pour déterminer l'ombre portée du livre **B** sur le livre **A** :

→ tracer le rayon lumineux passant par **a** qui coupe la fuyante **PF$_2$m$_1$** en **a$_1$**,

→ tracer le rayon lumineux passant par **d** qui coupe la fuyante **PF$_1$a$_1$** en **d$_1$**,

→ joindre **a$_1$** à **d$_1$** ;

▶ représenter les ombres propres et mettre au net la perspective.

14.2.3 Ombres d'une étagère murale

Étape 1 (fig. 14.10)

▶ soit une étagère murale située près d'un angle de mur, observée en perspective oblique à trois points de fuite (**PF$_3$** est le point de fuite des arêtes inclinées de l'étagère). On souhaite représenter les ombres avec l'image de la source lumineuse **l** située devant l'œil et à droite. **d$_1$** et **d$_2$** sont les distances qui séparent **l** des deux murs ;

▶ le plan contenant les ombres portées étant vertical (mur), **PFT$_2$** est situé au pied de la perpendiculaire au mur passant par **l**.

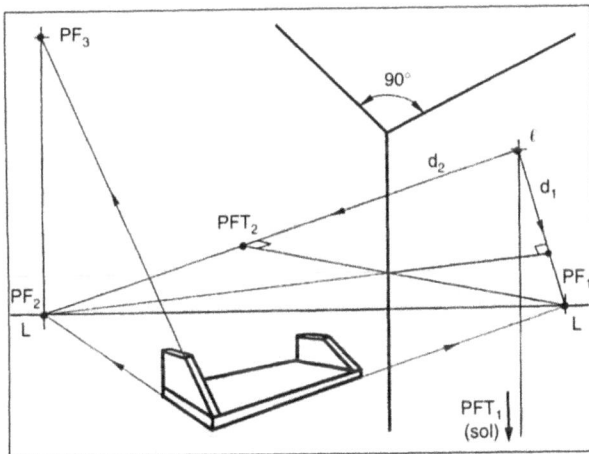

Fig. 14.10

Étape 2 (fig. 14.11)

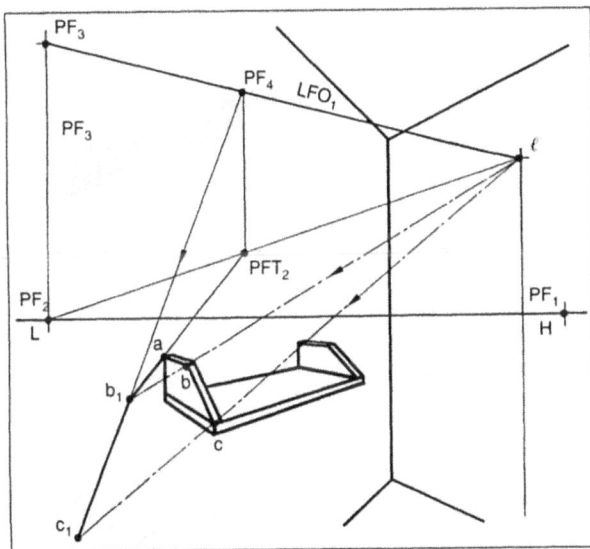

Fig. 14.11

Le rayon lumineux passant par **b** intercepte en **b$_1$** la trace issue de **PFT$_2$** et passant par **a**. Le segment **b$_1$a** est l'ombre de l'arête horizontale **ba** de l'étagère. De

même, le segment **b$_1$c$_1$** est l'ombre de l'arête oblique **bc**.

Remarque : l'arête **bc** et le rayon **cc$_1$** définissent un plan incliné dont la ligne de fuite oblique est **LFO$_1$**. **PF4**, qui est le point d'intersection de **LFO$_1$** avec la verticale passant par **PFT$_2$**, est le point de fuite des droites appartenant à la fois au plan incliné et au mur. Le segment **b$_1$c$_1$** qui répond à cette double condition fuit donc en direction de **PF$_4$**.

Étape 3 (fig. 14.12)

▶ déterminer les autres points du contour de l'ombre ;

▶ tracer l'ombre propre et mettre au net la perspective.

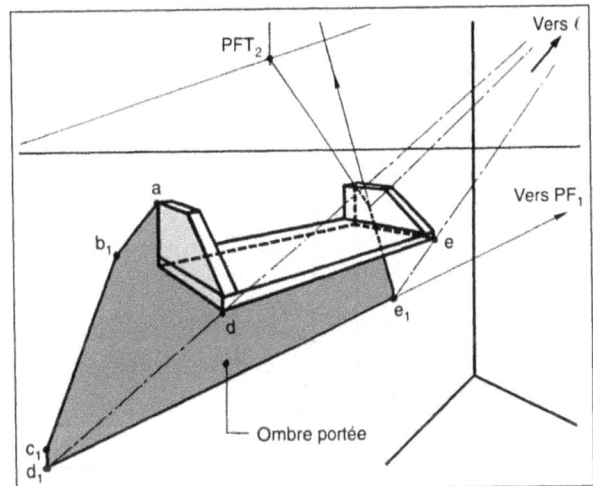

Fig. 14.12

14.3. Incidences du déplacement de la source sur l'aspect des ombres

Les ombres portées des objets changent suivant la position de la source lumineuse. Celle-ci peut se déplacer verticalement et/ou latéralement. Ces deux mouvements sont étudiés ci-après.

14.3.1 Déplacement vertical de la source lumineuse

Deux éléments, l'un **A** posé au sol et l'autre **B** fixé au mur, sont éclairés par une source de lumière artificielle **l** située près du plafond (fig. 14.13). On trace suivant la méthode habituelle l'ombre portée de l'élément **A** à l'aide de **l** et de **PFT$_1$**.

L'ombre de l'élément **B** nécessite pour son tracé l'emploi des points **l**, **PFT$_1$** et **PFT$_2$** car elle s'étend sur le sol et le mur.

Quand la source lumineuse descend, les deux ombres portées changent de forme (fig. 14.14) : l'ombre de l'élément **A** se projette en partie sur le mur (points de fuite **PFT$_1$** et **PFT$_3$**), celle de l'élément **B** quitte le sol et s'étend sur le mur (point de fuite **PFT$_2$**).

Lorsque la source se rapproche encore du sol (fig. 14.15), l'ombre portée de l'élément **A** s'agrandit (sans la présence du mur, elle s'étendrait à l'infini) et celle de l'élément **B** s'oriente vers le haut.

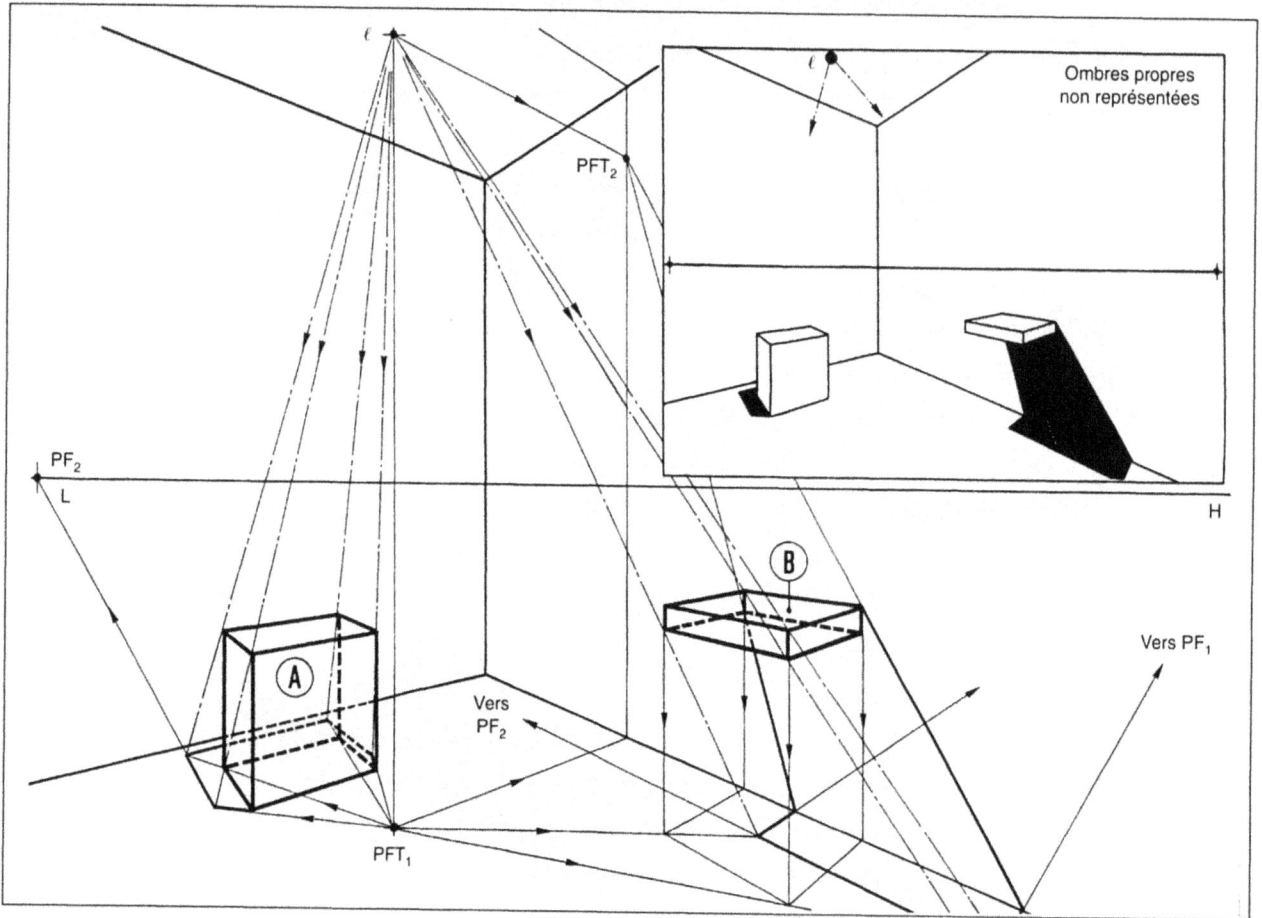

Fig. 14.13

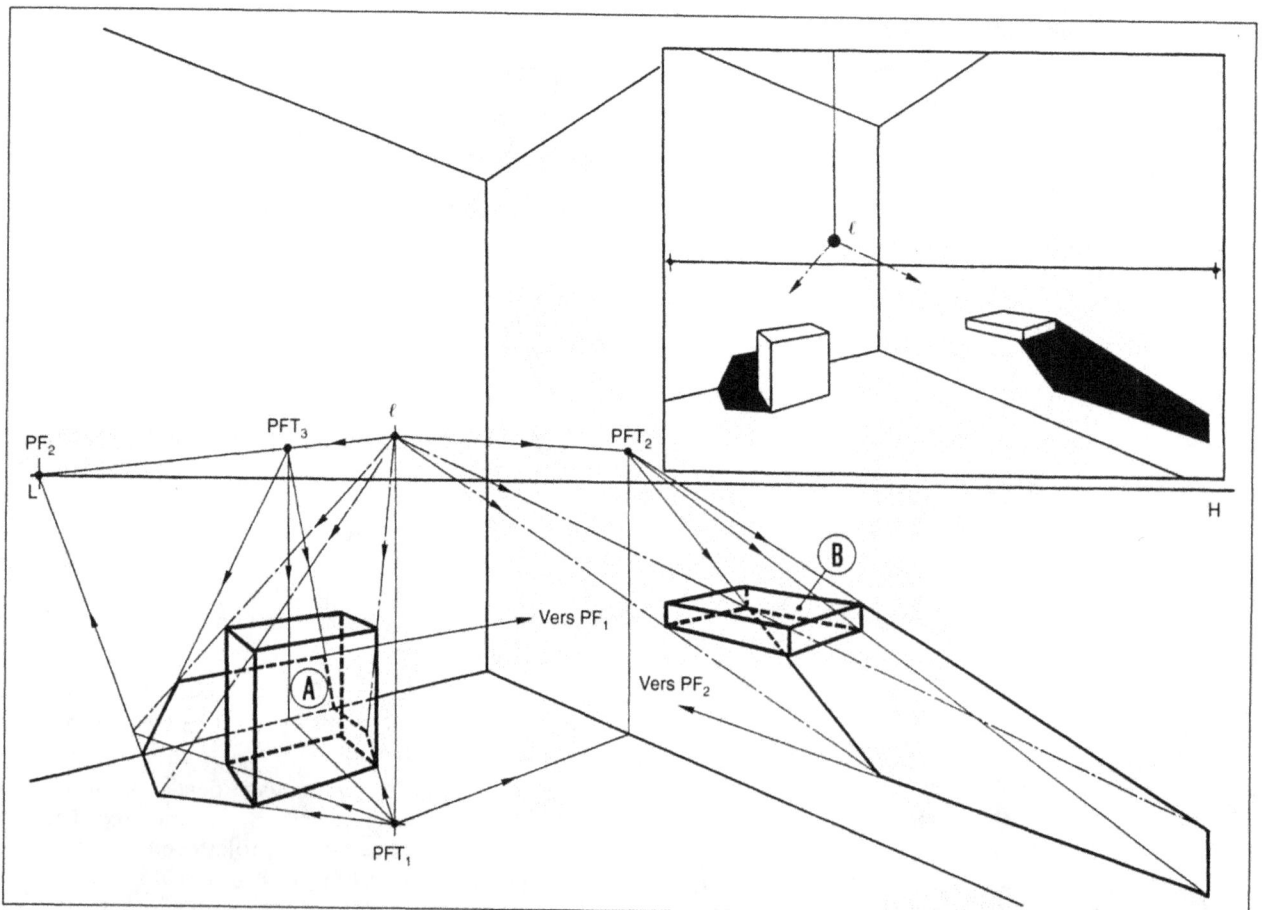

Fig. 14.14

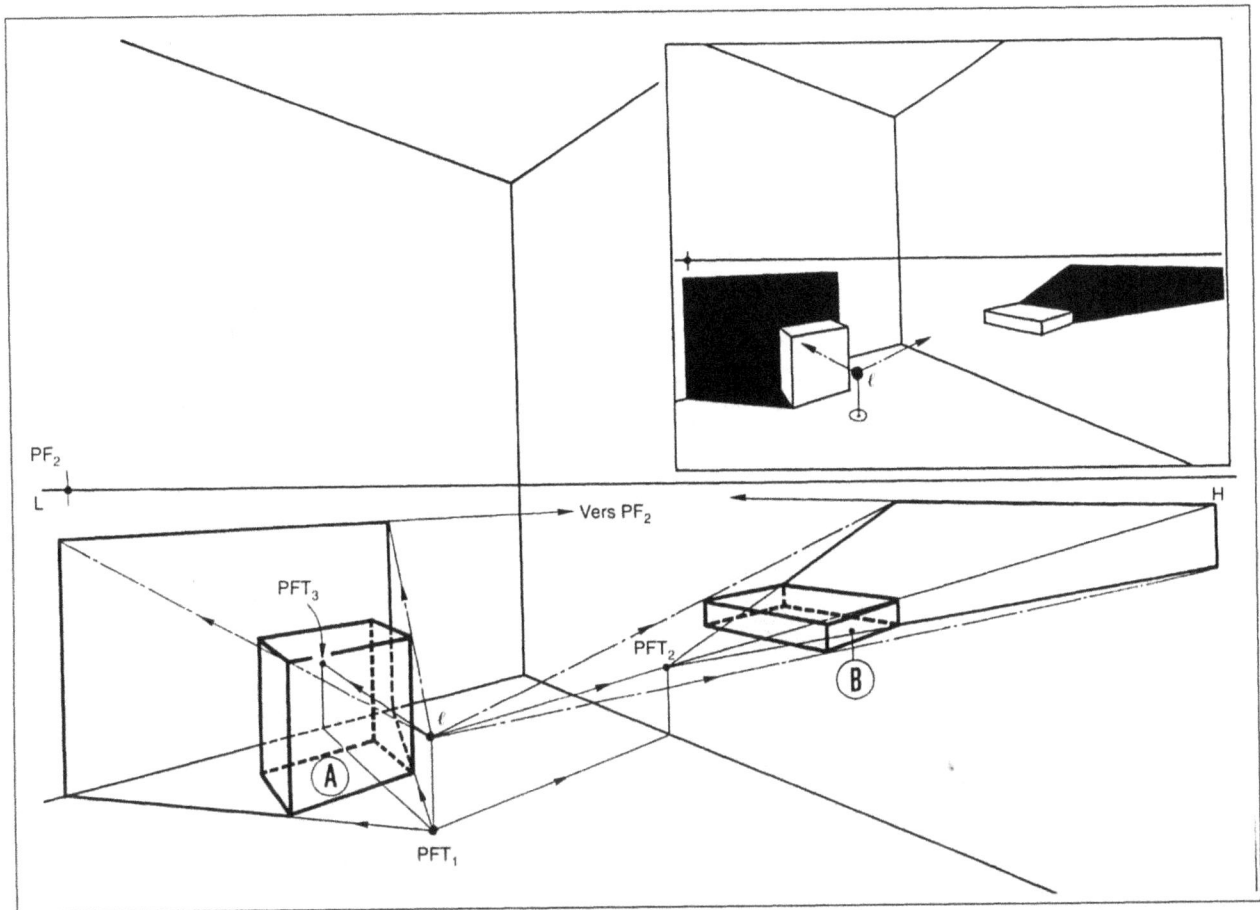

Fig. 14.15

14.3.2 Déplacement latéral de la source lumineuse

Une table basse est éclairée par une source de lumière artificielle **l** située en hauteur, à gauche de la table (fig. 14.16). Les tracés sont effectués suivant la méthode filaire dans le but de distinguer clairement les ombres portées de chaque partie de la table.

Quand la source se déplace vers la droite, sans changer d'altitude, et s'arrête au-dessus de la table, seule l'ombre portée du plateau est visible (fig. 14.17).

Lorsque la source lumineuse se trouve à droite, près du mur, l'ombre portée s'étend à gauche de la table (fig. 14.18).

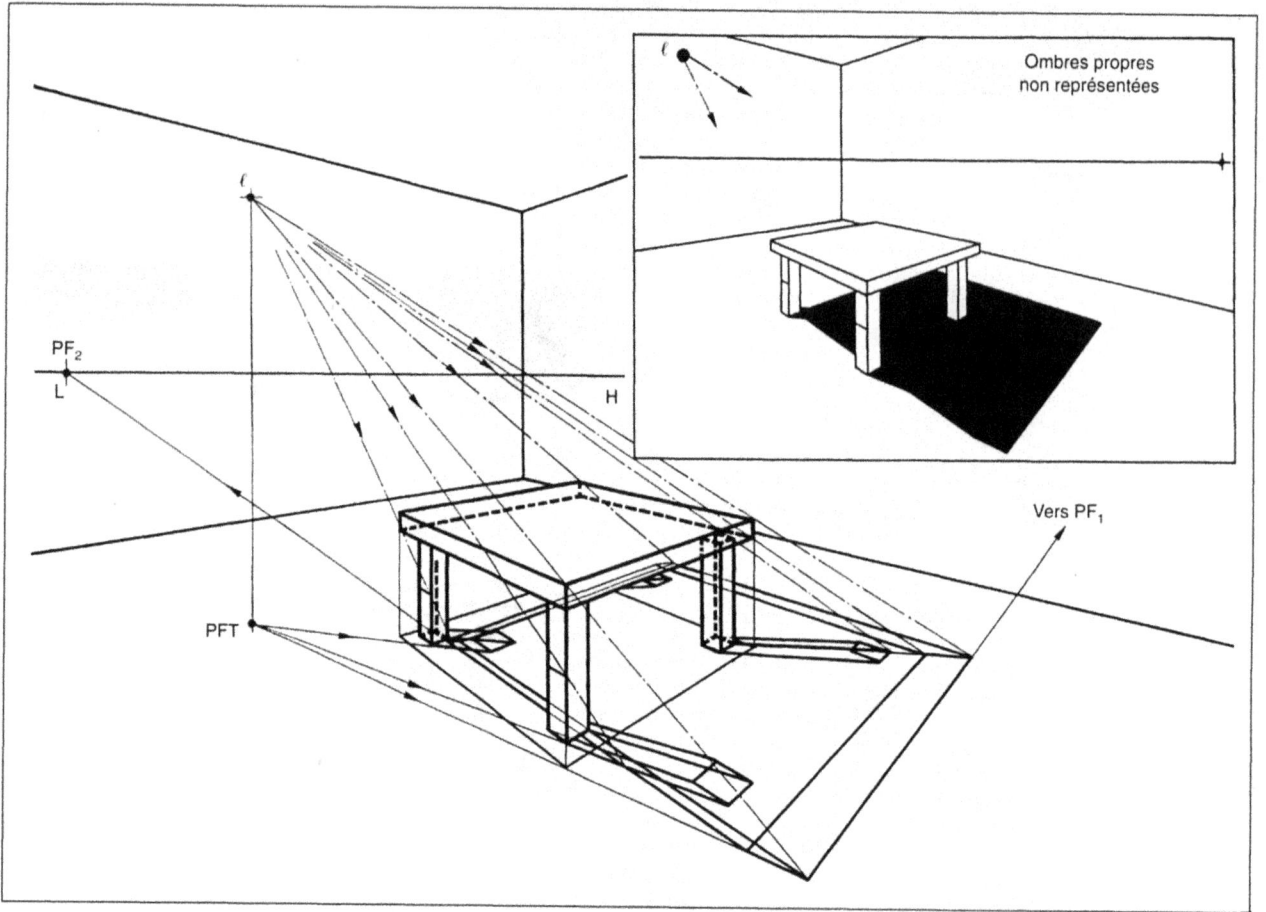

Fig. 14.16

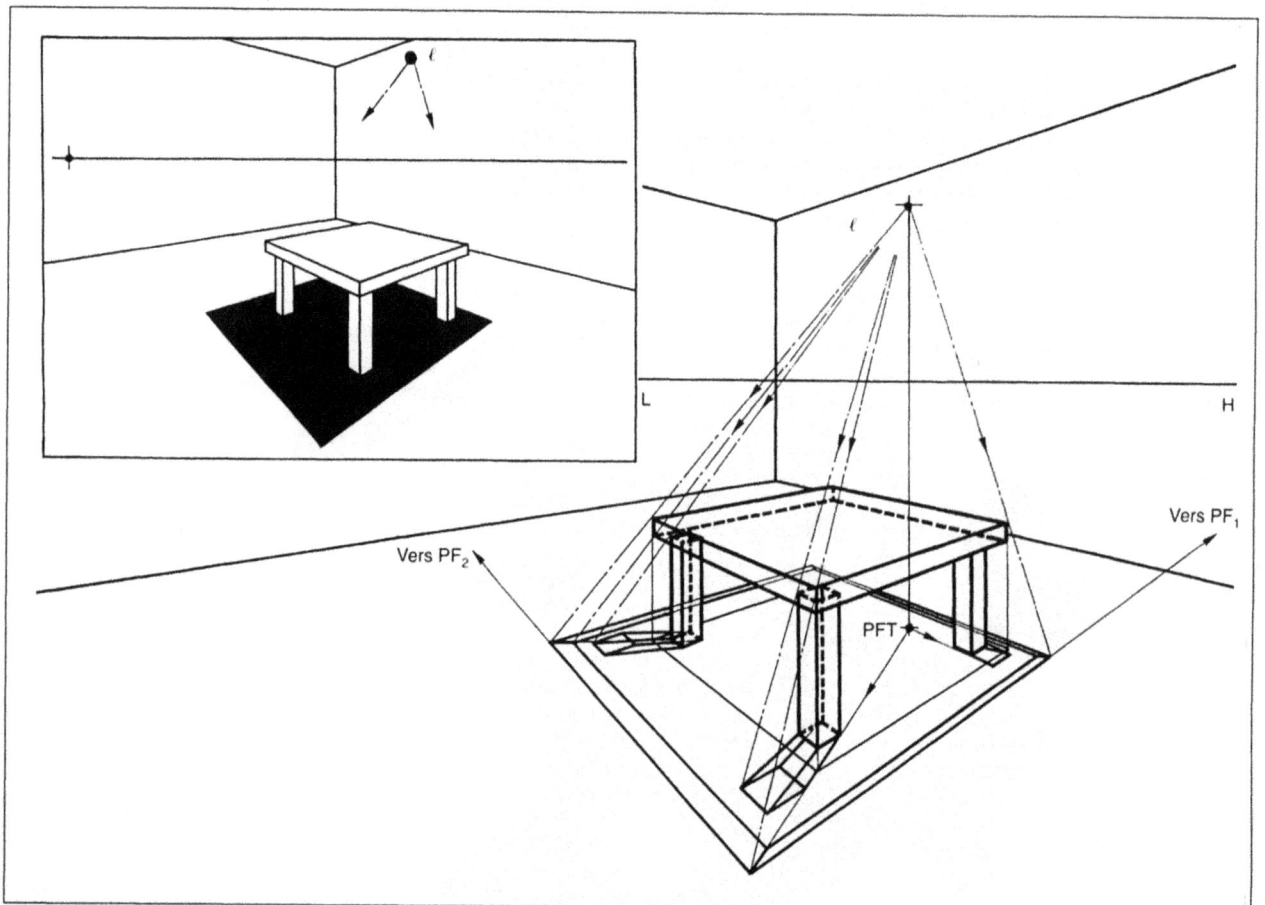

Fig. 14.17

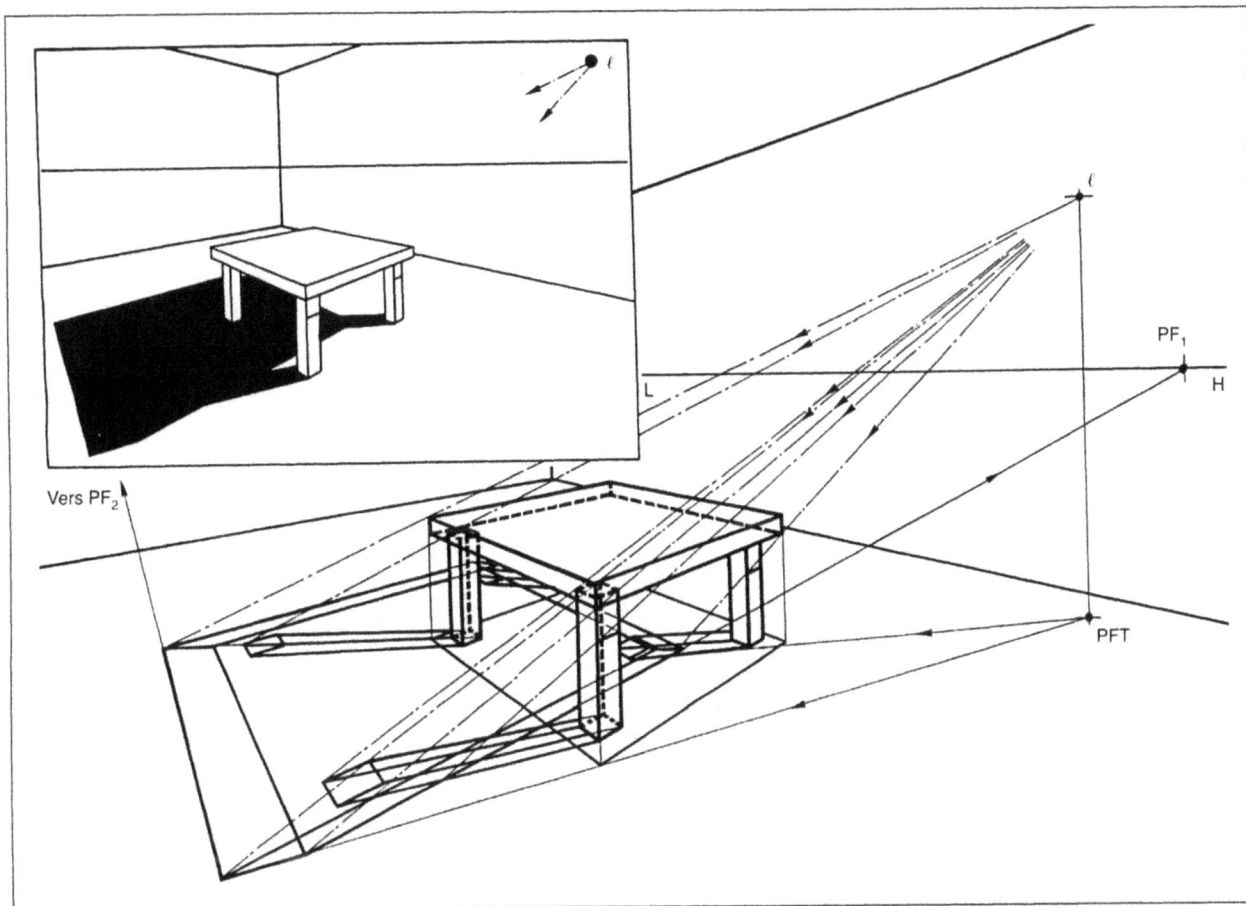

Fig. 14.18

Chapitre / 15

Les images réfléchies

15.1. Généralités

L'image des objets reproduite par une surface réfléchissante prend le nom de **reflet** ou d'**image réfléchie**.

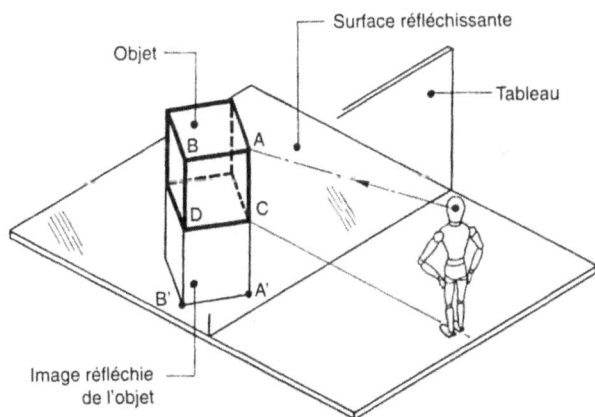

Fig. 15.1

La figure 15.1 représente un objet posé sur une surface réfléchissante horizontale (miroir). Les lois relatives à la réflexion permettent d'écrire ce qui suit :

▶ les dimensions de l'image réfléchie sont égales à celles de l'objet réel : par suite, les longueurs **AC** et **A'C** sont identiques ;

▶ tout point se reflète perpendiculairement au plan du miroir, quelle que soit la position de celui-ci (la direction **AA'** est verticale car le miroir est horizontal).

La figure 15.2 montre l'objet et son image réfléchie, tous deux représentés en perspective oblique.

Dans les pages suivantes l'étude se limite aux surfaces réfléchissantes planes horizontales, verticales ou inclinées. Les surfaces concaves et convexes ne sont pas abordées ici.

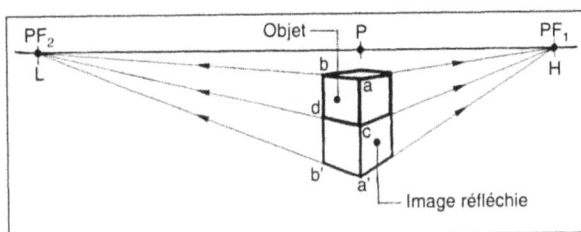

Fig. 15.2

15.2. Les surfaces réfléchissantes horizontales

Ces surfaces peuvent être :
▶ des miroirs horizontaux ;
▶ l'eau dormante d'un lac, d'une piscine ou d'un bassin ;
▶ des plafonds tendus réfléchissants.

15.2.1 Les miroirs horizontaux

Principes (fig. 15.3)

Soit un parallélépipède posé sur un miroir horizontal. Le sommet **a** se réfléchit en **a'** (**as** = **a's** avec **aa'** vertical). Les autres sommets se reflètent suivant le même principe.

Les points de fuite **PF₁** et **PF₂** sont communs à l'objet et à son reflet.

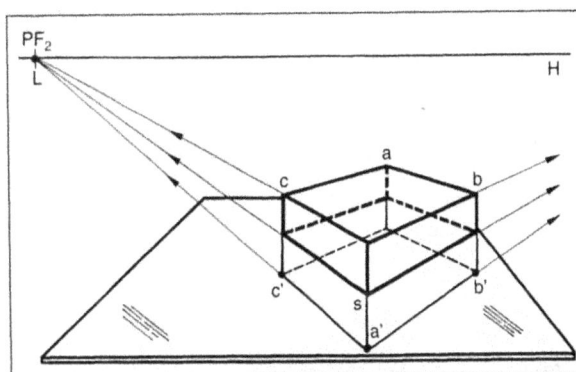

Fig. 15.3

Application (fig. 15.4)

Obtenue à partir de la figure précédente, cette perspective représente un cendrier et une boîte d'allumettes posés sur un miroir.

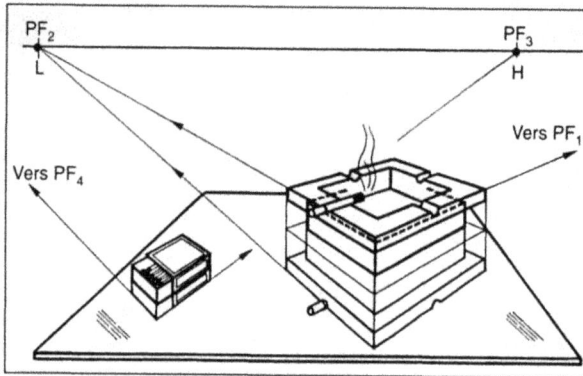

Fig. 15.4

15.2.2 L'eau dormante

La figure 15.5 représente une piscine couverte où le plongeoir, les baies vitrées et le plafond se réfléchissent dans l'eau du bassin (**as** = **a's** avec **aa'** vertical).

Pour déterminer le reflet des baies vitrées dans le bassin il convient de :

▶ prolonger la surface de l'eau jusqu'au mur (horizontale **mn**) ;

▶ représenter le reflet des baies en reportant les dimensions réelles au-dessous de la ligne (par exemple : **bt** = **b't** avec **bb'** vertical).

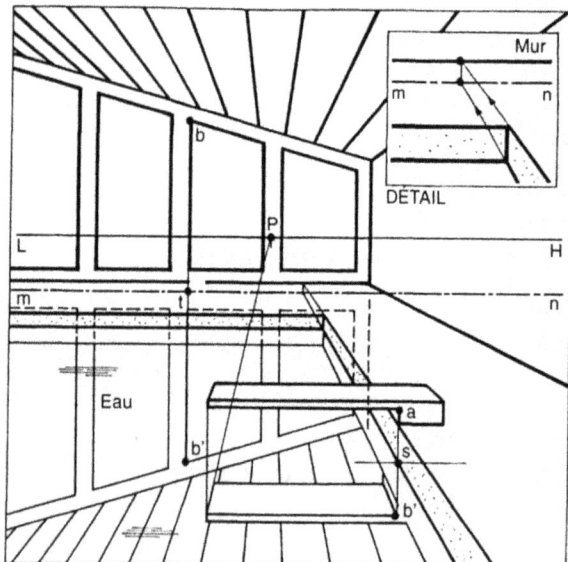

Fig. 15.5

15.2.3 Les plafonds tendus réfléchissants

Principes (fig. 15.6)

Deux parallélépipèdes se reflètent dans un plafond tendu ou un miroir fixé au plafond. Le point **a** se réfléchit en **a'** avec **as** (hauteur sous plafond) = **a's**. Les autres points se reflètent suivant le même principe.

L'image réfléchie possède les deux mêmes points de fuite que l'objet (**PF₁** et **PF₂**).

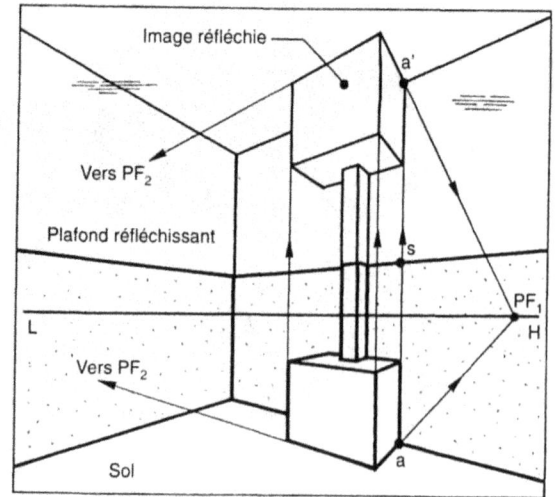

Fig. 15.6

Application (fig. 15.7)

Obtenue à partir de la figure précédente, cette perspective montre une cheminée contemporaine qui se réfléchit dans un plafond tendu.

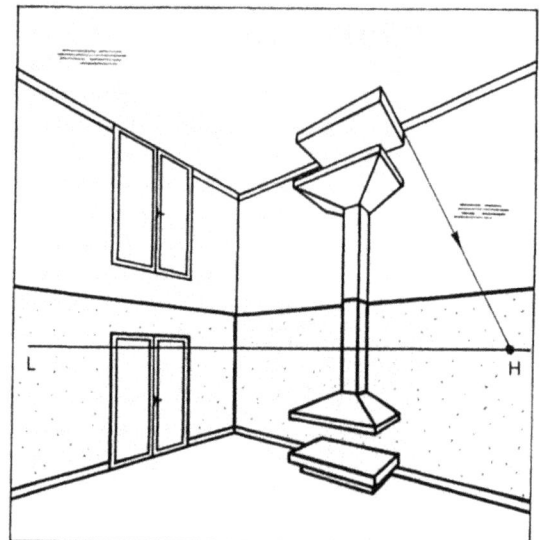

Fig. 15.7

15.3. Les surfaces réfléchissantes verticales

Il s'agit le plus souvent de miroirs verticaux qui, par rapport au tableau, peuvent être :

▶ perpendiculaires ;

▶ parallèles ;

▶ obliques.

Les baies vitrées fixes ou mobiles peuvent également réfléchir, sous certaines conditions d'éclairement, les images avec plus ou moins de netteté.

15.3.1 Les miroirs verticaux perpendiculaires au tableau

Un miroir vertical perpendiculaire au tableau est disposé comme une face de profil (fig. 15.8).

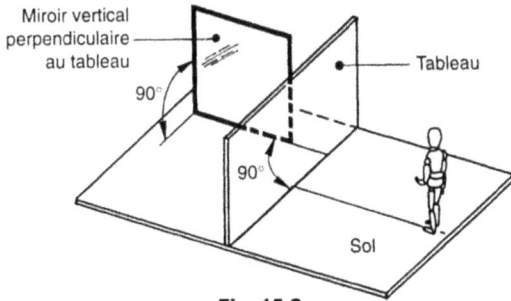

Fig. 15.8

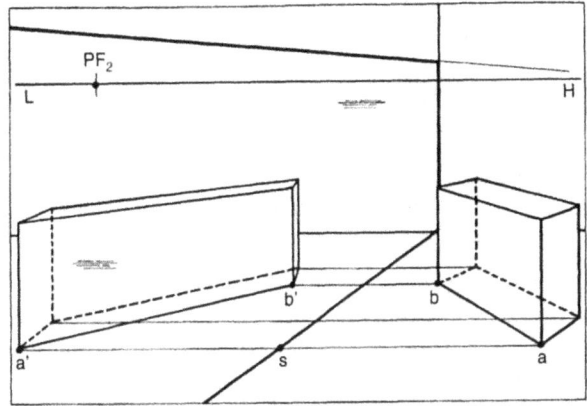

Fig. 15.11

Principes (fig. 15.9)

Soit un parallélépipède rectangle disposé devant un miroir perpendiculaire au tableau. Les perpendiculaires à la surface réfléchissante sont parallèles à **LH**. Les dimensions mesurées de part et d'autre du miroir sont égales (**as = a's, bt = b't**).

Tandis que la fenêtre, située dans un plan frontal, se reflète à l'identique dans le miroir, le parallélépipède et son image réfléchie présentent des différences de forme très importantes : le côté **a'b'** est environ deux fois plus long que **ab**. Cette déformation de toutes les arêtes horizontales est due à la position de l'œil, trop éloignée du miroir. Seules les hauteurs et leurs images réfléchies sont, à éloignement égal, inchangées.

Quand l'œil s'éloigne du miroir, la surface réfléchissante, observée sous un angle plus ouvert, apparait moins déformée mais, en contrepartie, l'image réfléchie présente un allongement trop important (fig. 15.11).

Définir le bon emplacement de l'œil (donc celui de **P**), c'est rechercher la perspective équilibrée pour laquelle les déformations de l'image réfléchie sont acceptables et l'angle d'observation du miroir est le moins fermé possible. La figure 15.9 illustre un tel compromis.

Application (fig. 15.12)

Obtenue à partir de la figure 15.9, cette perspective montre un personnage assis sur un banc incliné de musculation, devant un grand miroir mural. On remarque que les déformations de l'image réfléchie du banc passent quasiment inaperçues.

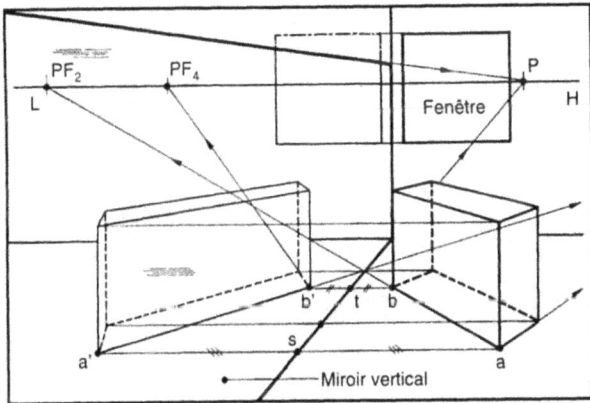

Fig. 15.9

Si l'œil se déplace sur la gauche, en direction du miroir, le point principal **P** s'approche de la surface réfléchissante et l'image réfléchie ressemble davantage à son modèle. Mais le miroir observé sous un angle très fermé fuit de façon peu esthétique (fig. 15.10).

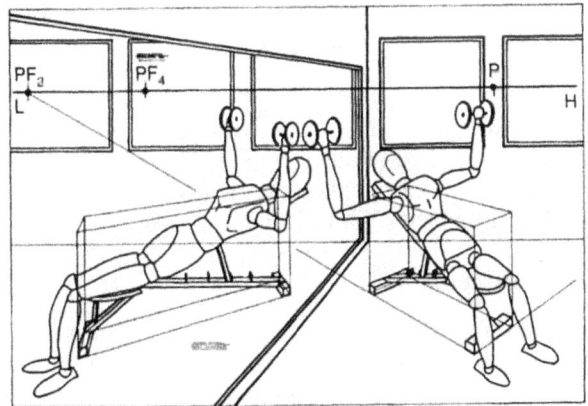

Fig. 15.12

15.3.2 Les miroirs verticaux parallèles au tableau

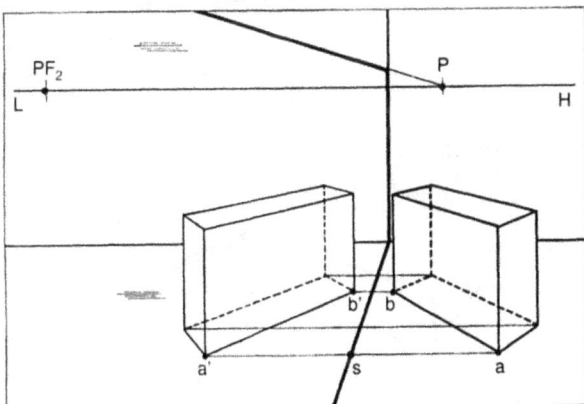

Fig. 15.10

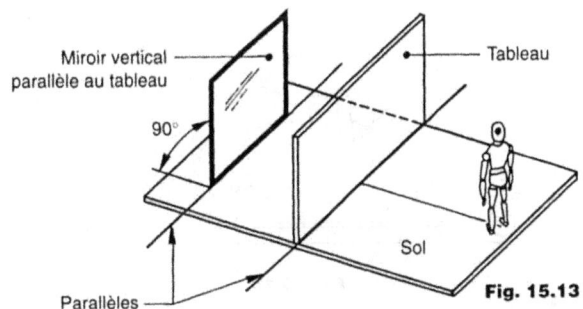

Fig. 15.13

Un miroir vertical parallèle au tableau est disposé comme une face frontale (fig. 15.13).

Principes (fig. 15.14)

Soit un parallélépipède posé sur une face horizontale (tablette) devant un miroir rond parallèle au tableau. Toutes les perpendiculaires à la surface réfléchissante fuient en direction de **P**.

La tablette rencontre le plan du miroir suivant l'horizontale **st**. En traçant les diagonales passant par le milieu **m**, on trouve les reflets **a'** et **b'** symétriques des points **a** et **b**.

Déterminer l'image **c'** du point **c** par la méthode des divisions en parties égales (voir le chapitre 10).

L'image réfléchie et l'objet n'ont pas de point de fuite commun mais possèdent chacun deux points de fuite distincts. Les segments PF_1P et PF_4P sont égaux comme le sont également PF_2P et PF_3P.

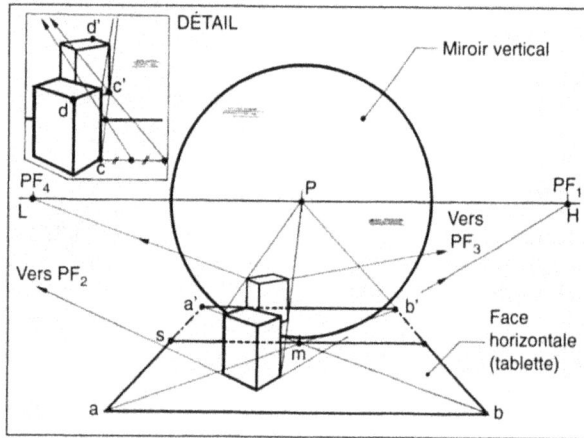

Fig. 15.14

Remarque : pour tracer avec précision et rapidité l'image réfléchie de l'objet, il est préférable d'utiliser les points PF_3 et PF_4 plutôt que de construire, à partir de l'objet, l'image réfléchie point par point.

Application (fig. 15.15)

Obtenue à partir de la figure précédente, cette perspective représente un miroir rond de salle de bain dans lequel se reflètent quelques accessoires posés sur une petite tablette.

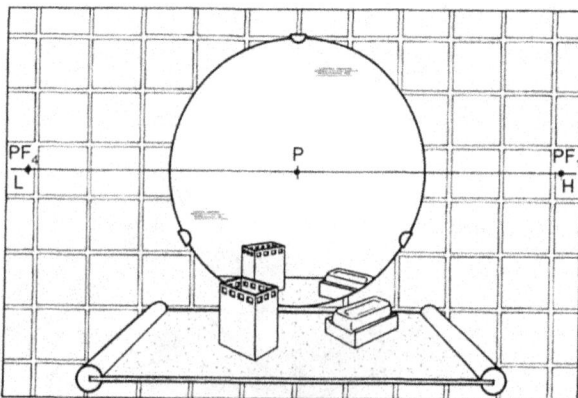

Fig. 15.15

15.3.3 Les miroirs verticaux obliques

Un miroir vertical oblique est disposé comme le montre la figure 15.16 ($0° < \beta < 180°$ avec $\beta \neq 90°$).

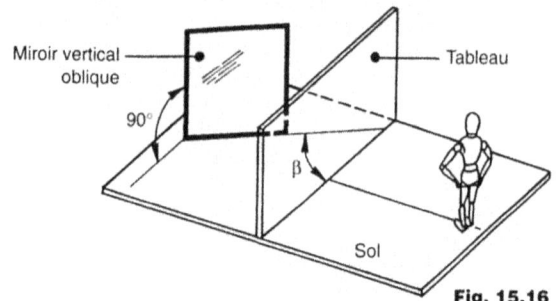

Fig. 15.16

Principes (fig. 15.17)

Soit un parallélépipède rectangle situé à proximité d'un miroir vertical oblique.

Le reflet de chaque point de l'objet est situé sur une perpendiculaire au miroir, fuyant en direction de PF_1. Les points de fuite PF_1 et PF_2 sont communs à l'objet et à son reflet.

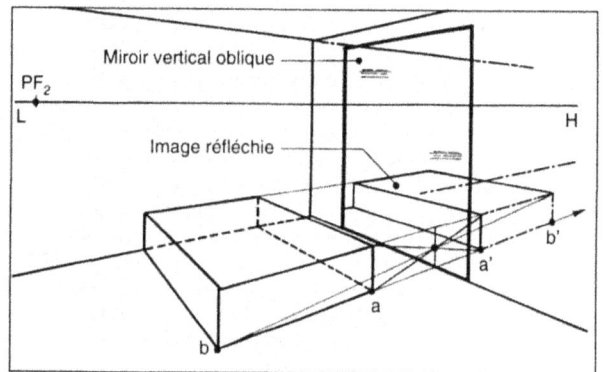

Fig. 15.17

Application (fig. 15.18)

Obtenue à partir de la figure précédente, cette perspective représente une chambre à coucher dont le lit se reflète dans un grand miroir mural.

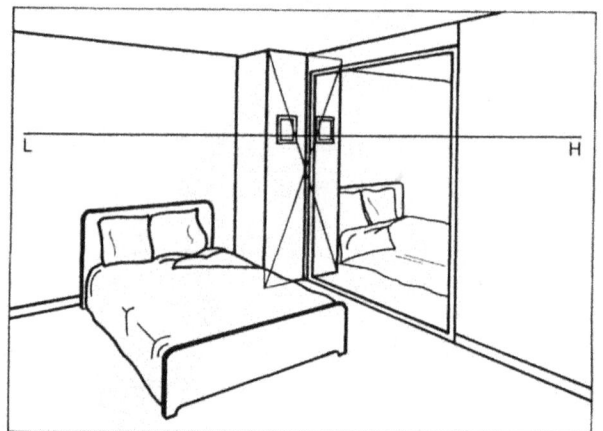

Fig. 15.18

15.4. Les surfaces réfléchissantes inclinées

Les miroirs inclinés peuvent être :
▶ perpendiculaires au tableau ;
▶ parallèles à la ligne de terre ;
▶ d'inclinaison quelconque.

15.4.1 Les miroirs inclinés perpendiculaires au tableau

Un miroir incliné perpendiculaire au tableau est disposé comme le montre la figure 15.19 ($0° < \alpha < 180°$ avec $\alpha \neq 90°$).

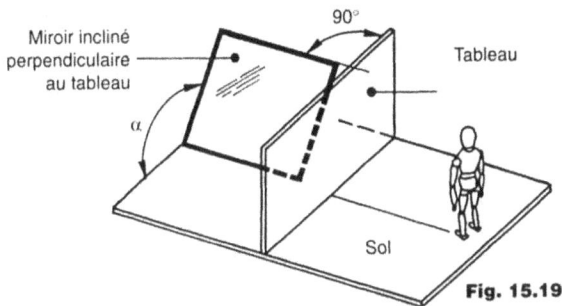

Fig. 15.19

Principes (fig. 15.20)

Soit un miroir incliné perpendiculaire au tableau dans lequel se réfléchit un rectangle **abcd**. Prolonger la surface du miroir jusqu'au mur (frontale **mn**) et au sol (horizontale **tu**). Pour trouver l'image réfléchie **a'**, tracer la perpendiculaire à mn qui passe par le point **a** puis mesurer **a's** = **as**. Opérer de la même façon pour les points **b'**, **c'** et **d'**.

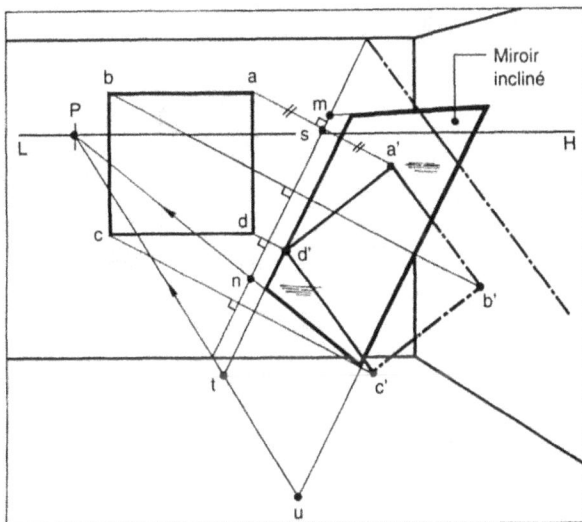

Fig. 15.20

Application (fig. 15.21)

Obtenue à partir de la figure précédente, cette perspective représente une psyché inclinée dans laquelle se reflètent partiellement une fenêtre et un radiateur.

Bien que le personnage soit situé en face du miroir, son image réfléchie n'est pas visible du point d'observation de la perspective.

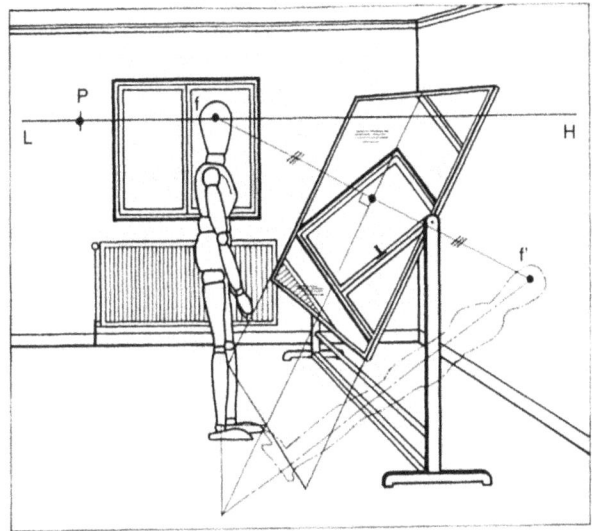

Fig. 15.21

15.4.2 Les miroirs inclinés parallèles à la ligne de terre

Les miroirs inclinés parallèles à la ligne de terre possèdent les mêmes propriétés que les faces inclinées parallèles à la ligne de terre (voir chapitre 11).

On en distingue deux types :
▶ les miroirs inclinés ascendants ou montants (fig. 15.22) ;
▶ les miroirs inclinés descendants (fig. 15.23).

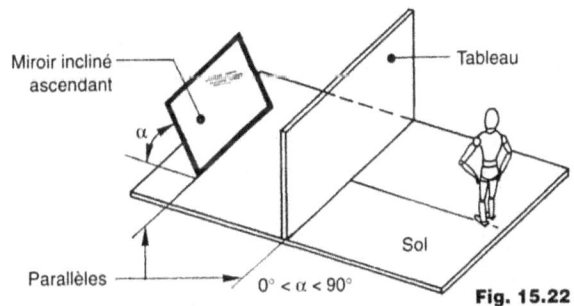

Fig. 15.22

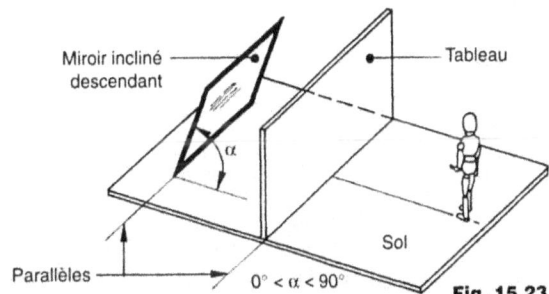

Fig. 15.23

Principes

Soit un miroir incliné descendant, parallèle à la ligne de terre, occupant toute la hauteur d'une pièce, du sol au plafond (fig. 15.24).

La représentation des images réfléchies nécessite la mise en place de plusieurs points de fuite :
▶ rabattre le plan du miroir sur le tableau (α_1 est connu) ;

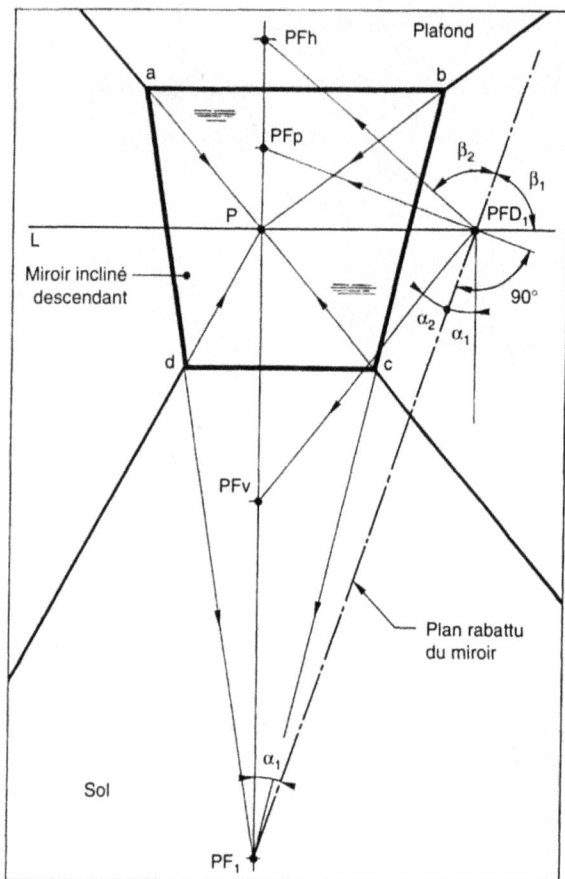

Fig. 15.24

Fig. 15.25

Fig. 15.26

▶ mener par **PFD₁** la perpendiculaire au miroir qui coupe la verticale passant par **P** en **PFp**. **PFp est le point de fuite des perpendiculaires au miroir** ;

▶ tracer l'angle $\alpha_2 = \alpha_1$. Soit **PFv** le point de fuite obtenu sur la verticale passant par **P**. **PFv est le point de fuite des reflets des verticales** ;

▶ tracer l'angle $\beta_2 = \beta_1$. Soit **PFh** le point de fuite obtenu. **PFh est le point de fuite des reflets des horizontales perpendiculaires au tableau**.

Pour déterminer l'image réfléchie du rectangle **mnrs** (fig. 15.25), procéder comme suit :

▶ tracer la fuyante **mP** qui rencontre le miroir en **u** ;

▶ tracer les fuyantes **uPFh** et **dPFh** (les segments horizontaux **MN** et **SR** sont perpendiculaires au tableau ; leurs images réfléchies fuient en direction de **Pfh**) ;

▶ tracer la fuyante **mPFp** pour déterminer le point **m'** (voir la figure 15.26) ;

▶ déterminer la position du point **n'** de la même façon ;

tracer les fuyantes **m'PFv** et **n'PFv**. Les segments **NR** et **MS** étant verticaux, leurs images réfléchies fuient en direction de **PFv**.

Soit **j** un point du sol. Pour obtenir son reflet **j'** :

▶ tracer l'horizontale **jt** perpendiculaire au tableau qui fuit en direction de **P** ;

▶ joindre **t** à **Pfh** ;

▶ tracer la fuyante **jPFp** pour obtenir **j'**.

Remarque : la marche à suivre est identique pour un miroir incliné ascendant.

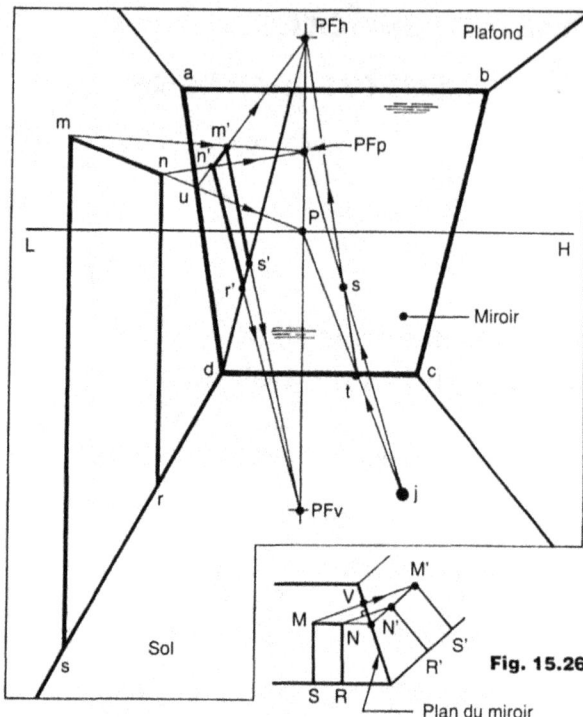

Application (fig. 15.27)

Obtenue à partir de la figure précédente, cette perspective représente un grand miroir mural incliné dans lequel se reflètent une ouverture, une armoire et un chat.

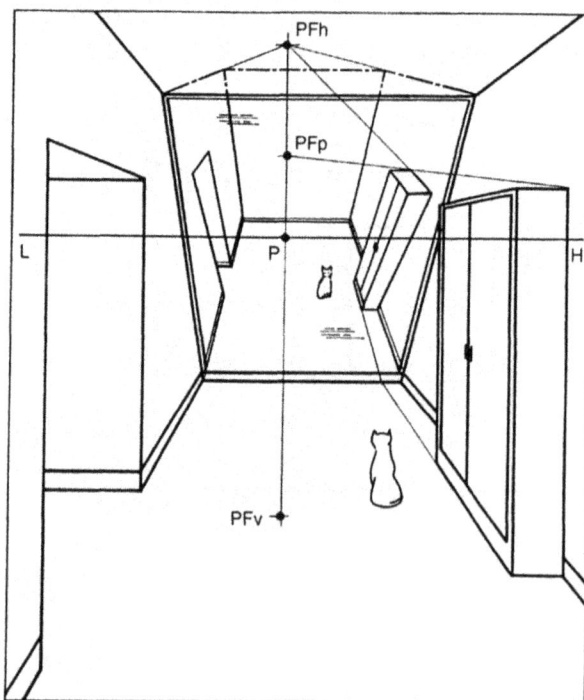

Fig. 15.27

15.4.3 Les miroirs inclinés quelconques

Un miroir incliné quelconque possède les mêmes propriétés qu'une face inclinée quelconque (fig. 15.28).

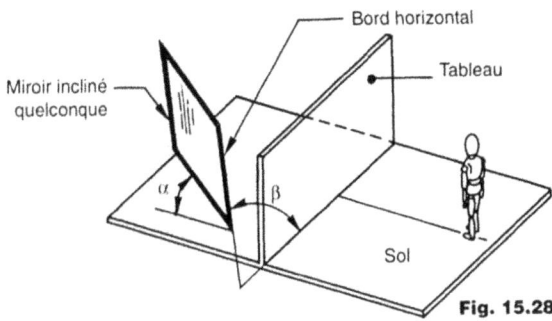

Fig. 15.28

Principes

Soit un miroir incliné quelconque ascendant (fig. 15.29) :

▶ déterminer la position du point **O₂** suivant la méthode décrite au paragraphe 11.4.2 ;

▶ mener par **O₂** la perpendiculaire au miroir qui coupe la verticale passant par **PF₁** en **PFp**. **PFp** est le point de fuite des perpendiculaires au miroir ;

▶ tracer l'angle $\alpha_2 = \alpha_1$. Soit **PFv** le point de fuite obtenu sur la verticale passant par **PF₁**. **PFv est le point de fuite des reflets des verticales** ;

▶ tracer l'angle $\beta_2 = \beta_1$. Soit **PFh** le point de fuite obtenu. **PFh est le point de fuite des reflets des horizontales fuyant en direction de PF₁**.

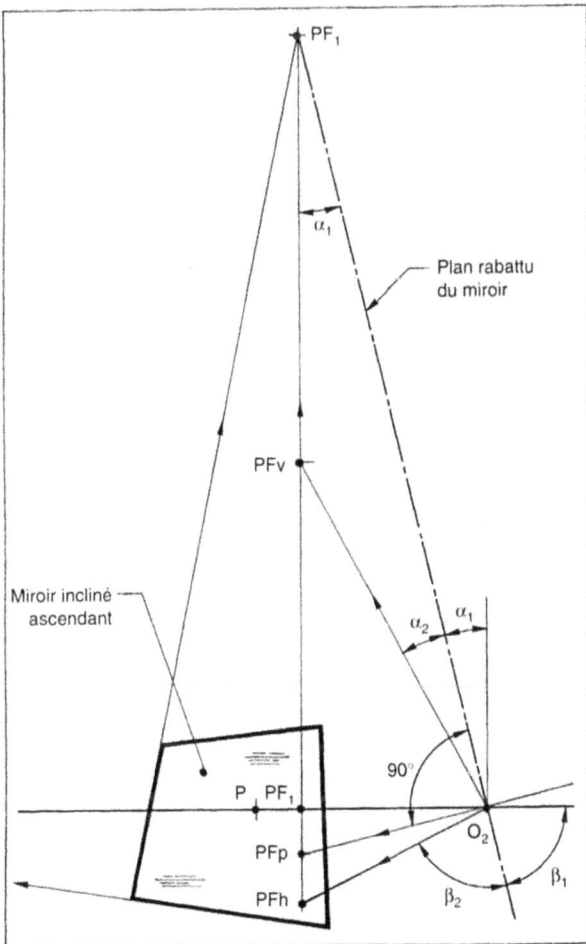

Fig. 15.29

Pour déterminer l'image réfléchie du segment vertical **ab** (fig. 15.30) :

▶ tracer la fuyante **aPF₁** qui rencontre le miroir en **s** ;

▶ tracer les fuyantes **sPFh** et **aPFp** dont le point d'intersection est le reflet **a'** ;

▶ tracer les fuyantes **a'PFv** (**ab** est vertical) et **bPFp** pour obtenir le reflet **b'**.

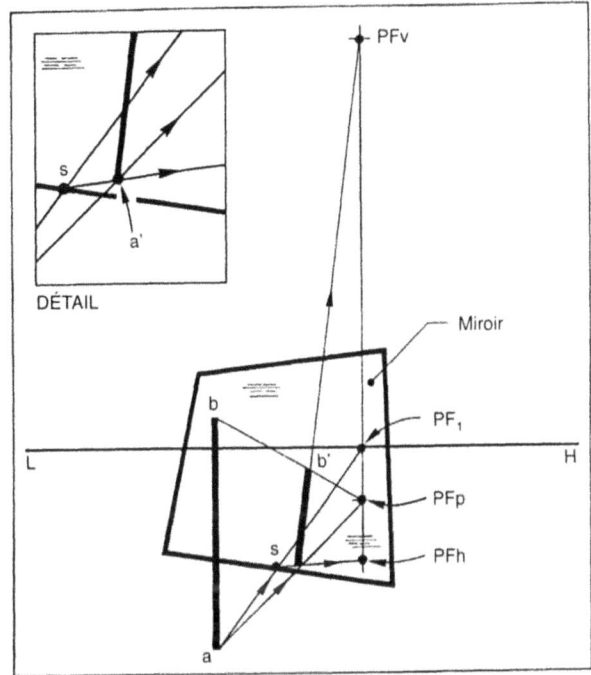

Fig. 15.30

Remarque : adopter une marche à suivre identique pour un miroir incliné oblique descendant.

Application (fig. 15.31)

Obtenue à partir de la figure précédente, cette perspective représente un miroir encadré posé contre un mur et dans lequel se reflète un porte-parapluies.

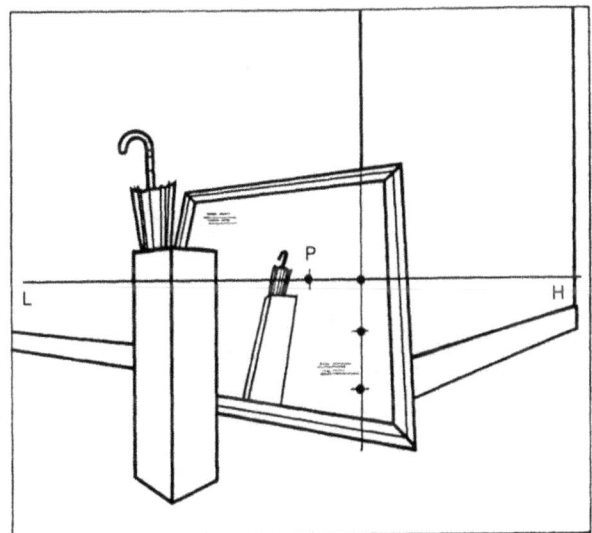

Fig. 15.31

Chapitre 16

Les perspectives éclatées

16.1. Généralités

La perspective d'ensemble d'un objet composé de plusieurs pièces assemblées ne permet pas, le plus souvent, de distinguer précisément les formes de chaque élément. Seule une **perspective éclatée** où les pièces sont représentées désolidarisées les unes des autres apporte toutes les informations nécessaires sur les formes et le rôle joué par chaque composant. Ce type de représentation est largement utilisé dans les revues techniques automobiles et de bricolage, dans les notices de montage de meubles et d'équipements divers.

Sur une perspective éclatée, l'objet est représenté démonté, en totalité ou en partie, et la place attribuée à chaque élément correspond à celle qu'il occupe au sein du dispositif.

L'éclatement des pièces peut être obtenu de deux manières différentes :

▶ **par translation simple** ;
▶ **par rotation et translation**.

16.2. L'éclatement par translation

C'est le type d'éclatement le plus utilisé. Il existe plusieurs translations possibles suivant la position initiale des pièces et la direction du déplacement. Ces différentes situations sont étudiées ci-dessous, sur les figures planes puis sur les volumes.

16.2.1. Les translations d'une face

Les translations d'une face dans son plan

Sur la figure 16.1 la direction de la translation est parallèle aux petits côtés de la face rectangulaire horizontale. Celle-ci se rapproche de l'observateur en pas-

sant de la position ① à la position ② (le déplacement contraire est également possible).

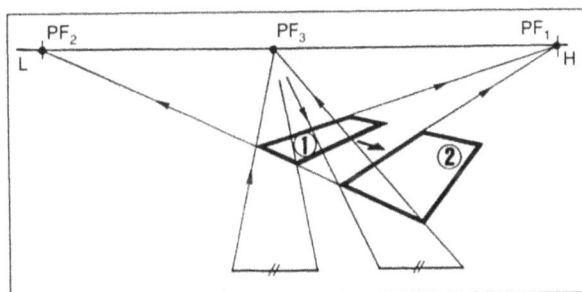

Fig. 16.1

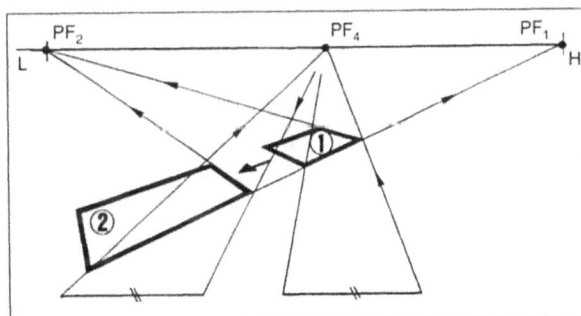

Fig. 16.2

La direction de la translation peut aussi être parallèle aux grands côtés de la face (fig. 16.2).

La translation d'une face verticale dans son plan est illustrée par la figure 16.3 et celle d'une face inclinée par la figure 16.4.

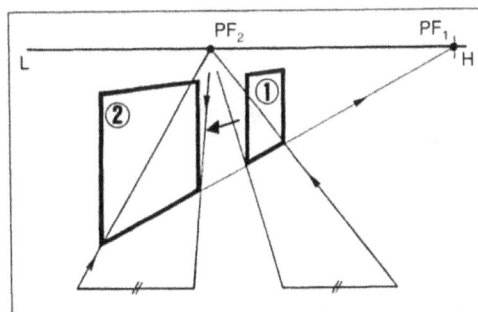

Fig. 16.3

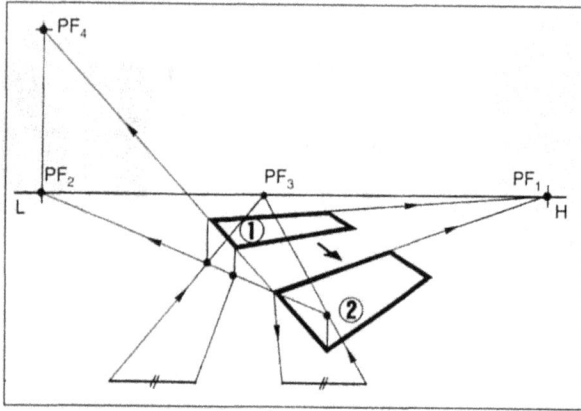

Fig. 16.4

Les translations d'une face dans un plan parallèle

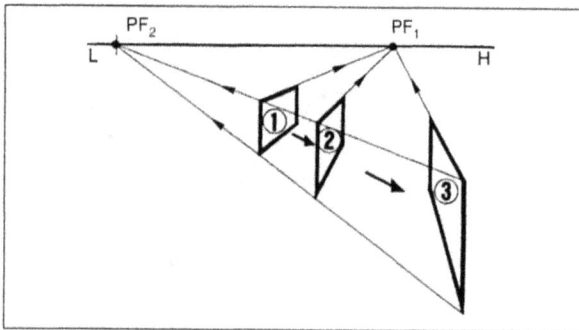

Fig. 16.5

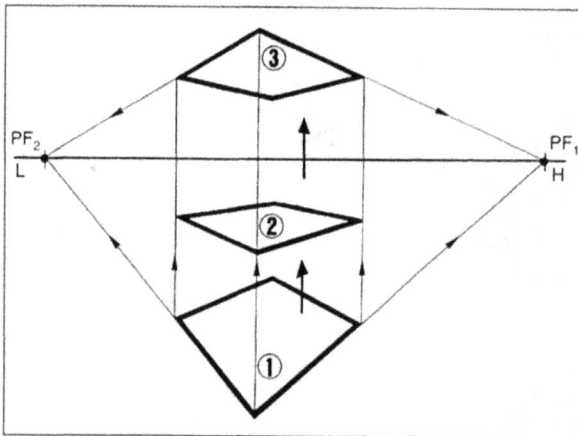

Fig. 16.6

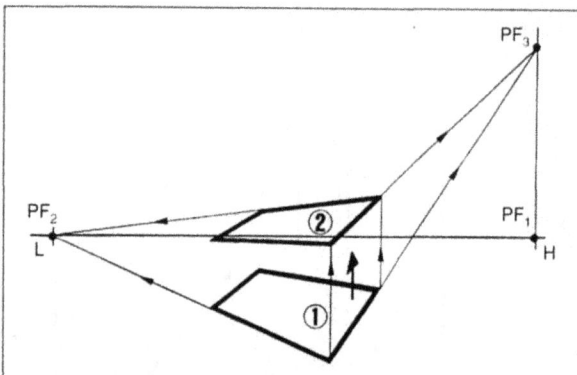

Fig. 16.7

Quand la face est verticale, la direction de la translation est horizontale (fig. 16.5). Quand la face est horizontale, la direction de la translation est verticale (fig. 16.6). Ce type de translation est intéressant car il permet de montrer l'autre côté de la face, repéré ③ sur les figures.

Sur la figure 16.7, la face est inclinée et la direction de la translation est verticale.

16.2.2 Les translations d'un volume

Principes

La translation d'un volume réunit les deux types de translation appliqués aux faces (fig. 16.8) :

▶ les faces ①, ②, ③ et ④ se déplacent dans leur propre plan ;

▶ les faces ⑤ et ⑥ se déplacent dans un plan parallèle.

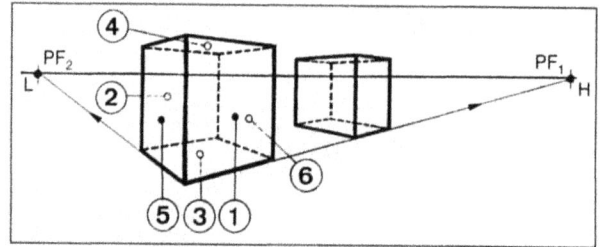

Fig. 16.8

Exemple n° 1 : une petite boîte

Soit une petite boîte en bois, constituée d'un étui et d'un casier coulissant, représentée en perspective oblique (fig. 16.9).

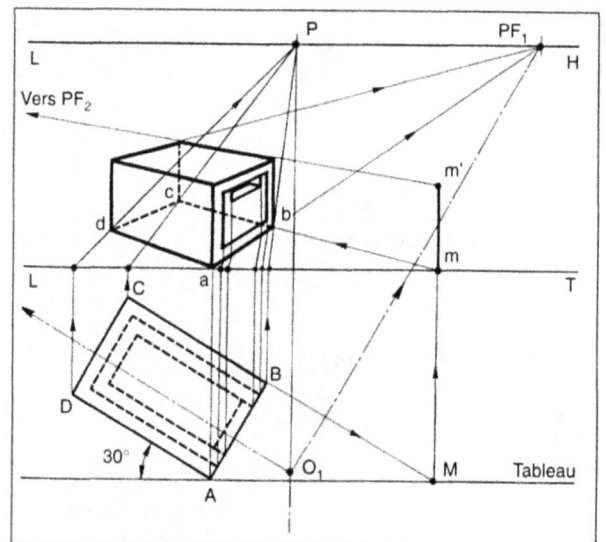

Fig. 16.9

Remarquer l'inaccessibilité de **PF₂** et l'emploi de la méthode des prolongements.

Représenter la perspective éclatée de la boîte (fig. 16.10) : l'étui est fixe et le casier subit une translation horizontale. Observer la position de **P** situé approximativement à égale distance des deux extrémités de l'ensemble démonté. Cette disposition centrale permet de réduire les déformations en bordure de perspective.

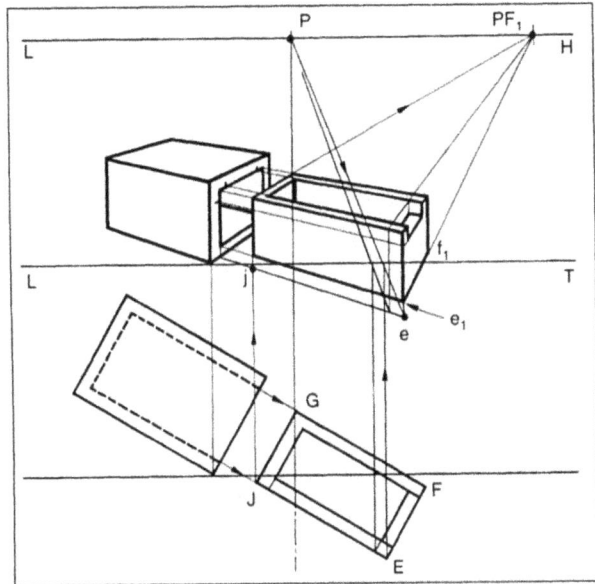

Fig. 16.10

Si on augmente la distance entre l'étui et le casier, les déformations de ce dernier s'accentuent de façon importante (fig. 16.11).

Pour séparer davantage les deux pièces, tout en limitant les déformations, il faut :

► déplacer l'étui sur la gauche ;
► augmenter la distance œil-tableau pour éloigner PF_1 de P.

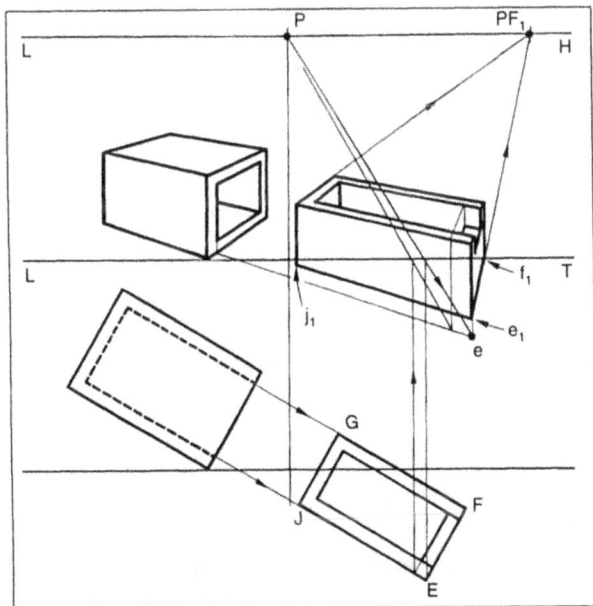

Fig. 16.11

Exemple n° 2 : un assemblage par tenon et mortaise

Soit deux pièces en bois assemblées par tenon et mortaise représentées en perspective oblique (fig. 16.12).

Malgré la présence des pointillés, la compréhension des parties cachées n'est pas aisée. Pour une bonne lecture des formes, représenter la perspective éclatée des pièces (fig. 16.13) : la traverse est fixe et le montant qui subit une translation verticale se place au-dessus de la ligne de terre pour fait apparaitre plus clairement le tenon.

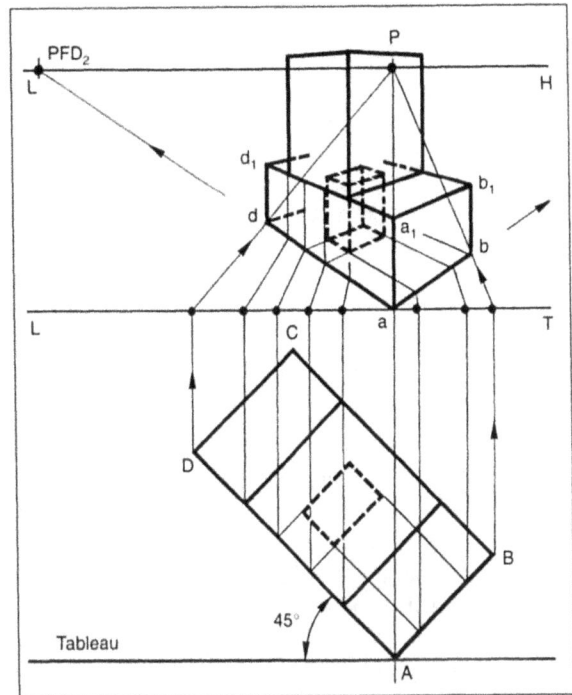

Fig. 16.12

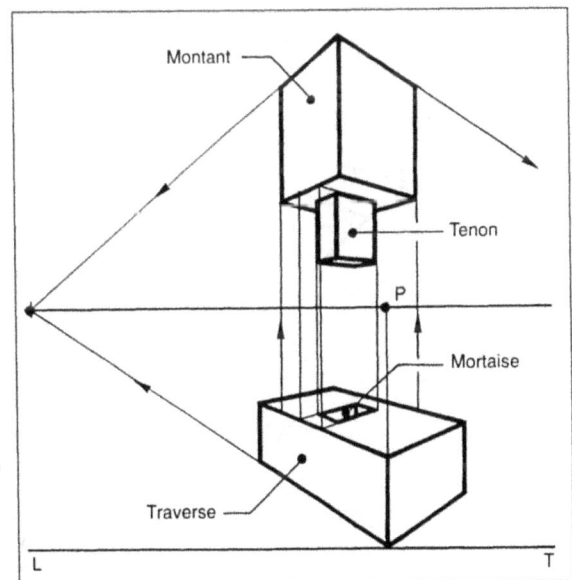

Fig. 16.13

16.3. L'éclatement par rotation et translation

Principes

Ce type d'éclatement concerne essentiellement les pièces articulées.

Il s'effectue en deux temps :

► la pièce tourne autour de son axe (rotation) ;
► la pièce se sépare de son support (translation).

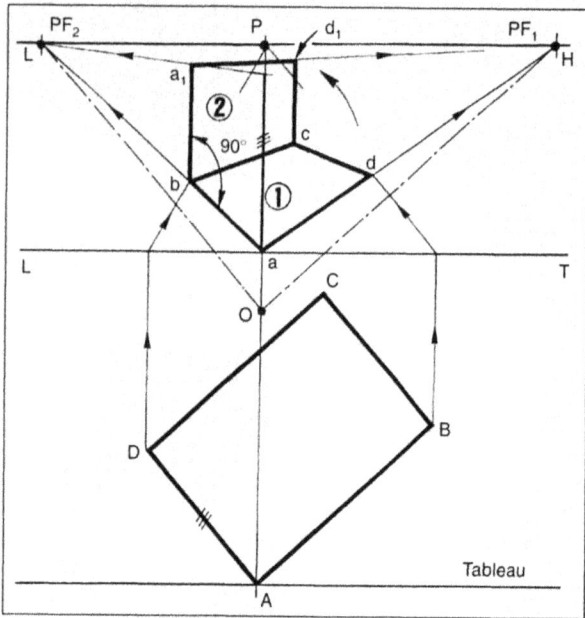

Fig. 16.14

La figure 16.14 représente une face horizontale rectangulaire en perspective oblique qui, par rotation autour de l'axe **bc**, passe de la position ① à la position ②. Dans cet exemple, la rotation permet de montrer l'autre côté de la face.

Pendant la rotation le point **a** se déplace suivant un arc de cercle de centre **b** qui, en perspective, se pré-

sente sous la forme d'une portion d'ellipse (fig. 16.15). Pour représenter la pièce en position inclinée, il faut choisir un point a_2 situé sur l'ellipse et tracer l'oblique passant par a_2 et **b** pour obtenir le point de fuite PF_4.

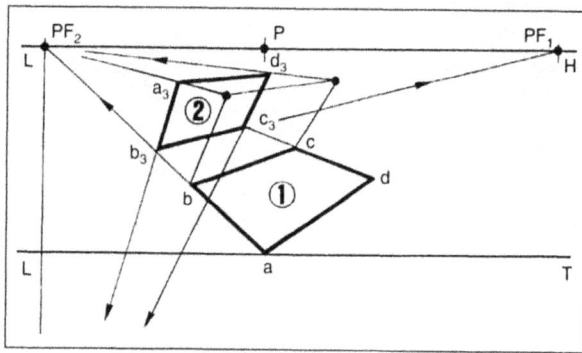

Fig. 16.15

Une fois la rotation effectuée, il convient de détacher la face inclinée par une translation de direction horizontale (fig. 16.16) ou verticale (fig. 16.17).

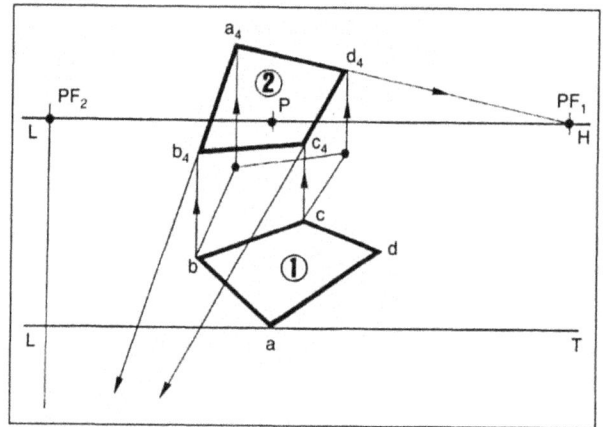

Fig. 16.16

Exemple : une boîte de rangement

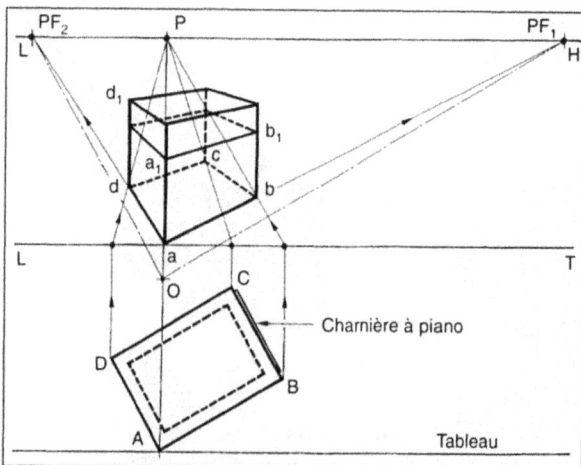

Fig. 16.17

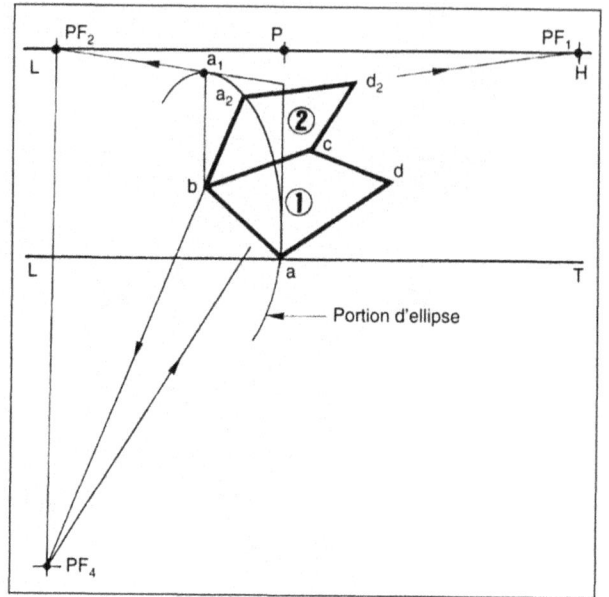

Fig. 16.18

Soit une boîte de rangement en bois munie d'un couvercle articulé, dessinée en perspective oblique (fig. 16.18).

Représenter la boîte entrouverte (fig. 16.19) suivant la méthode décrite précédemment (**ma₁ = AB**), puis détacher le couvercle (quadrilatère $a_3b_3c_3d_3$) et tracer la petite portion d'ellipse relative à l'épaisseur **BP** du couvercle.

Situer PF_5 (les distances PF_1PF_5 et PF_1PF_3 sont égales) et compléter la perspective du couvercle (fig. 16.20).

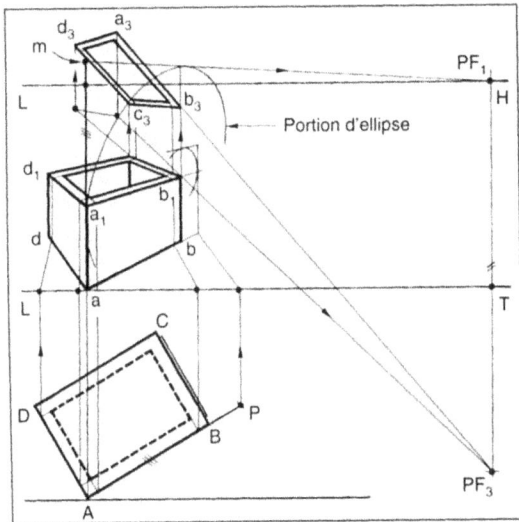

Fig. 16.19

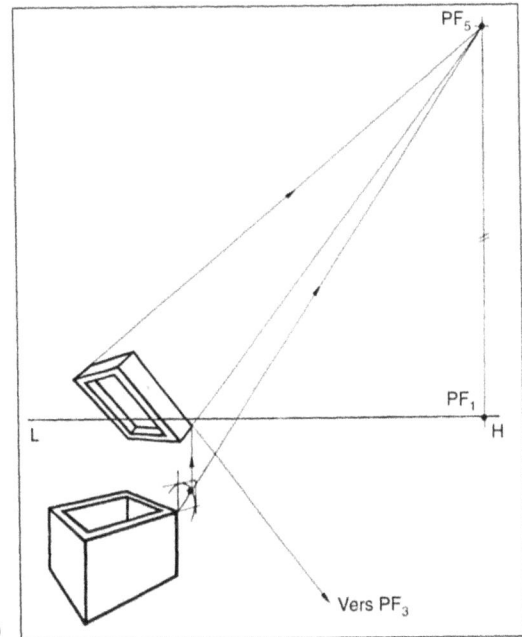

Fig. 16.20

16.4. Quelques applications simples

Ce paragraphe comporte trois exemples de perspectives éclatées :

▶ un nichoir pour oiseaux ;
▶ un petit boîtier électrique ;
▶ un pupitre.

16.4.1 Un nichoir

Perspective d'ensemble (fig. 16.21)

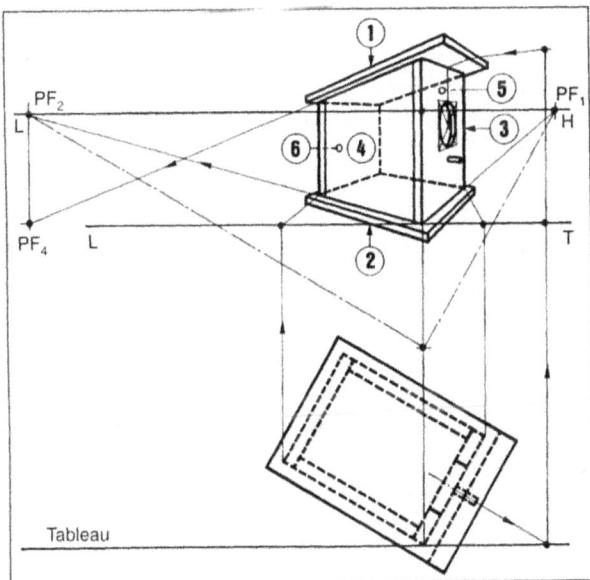

Fig. 16.21

Ce nichoir pour oiseaux, représenté en perspective oblique, comprend six éléments en contreplaqué :

▶ un toit incliné rectangulaire ① ;
▶ un socle rectangulaire ② ;
▶ une face avant rectangulaire ③ percée d'un orifice et d'une petite barre d'appui ;

▶ deux côtés trapézoïdaux ④ et ⑤ ;
▶ une face arrière rectangulaire ⑥.

On souhaite dessiner ce nichoir en perspective éclatée. Les figures suivantes présentent plusieurs variantes.

Perspective éclatée n° 1 (fig. 16.22)

Pour établir cette perspective :

▶ glisser la perspective d'ensemble sous une feuille de papier calque puis, par transparence, placer la ligne d'horizon, les points de fuite et le dessin de la face avant ③ supposée fixe ;
▶ représenter le toit ① (plan incliné) et le socle ② (plan horizontal) détachés de la face avant par translations verticales ;

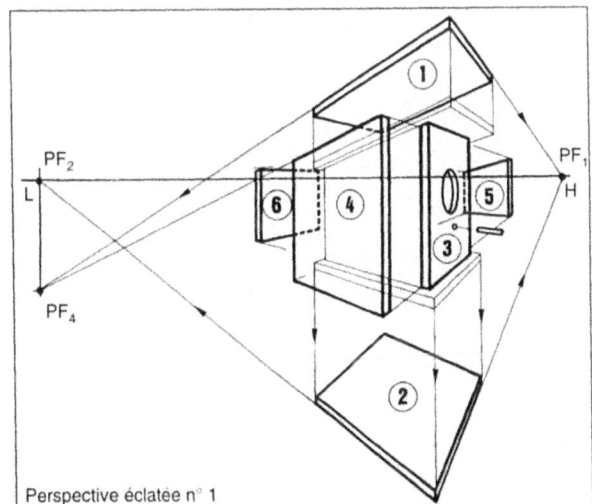

Fig. 16.22

▶ représenter les côtés ④ et ⑤ de part et d'autre de la face avant (translations horizontales) ;
▶ suivant le même principe, dessiner la face arrière ⑥.

Remarque : cette perspective montre nettement le contour de chaque élément mais les pièces ⑤ et ⑥ apparaissent petites car elles sont très éloignées de la face avant.

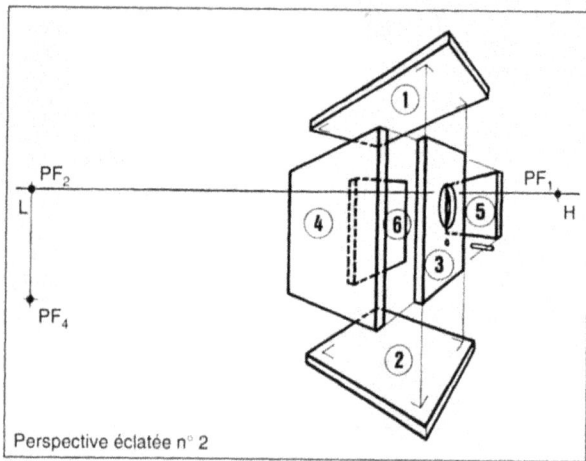
Perspective éclatée n° 2

Fig. 16.23

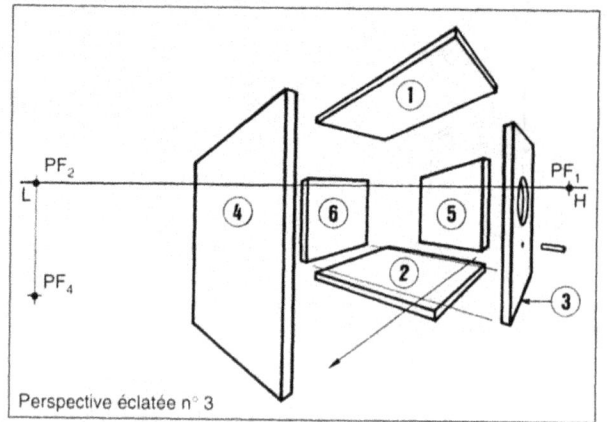
Perspective éclatée n° 3

Fig. 16.24

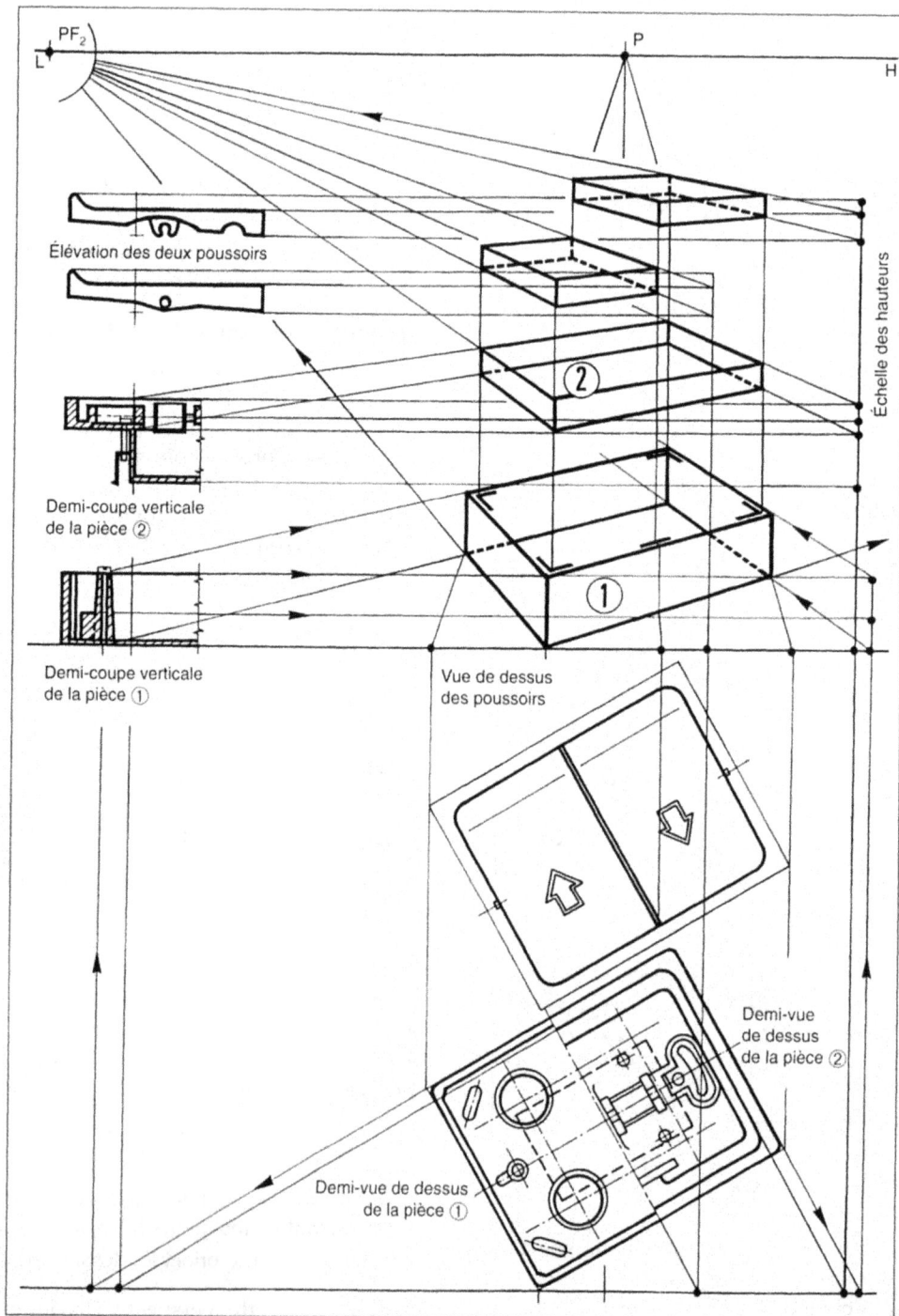

Élévation des deux poussoirs

Demi-coupe verticale
de la pièce ②

Demi-coupe verticale
de la pièce ①

Vue de dessus
des poussoirs

Échelle des hauteurs

Demi-vue
de dessus
de la pièce ②

Demi-vue de dessus
de la pièce ①

Fig. 16.25

Perspective éclatée n° 2 (fig. 16.23)

Cette perspective conserve la disposition précédente mais modifie la place de certains éléments :

▶ le socle ② apparait moins déformé car il se trouve plus près de la ligne d'horizon ;

▶ les pièces ⑤ et ⑥ sont moins petites car plus proches du tableau. Elles donnent à l'ensemble des proportions plus équilibrées.

Perspective éclatée n° 3 (fig. 16.24)

Dans cet exemple, les pièces sont disposées autour du socle ② supposé fixe.

À l'exception de la face avant ③ dont la déformation peut être atténuée en déplaçant le point de fuite **PF₁** à droite, les autres éléments sont clairement définis. L'ensemble est équilibré.

Observations

Ces trois exemples ne sont pas les seuls possibles. On peut réaliser d'autres perspectives éclatées de ce nichoir en disposant différemment les composants les uns par rapport aux autres. Mais, dans tous les cas, l'éclatement retenu doit rendre compte, sans équivoque, des formes des pièces.

Les chevauchements ou recouvrements partiels ne sont à retenir que s'ils s'appliquent à des pièces aux contours simples et s'ils sont peu étendus. Ils sont à éviter lorsque les parties masquées présentent des reliefs intéressants ou contiennent des informations d'ordre fonctionnel.

Dans la mesure du possible, il est recommandé de ne pas disséminer les pièces afin de ne pas rendre trop difficile la reconstruction mentale de l'objet, et de choisir des points de fuite suffisamment éloignés pour éviter des déformations d'aspect trop importantes.

On peut aussi opérer avec un point de fuite inaccessible ou employer un réseau perspectif (voir le chapitre suivant).

16.4.2 Un petit boîtier

L'objet à représenter en perspective éclatée est un boîtier en matière plastique utilisé pour la commande électrique de stores ou de volets roulants.

Le boîtier se compose des éléments suivants :

▶ une pièce ① à fixer au mur ;

▶ une pièce ② vissée sur la précédente ;

▶ deux poussoirs articulés sur la pièce ②.

Si le tracé préalable de la perspective d'ensemble ne s'impose pas, celui de certaines vues est absolument indispensable (fig. 16.25) :

▶ deux vues de dessus, l'une représentant les poussoirs et l'autre, pour une moitié la pièce ① et pour l'autre moitié la pièce ② (chaque pièce possède deux axes de symétrie) ;

▶ des coupes verticales partielles des deux pièces et les élévations des deux poussoirs. Ces représentations sont nécessaires à la mise en perspective de toutes les cotes de hauteur. Elles jouent le rôle d'échelles des hauteurs.

Remarquer sur la figure 16.25 l'inaccessibilité du point de fuite **PF1** et l'emploi de la méthode des prolongements.

La figure 16.26 montre la perspective achevée et débarrassée de tous les traits de construction.

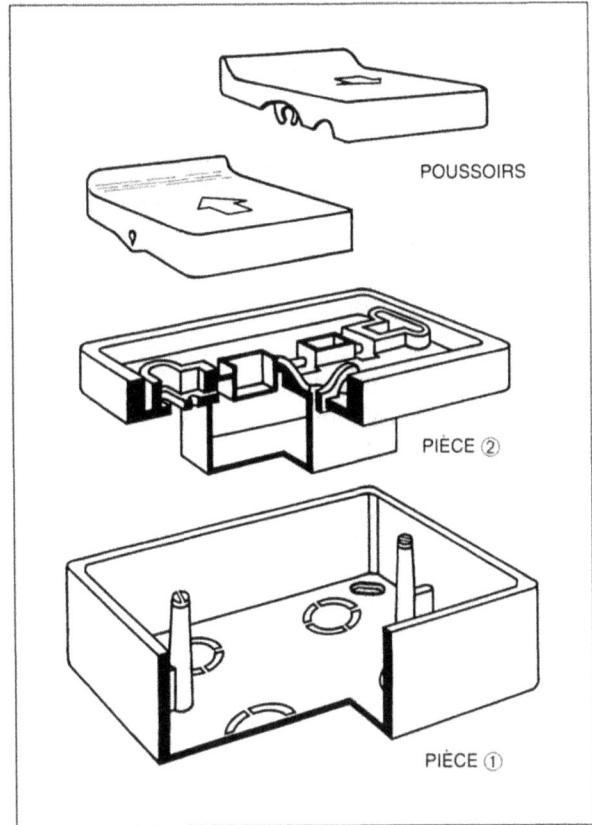

Fig. 16.26

Observer les coupes partielles réalisées sur les pièces ① et ② destinées à montrer des détails intérieurs.

16.4.3 Un pupitre

Perspective d'ensemble

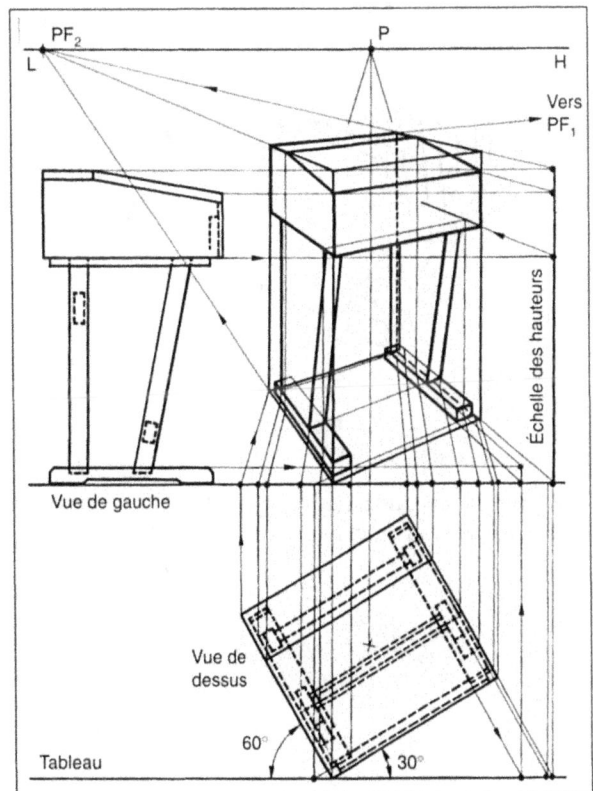

Fig. 16.27

La figure 16.27 présente la mise en perspective des principaux volumes. Ces tracés ne présentent aucune difficulté particulière. L'inaccessibilité de **PF$_1$** rend nécessaire la mise en place d'une échelle des hauteurs.

La figure 16.28 montre la perspective achevée et débarrassée des traits de construction.

Perspective éclatée (fig. 16.29)

Dans cet exemple, seul l'éclatement du piètement est envisagé, le caisson restant assemblé.

Pour réaliser cette perspective éclatée :

▶ glisser la perspective d'ensemble sous une feuille de calque et reproduire le caisson supposé fixe ;

▶ représenter les deux entretoises détachées du caisson par translation verticale. La solution retenue ici consiste à dessiner entièrement l'entretoise gauche au plus près du caisson, et partiellement l'entretoise droite. Un dessin complet de cette dernière aurait entraîné des déformations très importantes sur les pièces basses du piètement ;

▶ situer les montants arrière et avant qui s'assemblent par tenons et mortaises sur les entretoises et les semelles.

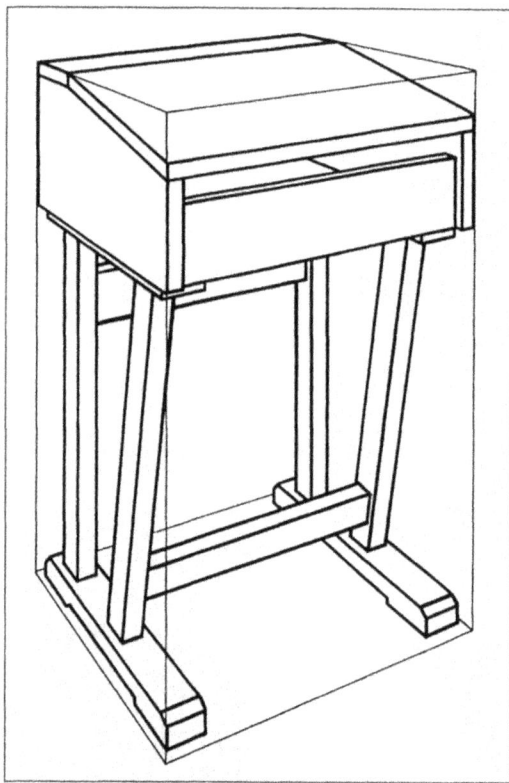

Fig. 16.29

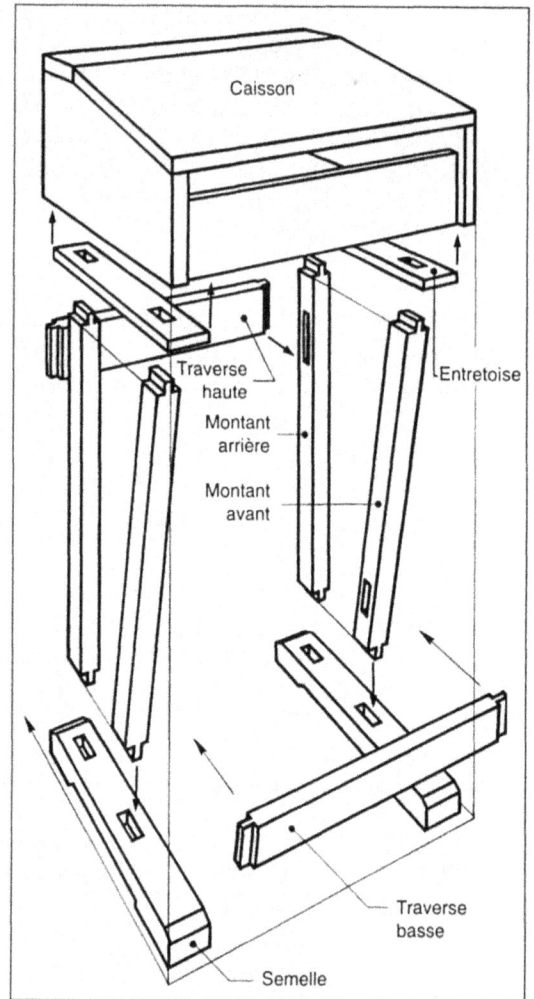

Fig. 16.28

La figure 16.29 montre la traverse haute en partie cachée et la traverse basse dégagée des montants.

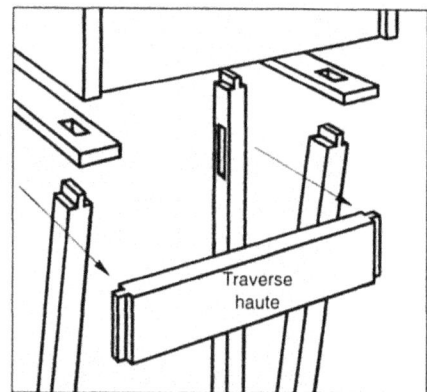

Fig. 16.30

Cette disposition permet de conserver les traverses à proximité de leurs montants respectifs, mais il existe d'autres tracés possibles dont celui représenté sur la figure 16.30.

Chapitre / 17

Les réseaux perspectifs

17.1. Généralités

Les réseaux appelés aussi **grilles** ou **canevas perspectifs** facilitent le tracé des perspectives coniques comme les réseaux solaires aident à la représentation des ombres.

L'utilisation des réseaux perspectifs est simple. Elle consiste à recouvrir le réseau d'une feuille de papier calque puis à tracer sur cette dernière la perspective souhaitée en se guidant sur les traits observés par transparence.

L'emploi d'un réseau est tout indiqué quand on recherche des effets perspectifs modérés qui nécessitent la mise en place de points de fuite très écartés donc inaccessibles.

La perspective peut alors s'effectuer soit de manière traditionnelle en employant les tracés géométriques liés à l'inaccessibilité des points de fuite, soit en utilisant une portion agrandie de réseau. Cette deuxième solution est tout aussi précise que la première.

Il existe deux types de réseaux : ceux destinés aux tracés des perspectives frontales et ceux utilisés pour les perspectives obliques.

En préparant à l'avance, pour chaque catégorie, plusieurs réseaux avec des paramètres perspectifs différents, on dispose d'une gamme étendue qui permet de tracer tous les types de perspectives.

17.2. La construction et l'utilisation des réseaux

17.2.1 Le tracé d'un réseau pour perspectives obliques

Avant de tracer le réseau représenté en figure 17.1, il convient de définir les facteurs suivants :

▶ le format de la feuille (A4 ou A3) ;

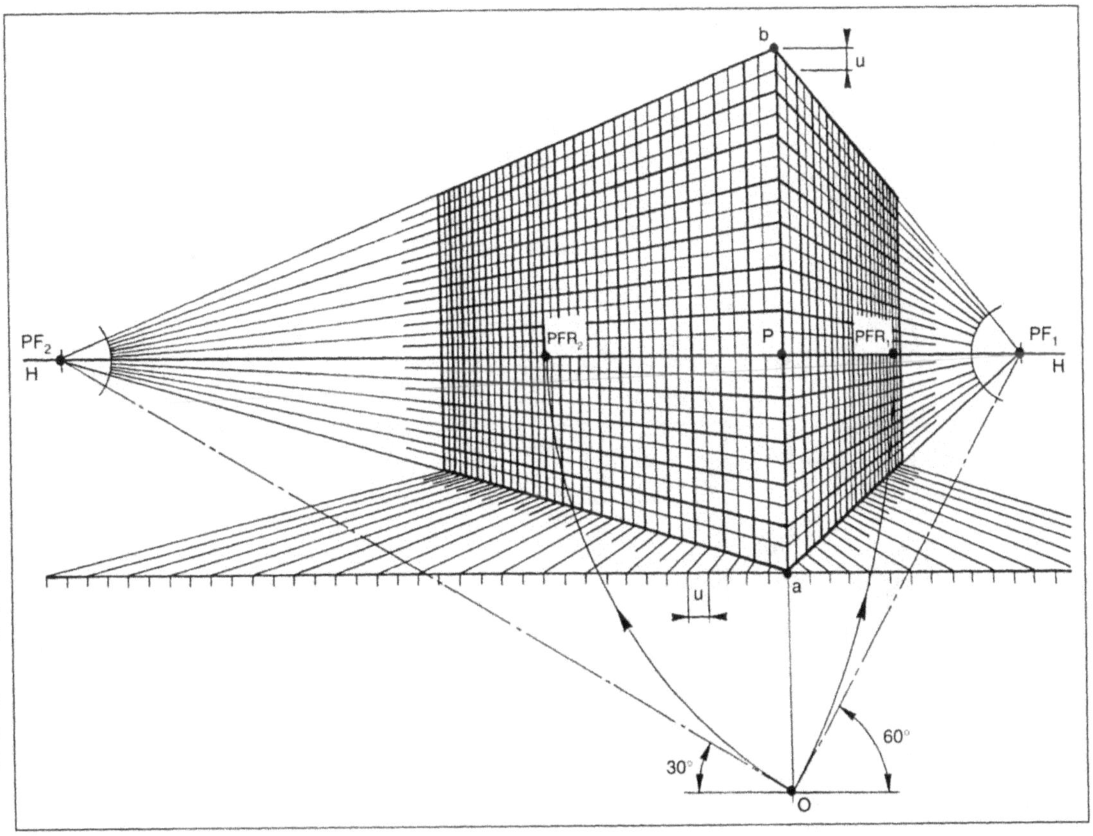

Fig. 17.1

- la distance œil-tableau ;
- l'orientation des deux faces à mettre en perspective (dans notre exemple les angles sont de 30° et de 60°) ;
- la position du point **a**, pied de l'arête **AB** contenue dans le plan du tableau, par rapport au point principal **P** (**a** est situé sur la verticale passant par **P**).

Pour tracer le réseau, il convient de procéder de la manière suivante :

- situer les points de fuite **PF₁** et **PF₂** en fonction de la distance œil-tableau choisie ;
- placer les points d'égale résection **PFR₁** et **PFR₂** ;
- diviser l'horizontale passant par **a** en segments égaux d'une longueur **u** allant de 3 mm à 5 mm ;
- reporter ces divisions sur les deux faces verticales observées en perspective à l'aide des points d'égale résection et des points de fuite ;
- diviser la verticale passant par **a** en segments égaux de longueur **u** et tracer le quadrillage des deux faces.
- La figure 17.2 représente la partie centrale du réseau agrandie au photocopieur. Si le quadrillage obtenu après agrandissement n'est pas assez dense, il est possible de tracer des fuyantes supplémentaires : la diagonale **ab** intercepte en **m** et **n** deux verticales, tout comme la diagonale **cd** en **o** et **p**. Il suffit alors de joindre **o** à **m** et **p** à **n** pour obtenir deux nouvelles fuyantes.

Il peut être intéressant d'employer plusieurs types de traits : forts, fins, pointillés. On peut aussi utiliser des encres de couleur différente.

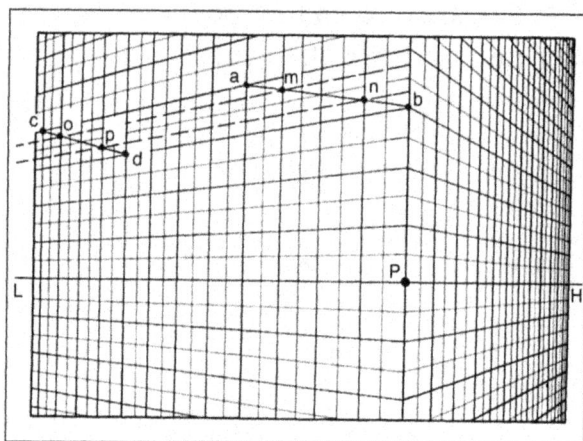

Fig. 17.2

17.2.2 Les possibilités d'utilisation

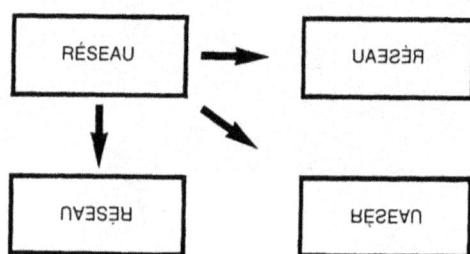

Fig. 17.3

S'il est établi sur une feuille de calque ou un film transparent, un même réseau peut être utilisé suivant quatre orientations différentes (fig. 17.3).

17.2.3 Application

Soit une petite maison et un appentis (fig. 17.4) à représenter en perspective oblique à l'aide du réseau précédent agrandi (les chiffres indiqués sur la figure sont exprimés en unités de longueur).

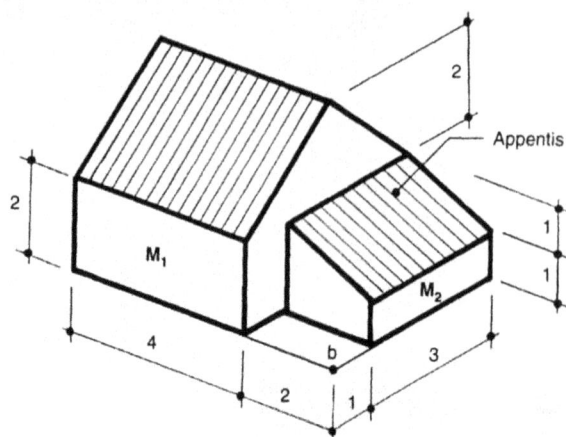

Fig. 17.4

Étape 1 (fig. 17.5)

- placer le point **b** sur la verticale passant par **P**, au-dessous de **LH**, pour faire apparaître les pans de toiture ;
- choisir l'échelle de la perspective (**bc** = 1 unité) ;
- représenter, à gauche de **Pb**, le mur **M₁** (dimensions : 4 unités × 2 unités) distant de 2 unités du point **b** (voir fig. 17.4) ;
- représenter, à droite de **Pb**, le mur **M₂** (dimensions : 3 unités × 1 unité) distant de 1 unité du point **b**.

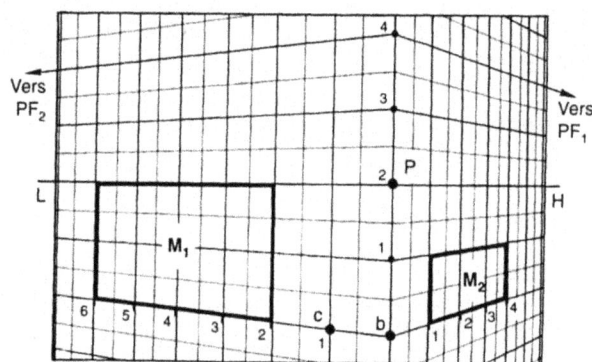

Fig. 17.5

Étape 2 (fig. 17.6)

- tracer la fuyante passant par **d** et orientée en direction de **PF₁**. Pour trouver la bonne inclinaison de cette droite, faire pivoter une règle autour du point **d** jusqu'à ce que son bord fuit correctement en direction de **PF₁**. Répéter cette opération chaque fois que la fuyante souhaitée ne correspond pas à une fuyante existante. À noter que plus le quadrillage du réseau est serré et plus le tracé des fuyantes sera aisé ;
- tracer, suivant le même principe, les fuyantes passant par les points **e** et **f** ;
- représenter les deux côtés trapézoïdaux de l'appentis puis compléter le dessin du toit.

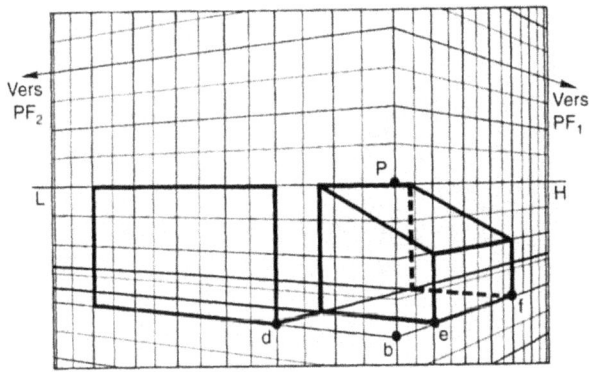

Fig. 17.6

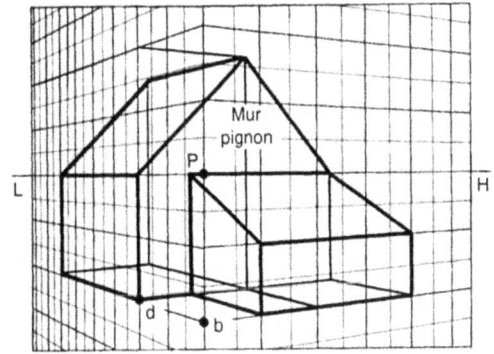

Fig. 17.8

Étape 3 (fig. 17.7)

Pour représenter le toit de la maison, il convient de :

▶ placer le point **g** tel que **bg** = 2 unités, puis tracer la fuyante **gPF₂** ;

▶ placer le point **h** situé à l'intersection des fuyantes **gPF₂** et **dPF₁** puis tracer la verticale passant par **h** ;

▶ porter **jk** = 2 unités et tracer la fuyante **kPF₁** ;

▶ placer le point **l** et tracer les segments **jl** et **lm** ;

▶ déterminer la position des points **p** et **q** puis compléter le tracé du toit.

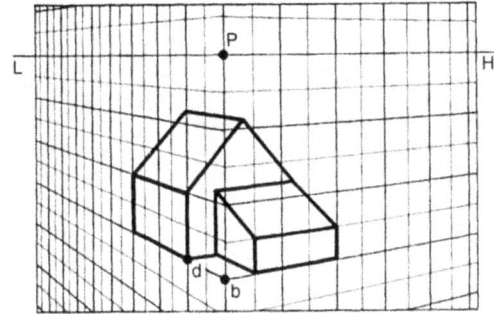

Fig. 17.9

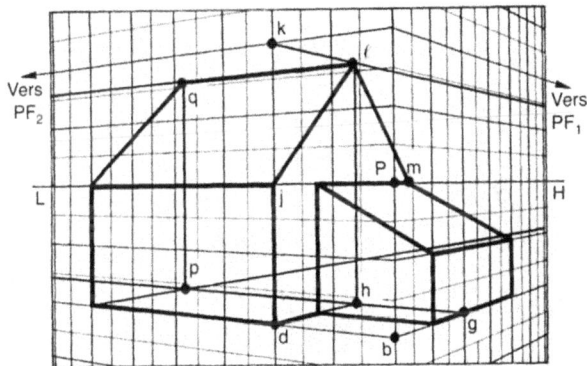

Fig. 17.7

Variante 1 (fig. 17.8)

Cette perspective est représentée sur le réseau retourné. Cette disposition met davantage en évidence le mur pignon et l'appentis.

Variante 2 (fig. 17.9)

Sur cette perspective, l'échelle est réduite de moitié (**bd** = 1 unité).

17.3. Autres types de réseaux

17.3.1 Réseau pour perspectives intérieures obliques

Le réseau de la figure 17.10 est utilisé particulièrement pour la représentation d'espaces intérieurs observés en perspective oblique.

17.3.2 Réseau pour perspectives intérieures frontales

La figure 17.11 représente un réseau utilisé pour la représentation d'espaces intérieurs observés en perspective frontale. En déplaçant le point principal **P** vers la gauche ou la droite, vers le haut ou le bas, on peut privilégier une des quatre faces fuyantes par rapport aux trois autres.

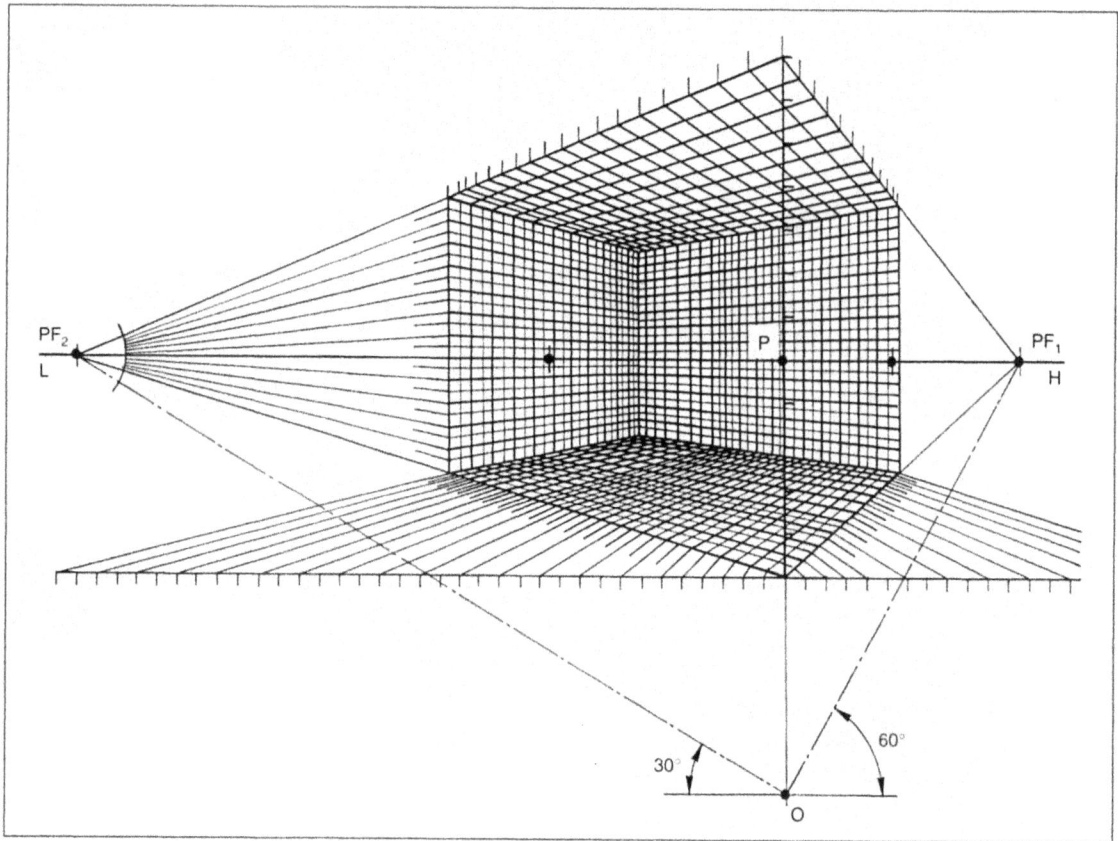

Fig. 17.10

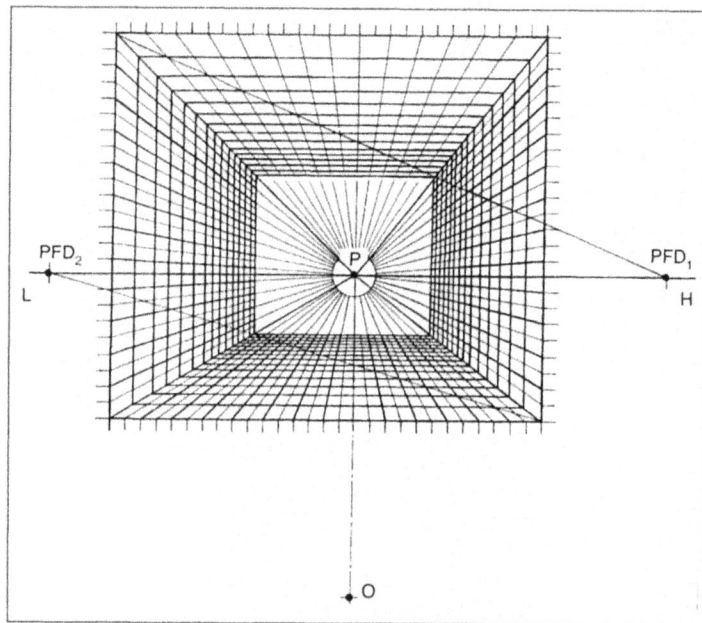

Fig. 17.11

Chapitre 18

Les perspectives plongeantes et les perspectives plafonnantes

18.1. Généralités

Dans toutes les mises en perspective réalisées jusqu'à présent, la tête de l'observateur est supposée parfaitement verticale. Cette hypothèse, qui conduit à disposer le rayon visuel principal horizontal et le tableau vertical (fig. 18.1), réduit de façon importante le champ d'observation des objets. Aussi allons-nous, dans ce chapitre, déroger aux règles strictes de la perspective classique et prendre en compte la mobilité de la tête. Quand l'observateur regarde vers le haut ou le bas, le rayon visuel et le tableau accompagnent le mouvement (fig. 18.2).

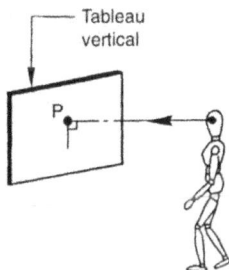

Fig. 18.1

Les objets sont observés en **perspective plongeante** quand :

▶ l'observateur regarde verticalement au-dessous de lui (position ① avec le tableau horizontal) ;

▶ l'observateur baisse la tête et dirige son regard vers le bas (position ② avec le tableau incliné).

Les objets sont observés en **perspective plafonnante** (ou en **contre-plongée**) quand :

▶ l'observateur regarde verticalement au-dessus de lui (position ③ avec le tableau horizontal) ;

▶ l'observateur lève la tête et dirige son regard vers le haut (position ④ avec le tableau incliné).

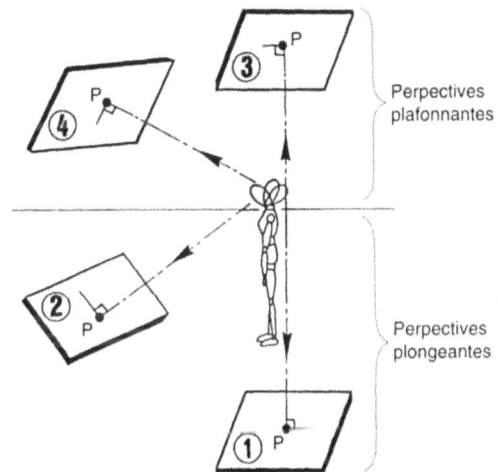

Fig. 18.2

Ces quatre positions différentes sont étudiées ci-dessous.

18.2. Les perspectives plongeantes avec tableau horizontal

18.2.1 Principes

Le parallélépipède rectangle **EFGHKLMN** représente un volume sur lequel l'observateur est juché (fig. 18.3). Son regard est orienté verticalement vers le bas.

Le tableau horizontal coupe le volume suivant le rectangle **ABCD** (l'arête **EK** est perpendiculaire au tableau). Soit **PO** la distance œil-tableau.

La figure 18.4 représente la perspective plongeante observée du point **O**. Le rectangle **ABCD**, situé dans le tableau, conserve ses dimensions et le parallélisme de ses côtés. Les arêtes verticales fuient en direction de **P**.

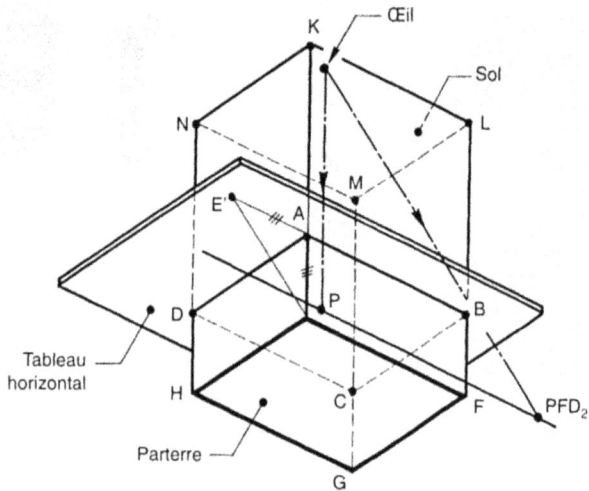

Fig. 18.3

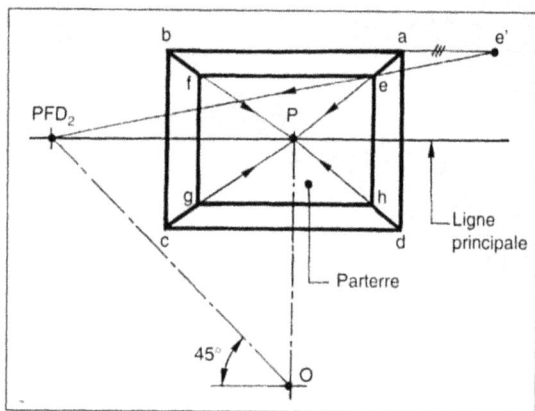

Fig. 18.4

L'horizontale passant par **P** est appelée **ligne principale**. Elle possède les mêmes propriétés qu'une ligne d'horizon. Elle reçoit les points de fuite, de distance et d'égale résection.

Pour déterminer la position du point **e**, il convient de :

▶ situer sur la ligne principale le point de distance **PFD₂** ;

▶ tracer l'horizontale **ae'** = **AE** (distance séparant le parterre du tableau, voir fig. 18.3) ;

▶ tracer la fuyante **PFD₂e'** pour obtenir **e**, image perspective du point **E** ;

▶ compléter le tracé du parterre **efgh**.

18.2.2 Application

Soit un petit escalier à représenter en perspective plongeante avec tableau horizontal.

L'œil est situé en **O** et le regard est dirigé verticalement vers le bas. La mise en perspective s'effectue à partir d'une élévation (vue de face de l'escalier) sur laquelle l'œil, le tableau et le point principal **P** sont représentés (fig. 18.5).

Étape 1 (fig. 18.5)

▶ tracer la ligne principale et placer les points **P**, **PFD₁** et **PFD₂** ;

▶ représenter le contour des murs situé dans le tableau et les quatre fuyantes passant par **P** ;

▶ reporter la cote **h₁** sur la perspective et tracer à l'aide de **PFD₂** le contour du parterre ;

▶ représenter le palier supérieur (dont la largeur est connue) situé dans le tableau. Reporter sur l'horizontale **mn** les largeurs de toutes les marches.

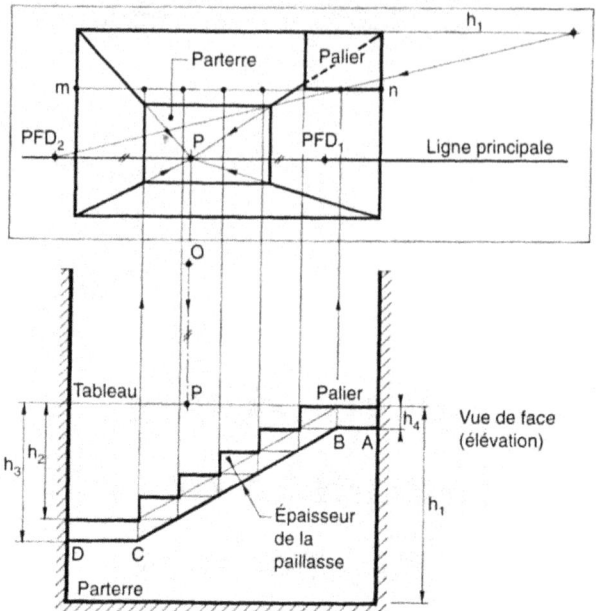

Fig. 18.5

Étape 2 (fig. 18.6)

▶ placer le palier inférieur à l'aide des cotes **h₂** et **h₃** ;

▶ situer sur la perspective les points **a**, **b**, **c** et **d** ;

▶ tracer le segment **bc** et dessiner la paillasse de l'escalier en perspective ;

▶ représenter les quatre marches à l'aide des points **q**, **r**, **s** et **v**.

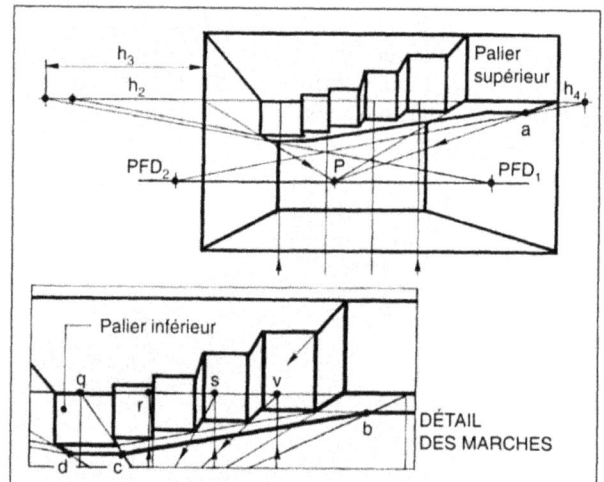

Fig. 18.6

Nota

Le tracé des perspectives plongeantes avec tableau horizontal présente des similitudes avec celui des perspectives frontales ordinaires. Le système perspectif de base (œil, tableau, rayon principal) est le même dans les deux cas. Pour passer de l'un à l'autre, il suffit de faire pivoter l'ensemble de 90° autour d'un axe horizontal (fig. 18.7).

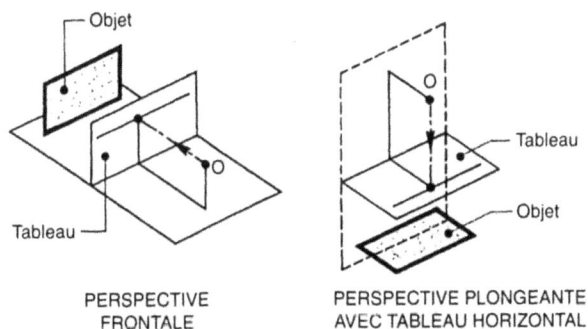

PERSPECTIVE
FRONTALE

PERSPECTIVE PLONGEANTE
AVEC TABLEAU HORIZONTAL

Fig. 18.7

La comparaison des deux modes de tracés conduit aux remarques suivantes :

▶ en perspective frontale, les horizontales perpendiculaires fuient en direction de **P** tandis qu'en perspective plongeante avec tableau horizontal, ce sont les verticales qui convergent vers **P** ;

▶ en perspective frontale, le tracé s'effectue à partir d'une vue de dessus et, en perspective plongeante, à partir d'une vue de face.

18.3. Les perspectives plongeantes frontales avec tableau incliné

18.3.1 Les éléments perspectifs

La figure 18.8 représente un tableau incliné. Soit α l'angle du tableau avec le plan horizontal.

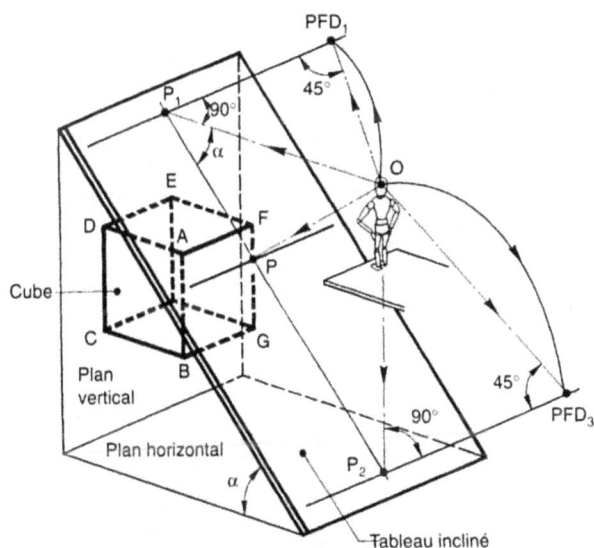

Fig. 18.8

L'objet à représenter en perspective plongeante frontale est un cube dont le dessus et le dessous sont horizontaux. L'arête **AF** est dans le tableau.

On distingue plusieurs points de fuite :

▶ **P**, point de fuite principal ;

▶ **P$_1$**, point de fuite de toutes les horizontales parallèles à **OP$_1$** ;

▶ **PFD$_1$**, point de distance de toutes les horizontales parallèles à **OPFD$_1$** ;

▶ **P$_2$**, point de fuite des verticales ;

▶ **PFD$_3$**, point de distance de toutes les verticales parallèles à **OPFD$_3$**.

18.3.2 La mise en place des points de fuite

Données : $\alpha = 60°$. Distance œil-tableau = 7 cm.

Marche à suivre (fig. 18.9)

tracer la **ligne principale**, situer **P** et représenter la verticale passant par ce point ;

▶ placer **O$_1$** sur la ligne principale avec : **PO$_1$** = **PO** = distance œil-tableau ;

▶ tracer au-dessus de la ligne principale un angle de sommet **O$_1$** et de valeur $\beta = 30°$ avec $\beta = 90° - \alpha$. Le côté incliné de l'angle coupe la verticale passant par **P** en **P$_1$**, point de fuite recherché ;

▶ tracer au-dessous de la ligne principale un angle de sommet **O$_1$** et de valeur $\alpha = 60°$. Le côté incliné de l'angle coupe la verticale passant par **P** en **P$_2$**, point de fuite recherché ;

▶ reporter au compas la distance **P$_1$O$_1$** sur l'horizontale passant par **P$_1$** pour obtenir le point de distance **PFD$_1$** ;

▶ situer, de la même façon, le point de distance **PFD$_3$**.

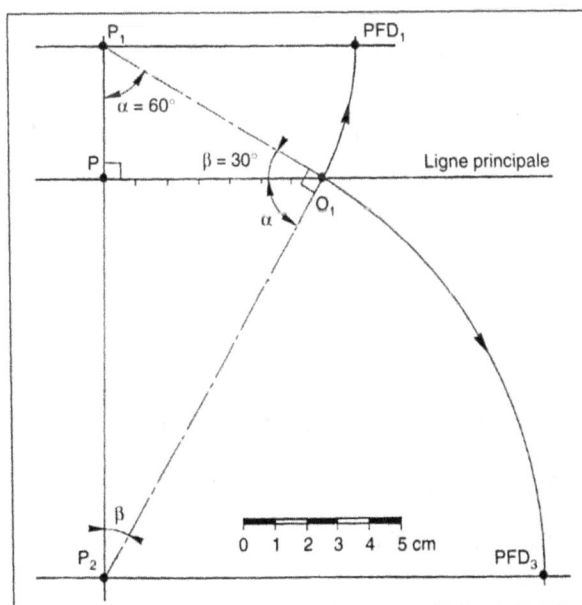

Fig. 18.9

18.3.3 La mise en perspective d'un cube

Caractéristiques du cube

Longueur d'un côté du cube = 3,5 cm. L'arête **AF** est située dans le tableau, au-dessus de **P**, à une distance de 1 cm. **F** se trouve à 1,5 cm à droite de **P$_1$P**.

Marche à suivre (fig. 18.10)

▶ représenter, à l'endroit choisi, l'arête horizontale **af** puis tracer les quatre fuyantes issues de **P$_1$** et **P$_2$** et passant par les sommets **a** et **f** ;

125

- à l'aide du point de fuite **PFD₁**, situer le sommet **e**, puis compléter le dessin de la face horizontale **afed** ;
- à l'aide du point de fuite **PFD₃**, situer le sommet **g**, puis compléter le dessin de la face verticale **afgb** ;
- compléter la perspective en représentant éventuellement les arêtes cachées.

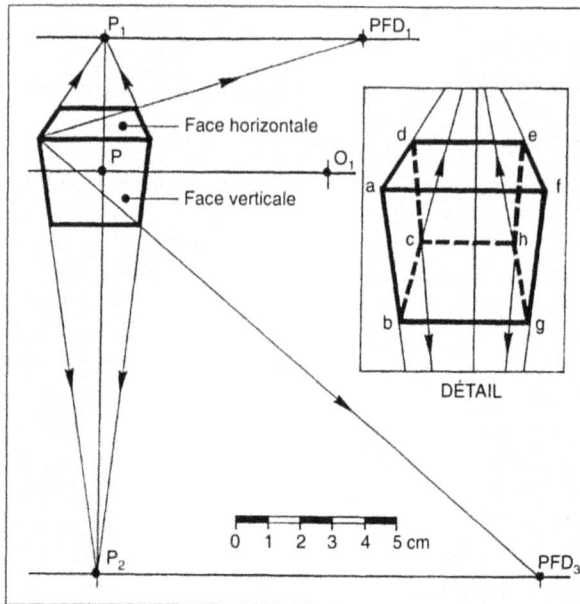

Fig. 18.10

Remarques

En perspective plongeante, les points de fuite des horizontales sont toujours placés au-dessus de la ligne principale et les points de fuite des verticales, toujours au-dessous de cette ligne.

Si l'on fait pivoter la figure 18.10 de 90°, on obtient un tracé semblable à celui d'une perspective oblique à deux points de fuite : l'horizontale **af** se transforme en arête verticale et les points P_1 et P_2 deviennent des points de fuite de droites horizontales.

18.4. Les perspectives plongeantes obliques avec tableau incliné

18.4.1 Les éléments perspectifs

La figure 18.11 représente un tableau incliné. Soit α l'angle du tableau avec le plan horizontal et β l'angle du tableau avec le plan vertical ($\alpha + \beta = 90°$).

L'objet à représenter en perspective plongeante oblique est un cube dont le dessus et le dessous sont horizontaux. Le sommet **A** est dans le tableau et l'arête **BC** fait un angle θ avec la frontale horizontale passant par **B**.

Les points de fuite présents sur le tableau sont les suivants :
- **P**, point de fuite principal ;
- **P₁**, point de fuite de toutes les horizontales parallèles à **OP₁** ;
- **P₂**, point des verticales ;

- **PF₁** et **PF₂**, points de fuite des horizontales parallèles respectivement à **OPF₁** (arêtes **AF**, **DE**, **CH** et **BG** du cube) et à **OPF₂** (arêtes **AD**, **EF**, **GH** et **BC**).

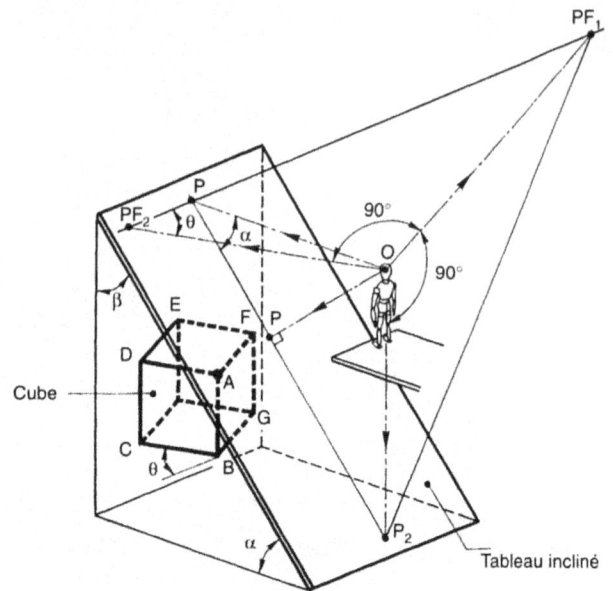

Fig. 18.11

18.4.2 La mise en place des points de fuite

Pour mettre en place les différents points de fuite, il faut définir les valeurs des angles α, β et θ. On retient les valeurs suivantes : $\alpha = 60°$, $\beta = 30°$ et $\theta = 50°$. La distance œil-tableau est égale à 5 cm.

Étape 1 (fig. 18.12)
- tracer une verticale et situer un point **P** sur celle-ci ;
- tracer le segment horizontal **PO₁** dont la longueur est égale à la distance œil-tableau ;
- tracer les angles α et β de part et d'autre de l'horizontale **PO₁** pour obtenir les points de fuite **P₁** et **P₂**. Le triangle rectangle **P₁O₁P₂** correspond au triangle **P₁OP₂** rabattu sur le tableau.

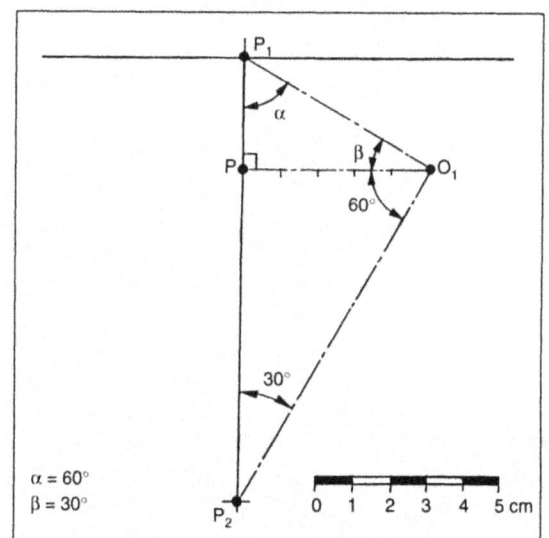

Fig. 18.12

Étape 2 (fig. 18.13)

▶ tracer $P_1O_2 = P_1O_1$;

▶ représenter le triangle rectangle $PF_2O_2PF_1$, tel que l'angle dont le sommet est PF_2 soit égal à θ (50°). Cette construction géométrique permet d'obtenir la position des points de fuite PF_1 et PF_2.

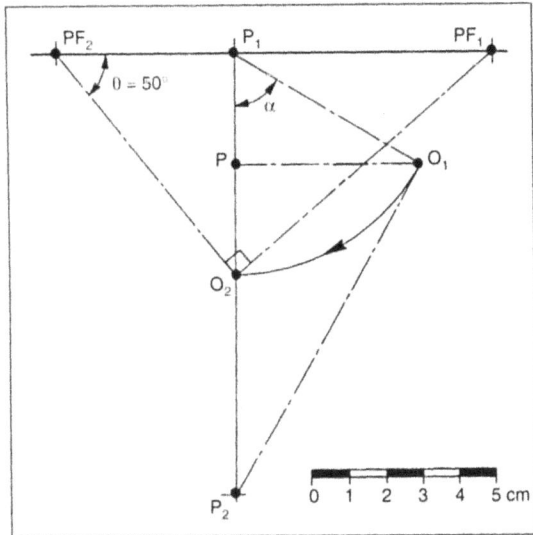

Fig. 18.13

Étape 3 (fig. 18.14)

▶ tracer la ligne de fuite oblique **LFO** qui joint les points PF_1 et P_2 ;

▶ tracer le triangle rabattu $PF_1O_3P_2$ dont le sommet O_3 est situé à l'intersection de l'arc de cercle de centre PF_1 et de rayon PF_1O_2 avec la perpendiculaire à **LFO** passant par **P**.

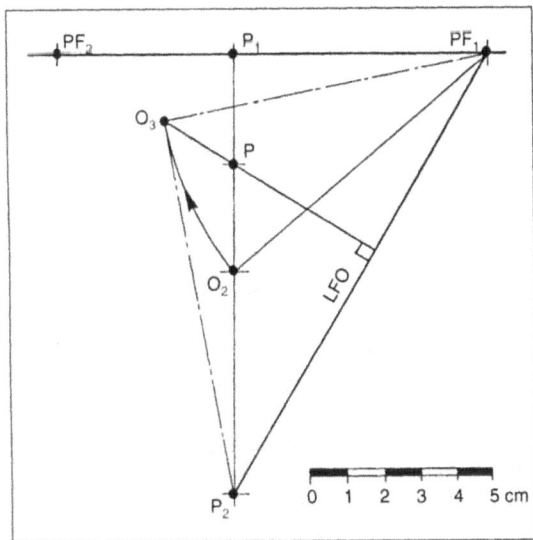

Fig. 18.14

18.4.3 La mise en perspective d'un cube

Caractéristiques du cube

Longueur d'un côté du cube = 3 cm. Le sommet **A** est situé à 1,2 cm à gauche de P_1P_2 et à 4 cm au-dessous de PF_2PF_1.

Étape 1 (fig. 18.15)

▶ placer le point **a** et tracer les fuyantes PF_1a, PF_2a et P_2a. Dans cet exemple, la fuyante P_1a n'est pas nécessaire aux tracés ;

▶ sur l'horizontale passant par **a**, porter $ad' = af' = 3$ cm (longueur du côté du carré) ;

▶ placer PFR_1 et PFR_2 en utilisant la méthode des points d'égale résection puis tracer la face supérieure du cube (le quadrilatère **adef**).

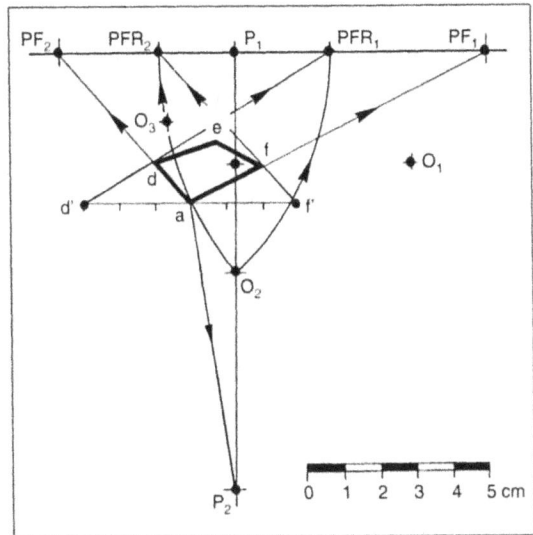

Fig. 18.15

Étape 2 (fig. 18.16)

▶ tracer le segment **ab'** de longueur 3 cm, parallèle à **LFO** ;

▶ placer PFR_3 sur **LFO** puis tracer l'arête verticale fuyante **ab** ;

▶ compléter la perspective plongeante du cube.

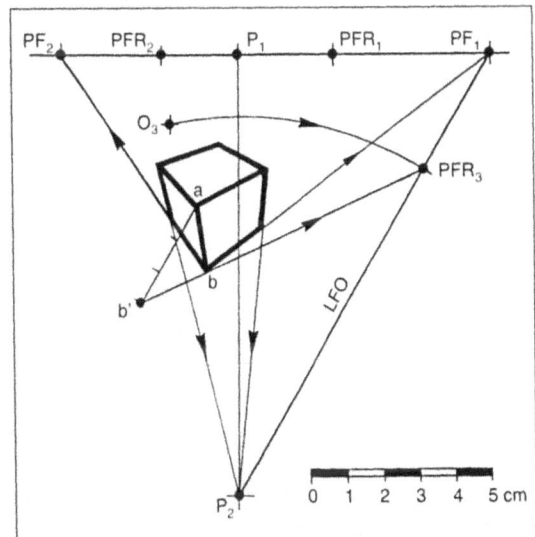

Fig. 18.16

18.4.4 La perspective plongeante oblique d'un bureau à caissons

Soit un bureau à caissons, à représenter en perspective oblique plongeante.

PARAMÈTRES PERSPECTIFS	
Dimensions du bureau	Voir la figure 18.17
Position latérale de l'œil	**A** est situé dans le tableau à 15 cm à droite de **P** et à 10 cm au-dessous de la ligne principale
Distance œil-objet = Distance œil-tableau	Égales à 8 cm
Inclinaison α du tableau	$\alpha = 60°$
Orientation θ du tableau	$\theta = 40°$

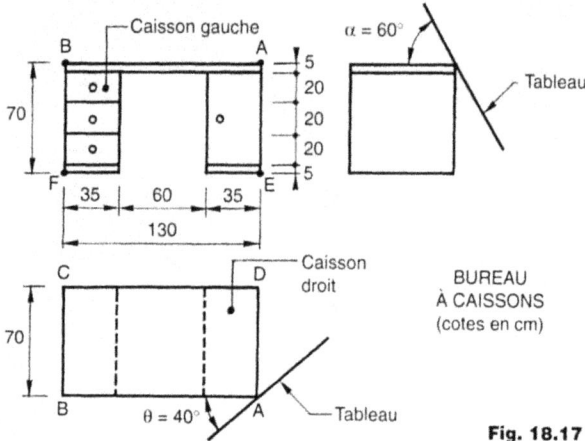

Fig. 18.17

Étape 1 (fig. 18.18)

▶ disposer les points de fuite **P$_1$**, **P$_2$**, **PF$_1$** et **PF$_2$** ;

▶ situer le point **a**, tracer les trois fuyantes puis, à l'aide des points d'égale résection **PFR$_1$** et **PFR$_2$**, représenter le dessus du bureau en perspective (le quadrilatère **abcd**).

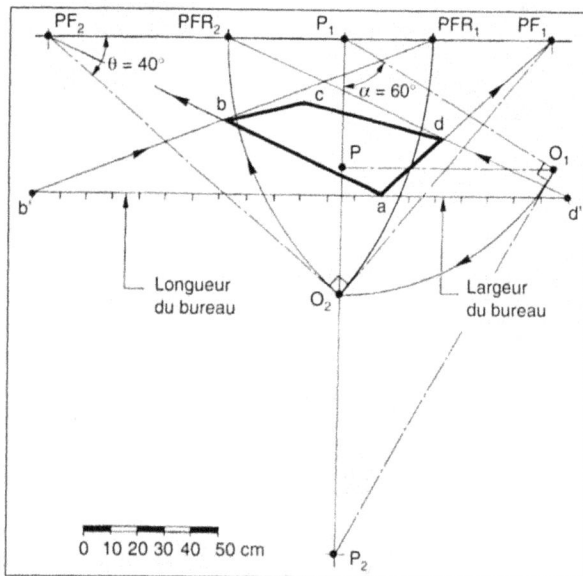

Fig. 18.18

Étape 2 (fig. 18.19)

▶ à l'aide de **LFO** et de **PFR$_3$**, tracer l'arête verticale **ae** puis compléter la perspective du parallélépipède rectangle.

Étape 3 (fig. 18.20)

▶ sur l'horizontale passant par **a**, reporter les largeurs des caissons puis, à l'aide de **PFR$_1$** et de **P$_2$**, tracer le contour des deux caissons ;

▶ reporter sur l'oblique **ae'** l'épaisseur du plateau et la hauteur des tiroirs puis, à l'aide de **PFR$_3$** et de **PF$_2$**, compléter le dessin des caissons ;

▶ mettre au net la perspective.

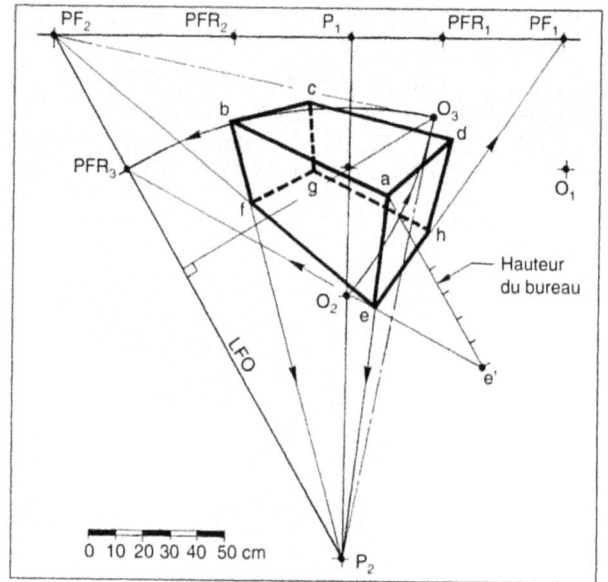

Fig. 18.19

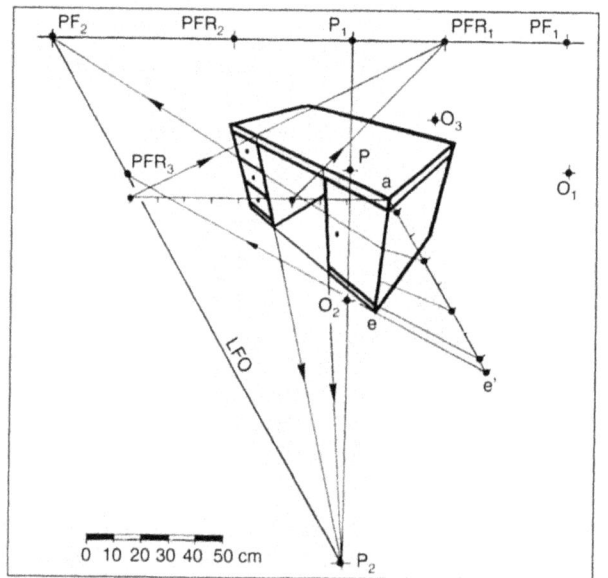

Fig. 18.20

18.5. Les positions du tableau en perspective plongeante

18.5.1 Les différents paramètres

L'aspect d'une perspective plongeante, comme celui d'une perspective conique classique, est fonction de plusieurs paramètres, à savoir :

▶ **la position latérale de l'œil** ;

▶ **la distance œil-objet** ;

▶ **la distance œil-tableau** ;

▶ **l'inclinaison** α **du tableau** par rapport à l'horizontale ;

▶ **l'orientation** θ **du tableau** par rapport à l'objet.

18.5.2 Variations des angles α et θ et effets perspectifs obtenus

Le tableau ci-après (fig. 18.23) présente 30 perspectives plongeantes différentes d'un même parallélépi-

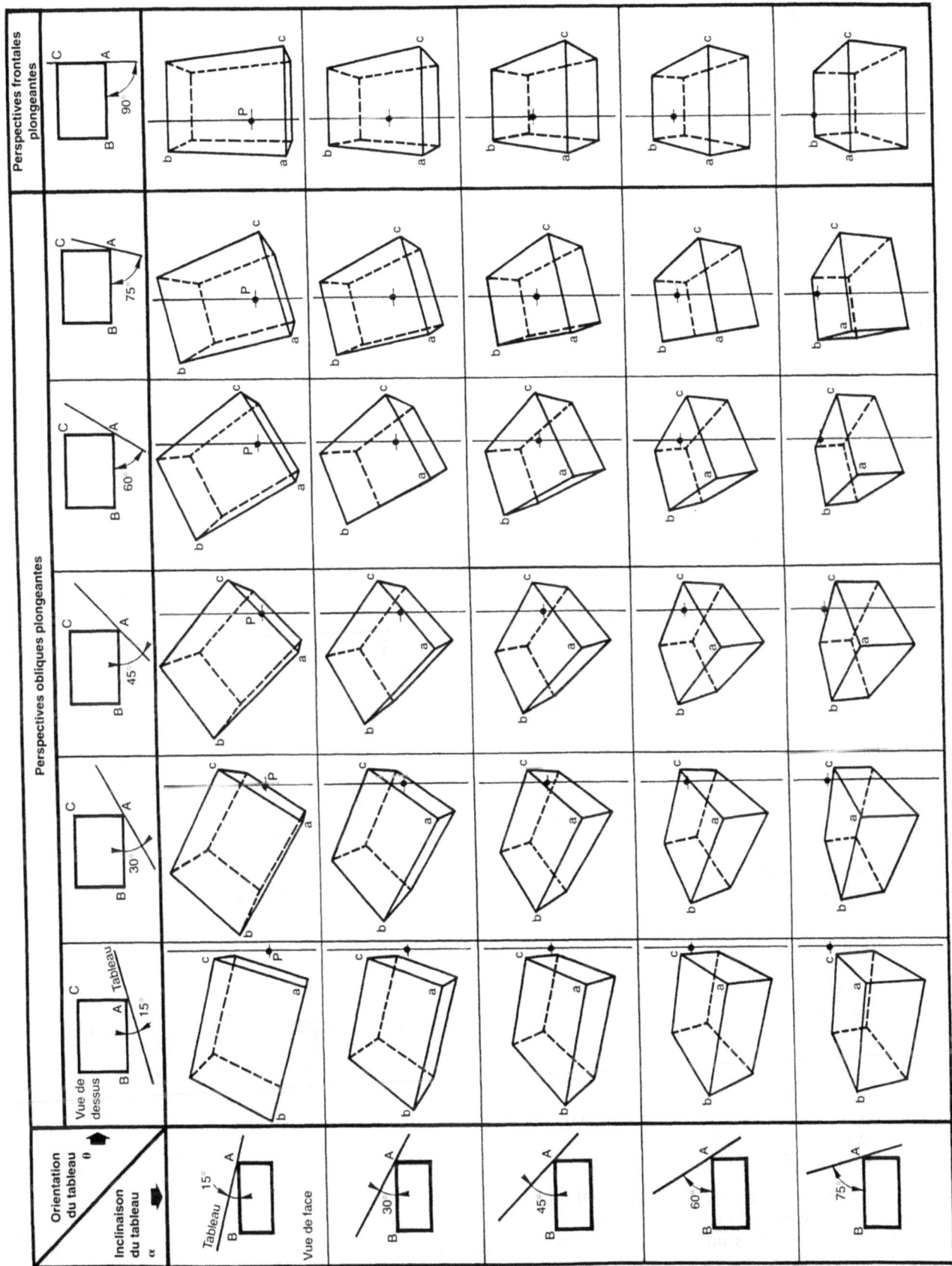

Perspectives frontales plongeantes

Perspectives obliques plongeantes

Orientation du tableau θ	Inclinaison du tableau α

Vue de dessus

Tableau 15°

Vue de face

Tableau

A · B · C · a · b · c · P

15° · 30° · 45° · 60° · 75° · 90°

Fig. 18.23

pède rectangle (fig. 18.21). Le sommet **A** est situé dans le tableau.

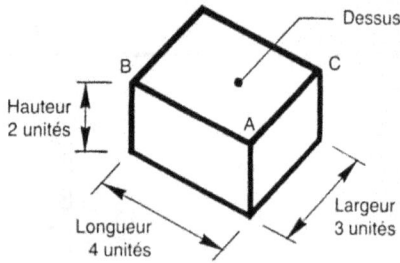

Fig. 18.21

**Paramètres pris en compte
pour la représentation des 30 perspectives**

▶ **La position latérale de l'œil** : elle est la même pour toutes les perspectives. Le point principal **P** est disposé comme l'indique la figure 18.22.

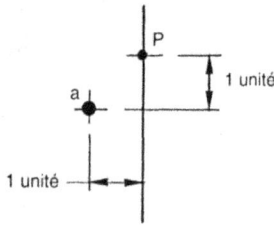

Fig. 18.22

▶ **la distance œil-objet et la distance œil-tableau** : ces deux distances sont égales à 5 cm pour toutes les perspectives. Cette distance, équivalente à 1,25 fois la plus grande dimension de l'objet, est satisfaisante. Une distance trop courte, donc un œil très proche de l'objet, accentue fortement les déformations des faces. À l'inverse, une distance trop grande estompe les effets perspectifs.

▶ **L'inclinaison** α **du tableau** : mesurée par rapport au plan horizontal, elle varie de 15° à 75° par tranche de 15°.

▶ **L'orientation** θ **du tableau** : mesurée par rapport à une frontale horizontale, elle varie de 15° à 90° par tranche de 15°. Quand θ est égal à 90°, les vues obtenues sont des perspectives plongeantes frontales.

Commentaires

Plus l'angle α est petit, plus le dessus de l'objet occupe, sur la perspective, une place importante au détriment des faces latérales.

Plus θ se rapproche de 0°, plus le grand côté **AB** tend vers l'horizontale. Inversement, lorsque θ tend vers 90°, c'est la largeur de l'objet qui s'incline vers l'horizontale.

Les perspectives qui restituent correctement les proportions de l'objet possèdent les valeurs angulaires suivantes : 45° ≤ α ≤ 30° et 30° ≤ θ ≤ 60°. Mais, suivant les formes de l'objet à représenter et les effets perspectifs souhaités, ces fourchettes de valeurs peuvent être différentes.

18.6. Les ombres sur les perspectives plongeantes

18.6.1 Les ombres au soleil

Principes

Pour représenter les ombres au soleil sur les perspectives plongeantes, il convient d'appliquer les principes de base énoncés au chapitre 13, auxquels doivent être apportées les modifications dues à l'inclinaison du tableau.

En perspective plongeante, toutes les verticales fuient en direction de P_2, y compris le segment **sPFT**.

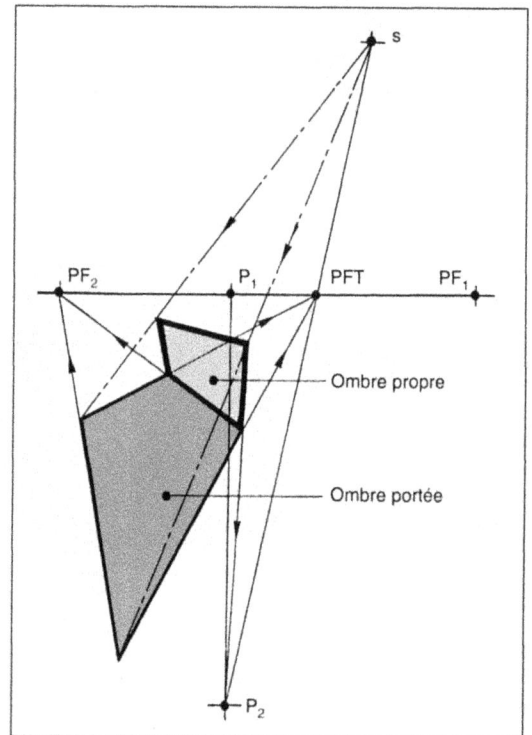

Fig. 18.24

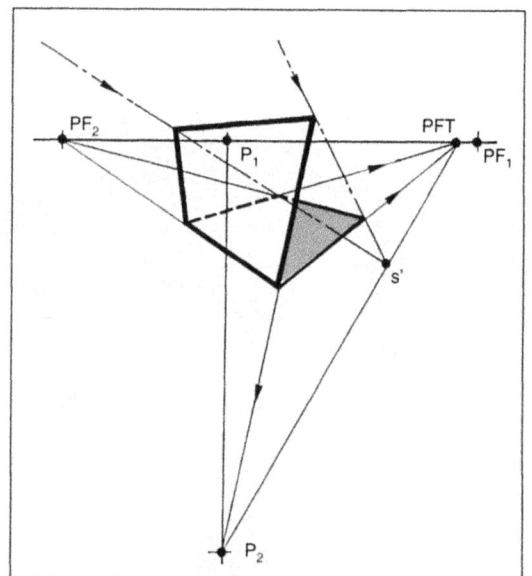

Fig. 18.25

La figure 18.24 représente un panneau rectangulaire vertical, avec l'image du soleil située devant l'œil, à droite du panneau. Le point de fuite des traces **PFT** est situé à l'intersection de sP_2 et de l'horizontale PF_1PF_2.

La figure 18.25 représente un panneau rectangulaire vertical, avec l'image du soleil située derrière l'œil et à gauche du panneau. L'ombre portée est en partie cachée et l'ombre propre n'est pas visible.

Application

Le bureau étudié précédemment est éclairé par l'image du soleil située devant l'œil et à droite du bureau. La figure 18.26 montre l'ombre portée du plateau et la figure 18.27, celle des deux caissons.

La figure 18.28 représente l'ombre portée complète du bureau ainsi que les ombres propres.

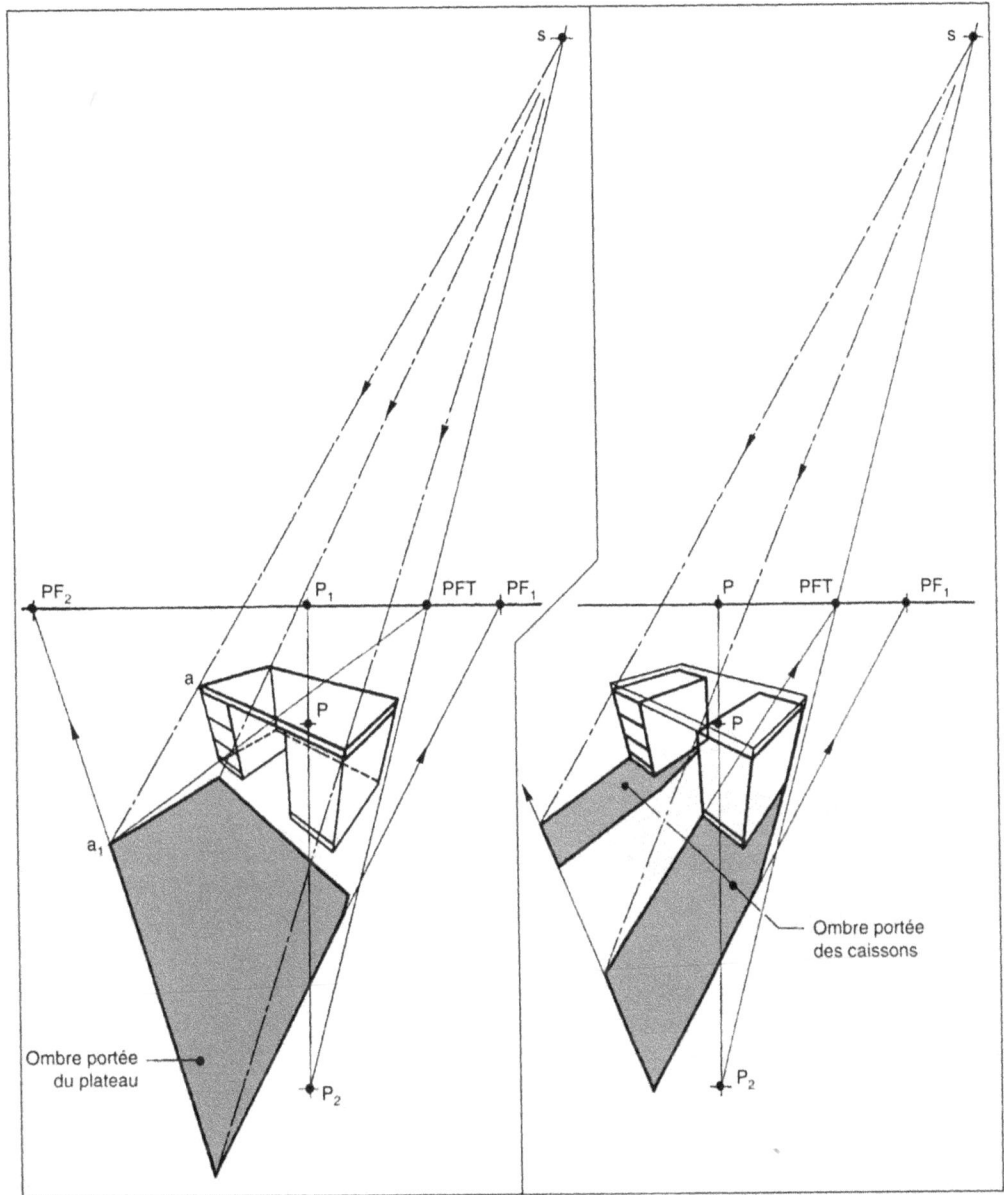

Fig. 18.26

Fig. 18.27

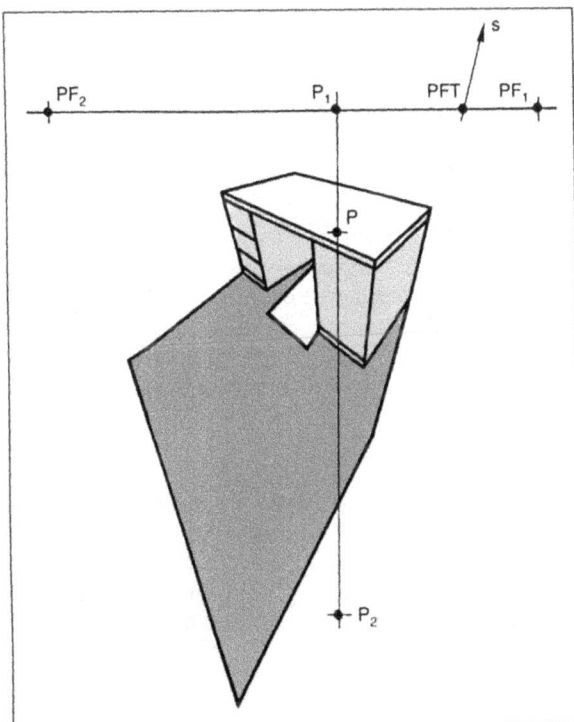

Fig. 18.28

18.6.2 Les ombres en lumière artificielle

Principes

Les principes de base développés au chapitre 14 s'appliquent ici moyennant quelques modifications dues à l'inclinaison du tableau. Le segment **IPFT** fuit en direction de P_2 comme toutes les autres verticales.

La figure 18.29 représente un panneau rectangulaire vertical éclairé par une source lumineuse ponctuelle dont l'image est située devant l'œil, à gauche du panneau.

Application

Le bureau à caissons est éclairé par une lampe disposée à droite, devant l'œil et à la verticale du plateau. La figure 18.30 montre l'ombre portée au sol ainsi que les ombres propres.

131

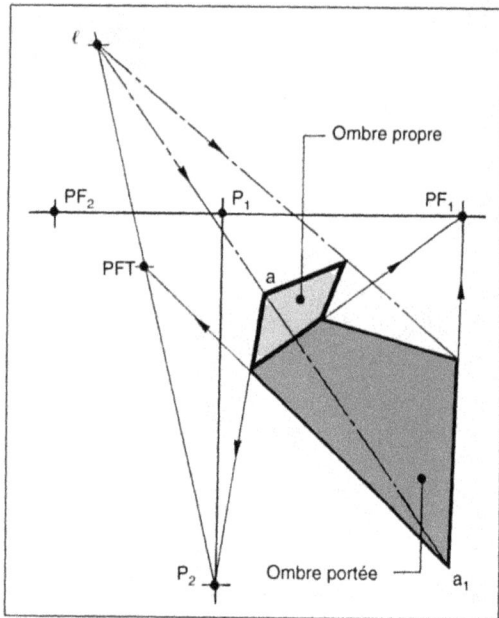

Fig. 18.29

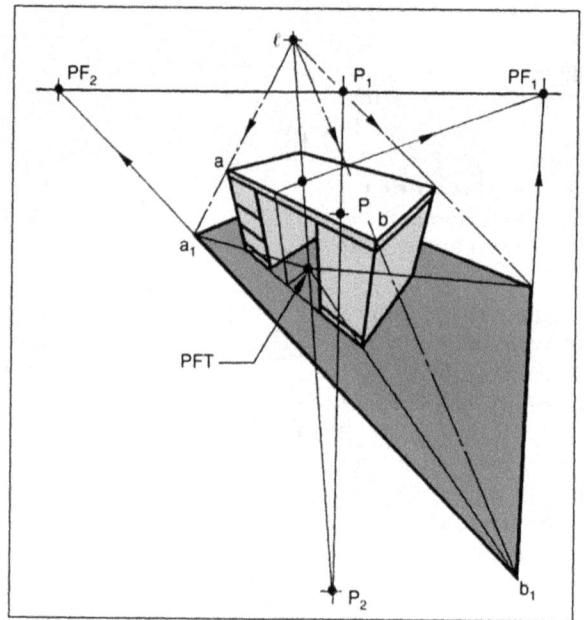

Fig. 18.30

18.7. Les perspectives plafonnantes avec tableau horizontal

Ces perspectives présentent beaucoup de similitude avec les perspectives plongeantes à tableau horizontal. Aussi, toutes les constructions géométriques ne sont pas détaillées ci-dessous. Pour plus de renseignements se reporter au para-graphe 18.2.

18.7.1 Principes

La figure 18.31 représente un parallélépipède rectangle **EFGHKLMN** et un observateur dont le regard est orienté verticalement vers le haut. Le tableau horizontal coupe le volume suivant le rectangle **ABCD** (l'arête **AK** est perpendiculaire au tableau). Soit **PO** la distance œil-tableau.

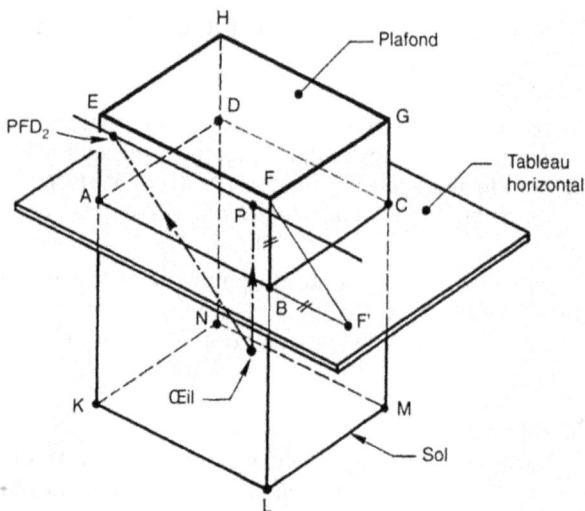

Fig. 18.31

La perspective plafonnante correspondante (fig. 18.32) comporte deux rectangles : le plus grand, le rectangle **abcd**, est situé dans le tableau et le plus petit, **efgh**, représente le plafond.

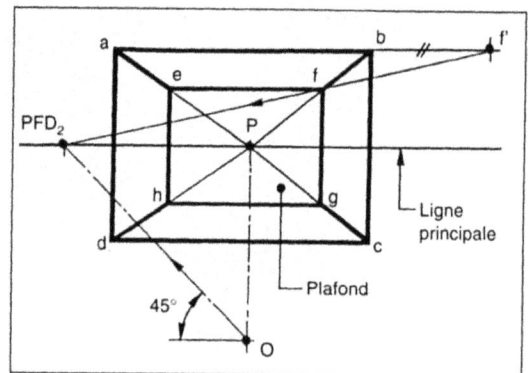

Fig. 18.32

18.7.2 Application

Soit un petit escalier à représenter en perspective plafonnante avec tableau horizontal. L'œil est situé en **O** et le regard est dirigé verticalement vers le haut. La mise en perspective s'effectue à partir d'une élévation sur laquelle l'œil, le tableau et le point principal **P** sont représentés.

Étape 1 (fig. 18.33)
▶ tracer la **ligne principale** et placer les points **P**, **PFD₁**, **PFD₂** et **PF₁** (point de fuite des obliques parallèles à l'arête **BC**) ;
▶ représenter le contour des murs situé dans le tableau et la portion de plafond incliné.

Étape 2 (fig. 18.34)
▶ placer les paliers inférieur et supérieur ;
▶ représenter la paillasse de l'escalier et les cinq marches.

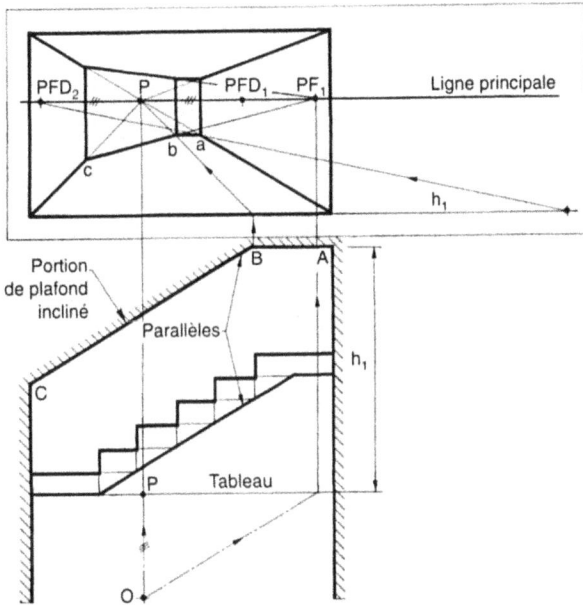

Fig. 18.33

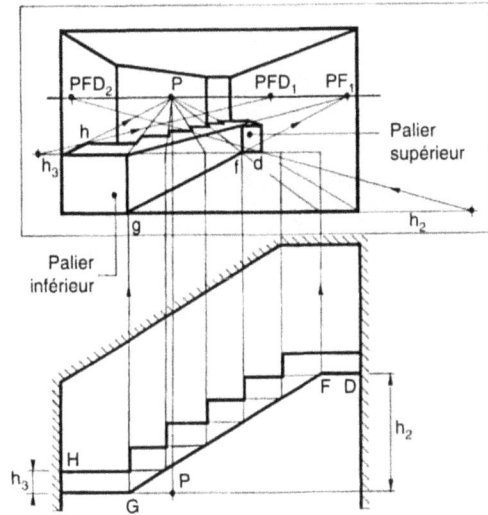

Fig. 18.34

18.8. Les perspectives plafonnantes avec tableau incliné

Ces perspectives présentent beaucoup de similitude avec les perspectives plongeantes à tableau incliné. Aussi, toutes les constructions géométriques ne sont pas détaillées ci-dessous. Pour plus de renseignements se reporter aux paragraphes 18.3 et 18.4.

18.8.1 Les perspectives plafonnantes frontales

Les éléments perspectifs

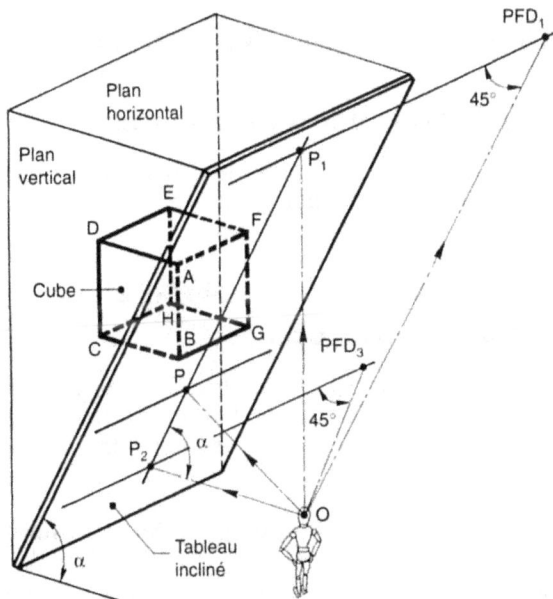

Fig. 18.35

La figure 18.35 représente un tableau incliné. Soit α l'angle du tableau avec le plan horizontal. L'objet à

représenter en perspective plafonnante frontale est un cube dont le dessus et le dessous sont horizontaux.

On distingue plusieurs points de fuite :

▶ **P**, point de fuite principal ;

▶ P_1, point de fuite des verticales ;

▶ PFD_1, point de distance de toutes les verticales parallèles à $OPFD_1$;

▶ P_2, point de fuite de toutes les horizontales parallèles à OP_2 ;

▶ PFD_3, point de distance de toutes les horizontales parallèles à $OPFD_3$.

Les points de fuite et la perspective du cube

Données :

▶ α = 60° ;

▶ distance œil-tableau = 6,5 cm ;

▶ longueur du côté du cube = 3,5 cm ;

▶ l'arête **BG** est située dans le tableau, au-dessus de **P**, à une distance de 1,5 cm et **G** se trouve à 1 cm à droite de P_1P.

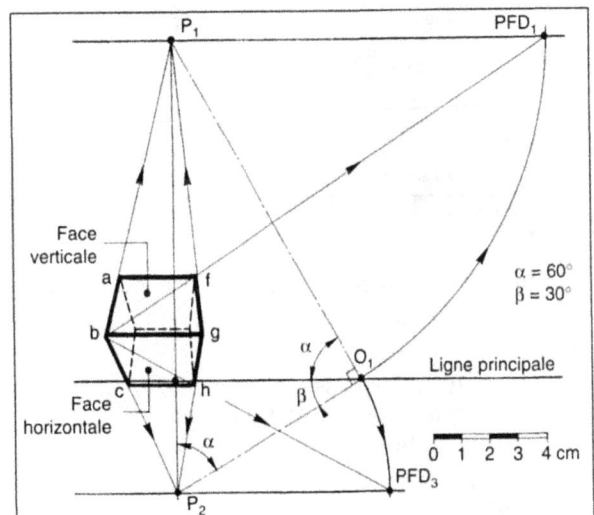

Fig. 18.36

Pour effectuer les tracés, il convient de (fig. 18.36) :

▶ tracer la **ligne principale**, situer **P** et **O₁** ;

▶ représenter le triangle rabattu **P₁O₁P₂** ;

▶ situer les deux points de distance **PFD₁** et **PFD₃** ;

▶ tracer à l'endroit choisi l'arête horizontale **bg** puis, à l'aide des points de distance, représenter la perspective plafonnante du cube.

En perspective plafonnante, les points de fuite des horizontales sont toujours placés au-dessous de la ligne principale et les points de fuite des verticales au-dessus de cette ligne.

18.8.2 Les perspectives plafonnantes obliques

Positions des points de fuite

P₁, point de fuite des verticales, est placé au-dessus de **P** tandis que **PF₁** et **PF₂**, points de fuite des arêtes horizontales du cube, sont placés au-dessous de **P** sur une même horizontale (fig. 18.37).

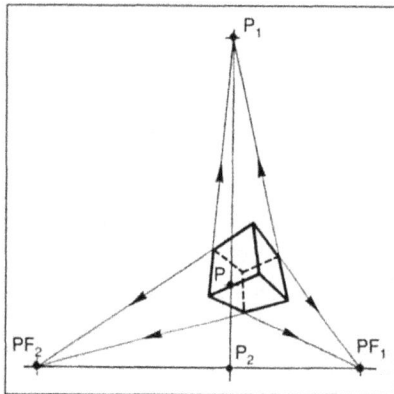

Fig. 18.37

La perspective plafonnante oblique d'un bureau à caissons

Soit le bureau étudié précédemment, à représenter en perspective plafonnante oblique.

PARAMÈTRES RETENUS	
Dimensions du bureau	Voir la figure 18.17
Position latérale de l'œil	E est situé dans le tableau à 15 cm à droite de P et à 20 cm au-dessus de la ligne principale
Distance œil-objet = Distance œil-tableau	Égales à 8,5 cm
Inclinaison α du tableau	α = 60°
Orientation θ du tableau	θ = 45°

Pour effectuer les tracés (fig. 18.38), il convient de :

▶ disposer les différents points de fuite puis de situer le point **e** ;

▶ tracer les fuyantes passant par **e** puis, à l'aide des points d'égale résection **PFR₁** et **PFR₂**, représenter le dessous du bureau (quadrilatère **efgh**) ;

▶ situer **PFR₃** et compléter la perspective du parallélépipède ;

▶ représenter ensuite le plateau et les deux caissons (fig. 18.39) à l'aide de **PFR₁** et de **PFR₃**.

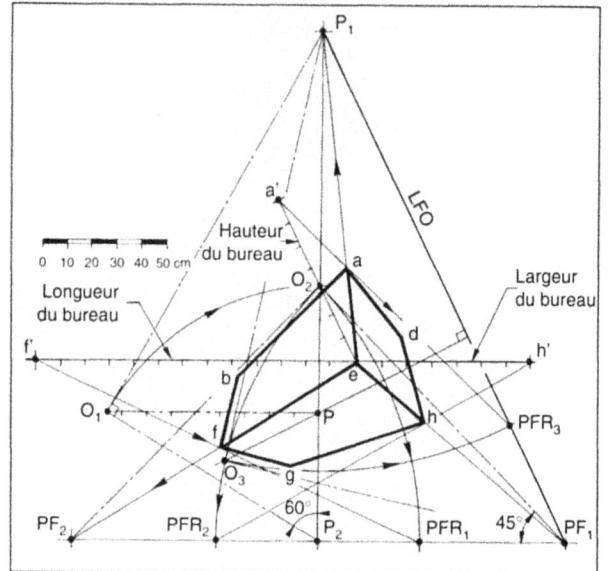

Fig. 18.38

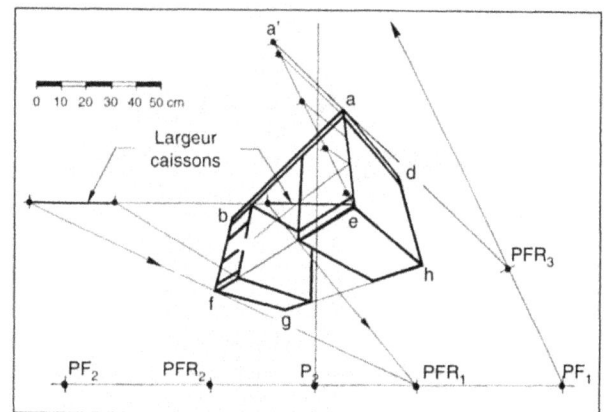

Fig. 18.39

18.9. Les positions du tableau en perspective plafonnante

18.9.1 Les différents paramètres

Les paramètres de la perspective plafonnante sont identiques à ceux de la perspective plongeante.

18.9.2 Variations des angles α et θ et effets perspectifs obtenus

Le tableau ci-après (fig. 18.42) présente 30 perspectives plafonnantes différentes d'un même parallélépipède rectangle (fig. 18.40). Le sommet **D** est situé dans le tableau.

Paramètres pris en compte pour la représentation des 30 perspectives

▶ **La position latérale de l'œil** : elle est la même pour toutes les perspectives. Le point principal **P** est disposé comme l'indique la figure 18.41.

▶ **La distance œil-objet et la distance œil-tableau** : ces deux distances sont égales à 5 cm pour toutes les perspectives.

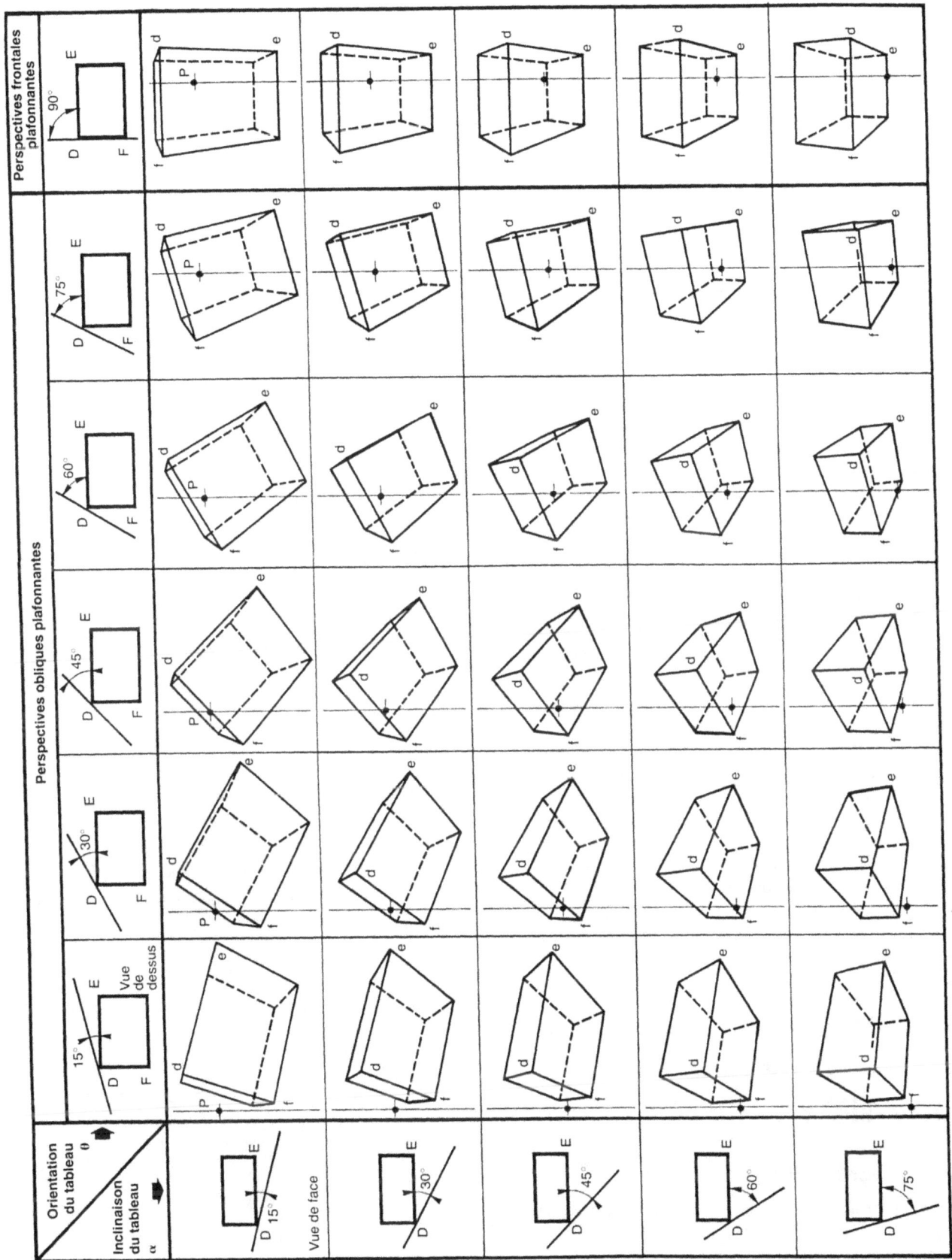

Fig. 18.42

135

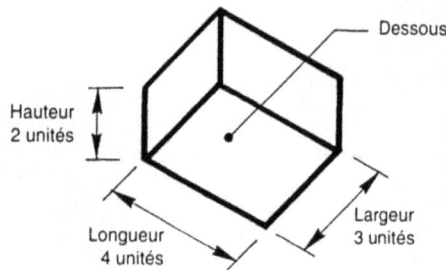

Fig. 18.40

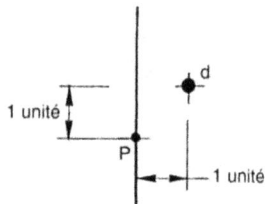

Fig. 18.41

▶ **L'inclinaison α du tableau** : mesurée par rapport au plan horizontal, elle varie de 15° à 75° par tranche de 15°.

▶ **L'orientation θ du tableau** : mesurée par rapport à une frontale horizontale, elle varie de 15° à 90° par tranche de 15°. Quand θ est égal à 90°, les vues obtenues sont des perspectives plafonnantes frontales.

Commentaires

Plus l'angle α est petit, plus le dessous de l'objet occupe une place importante au détriment des faces latérales.

Plus θ se rapproche de 0°, plus le grand côté **DE** tend vers l'horizontale. Inversement, quand θ tend vers 90°, c'est la largeur de l'objet qui s'incline vers l'horizontale.

Les perspectives qui restituent correctement les proportions de l'objet possèdent les valeurs angulaires suivantes : $45° \leq \alpha \leq 60°$ et $30° \leq \theta \leq 60°$. Ces valeurs ne sont qu'indicatives et ne concernent que les perspectives représentées. Suivant les formes des objets et les effets perspectifs souhaités, ces fourchettes de valeurs peuvent être différentes.

18.10. La mise en perspective avec points de fuite inaccessibles

18.10.1 Généralités

Lorsque les trois points de fuite sont très rapprochés les uns des autres, les objets représentés subissent des déformations importantes souvent incompatibles avec un rendu réaliste. Aussi, pour réduire ces distorsions, il faut écarter davantage les points de fuite, au risque de les placer hors de la feuille à dessin.

Dans ce cas pour réaliser la mise en perspective, il convient de recourir à des tracés géométriques particuliers. Ces méthodes graphiques, déjà décrites pour la perspective conique classique, peuvent être

employées dans le cas des perspectives plongeantes et plafonnantes comme le montrent les trois exemples ci-dessous.

18.10.2 P_2 est inaccessible

Première méthode

Pour situer la fuyante aP_2, il convient de procéder comme suit (fig. 18.43) :

– employer la méthode des triangles semblables en écartant le plus possible les deux triangles repérés ① et ② sur la figure ;

– joindre **a** à **s** pour obtenir la fuyante recherchée.

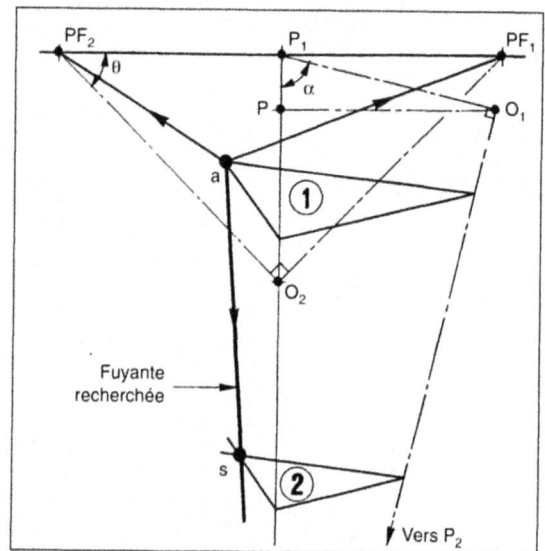

Fig. 18.43

Deuxième méthode

Pour situer la fuyante aP_2, il est possible également de procéder de la manière suivante (fig. 18.44) :

▶ tracer un triangle **amn** avec le côté **am** horizontal ;

▶ choisir un point **v**, le plus éloigné possible du triangle, sur l'oblique O_1P_2 ;

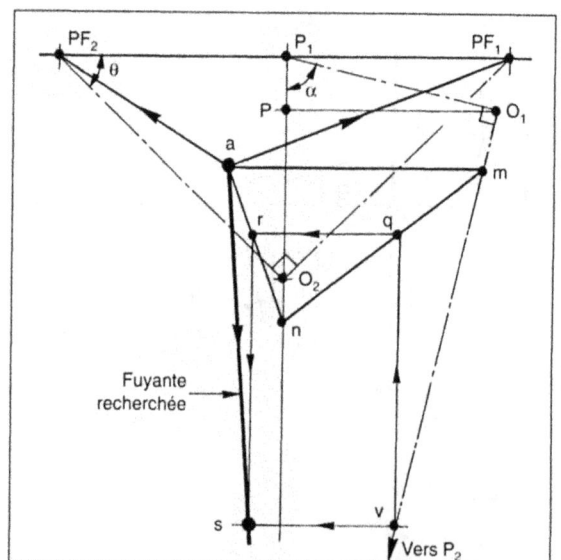

Fig. 18.44

- mener par **v** une verticale pour obtenir **q** puis une horizontale par ce point pour obtenir **r** ;
- élever une verticale par **r** qui coupe l'horizontale passant par **v** en **s**, point par lequel passe la fuyante recherchée.

18.10.3 PF₂ est inaccessible

Pour situer la fuyante **aPF2,** il convient de (fig. 18.45) :
- situer **PF₁** à l'aide de l'angle égal à **90° − θ** ;
- tracer le segment **O₂PF₂** perpendiculaire à **O₂PF₁** ;
- employer la méthode des triangles semblables en écartant le plus possible les deux triangles ① et ② ;
- joindre **a** à **s** pour obtenir la fuyante recherchée.

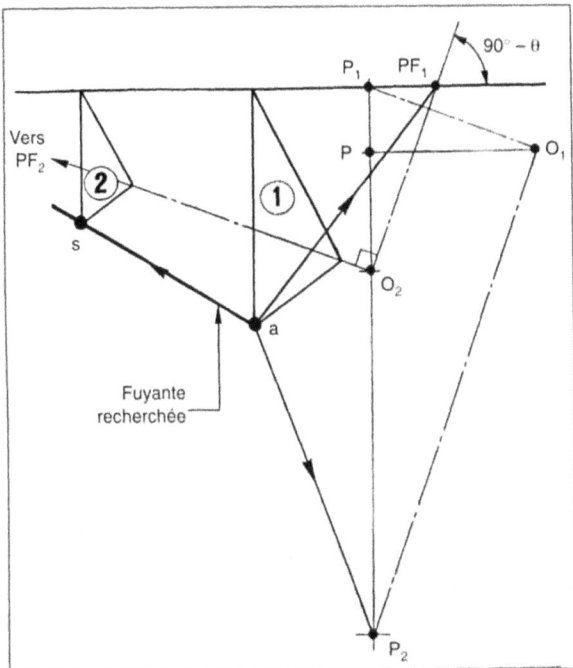

Fig. 18.45

Remarque

Les exemples ci-dessus concernent les perspectives plongeantes mais les tracés décrits s'appliquent également aux perspectives plafonnantes.

18.11. Les réseaux perspectifs

18.11.1 Généralités

Comme en perspective conique classique, on peut, pour les perspectives obliques plongeantes et plafonnantes, employer des réseaux perspectifs.

Chaque réseau peut être utilisé suivant six orientations différentes qui correspondent aux six observations possibles de l'objet.

Si l'on regarde la figure 18.46 suivant le sens de lecture de la lettre **A** (cercle en bas à droite), on observe une perspective plongeante oblique qui accorde la prépondérance à la face droite et au dessus du cube. Les faces droite et gauche sont d'égale importance si l'on regarde la figure suivant le sens de la lettre **B**.

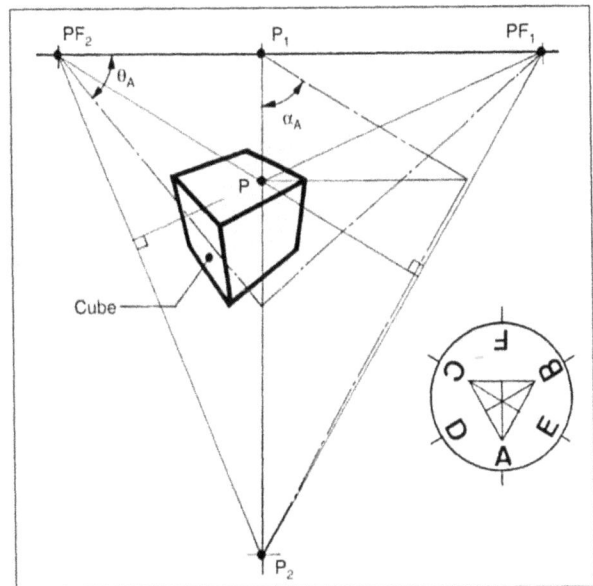

Fig. 18.46

Suivant le sens de lecture de la lettre **C**, la face gauche et le dessus deviennent prépondérants.

Le cube apparait en perspective oblique plafonnante si l'on observe la figure suivant :
- le sens de lecture de la lettre **D** avec les faces droite et gauche d'égale importance ;
- le sens de lecture de la lettre **E** avec la face droite et le dessous prépondérants ;
- le sens de lecture de la lettre **F** avec la face gauche et le dessous prépondérants.

18.11.2 La construction des réseaux perspectifs

La figure 18.47 représente un réseau perspectif établi avec $\alpha_A = 60°$ et $\theta_A = 50°$. Le quadrillage de chaque faisceau s'obtient à partir des points d'égale résection. Il est recommandé de soigner tout particulièrement le tracé pour obtenir des quadrillages fuyant correctement.

En agrandissant au photocopieur la partie centrale du réseau, on obtient la figure 18.48. Celle-ci offre plusieurs possibilités :
- en l'utilisant suivant les directions **A**, **B** ou **C**, on dispose de **trois réseaux pour perspectives plongeantes obliques** ;
- en l'utilisant suivant les directions **D**, **E** ou **F**, on dispose de **trois réseaux pour perspectives plafonnantes obliques** ;
- en retournant *recto-verso* le réseau préalablement établi sur calque, on obtient **six autres réseaux** : chacun d'entre eux est le symétrique de l'un des six réseaux de base.

Pour effectuer la mise au net du réseau, il est recommandé d'utiliser un stylo à encre à pointe tubulaire. Le diamètre conseillé de la pointe est 0,2 mm ou 0,3 mm. Plus le maillage du réseau est serré, plus les perspectives seront représentées avec précision et facilité.

Les valeurs des angles α et θ diffèrent suivant le sens de lecture (**A**, **B**, **C**...). Si l'on trace un réseau suivant le sens de lecture **A** en attribuant à α et θ des valeurs particulières (notées α_A et θ_A), on peut connaitre les

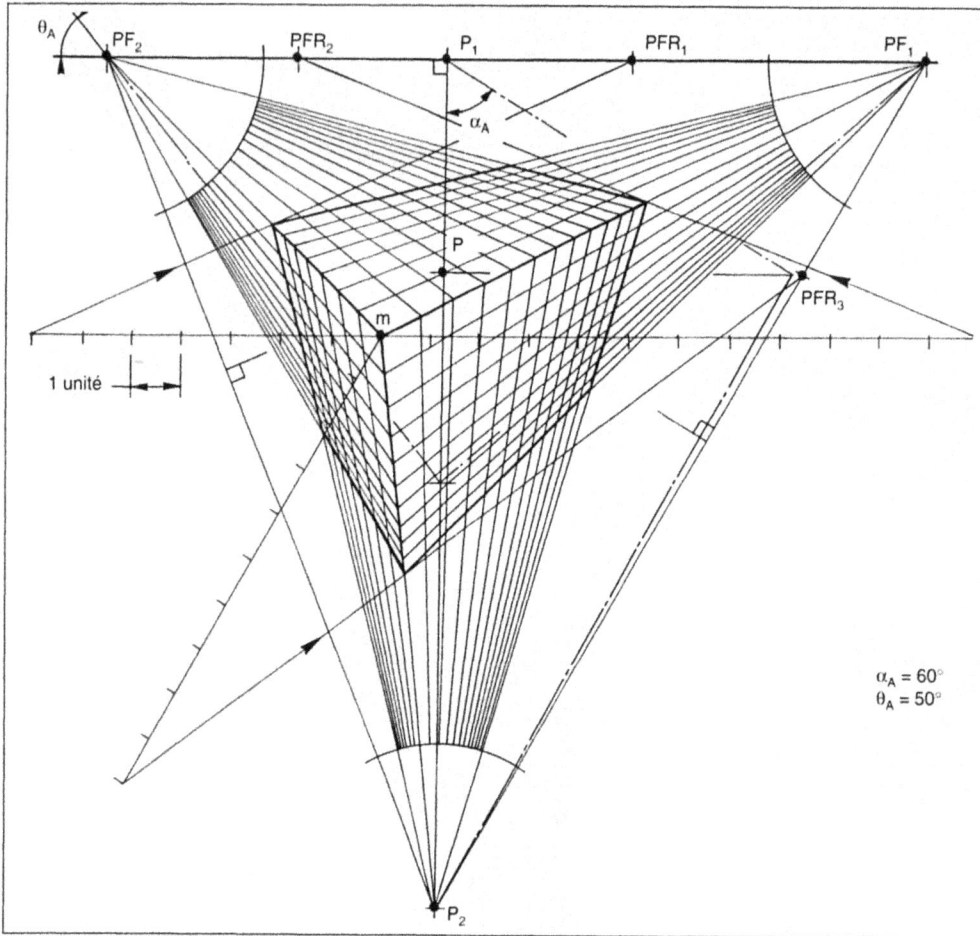

Fig. 18.47

$\alpha_A = 60°$
$\theta_A = 50°$

valeurs angulaires correspondant aux autres sens de lecture de deux façons :

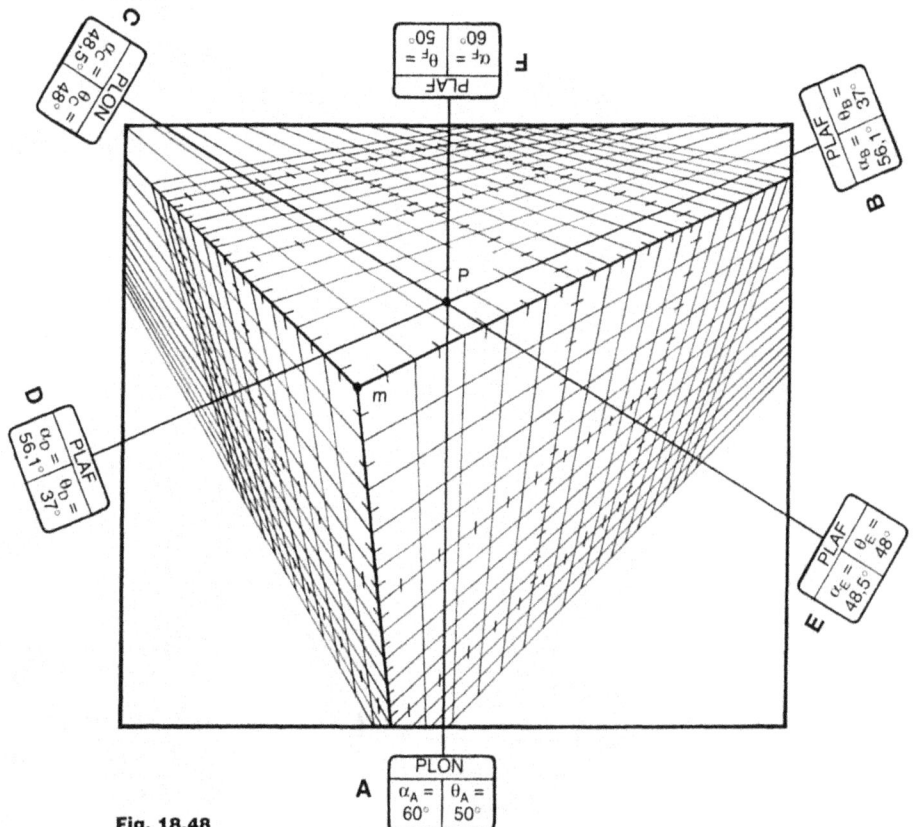

Fig. 18.48

PERSPECTIVE PLONGEANTE

A	B	C
$\alpha_A = 45°$ $\theta_A = 30°$	$\alpha_B = 52,2°$ $\theta_B = 63,5°$	$\alpha_C = 69,3°$ $\theta_C = 40,9°$
$\alpha_A = 45°$ $\theta_A = 50°$	$\alpha_B = 63,0°$ $\theta_B = 52,6°$	$\alpha_C = 57,2°$ $\theta_C = 32,7°$
$\alpha_A = 45°$ $\theta_A = 60°$	$\alpha_B = 69,3°$ $\theta_B = 49,1°$	$\alpha_C = 52,2°$ $\theta_C = 26,5°$
$\alpha_A = 60°$ $\theta_A = 30°$	$\alpha_B = 41,4°$ $\theta_B = 49,1°$	$\alpha_C = 64,4°$ $\theta_C = 56,2°$
$\alpha_A = 60°$ $\theta_A = 50°$	$\alpha_B = 56,1°$ $\theta_B = 37,0°$	$\alpha_C = 48,5°$ $\theta_C = 48,0°$
$\alpha_A = 60°$ $\theta_A = 60°$	$\alpha_B = 64,3°$ $\theta_B = 33,6°$	$\alpha_C = 41,4°$ $\theta_C = 40,9°$

PERSPECTIVE PLAFONNANTE

D	E	F
$\alpha_D = 52,2°$ $\theta_D = 63,5°$	$\alpha_E = 69,3°$ $\theta_E = 40,9°$	$\alpha_F = 45°$ $\theta_F = 30°$
$\alpha_D = 63°$ $\theta_D = 52,6°$	$\alpha_E = 57,2°$ $\theta_E = 32,7°$	$\alpha_F = 45°$ $\theta_F = 50°$
$\alpha_D = 69,3°$ $\theta_D = 49,1°$	$\alpha_E = 52,2°$ $\theta_E = 26,5°$	$\alpha_F = 45°$ $\theta_F = 60°$
$\alpha_D = 41,4°$ $\theta_D = 49,1°$	$\alpha_E = 64,4°$ $\theta_E = 56,2°$	$\alpha_F = 60°$ $\theta_F = 30°$
$\alpha_D = 56,1°$ $\theta_D = 37,0°$	$\alpha_E = 48,5°$ $\theta_E = 48,0°$	$\alpha_F = 60°$ $\theta_F = 50°$
$\alpha_D = 64,3°$ $\theta_D = 33,6°$	$\alpha_E = 41,4°$ $\theta_E = 40,9°$	$\alpha_F = 60°$ $\theta_F = 60°$

▶ en utilisant les tableaux ci-contre dans lequel figurent les valeurs angulaires les plus courantes ;
▶ en calculant ses propres valeurs à l'aide des relations mathématiques données ci-après.

$$\tan(90° - \alpha_B) = \frac{\tan\alpha_A \times \sin\alpha_A \times \tan(90° - \theta_A)}{\sqrt{\tan^2\alpha_A + \sin^2\alpha_A \times \tan^2(90° - \theta_A)}}$$

$$\text{et } \sin(90° - \theta_B) = \frac{\sin\theta_A - \sin\alpha_A}{\sin\alpha_B}$$

$$\tan(90° - \alpha_C) = \frac{\tan\alpha_A \times \sin\alpha_A \times \tan\theta_A}{\sqrt{\tan^2\alpha_A + \sin^2\alpha_A \times \tan^2\theta_A}}$$

$$\text{et } \sin\theta_C = \frac{\sin\alpha_A \times \sin(90° - \theta_A)}{\sin\alpha_C}$$

$\alpha_D = \alpha_B$ et $\theta_D = \theta_B$; $\alpha_E = \alpha_C$ et $\theta_E = \theta_C$; $\alpha_F = \alpha_A$ et $\theta_F = \theta_A$.

18.11.3 Exemples d'utilisation d'un réseau perspectif

Soit le volume ci-dessous (fig. 18.49), à représenter en perspective à l'aide du réseau de la figure 18.48 (les cotes sont exprimées en centimètres).

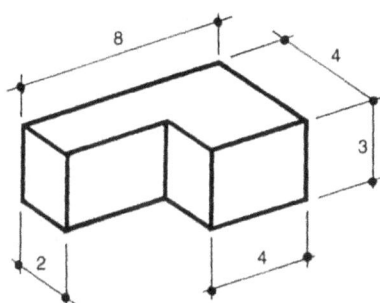

Fig. 18.49

Les figures suivantes montrent quatre perspectives différentes :

▶ figure 18.50 : sens de lecture **A**. La perspective est **oblique plongeante**. Échelle du dessin : chaque carré fuyant mesure 1 cm de côté ;

▶ figure 18.51 : sens de lecture **A**. La perspective est **oblique plongeante**. Échelle du dessin : chaque carré fuyant mesure 2 cm de côté ;

▶ figure 18.52 : sens de lecture **B**. La perspective est **oblique plongeante**. Échelle du dessin : chaque carré fuyant mesure 1 cm de côté ;

▶ figure 18.53 : sens de lecture **F**. La perspective est **oblique plafonnante**. Échelle du dessin : chaque carré fuyant mesure 1 cm de côté.

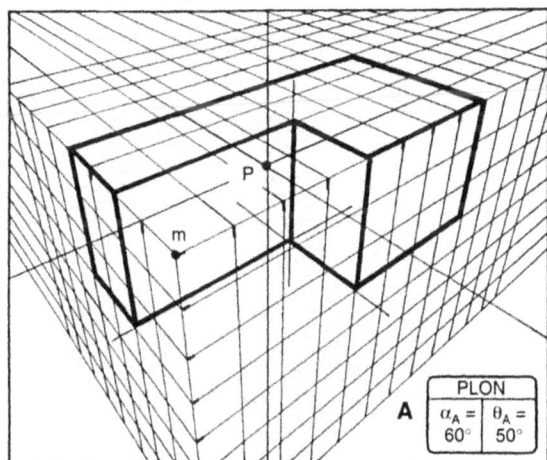

Fig. 18.50

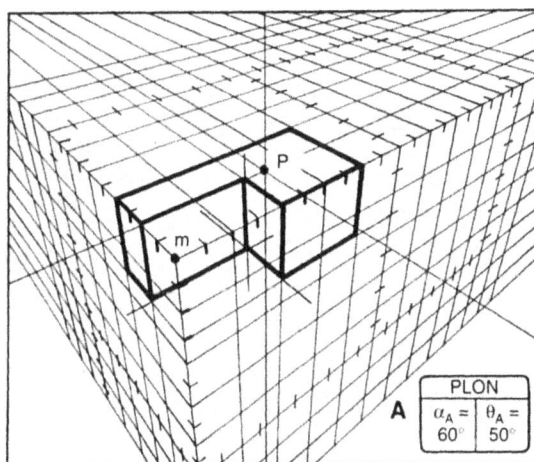

Fig. 18.51

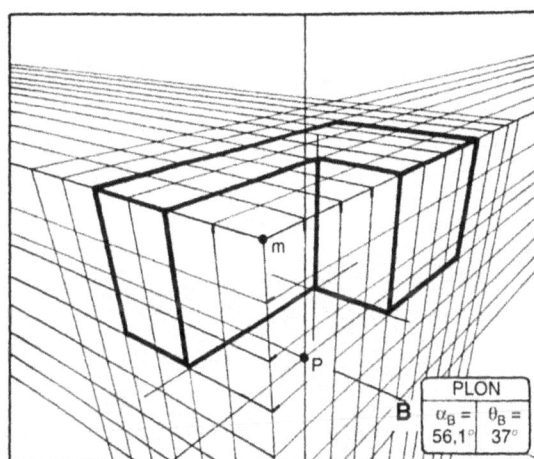

Fig. 18.52

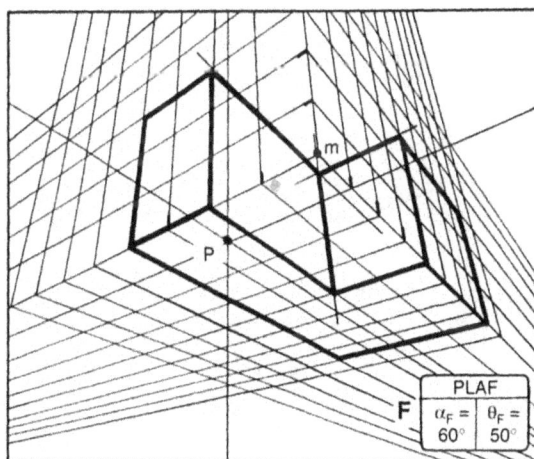

Fig. 18.53

18.11.4 Les réseaux pour perspectives frontales

La figure 18.54 représente un réseau pour perspectives frontales plongeantes et plafonnantes. Celui-ci est établi avec un angle α égal à 60°.

Les figures suivantes montrent trois perspectives différentes d'un même volume :

▶ figure 18.55 : P_1 en haut. La perspective est **frontale plongeante**. Échelle du dessin : chaque carré fuyant mesure 1 cm de côté ;

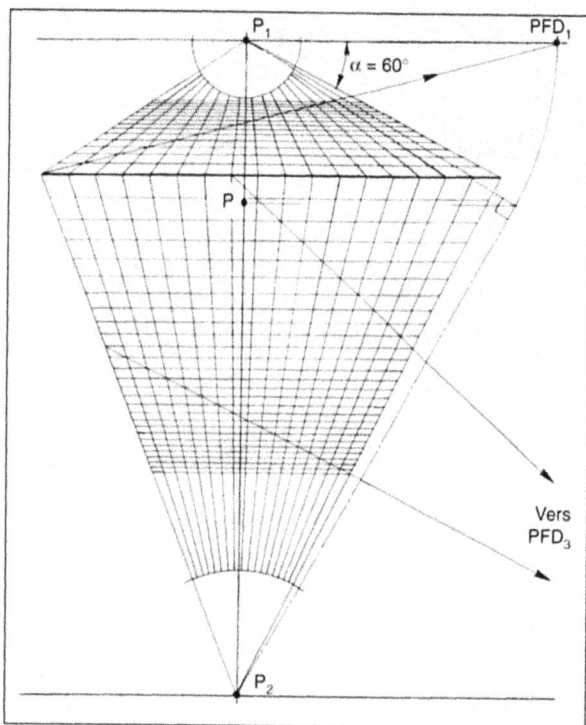

Fig. 18.54

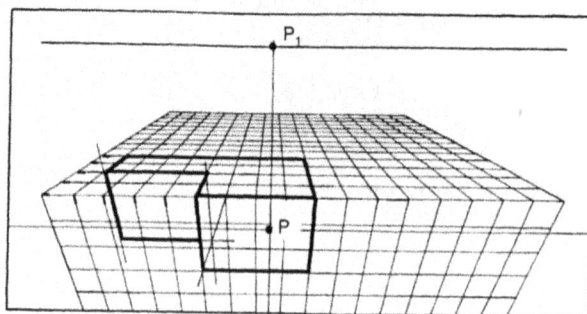

Fig. 18.55

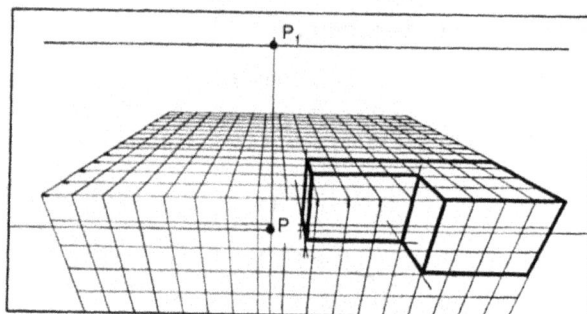

Fig. 18.56

▶ figure 18.56 : **P₁** en haut. La perspective est **frontale plongeante**. Échelle du dessin : chaque carré fuyant mesure 1 cm de côté. Le volume est situé à l'extrême droite du réseau ;

▶ figure 18.57 : **P₁** en bas. La perspective est **frontale plafonnante**. Échelle du dessin : chaque carré fuyant mesure 0,5 cm de côté.

retenue doit correspondre aux opérations de montage ou de démontage de l'objet. Le parallélépipède du haut est le volume enveloppe de la coque supérieure du dévidoir. La longueur **AB** de 10 cm donne en perspective le segment **ab**. La coque inférieure s'inscrit dans le parallélépipède du bas ;

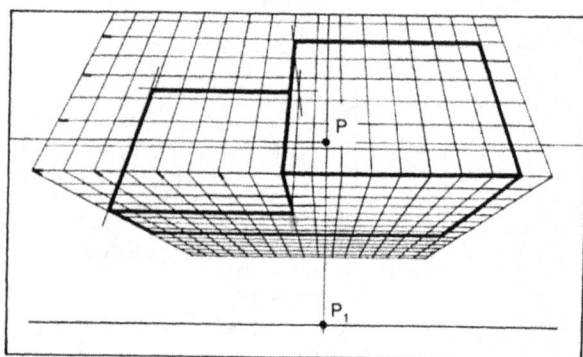

Fig. 18.57

18.11.5 Application

Soit un dévidoir pour ruban adhésif (fig. 18.58) à représenter en perspective oblique plongeante éclatée à l'aide d'un réseau perspectif. Le dévidoir est constitué de deux coques amovibles, en matière plastique opaque, renfermant un rouleau de ruban adhésif.

Le réseau choisi a pour valeurs angulaires α = 60° et θ = 45°. D'abord tracé sur format A3, il a été ensuite agrandi au photocopieur. Pour établir la perspective, il faut :

▶ inscrire les volumes à représenter dans trois parallélépipèdes rectangles ;

▶ représenter sur le réseau les parallélépipèdes en perspective avec des carrés fuyants de 1 cm de côté (fig. 18.59). Il est à noter que la disposition

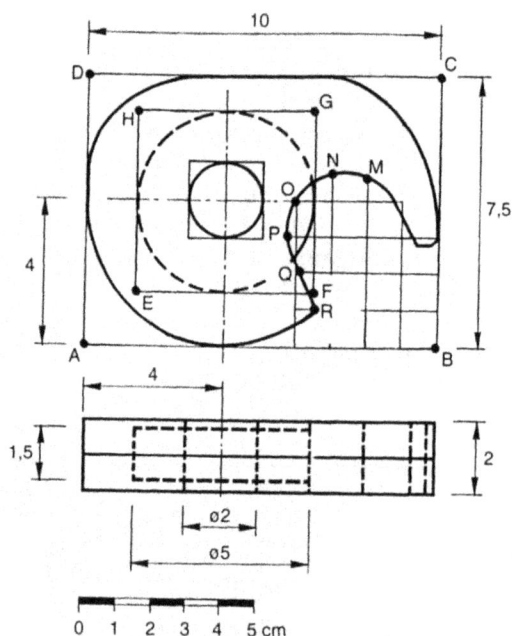

Fig. 18.58

▶ représenter les volumes inscrits (fig. 18.60). Les ellipses et portions d'ellipses sont tracées à l'aide des différentes méthodes décrites au chapitre 12. La partie concave des coques est dessinée point par point (**m, n, o...**) ;

▶ la perspective obtenue (fig. 18.61) est réversible. Le dévidoir est observé en perspective oblique plafonnante si l'on tourne la figure de 180°.

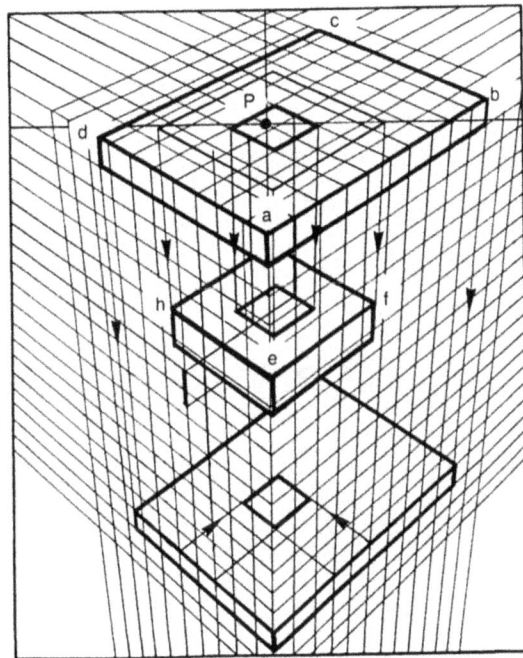

Fig. 18.59

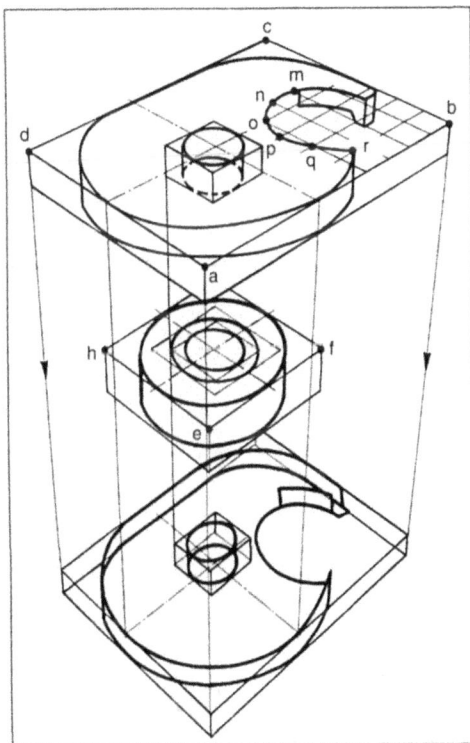

Fig. 18.60

Fig. 18.61

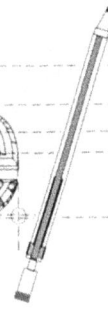

Chapitre 19

La cotation des perspectives coniques

19.1. La cotation en dessin industriel

Coter un dessin consiste à indiquer toutes les dimensions indispensables à la réalisation de l'objet représenté. Les éléments graphiques qui composent la cotation sont au nombre de quatre (fig. 19.1) :

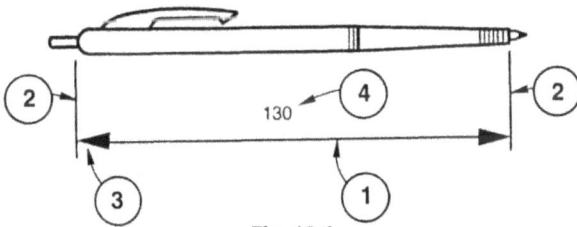

Fig. 19.1

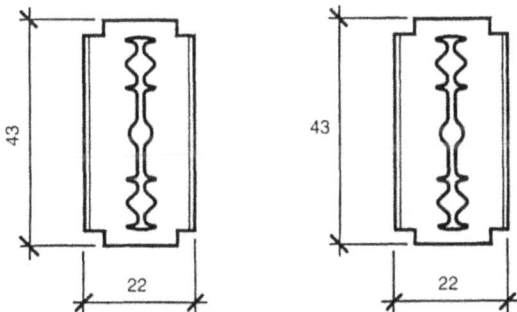

Fig. 19.2

▶ **la ligne de cote** ① : elle est toujours parallèle à la partie de l'objet dont on souhaite préciser la dimension. La ligne de cote se représente en trait fin ;

▶ **les lignes d'attache** ② : elles sont perpendiculaires à la ligne de cote et se représentent en trait fin. Elles déterminent précisément la longueur de la ligne de cote ;

▶ **les extrémités** ③ : on appelle ainsi les flèches, les barres obliques ou les points qui précisent le début et la fin de chaque ligne de cote ;

▶ **le chiffre de cote** ④ : il indique toujours la dimension réelle de la partie cotée en unités de longueur (m, cm ou mm) et s'inscrit approximativement au milieu de la ligne. La figure 19.2 présente les deux façons d'inscrire les chiffres sur les lignes de cote verticales.

19.2. La cotation appliquée à la perspective conique

Les perspectives coniques sont rarement cotées. Cependant, si l'on souhaite inscrire des cotes, il faut appliquer à celles-ci les règles de la perspective. Ainsi, pour indiquer la longueur d'un parallélépipède rectangle, on peut :

▶ soit tracer les deux lignes d'attache verticales et la ligne de cote horizontale fuyante (fig. 19.3) ;

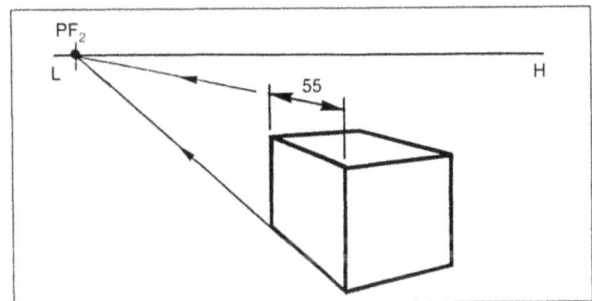

Fig. 19.3

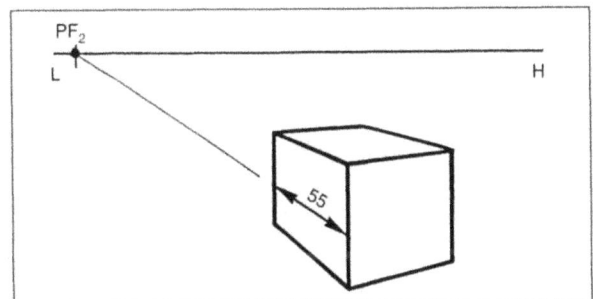

Fig. 19.4

▶ soit inscrire la ligne de cote dans le dessin (fig. 19.4) ;
▶ soit tracer les lignes d'attache et la ligne de cote horizontale fuyante (fig. 19.5).

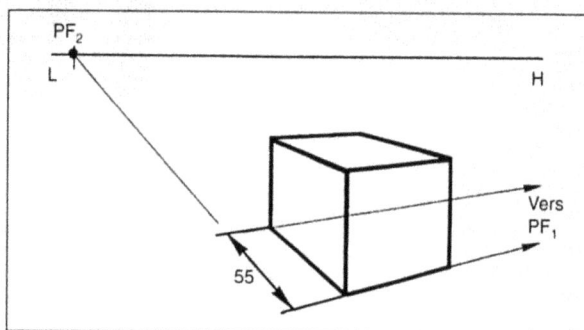

Fig. 19.5

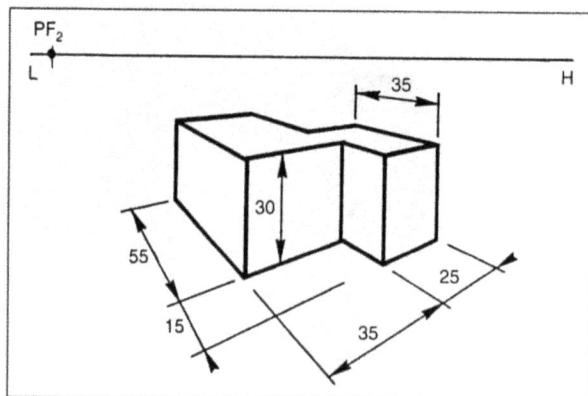

Fig. 19.6

Pour coter plusieurs éléments (fig. 19.6), il est conseillé de regrouper les lignes de cote sur les mêmes fuyantes afin de faciliter la lecture.

Sur la figure 19.7, la méthode des triangles sembla-bles permet de tracer la ligne de cote de 440 mm dont le point de fuite est inaccessible.

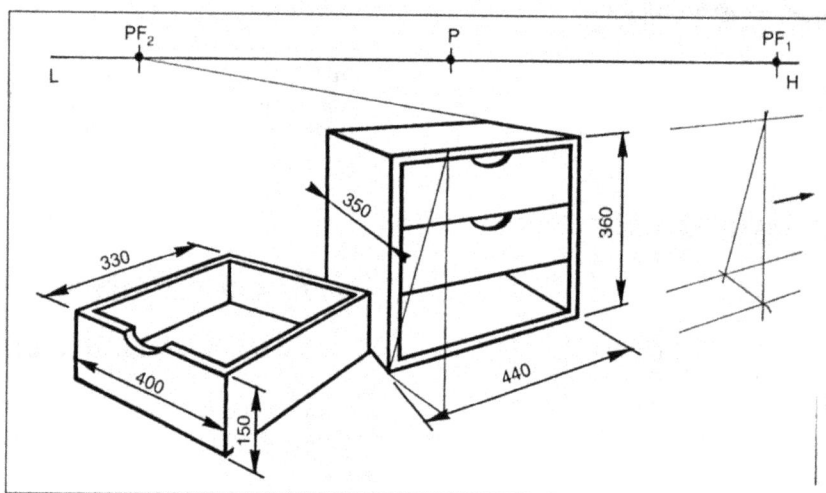

Fig. 19.7

Chapitre 20

Exemples

Le présent chapitre comprend sept exemples de perspectives coniques.

Les marches à suivre ne sont pas détaillées mais chaque exemple est accompagné des tableaux suivants :

▶ un premier tableau qui précise les caractéristiques de la perspective ;

▶ un second tableau qui résume les différentes opérations effectuées.

20.1. Bloc à tiroirs

Objet représenté	Bloc de rangement à tiroirs, dont les formes et les dimensions sont définies par une vue de dessus et une vue de face partielle
Type de perspective	Perspective oblique conique
Points de fuite sur LH	**P** et **PF$_2$** accessibles **PF$_1$**, **PF$_3$** et **PF$_4$** inaccessibles
Particularités	Deux représentations d'un même tiroir : – ouvert – disposé à côté du bloc

ÉTAPES	OPÉRATIONS EFFECTUÉES
N° 1	Représentation du parallélépipède (fig. 20.1)
N° 2	Représentation des tiroirs (fig. 20.2)
N° 3	Représentation du tiroir bas ouvert (fig. 20.3)
N° 4	Représentation du tiroir bas enlevé (fig. 20.4)

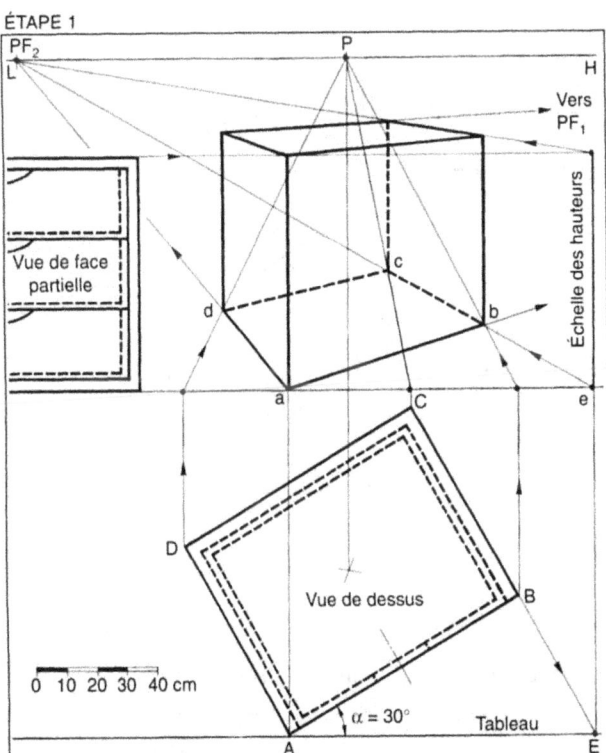

Fig. 20.1

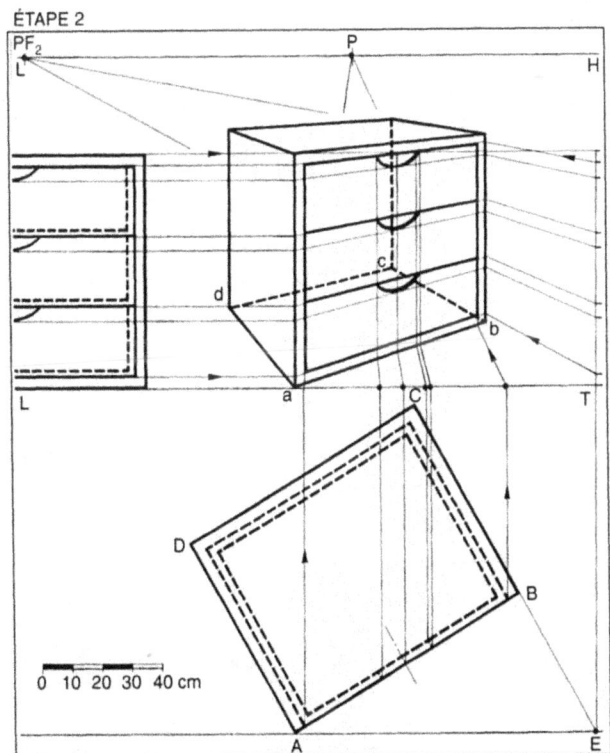

Fig. 20.2

ÉTAPE 3

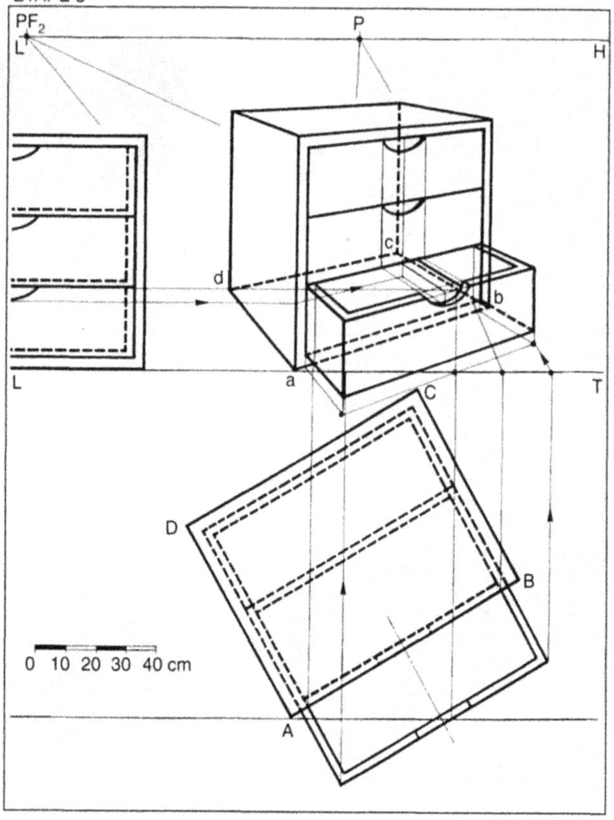

Fig. 20.3

ÉTAPE 4

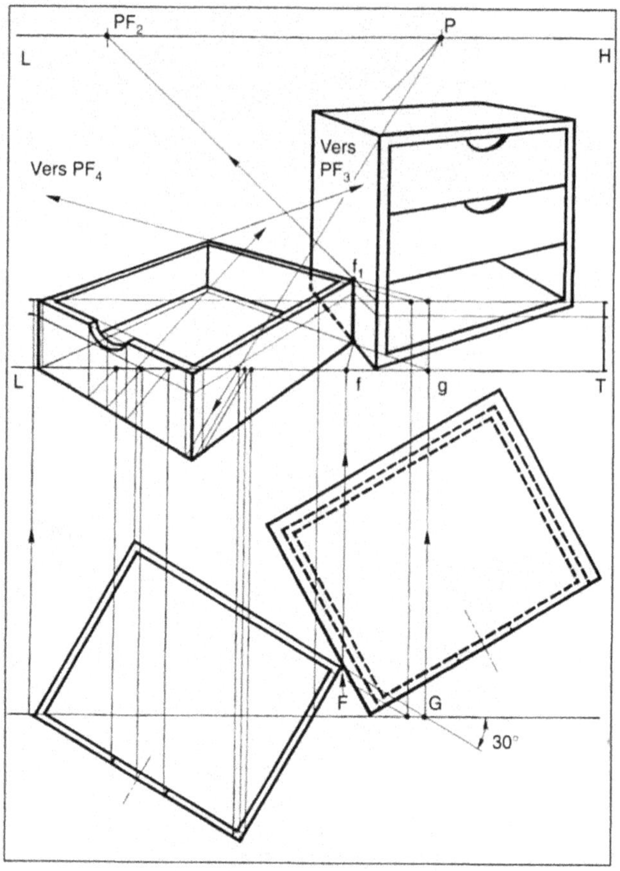

Fig. 20.4

20.2. Perron

ÉTAPE 1

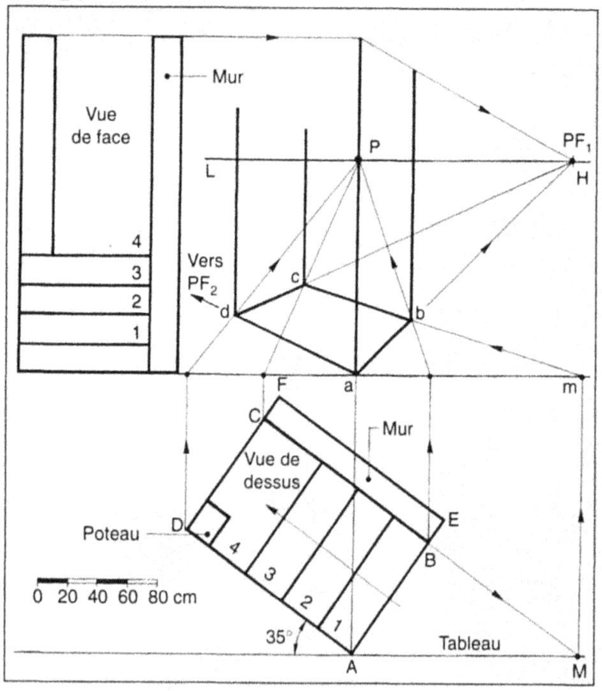

Fig. 20.5

ÉTAPE 2

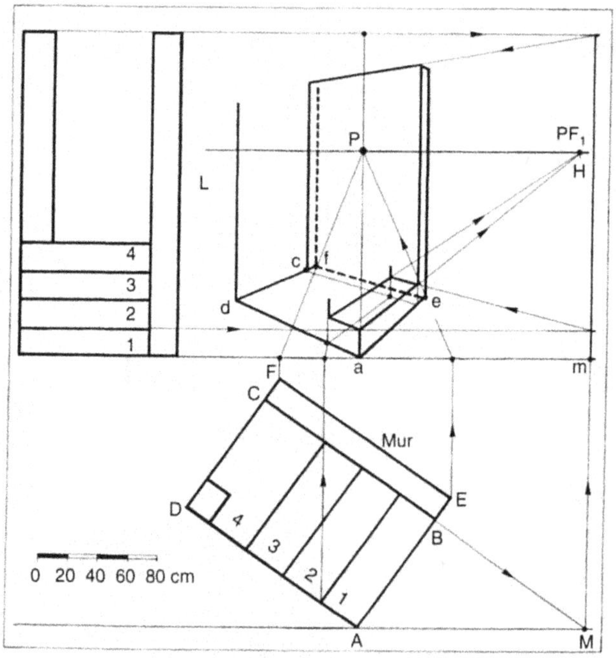

Fig. 20.6

Objet représenté	Perron (entrée d'habitation) dont les formes et les dimensions sont définies par une vue de dessus et une vue de face
Type de perspective	Perspective oblique conique
Points de fuite sur LH	**P** et **PF₁** accessibles **PF₂** inaccessible
Particularités	Mise en perspective d'un plan incliné (marches d'escalier) dont le point de fuite est inaccessible

ÉTAPES	OPÉRATIONS EFFECTUÉES
N° 1	Représentation du volume enveloppe (fig. 20.5)
N° 2	Représentation du mur et de la première marche (fig. 20.6)
N° 3	Représentation des autres marches et du poteau (fig. 20.7)

ÉTAPE 3

Fig. 20.7

0 20 40 60 80 cm

20.3. Escalier intérieur

Objet représenté	Escalier intérieur constitué d'une ossature métallique et de marches en bois dont les formes et les dimensions sont définies par une vue de dessus et une échelle des hauteurs
Type de perspective	Perspective oblique conique
Points de fuite sur LH	**P** et **PF2** accessibles **PF₁** inaccessible
Particularités	Mise en perspective de plans inclinés (marches d'escalier) dont les points de fuite sont inaccessibles

ÉTAPES	OPÉRATIONS EFFECTUÉES
N° 1	Représentation des murs, du poteau et des deux premières marches (fig. 20.8)
N° 2	Perspective achevée (fig. 20.9)

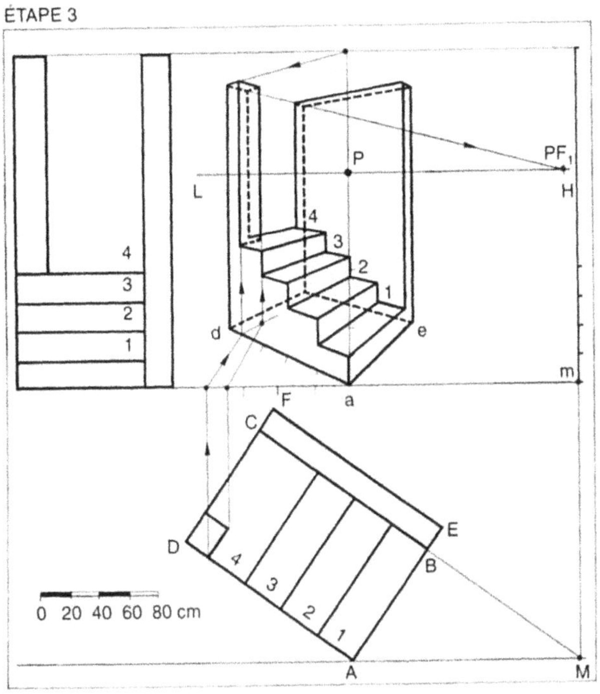

Nota : pour une bonne précision des tracés, ce type de perspective doit être réalisé sur un grand format (A3 ou A4).

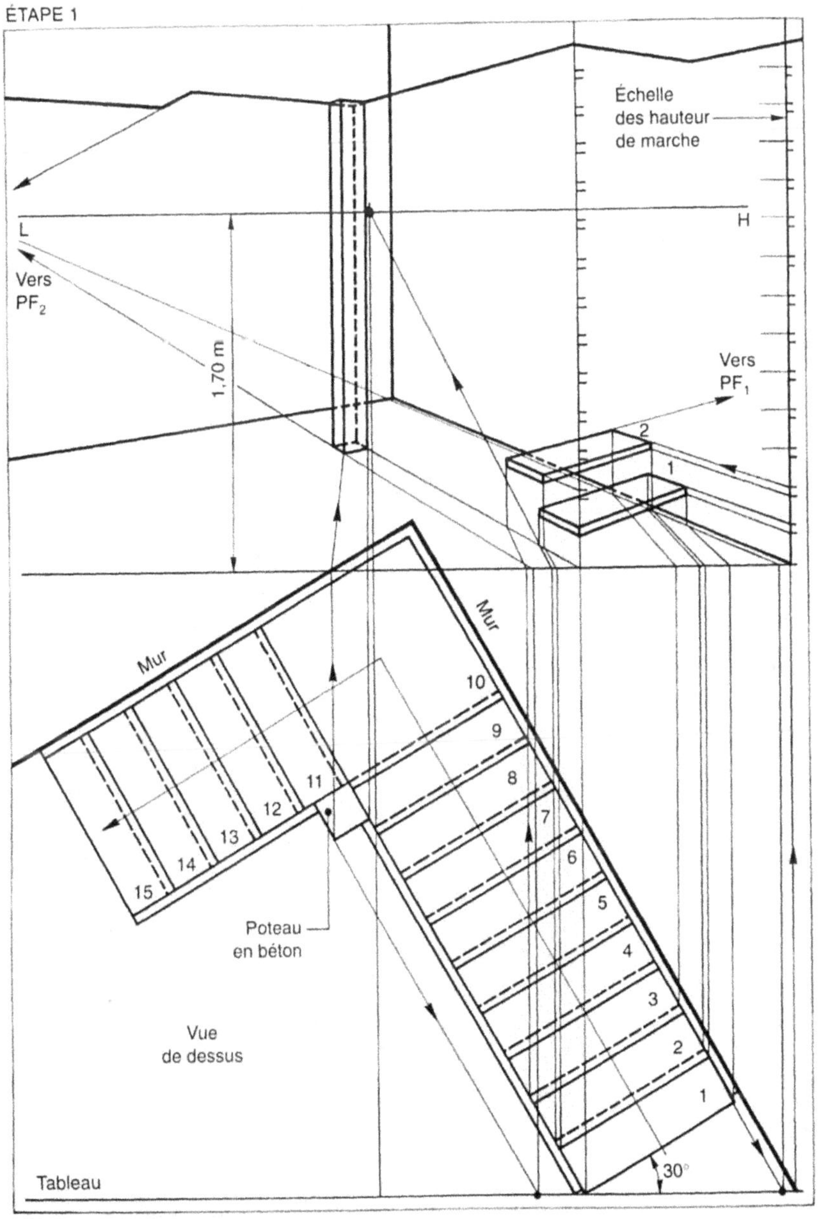

ÉTAPE 1

Fig. 20.8

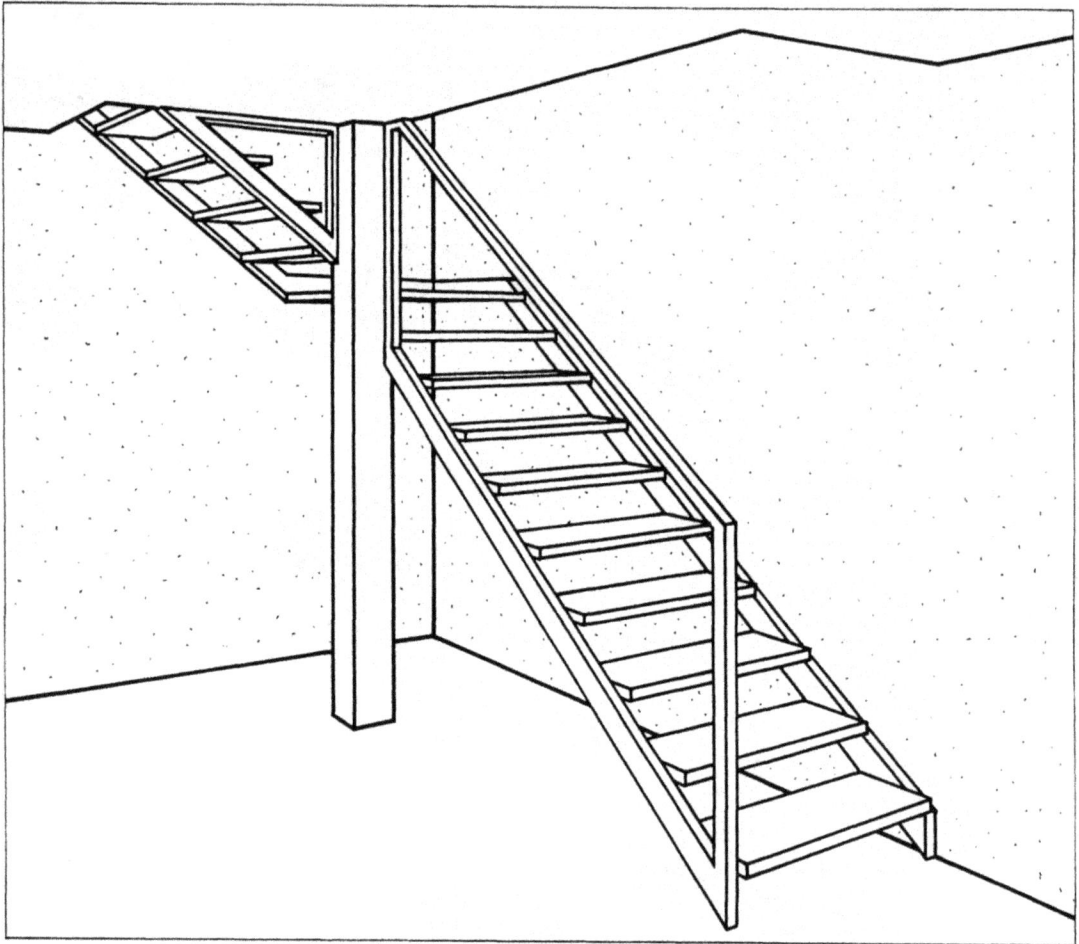

Fig. 20.9

20.4. Cendrier

ÉTAPE 1

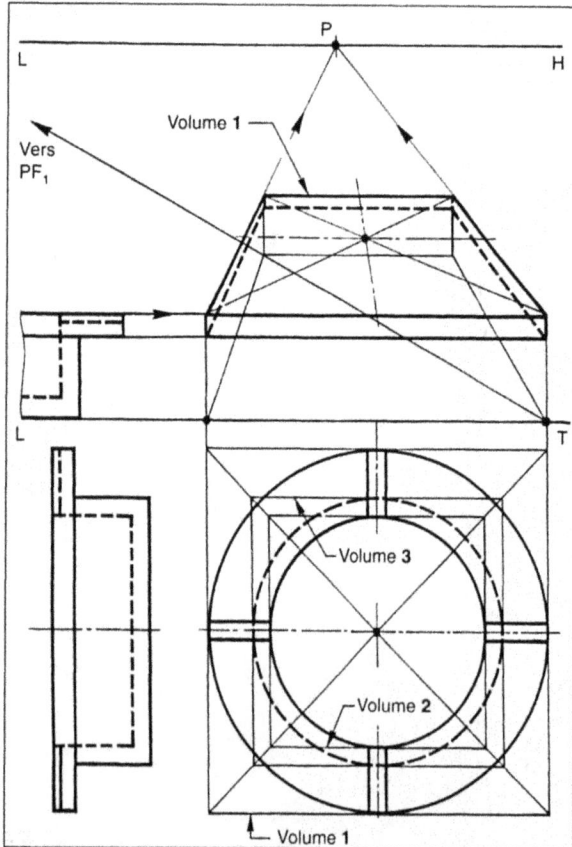

L   P   H

Volume 1

Vers
PF₁

L   T

Volume 3

Volume 2

Volume 1

Fig. 20.10

ÉTAPE 2

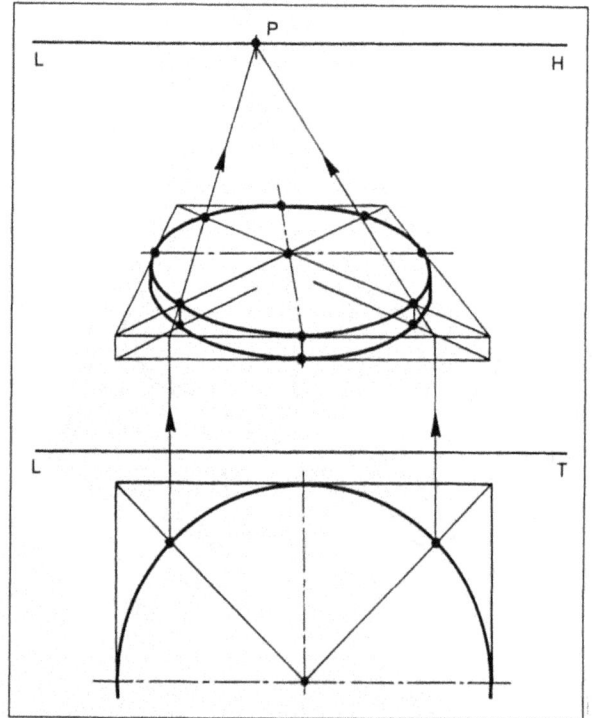

L   P   H

L   T

Fig. 20.11

Objet représenté	Cendrier en terre cuite dont les formes et les dimensions sont définies par une vue latérale et une vue de dessus
Type de perspective	Perspective frontale conique
Point de fuite sur LH	**P** accessible
Particularités	Pièce constituée de cylindres verticaux et représentations d'ellipses horizontales

ÉTAPES	OPÉRATIONS EFFECTUÉES
N° 1	Représentation du volume enveloppe n° 1 (fig. 20.10)
N° 2	Représentation du cylindre vertical contenu dans le volume n° 1 (fig. 20.11)
N° 3	Représentation du volume enveloppe n° 2 et du cylindre vertical qu'il contient (fig. 20.12)
N° 4	Représentation de la partie inférieure du cendrier et mise au net (fig. 20.13)

ÉTAPE 3

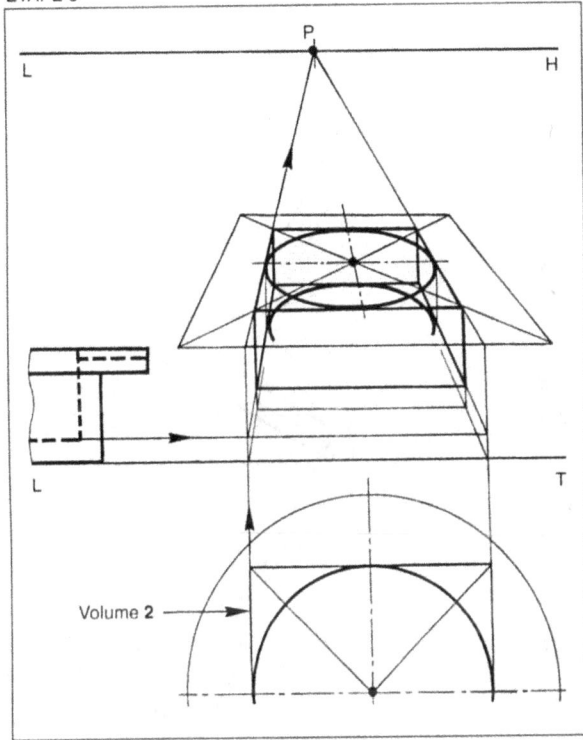

Fig. 20.12

ÉTAPE 4

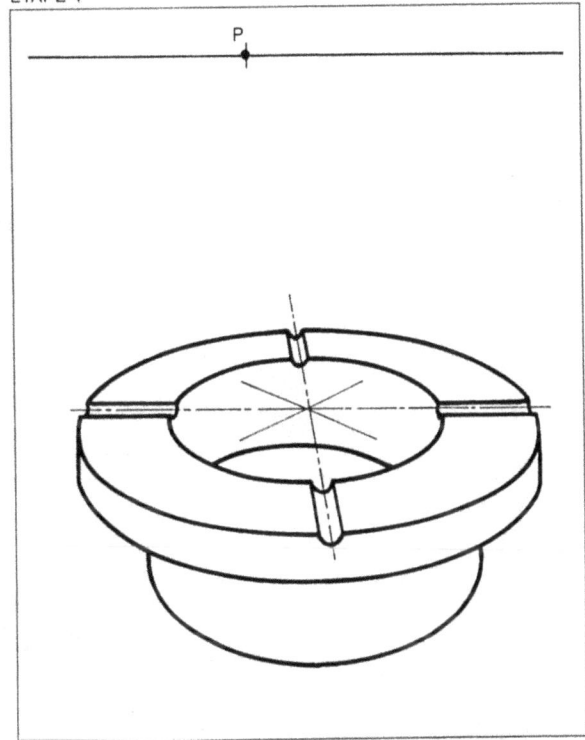

Fig. 20.13

20.5. Roue dentée

Objet représenté	Roue d'engrenage à dentures droites dont les formes et les dimensions sont définies par une coupe horizontale diamétrale et par une demi-vue de face
Type de perspective	Perspective oblique conique
Point de fuite sur LH	**P** et **PF₂** accessibles **PF₁** inaccessible
Particularités	Pièce constituée de cylindres horizontaux et représentations d'ellipses verticales

ÉTAPES	OPÉRATIONS EFFECTUÉES
N° 1	Représentation du volume enveloppe n° 1 et tracé de l'ellipse correspondante (fig. 20.14)
N° 2	Représentation de toutes les ellipses (fig. 20.15)
N° 3	Représentation de la rainure horizontale et des dents de la roue (fig. 20.16)
N° 4	Perspective achevée (fig. 20.17)

Figures 20-14 à 20-17
pages 150 à 152

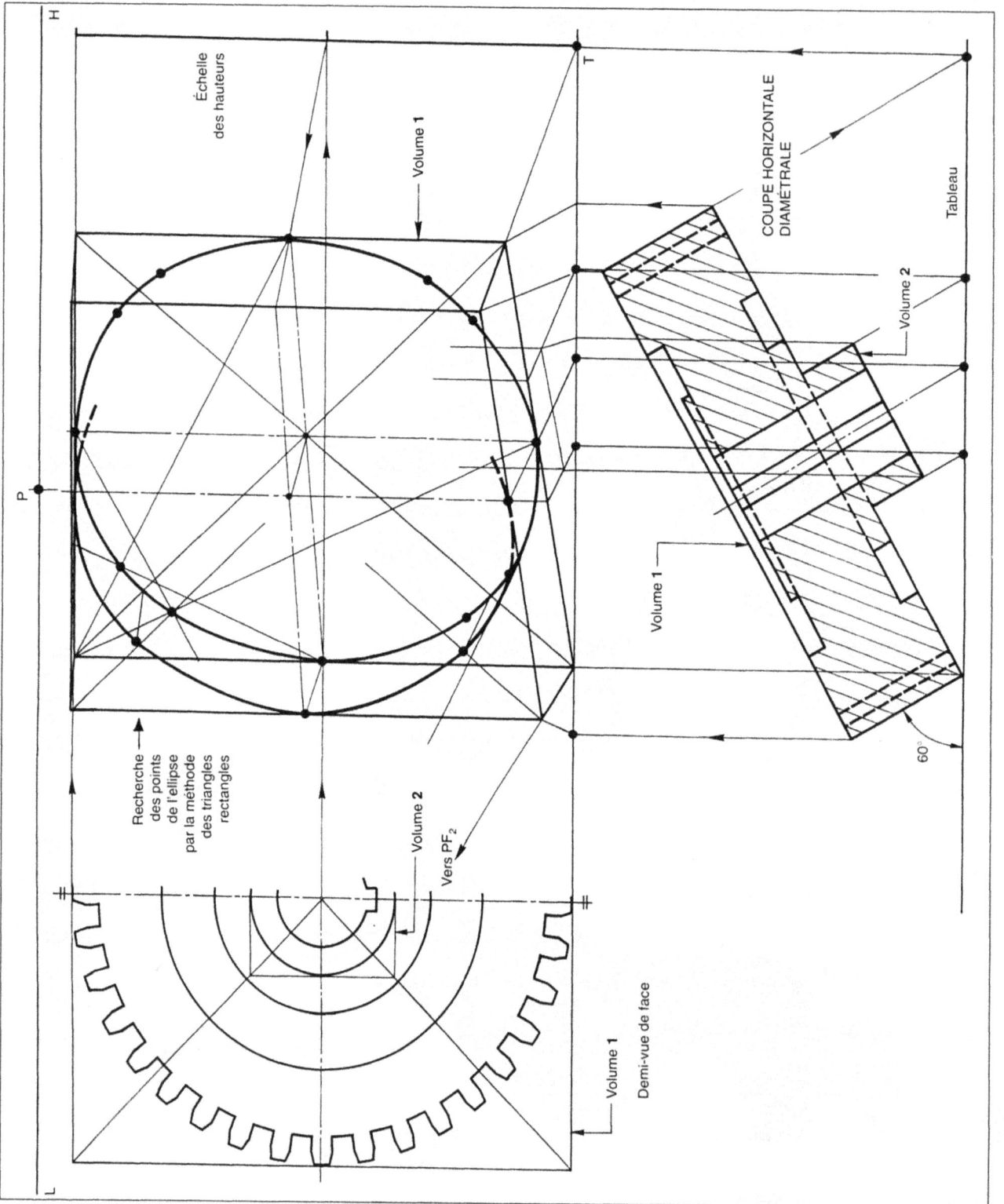

ÉTAPE 1

Échelle des hauteurs

Volume 1

COUPE HORIZONTALE DIAMÉTRALE

Volume 2

Tableau

Recherche des points de l'ellipse par la méthode des triangles rectangles

Volume 1

Volume 2

Vers PF$_2$

60°

Volume 1

Demi-vue de face

Fig. 20.14

150

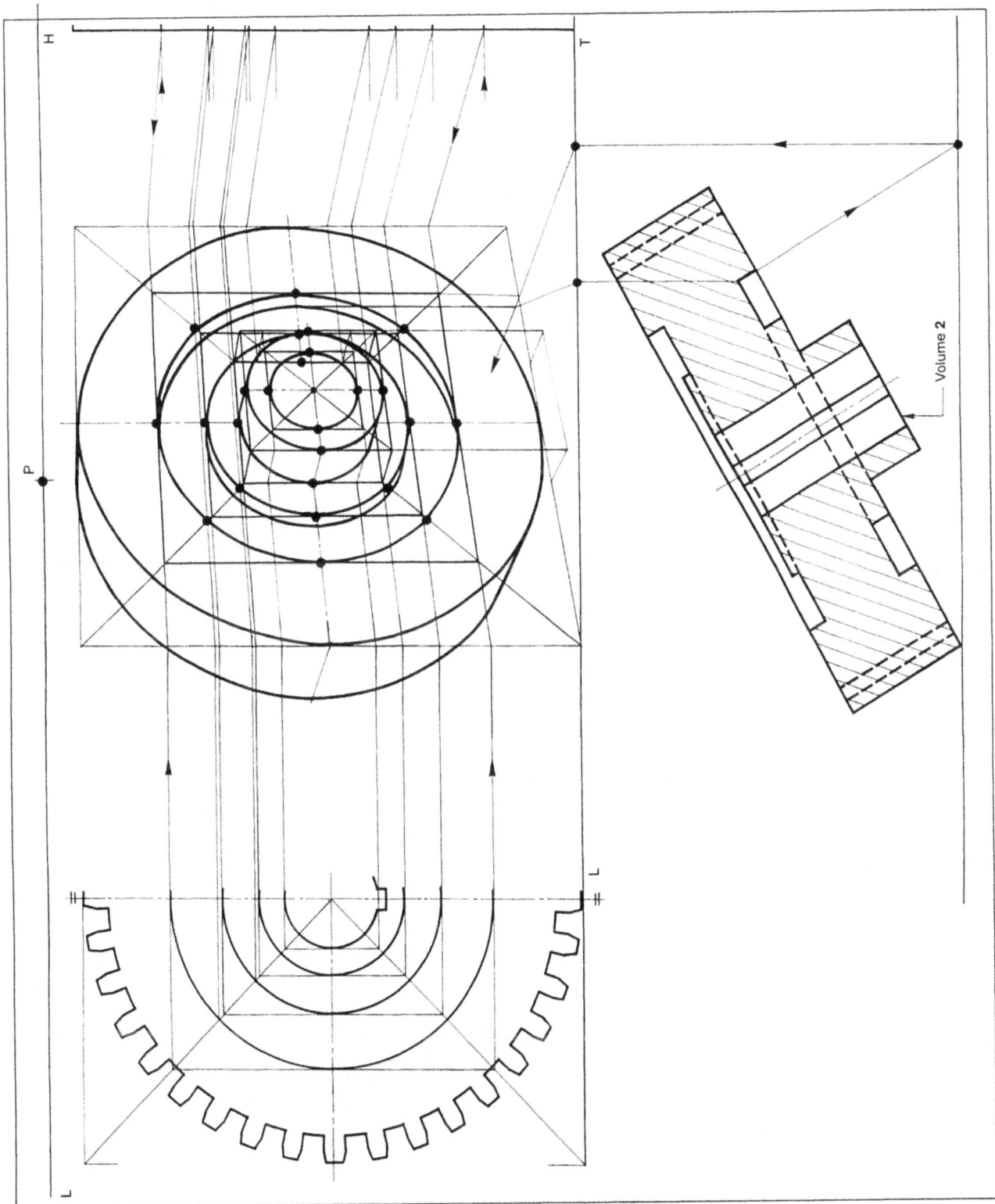

ÉTAPE 2

Volume 2

Fig. 20.15

151

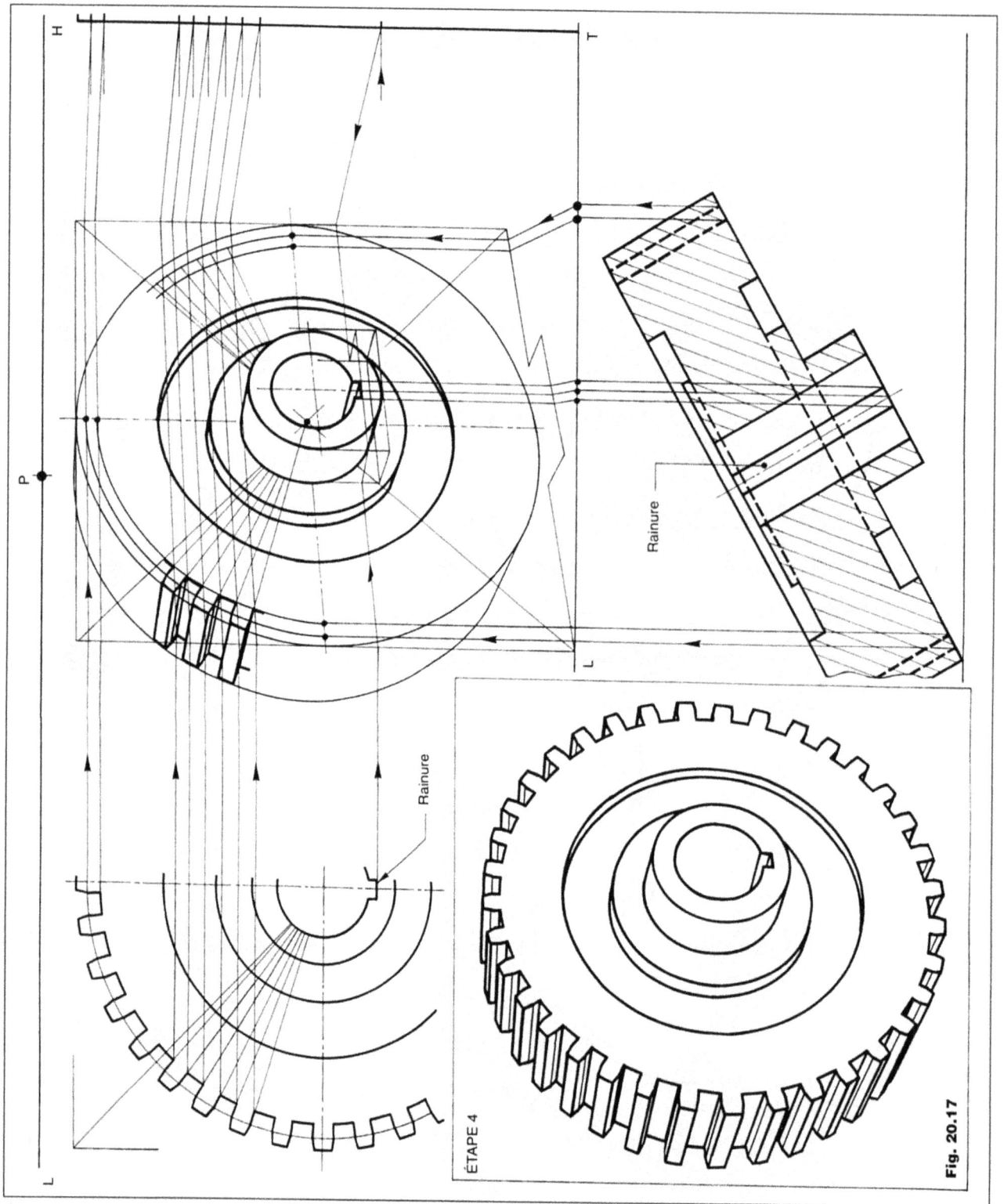

ÉTAPE 3

Fig. 20.16

ÉTAPE 4

Rainure

Rainure

Fig. 20.17

20.6. Charpente

Objet représenté	Charpente en bois dont les formes et les dimensions sont définies par une vue de dessus et par une demi-vue latérale
Type de perspective	Perspective oblique conique
Point de fuite sur LH	**P** et **PF₂** accessibles. **PF₁** inaccessible

Particularités	Représentation d'éléments de petites dimensions

ÉTAPES	OPÉRATIONS EFFECTUÉES
N° 1	Mise en perspective des murs et de quelques éléments de la charpente (fig. 20.18)
N°2	Perspective achevée comportant la désignation des éléments constitutifs (fig. 20.19)

ÉTAPE 1

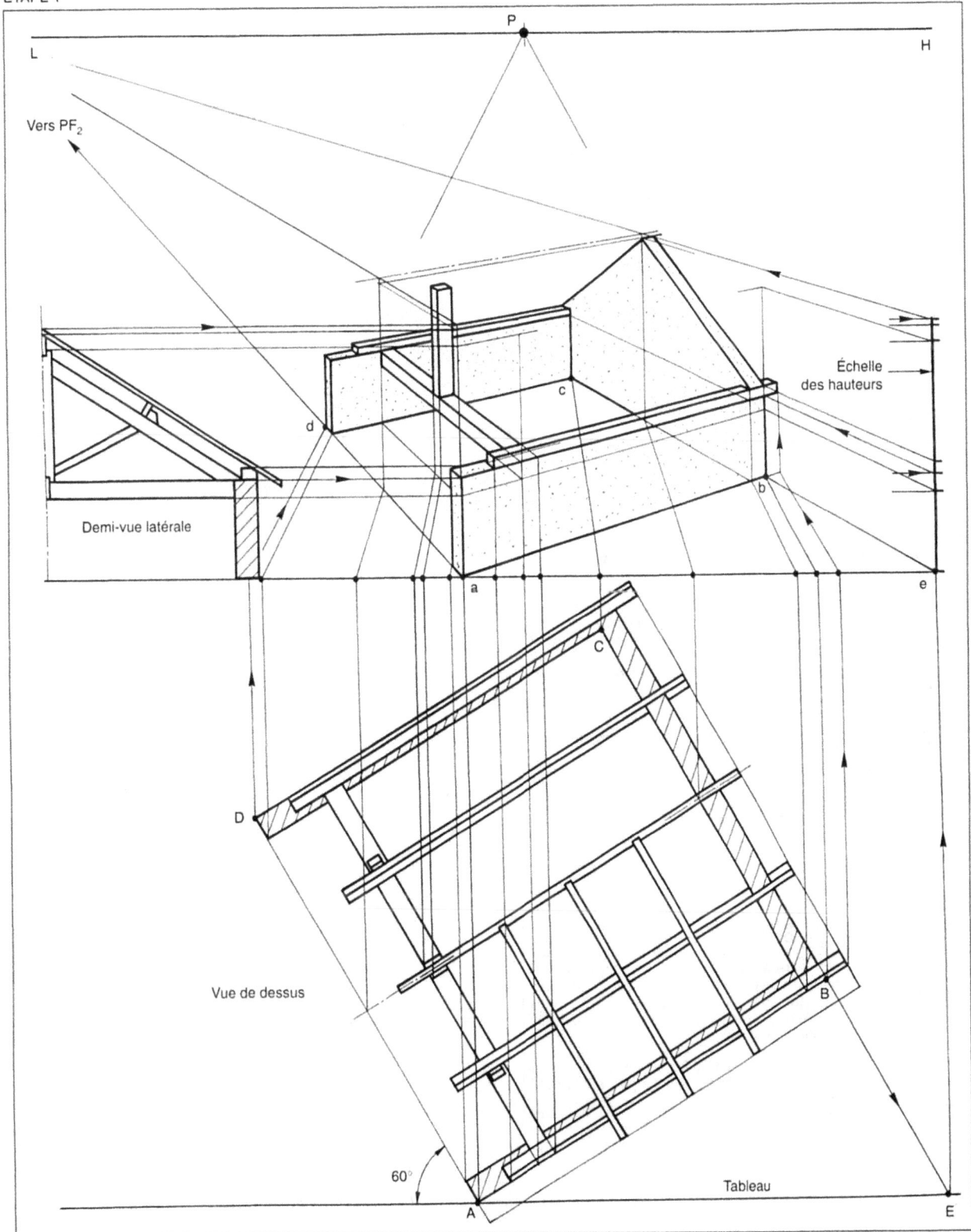

Fig. 20.18

153

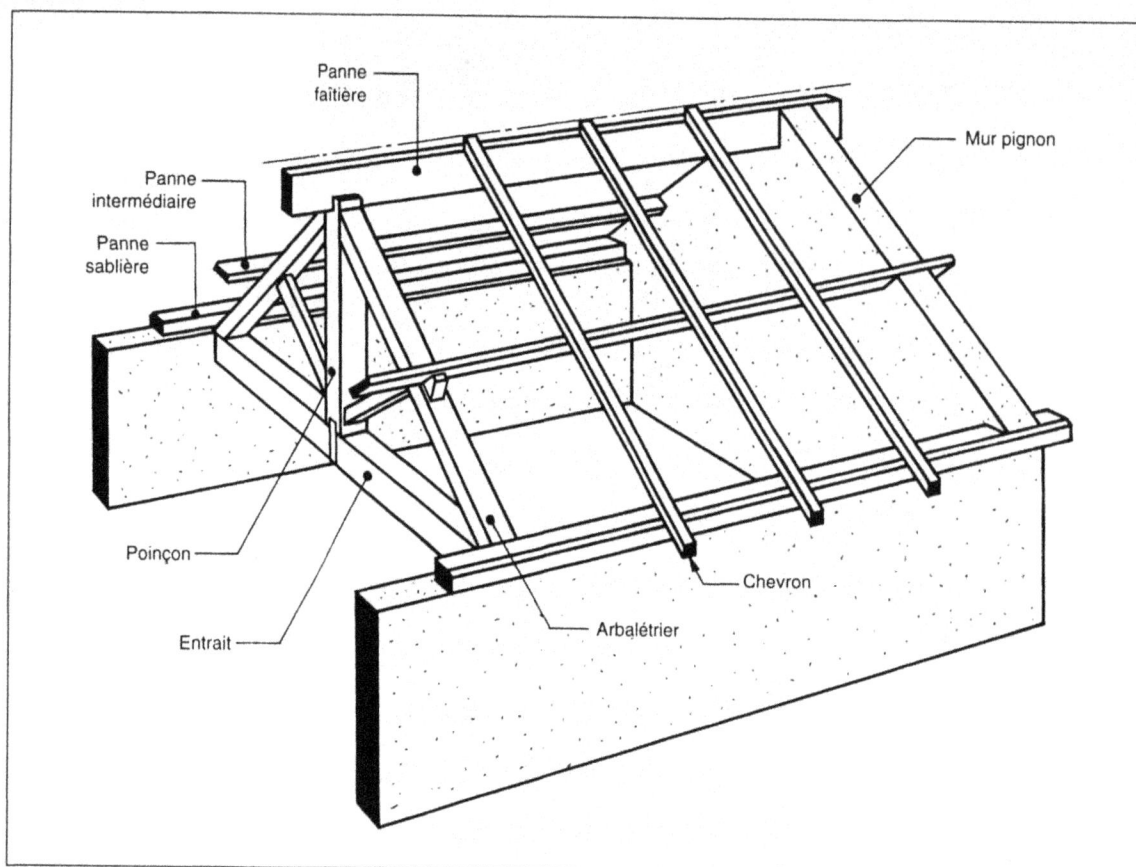

Fig. 20.19

20.7. Étage d'habitation

Objet représenté	Étage d'habitation d'une maison individuelle dont les formes et les dimensions sont définies par une vue en plan (coupe horizontale sur laquelle les murs et les cloisons sont supposés sectionnés à 1 mètre de hauteur)
Type de perspective	Perspective oblique conique
Point de fuite sur LH	**P** et **PF$_2$** accessibles **PF$_1$** inaccessible
Particularités	Le tableau passe à l'intérieur de la vue en plan

ÉTAPES	OPÉRATIONS EFFECTUÉES
N° 1	Mise en perspective des murs extérieurs avec le tableau passant par le point **B** (fig. 20.20). Cette disposition particulière permet de tracer une perspective de plus grande dimension que celle qui aurait été obtenue avec le tableau passant par **A**
N° 2	Perspective achevée (fig. 20.21). Le dessin peut être embelli par la représentation du mobilier, par le tracé des ombres au soleil...

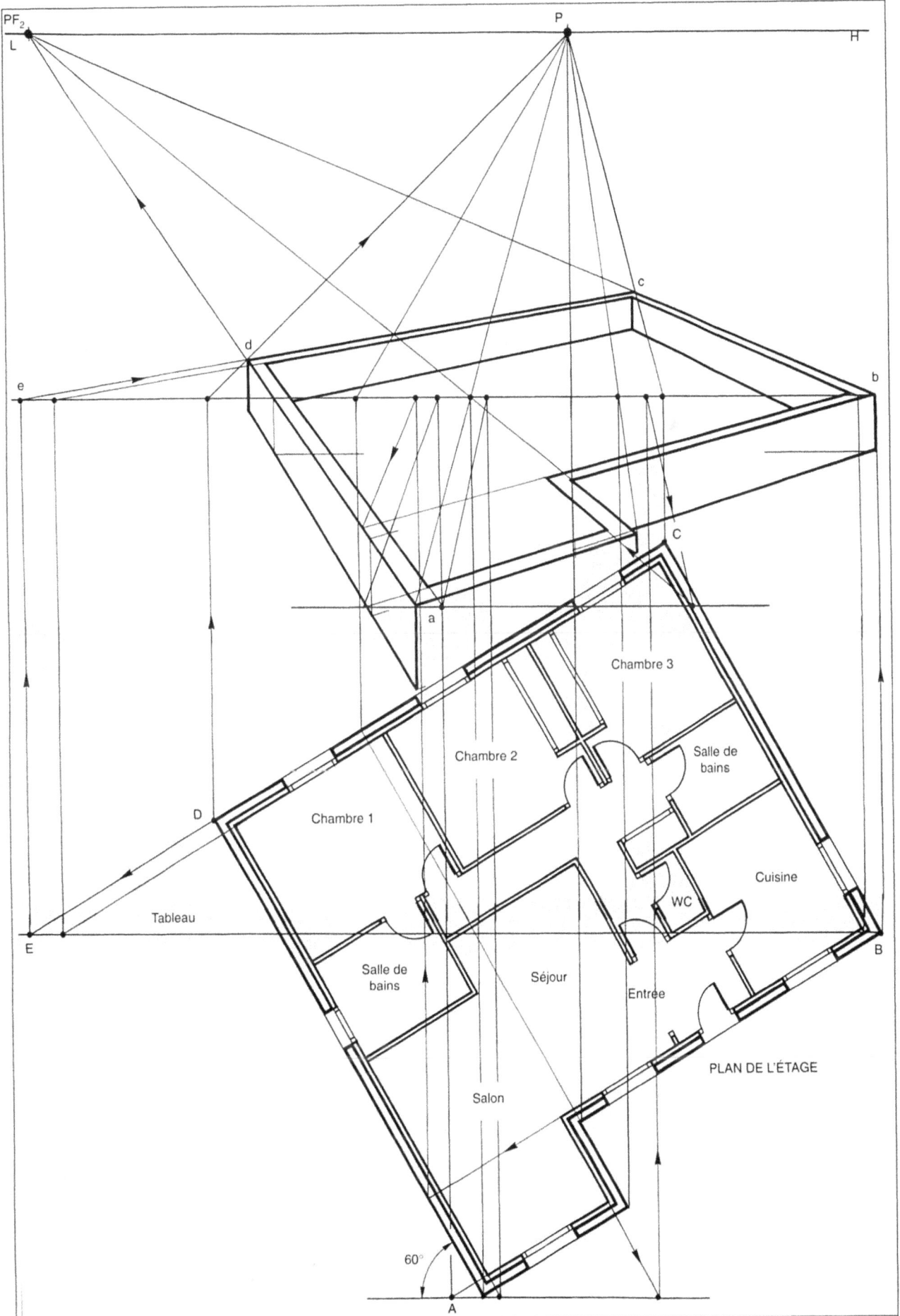

ÉTAPE 1

PF_2

L

P

H

c

d

e

b

C

a

Chambre 3

Salle de bains

Chambre 2

D

Chambre 1

Cuisine

WC

Tableau

E

B

Salle de bains

Séjour

Entrée

PLAN DE L'ÉTAGE

Salon

60°

A

Fig. 20.20

155

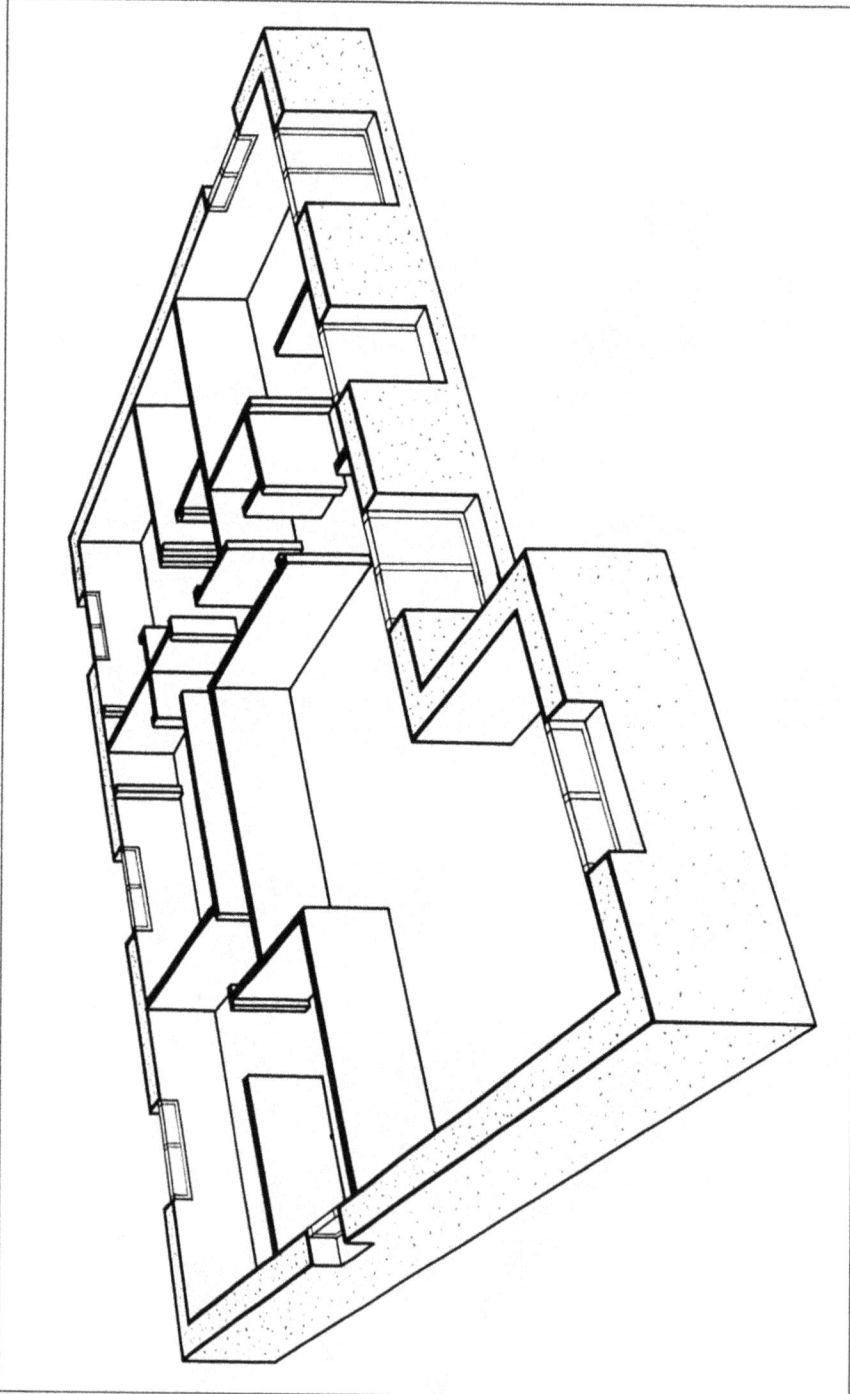

Fig. 20.21

Chapitre 21

Le traitement informatique des perspectives coniques

21.1. Généralités

Il existe aujourd'hui de nombreux logiciels permettant de représenter des ensembles ou des pièces en images de synthèse. Seuls les principes de base sont abordés dans ce chapitre. Le lecteur intéressé par l'exécution proprement dite des représentations tridimensionnelles est invité à consulter des ouvrages spécialisés.

Les logiciels de **CAO** (Conception Assistée par Ordinateur) possèdent plusieurs modes de visualisation :

▶ les vues en plan, les élévations et les coupes. Ces représentations en deux dimensions constituent ce que l'on appelle couramment le « dessin technique » ;

▶ les perspectives coniques ;

▶ les perspectives parallèles axonométriques.

Le traitement informatique de ces dernières perspectives fait l'objet d'un chapitre particulier situé en fin d'ouvrage. Seules sont abordées ci-après les perspectives coniques.

21.2. Les paramètres d'exécution

Les paramètres à définir pour l'exécution des perspectives informatisées sont différents des paramètres propres aux perspectives exécutées manuellement parce que la plupart des logiciels ne connaissent pas la perspective classique dite à deux points de fuite et ne traitent que les perspectives à trois points de fuite principaux, celles dont les verticales convergent tou-jours en direction d'un point de fuite situé soit au-dessus de la ligne d'horizon, soit au-dessous.

Les paramètres d'exécution fréquemment rencontrés sont les suivants :

▶ **la position de l'œil de l'observateur** : l'œil peut prendre n'importe quelle position par rapport à l'objet. Tous les déplacements sont possibles : en avant ou en arrière, vers le haut ou vers le bas, à gauche ou à droite ;

▶ **la position du point de visée** : ce point appelé également cible dans certains logiciels est le point du modèle vers lequel l'œil de l'observateur est dirigé. Le point de visée peut pivoter autour de l'œil. Cette fonction consiste, à partir d'un point d'observation fixe, à orienter l'œil dans n'importe quelle direction ;

▶ **l'angle de vue autour du point de visée** : c'est la possibilité de choisir la valeur de l'angle sous lequel l'objet est observé.

On trouve aussi dans la plupart des logiciels les fonctions suivantes :

▶ la réalisation de **perspectives tronquées** avec enlèvement d'une ou de plusieurs parties de l'objet. Cette fonction est souvent utilisée en architecture pour montrer l'intérieur d'une construction ;

▶ **l'ombrage** des images de synthèse. À partir d'une position choisie du soleil, le logiciel détermine l'emplacement et l'importance des ombres propres et des ombres portées ;

▶ **le rendu réaliste des surfaces** : coloration, textures diverses, effets de transparence, etc. ;

▶ **l'insertion d'images de fond** permettant d'accroître le réalisme du modèle. Cette fonction est notamment utilisée dans le cas de projets architecturaux pour placer les images de synthèse dans leur décor naturel.

21.3. Exemples de perspectives informatisées

▶ Figure 21.1 : perspective conique plafonnante d'une maison du tourisme.

▶ Figure 21.2 : perspective conique dite à deux points de fuite d'une halle de sports et de loisirs.

▶ Figure 21.3 : perspective conique plongeante d'un stade nautique (projet).

▶ Figure 21.4 : perspective intérieure frontale d'un stade nautique (projet).

Ces quatre perspectives ont été obtenues à partir d'un modeleur volumique dédié à l'architecture.

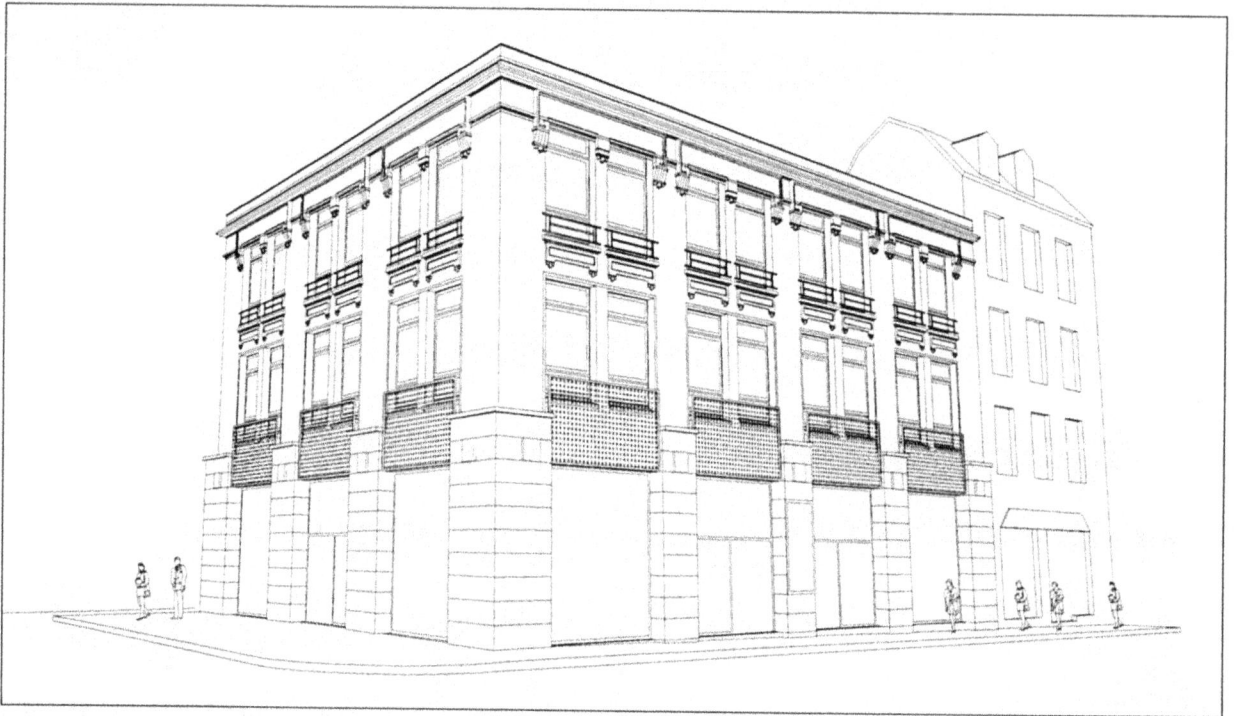

Architecte C. Chavarot. Clermont-Ferrand.

Fig. 21.1

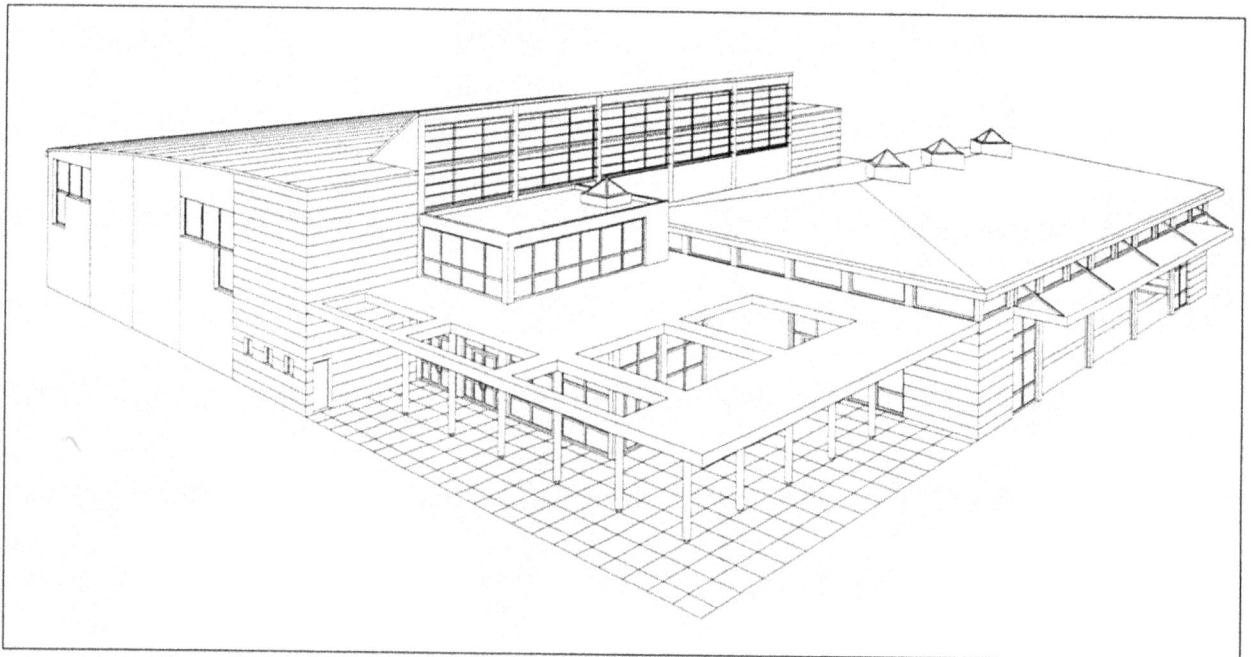

Architectes J.-C. Marquet et C. Chavarot. Clermont-Ferrand.

Fig. 21.2

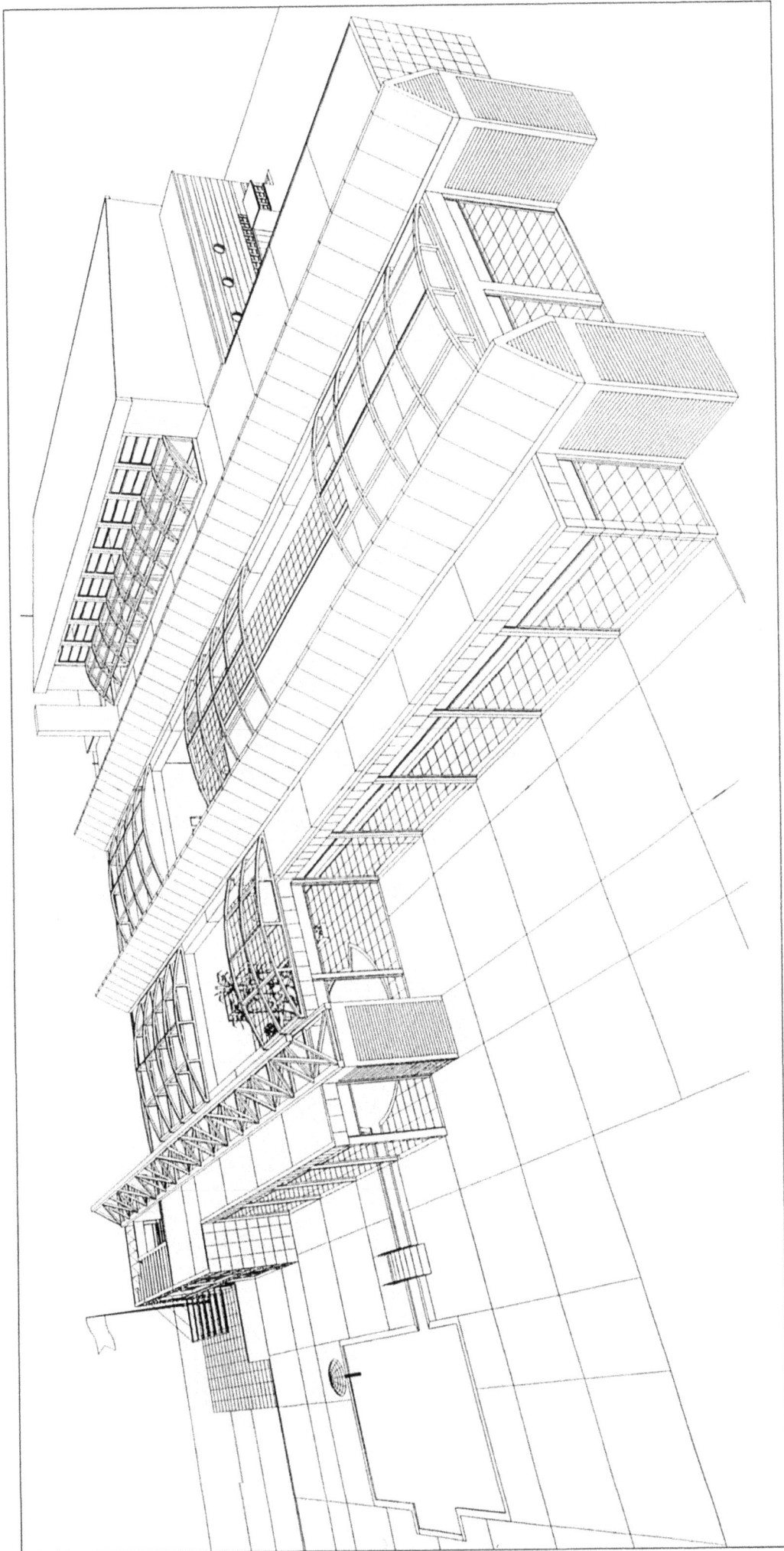

Architectes C. Chavarot et J.-C. Marquet. Clermont-Ferrand.

Fig. 21.3

Architectes C. Chavarot et J.-C. Marquet. Clermont-Ferrand.

Fig. 21.4

Troisième partie

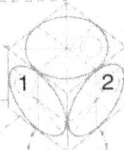

LES PERSPECTIVES AXONOMÉTRIQUES

Chapitre 22

Les différentes perspectives

22.1. Introduction

En perspective axonométrique, la ligne d'horizon n'existe pas car l'œil est situé à l'infini. Les points de fuite n'existent pas non plus : les droites parallèles de l'espace demeurent parallèles sur la perspective, quelle que soit la distance qui les sépare.

Même si les effets de volume obtenus avec ce type de perspective sont moins réalistes que ceux observés en perspective conique, l'œil s'accommode assez bien de la non-convergence des fuyantes. En règle générale, les perspectives axonométriques sont faciles à lire et simples à exécuter car composées uniquement de parallèles.

On distingue deux sortes de perspectives axonométriques :
▶ les **perspectives orthogonales**, dont les rayons visuels sont perpendiculaires au tableau ;
▶ les **perspectives obliques**, dont les rayons visuels sont inclinés à l'identique par rapport au tableau.

Les généralités concernant ces perspectives sont abordées ci-après.

22.2. Les perspectives axonométriques orthogonales

22.2.1 Les différentes fuyantes

Ces perspectives sont obtenues par **projection cylindrique orthogonale**. Tous les rayons visuels (projetantes) sont perpendiculaires au tableau (fig. 22.1).

Toute perspective axonométrique oblique comporte trois directions principales de fuyantes (fig. 22.2) :
▶ les fuyantes verticales ;
▶ les fuyantes inclinées vers la droite ;
▶ les fuyantes inclinées vers la gauche.

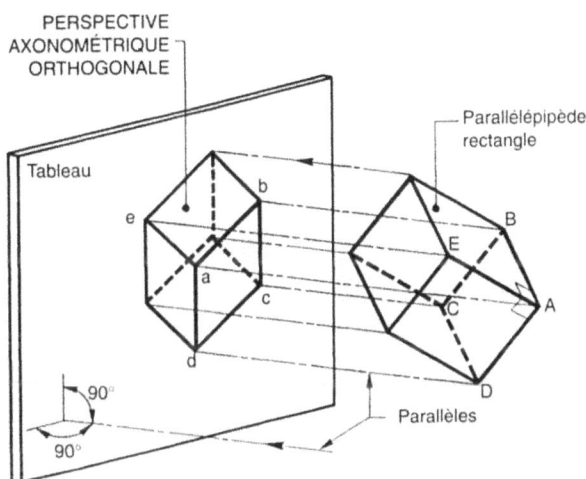

Fig. 22.1

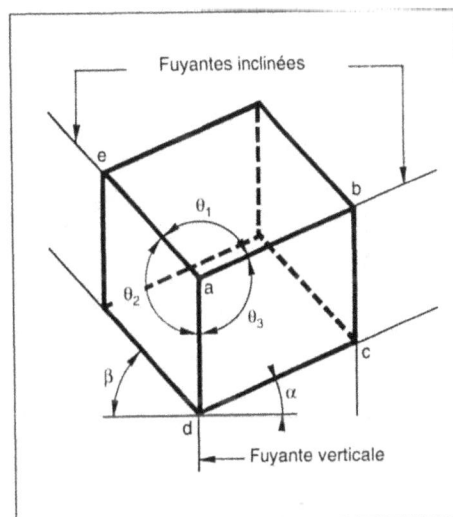

Fig. 22.2

Les fuyantes d'une même famille sont parallèles entre elles.

22.2.2 Les angles caractéristiques

On distingue plusieurs angles caractéristiques (fig. 22.2) :
▶ les angles θ_1, θ_2 et θ_3 que font entre elles les trois projections passant par a, avec : $\theta_1 + \theta_2 + \theta_3 = 360°$;

▶ les angles α et β que font les fuyantes inclinées avec l'horizontale, avec :

α = θ₃ − 90° et β = θ₂ − 90° ;

▶ les angles γ$_s$, γ$_t$ et γ$_r$ obtenus en prolongeant respectivement, jusqu'au tableau, les arêtes **AB**, **AD** et **AE** du parallélépipède (fig. 22.3).

22.2.3 Les rapports de réduction

La figure géométrique formée par les trois arêtes concourantes **AS**, **AR**, **AT**, perpendiculaires deux à deux, est un **trièdre trirectangle** (fig. 22.4).

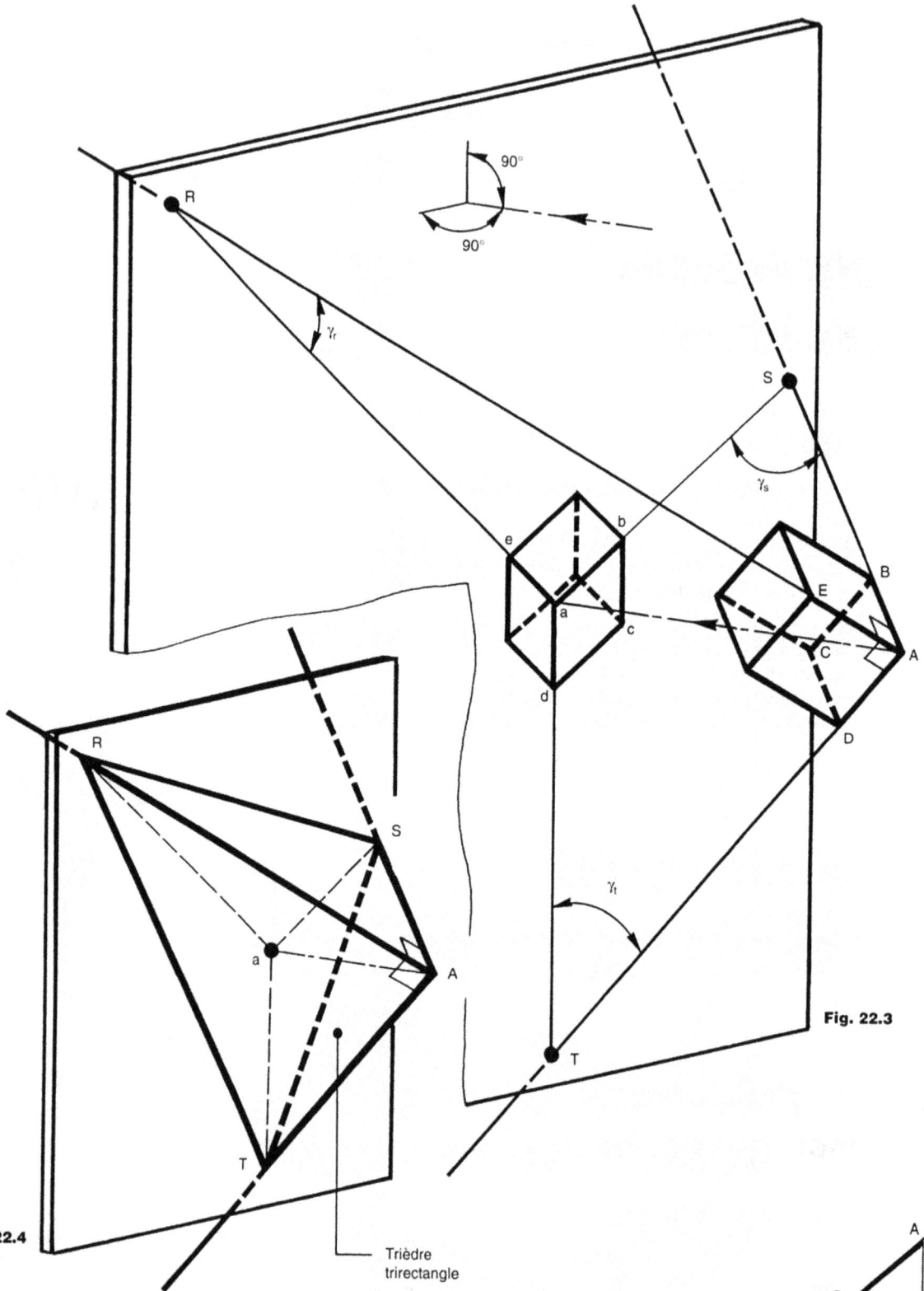

Fig. 22.3

Fig. 22.4

Trièdre trirectangle

Les trois arêtes principales du parallélépipède rectangle sont **AB**, **AD**, **AE** et leurs projections respectives **ab**, **ad** et **ae**. On peut écrire les relations suivantes :

ab = **AB** × cos γ$_s$ (fig. 22.5)

ad = **AD** × cos γ$_t$

ae = **AE** × cos γ$_r$

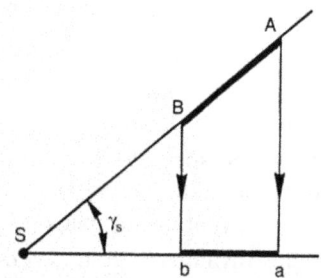

Fig. 22.5

Les trois cosinus sont appelés **rapports de réduction appliqués aux fuyantes**.

Ces valeurs sont liées aux angles θ_1, θ_2 et θ_3 de la façon suivante :

► dans le triangle rectangle **ART** (fig. 22.3) :

RT^2 = AR^2 + AT^2 ;

► dans le triangle quelconque **aRT** :

RT^2 = aR^2 + aT^2 - 2 × aR × aT × cosθ$_2$;

d'où : **AR^2 + AT^2 = aR^2 + aT^2 - 2 × aR × aT × cos θ$_2$**.

D'autre part :

$$AR = \frac{Aa}{\sin\gamma_r} \text{ et } aR = \frac{Aa}{\tan\gamma_r} \; ; \; AT = \frac{Aa}{\sin\gamma_t} \text{ et } aT = \frac{Aa}{\tan\gamma_t}.$$

Par suite, la relation précédente devient :

$$\frac{Aa^2}{\sin^2\gamma_r} + \frac{Aa^2}{\sin^2\gamma_t}$$
$$= \frac{Aa^2}{\tan^2\gamma_r} + \frac{Aa^2}{\tan^2\gamma_t} - 2 \times \frac{Aa}{\tan\gamma_r} \times \frac{Aa}{\tan\gamma_t} \times \cos\theta_2 \; ;$$

Il en résulte que :

$$\cos\theta_2 \times 2 \times \frac{Aa^2}{\tan^2\gamma_r \times \tan^2\gamma_t}$$
$$= \frac{Aa^2}{\tan^2\gamma_r} - \frac{Aa^2}{\sin^2\gamma_r} + \frac{Aa^2}{\tan^2\gamma_r} - \frac{Aa^2}{\sin^2\gamma_t}$$

sachant que :

$$\tan^2\gamma_r = \frac{\sin^2\gamma_r}{\cos^2\gamma_r} \Rightarrow \sin^2\gamma_r = \cos^2\gamma_r \times \tan^2\gamma_r$$

On obtient :

$$\cos\theta_2 \times 2 \times \frac{Aa^2}{\tan\gamma_r \times \tan\gamma_t} = \frac{Aa^2}{\tan^2\gamma_r} - \frac{Aa^2}{\tan^2\gamma_r \times \cos^2\gamma_r} + \frac{Aa^2}{\tan^2\gamma_t}$$

$$\frac{Aa^2}{\tan^2\gamma_t \times \cos^2\gamma_t} = \frac{Aa^2[\cos^2\gamma_r - 1]}{\tan^2\gamma_r \times \cos^2\gamma_r} + \frac{Aa^2[\cos^2\gamma_t - 1]}{\tan^2\gamma_t \times \cos^2\gamma_t}$$

$$= \frac{Aa^2[- \sin^2\gamma_r]}{\tan^2\gamma_r \times \cos^2\gamma_r} + \frac{Aa^2[- \sin^2\gamma_t]}{\tan^2\gamma_t \times \cos^2\gamma_t}$$

D'où :

$$\cos\theta_2 \times 2 \times \frac{Aa^2}{\tan^2\gamma_r \times \tan^2\gamma_t} = -2(Aa)^2 \Rightarrow \frac{\cos\theta_2}{\tan\gamma_r \times \tan\gamma_t} = -1$$

Ce qui donne : $\boxed{\cos\theta_2 = -\tan\gamma_r \times \tan\gamma_t}$ (relation 1)

par permutation circulaire, on obtient les deux autres relations suivantes :

$$\boxed{\cos\theta_1 = -\tan\gamma_s \times \tan\gamma_r} \text{ (relation 2)}$$

$$\boxed{\cos\theta_3 = -\tan\gamma_s \times \tan\gamma_t} \text{ (relation 3)}$$

Dans la pratique, on choisit d'abord l'inclinaison des fuyantes définies par les angles α et β (ou θ_1, θ_2 et θ_3) puis, à partir des valeurs angulaires retenues, on calcule les trois rapports de réduction $\cos\gamma_t$, $\cos\gamma_s$, $\cos\gamma_r$. Il convient donc d'exprimer ces rapports en fonction des angles θ_1, θ_2 et θ_3.

À partir des relations (1), (2) et (3) on peut écrire :
$\cos\theta_1 \times \cos\theta_2 = (-\tan\gamma_s \times \tan\gamma_r) \times (-\tan\gamma_r \times \tan\gamma_t).$

D'où :
$\cos\theta_1 \times \cos\theta_2 = \tan^2\gamma_r \times \tan\gamma_s \times \tan\gamma_t = -\tan^2\gamma_r \times \cos\theta_3.$

Sachant que : $\sin^2\gamma_r + \cos^2\gamma_r = 1$, on obtient :
$\sin^2\gamma_r = 1 - \cos^2\gamma_r$

D'où : $\cos\theta_1 \times \cos\theta_2 = \dfrac{-[1 - \cos^2\gamma_r][\cos\theta_3]}{\cos^2\gamma_r}$

$$= \frac{-[\cos\theta_3 - \cos\theta_3 \times \cos^2\gamma_r]}{\cos^2\gamma_r}$$

Ce qui donne :

$\cos^2\gamma_r \times \cos\theta_2 \times \cos\theta_1 = -\cos\theta_3 + \cos\theta_3 \times \cos^2\gamma_r$

$\cos^2\gamma_r \times \cos\theta_2 \times \cos\theta_1 - \cos\theta_3 \times \cos^2\gamma_r = -\cos\theta_3$

$\cos^2\gamma_r \times (\cos\theta_2 \times \cos\theta_1 - \cos\theta_3) = -\cos\theta_3$

$$\boxed{\cos^2\gamma_r = \frac{-\cos\theta_3}{\cos\theta_2 \times \cos\theta_1 - \cos\theta_3}} \text{ (relation 4)}$$

Par permutation circulaire, on obtient les deux autres relations suivantes :

$$\boxed{\cos^2\gamma_t = \frac{-\cos\theta_1}{\cos\theta_2 \times \cos\theta_3 - \cos\theta_1}} \text{ (relation 5)}$$

$$\boxed{\cos^2\gamma_s = \frac{-\cos\theta_2}{\cos\theta_1 \times \cos\theta_3 - \cos\theta_2}} \text{ (relation 6)}$$

22.2.4 Les différentes perspectives orthogonales

Les relations (4), (5) et (6) expriment les rapports de réduction en fonction des angles θ_1, θ_2 et θ_3. Suivant les valeurs attribuées à ceux-ci, on distingue trois types de perspectives axonométriques orthogonales, à savoir :

► **la perspective isométrique** pour laquelle les angles θ_1, θ_2 et θ_3 mesure chacun **120°**. Le rapport de réduction est le même pour les trois directions ;

► **les perspectives dimétriques**. Il existe une infinité de perspectives dimétriques possédant deux angles θ identiques et le troisième différent des deux premiers. Deux directions de fuyantes possèdent le même rapport de réduction ;

► **les perspectives trimétriques**. Il existe une infinité de perspectives trimétriques possédant trois angles θ différents. Chaque direction de fuyantes possède son propre rapport de réduction.

Ces trois types de perspective sont étudiés en détail dans les chapitres 23, 24 et 25.

22.3. Les perspectives axonométriques obliques

22.3.1 Les angles caractéristiques

Ces perspectives sont obtenues par **projection cylindrique oblique**. Les rayons visuels (projetantes) sont parallèles entre eux et obliques par rapport au tableau (plan de projection) (fig. 22.6).

Par convention, les arêtes verticales de l'objet sont parallèles au tableau.

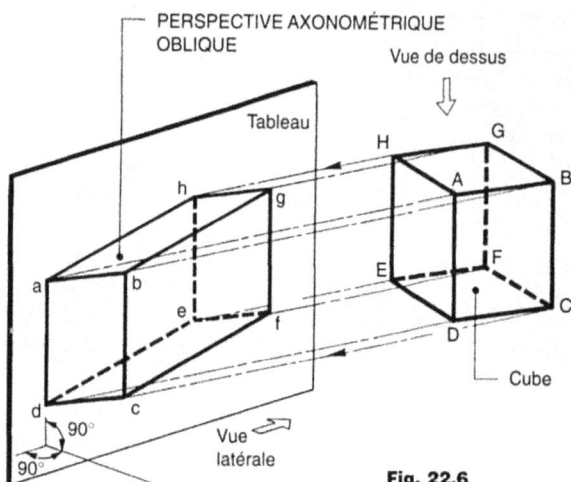

Fig. 22.6

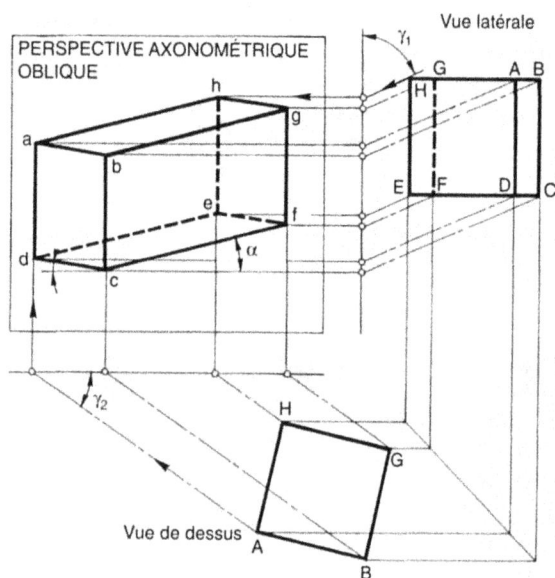

Fig. 22.7

On distingue plusieurs angles caractéristiques (fig. 22.7) :

▶ les angles α et β que font les fuyantes inclinées avec l'horizontale ;

▶ les angles γ_1 et γ_2 qui définissent l'inclinaison des fuyantes avec le tableau.

22.3.2 Les différentes perspectives obliques

Les figures 22.6 et 22.7 illustrent le cas général de la perspective oblique où aucune face latérale de l'objet n'est parallèle au plan de projection. Dans cet exemple, les longueurs de certaines projections sont supérieures à la longueur du côté du cube : ainsi **bg** est plus grand que **BG**.

Cette déformation excessive due à la fois à l'orientation du cube et à la faible inclinaison des projetantes sur le tableau peut être exploitée dans le cas de représentations très particulières de type anamorphoses, mais elle n'est pas admissible pour les perspectives courantes. Les faces projetées de l'objet doivent nécessairement subir un raccourcissement perspectif si l'on veut donner au dessin un aspect réaliste.

Il existe plusieurs types de perspectives axonométriques obliques qui répondent à cette condition :

▶ **les perspectives cavalières**, pour lesquelles $\beta = 0°$ et $0° < \alpha < 90°$;

▶ **les perspectives planométriques** où le tableau est horizontal.

Ces deux types de perspective sont étudiés en détail dans les chapitres 26 et 27.

Chapitre 23

La perspective isométrique

23.1. Généralités

La figure 23.1 représente un cube dont la projection sur un plan vertical (tableau) est une **perspective isométrique**.

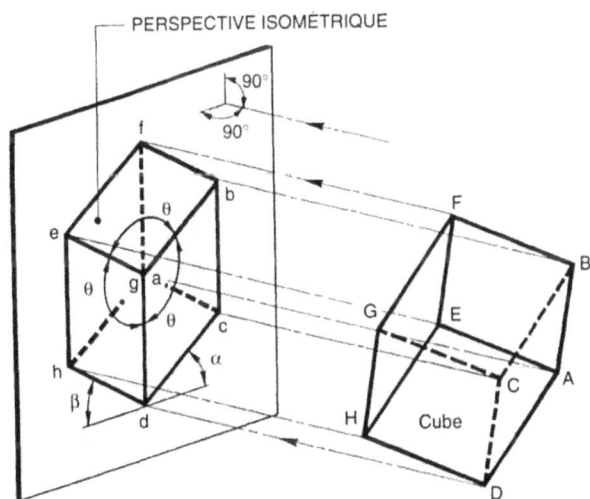

PERSPECTIVE ISOMÉTRIQUE

Fig. 23.1

Toute perspective isométrique possède les caractéristiques suivantes (fig. 23.2) :

▶ **l'égalité des trois angles** θ (120°) et l'égalité des angles α et β (30°) ;

▶ **le même rapport de réduction sur les trois directions principales**, à savoir :

$$\cos^2\gamma = \frac{-\cos\theta}{\cos^2\theta - \cos\theta} = \frac{-\cos 120°}{\cos^2 120° - \cos 120°}$$

$$= \frac{-[-0,5]}{0,25 - [-0,5]} = \frac{2}{3} \; ;$$

$$\cos\gamma = \sqrt{\frac{2}{3}} \approx \mathbf{0,816} \; ;$$

ce qui donne γ ≈ 35,26° ou 35°16'.

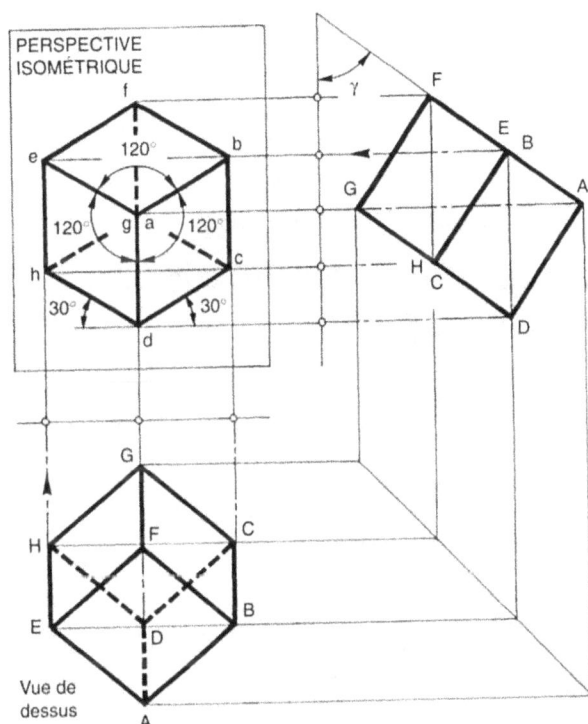

PERSPECTIVE ISOMÉTRIQUE

Vue de dessus

Fig. 23.2

23.2. Les échelles

23.2.1 Notion d'échelles

Une **échelle** est un coefficient, sans unité, qui, appliqué à toutes les dimensions réelles d'un objet, permet d'obtenir une représentation graphique réduite ou agrandie suivant la valeur attribuée au coefficient.

Les échelles s'expriment soit sous la forme d'une fraction, soit sous celle d'un quotient. Ainsi l'indication « Échelle 1:10 » (quotient 0,1) signifie que les dimensions figurées sur le plan sont 10 fois plus petites que les dimensions réelles. Un dessin dont les dimensions sont deux fois plus grandes que les dimensions réelles, porte l'indication « Échelle 2:1 » (quotient 2). Si l'objet est représenté en vraie grandeur (ou grandeur réelle), l'échelle inscrite est 1:1.

23.2.2 Les échelles en perspective isométrique

Le rapport de réduction (0,816) n'est pas un coefficient d'échelle mais une valeur propre à la perspective isométrique. Il réduit de façon égale les dimensions de l'objet représenté dans les trois directions principales. Les dimensions sur le dessin sont réduites de 18,4 % par rapport aux dimensions réelles quand la perspective est exécutée à l'échelle 1:1.

L'emploi de ce rapport n'est pas indispensable. Toute autre valeur fournit une figure semblable qu'il est toujours possible de réduire ou d'agrandir à l'aide d'un photocopieur.

Dans la pratique, pour simplifier les calculs, on prend $\cos\gamma = 1$. Cela revient à augmenter l'échelle du dessin dans le rapport $\dfrac{1}{0,816}$, soit 1,225 environ.

Les dimensions sont donc reportées en vraie grandeur lorsque la perspective est exécutée à l'échelle 1 : 1,225.

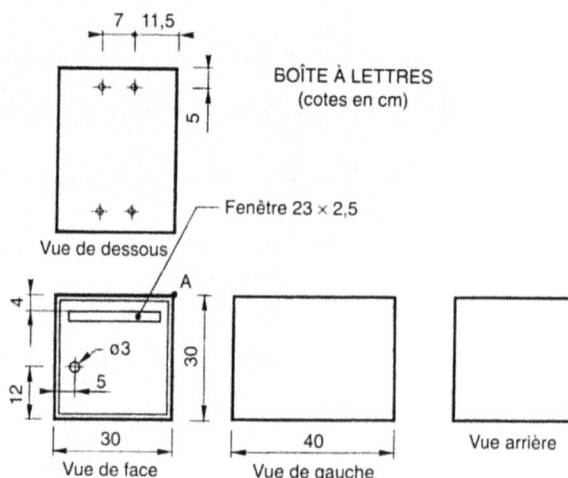

23.3. Les différentes perspectives isométriques d'un objet

Soit une boîte à lettres métallique (fig. 23.3). La figure 23.5 représente huit perspectives isométriques de la boîte, correspondant aux quatre sens d'observation **M**, **N**, **P** et **Q** (fig. 23.4). Les arêtes verticales de la boîte restent verticales sur les perspectives.

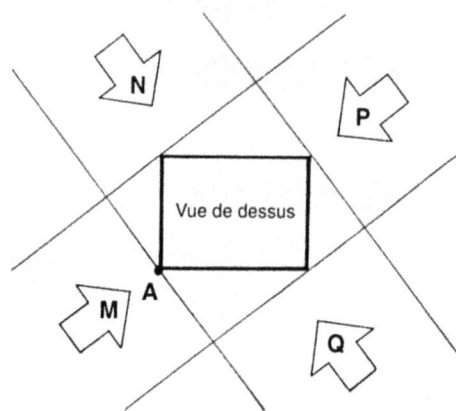

BOÎTE À LETTRES
(cotes en cm)

Fenêtre 23 × 2,5

Vue de dessous

Vue de face   Vue de gauche   Vue arrière

Fig. 23.3

Fig. 23.4

Fig. 23.5

23.4. Quelques applications simples

23.4.1 Application n° 1, boîte à lettres

L'application suivante porte sur la première perspective de la figure 23.5.

PARAMÈTRES PERSPECTIFS	
Dimensions de la boîte	Voir la figure 23.3
Sens d'observation	Défini par la flèche **M** (fig. 23.4)
Rapport de réduction	Égal à 1

Étape 1 (fig. 23.6)

▶ tracer à l'équerre les trois directions principales passant par **a** (image perspective du sommet **A**).

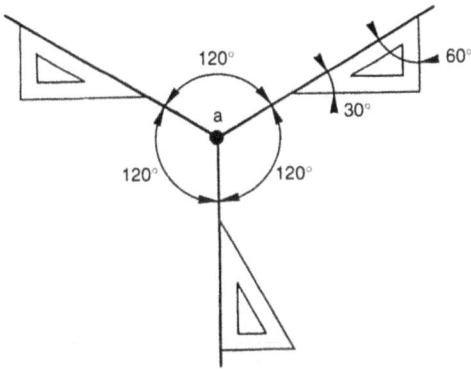

Fig. 23.6

Étape 2 (fig. 23.7)

▶ représenter le parallélépipède rectangle.

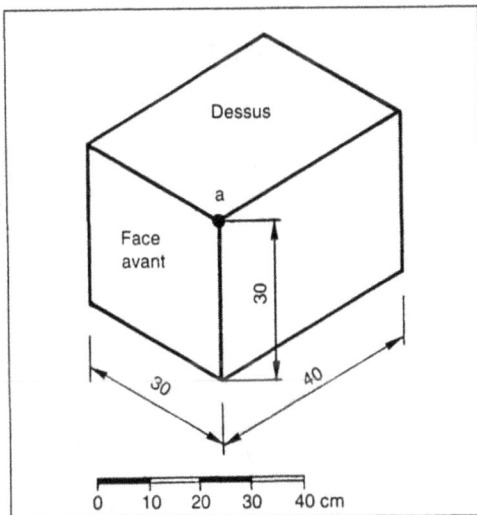

Fig. 23.7

Étape 3 (fig. 23.8)

▶ compléter le tracé de la face avant en dessinant les contours de la petite porte, de la fenêtre d'introduction du courrier et de la serrure ;
▶ dessiner éventuellement les arêtes cachées (cette représentation, quand elle existe, est souvent limitée aux arêtes principales) ;
▶ mettre au net la perspective.

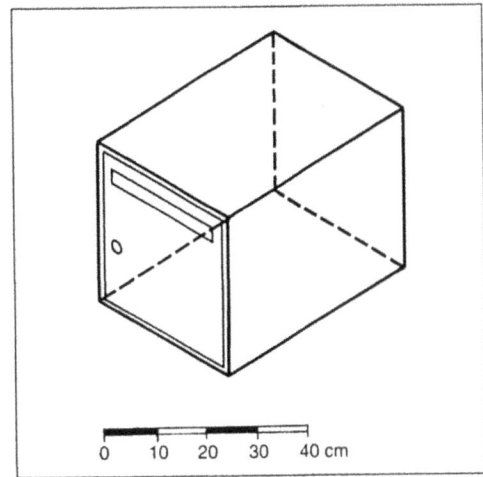

Fig. 23.8

Nota

Chaque arête de la boîte est parallèle à une direction de fuyantes. Cette particularité n'existe que si l'objet est un parallélépipède rectangle ou s'il est composé de plusieurs parallélépipèdes rectangles. Pour les objets prismatiques dont les arêtes ne sont pas parallèles aux directions principales, il faut tracer au préalable **le volume d'enveloppement** ou **volume capable**. Il s'agit du parallélépipède rectangle dont les longueurs des côtés sont égales aux trois dimensions hors tout de l'objet. On peut comparer le volume capable à une boîte qui enferme l'objet de telle manière que celui-ci soit parfaitement calé.

23.4.2 Application n° 2, nichoir pour oiseaux

Soit un nichoir pour oiseaux (fig. 23.9) dont on souhaite représenter la perspective isométrique qui montre la face avant, le côté gauche et la toiture.

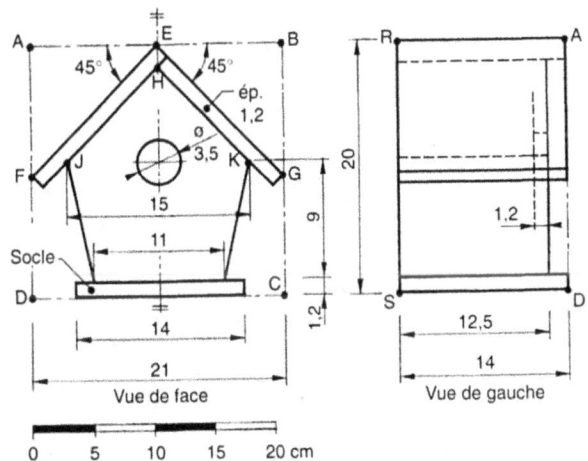

Fig. 23.9

PARAMÈTRES PERSPECTIFS	
Dimensions du nichoir	Voir la figure 23.9
Sens d'observation	**a**, point d'intersection des trois directions principales
Rapport de réduction	Égal à 1

Étape 1 (fig. 23.10)

▶ représenter le volume capable dont la longueur réelle est égale à 21 cm, la largeur à 14 cm et la hauteur à 20 cm.

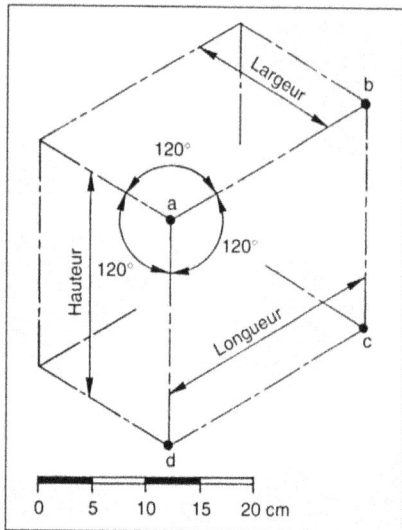

Fig. 23.10

Étape 2 (fig. 23.11)

Pour représenter le socle, procéder ainsi :

▶ tracer la verticale passant par **e** qui sépare le quadrilatère **abcd** en deux parties égales (**E** est le sommet du toit, voir fig. 23.9) ;

▶ reporter de part et d'autre de cet axe, à l'échelle du dessin, la demi-longueur du socle (7 cm) puis tracer le socle de 1,2 cm d'épaisseur.

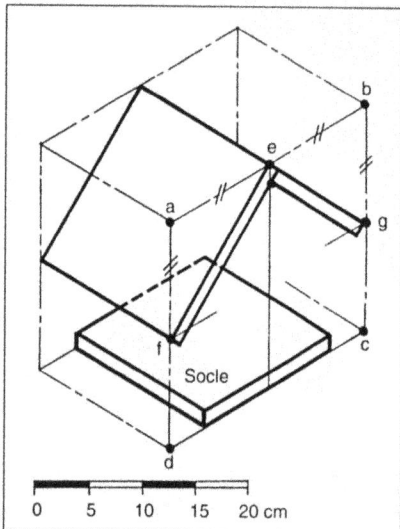

Fig. 23.11

Pour représenter la toiture :

▶ tracer les segments obliques **ef** et **eg** (versants inclinés à 45°) tels que : **ae** = **eb** = **bg** = **af** ;

▶ compléter le dessin de la toiture.

Étape 3 (fig. 23.12)

▶ représenter sur le socle le quadrilatère **mnpq** ;

▶ situer sous la toiture les points **j** et **k** puis compléter le tracé des parois ;

▶ dessiner l'orifice de passage d'un diamètre égal à 35 mm (voir le tracé des ellipses au chapitre 29) ;

▶ mettre au net la perspective.

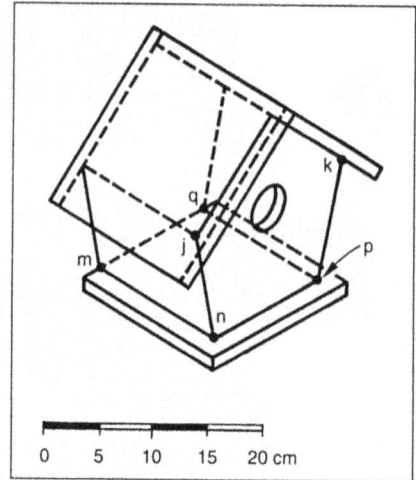

Fig. 23.12

Nota

Deux autres exemples de perspectives isométriques du nichoir :

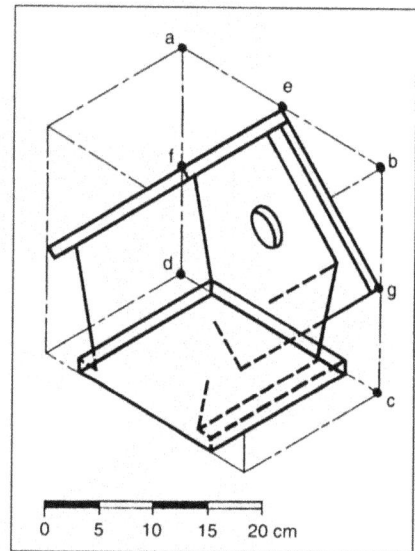

Fig. 23.13

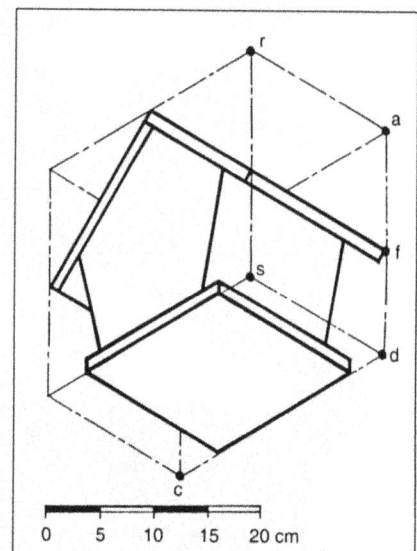

Fig. 23.14

- la figure 23.13 montre la face avant, le côté gauche et le dessous (avec **d** comme point de concours des trois directions principales) ;
- la figure 23.14 montre la face arrière, le côté gauche et le dessous (avec **s** comme point de concours des trois directions principales).

23.5. Les particularités de la perspective isométrique

23.5.1 Les représentations ambiguës

Sur la figure 23.15, les segments **te** et **eg** sont alignés pour les raisons suivantes :

- la ligne de faitage **TE** est horizontale. Son image perspective **te** est par construction inclinée de 30° par rapport à l'horizontale ;
- la rive **EG** du toit contenue dans un plan vertical est inclinée à 45°. Son image perspective **eg** se trouve inclinée à 30° par rapport à l'horizontale car le triangle **ewg** est équilatéral (ε = 60° et **ew** = **wg**).

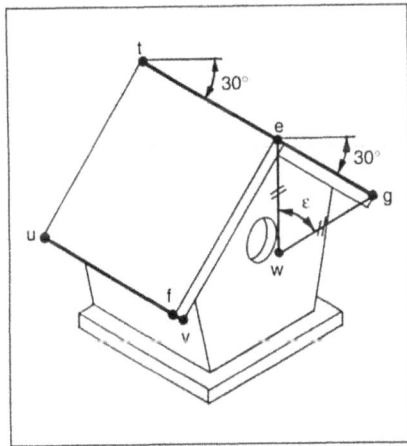

Fig. 23.15

Pour des raisons identiques, les segments **uf** et **fv** sont également situés dans le même prolongement. Ces représentations particulières d'arêtes alignées peuvent présenter des difficultés de lecture. Dans le cas précis du nichoir, celles-ci n'empêchent pas, il est vrai, d'appréhender les formes mais pour d'autres objets dont la fonction n'est pas clairement mise en évidence, ces représentations ambiguës doivent être évitées.

23.5.2 Les remèdes

Comme on vient de le voir, ces représentations ambiguës existent lorsqu'une pièce comporte une face inclinée à 45°, tel l'objet prismatique ci-dessous (fig. 23.16). La figure 23.17 montre deux perspectives isométriques de cet objet comportant des alignements d'arêtes.

L'effet perspectif obtenu n'est guère meilleur lorsque l'angle est proche de 45° (fig. 23.18). Aussi, pour lever toute ambiguïté de lecture, il convient de modifier le sens d'observation (fig. 23.19) ou d'adopter un

autre type de perspective axonométrique (voir les chapitres suivants).

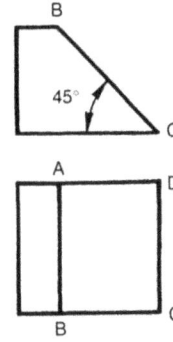

Fig. 23.16

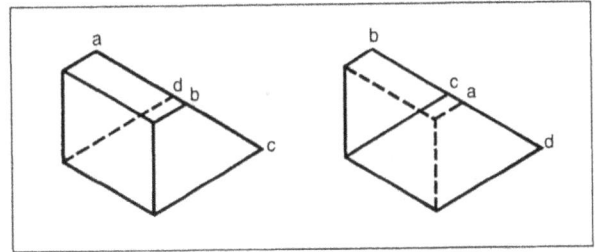

Fig. 23.17

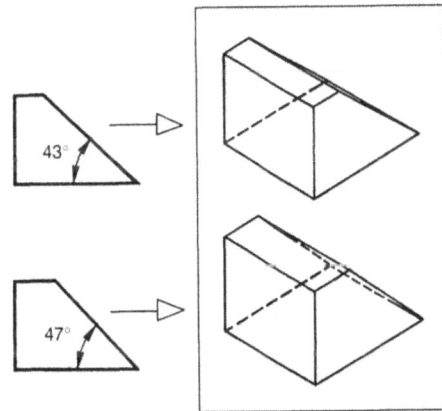

Fig. 23.18

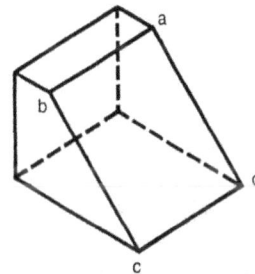

Fig. 23.19

La figure 23.20 réunit les perspectives déconseillées et les perspectives conseillées de deux objets prismatiques différents :

- le premier possède une **face inclinée à 45° par rapport au plan horizontal**. Parmi les huit perspectives isométriques représentées, correspondant aux quatre sens d'observation notés de ① à ④, quatre ne sont pas satisfaisantes car l'image perspective de la surface **ABCD** est un segment

oblique. Sur les quatre perspectives conseillées, deux font apparaître le quadrilatère **abcd** en arêtes vues et deux en pointillé ;
▶ le deuxième objet possède une **face inclinée à** **45° par rapport au plan vertical**. Les quatre perspectives obtenues suivant les sens d'observation notés de ① à ③ sont à rejeter, tandis que les quatre autres conviennent parfaitement.

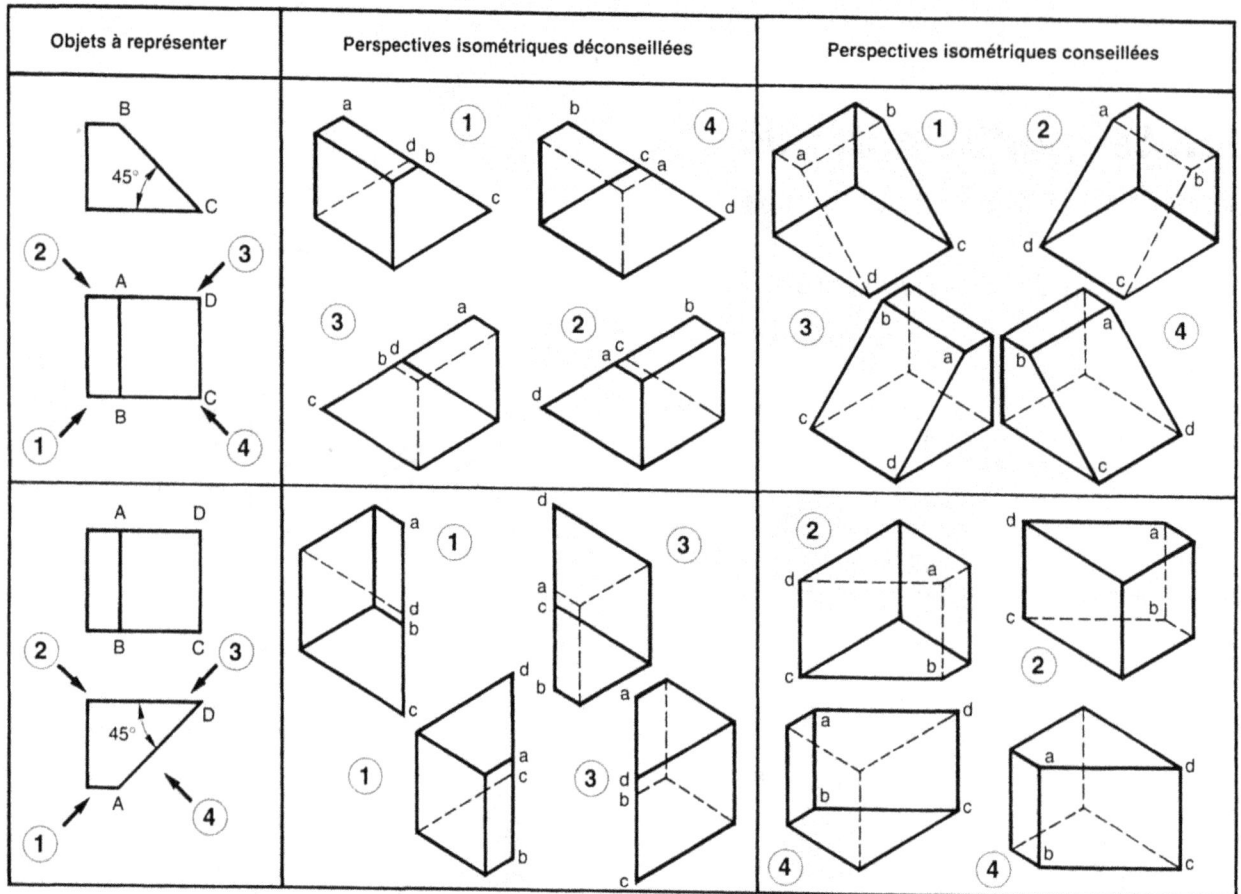

Fig. 23.20

23.6. Les réseaux isométriques

23.6.1 L'exécution pratique des réseaux isométriques

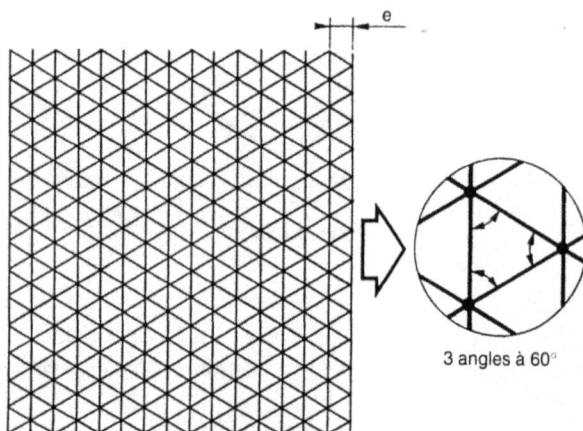

Fig. 23.21

Une perspective isométrique peut être tracée sans équerre en utilisant un réseau isométrique, constitué de triangles équilatéraux (fig. 23.21). On trouve dans le commerce des grilles isométriques préimprimées, mais il est possible de les confectionner soi-même. Le tracé doit être effectué à l'encre de Chine en traits fins (plume tubulaire de 0,1 ou 0,2 mm). Pour obtenir un maillage ni trop serré ni trop large, prendre **e** = 5 mm et respecter très exactement les inclinaisons et les largeurs des intervalles.

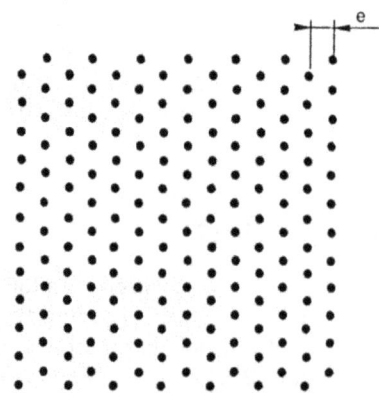

Fig. 23.22

Une autre méthode consiste à dessiner le réseau à plus grande échelle (**e** = 10 mm) puis à le réduire au photocopieur jusqu'à obtenir **e** = 5 mm. La réduction estompe les légères imprécisions de tracé et diminue les épaisseurs des traits. On peut alléger la représentation en ne figurant que les points d'intersection (fig. 23.22). Cette variante permet de travailler sur une feuille moins surchargée de traits.

Un réseau isométrique peut être employé de deux façons différentes :

▶ on trace directement la perspective sur une grille photocopiée, puis on effectue la mise au net sur une feuille de papier calque ;

▶ on recouvre le réseau d'une feuille de papier calque sur laquelle on réalise l'ensemble des tracés, y compris la mise au net.

23.6.2 Exemple d'utilisation

Soit un petit meuble hi-fi défini par une vue de face et une coupe verticale AA (fig. 23.23). On souhaite représenter, à l'aide d'un réseau, la perspective isométrique qui montre la face avant, le dessus et le côté gauche du meuble.

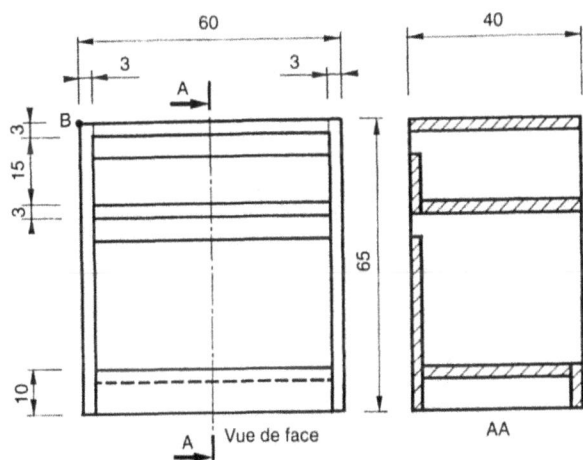

Fig. 23.23

PARAMÈTRES PERSPECTIFS	
Dimensions du meuble	Voir la figure 23.23
Sens d'observation	b, point d'intersection des trois directions principales
Rapport de réduction	Égal à 1

Étape 1 (fig. 23.24)

▶ choisir une échelle et tracer sur le réseau ou sur une feuille de papier calque recouvrant le réseau, les trois dimensions principales du meuble.

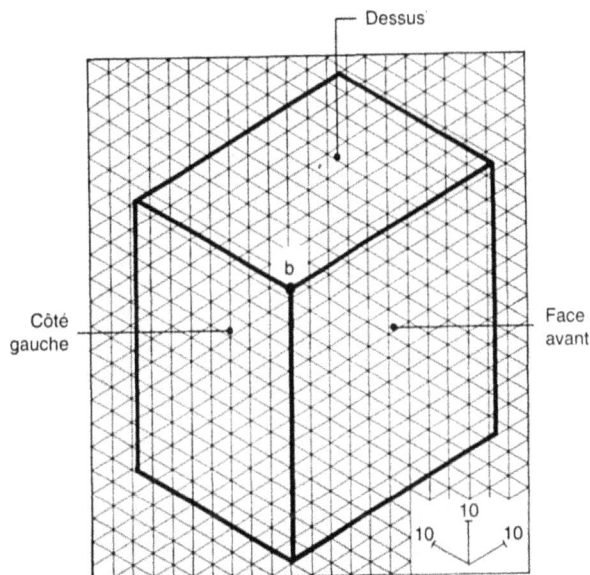

Fig. 23.24

Étape 2 (fig. 23.25)

▶ compléter le tracé de la face avant en dessinant les épaisseurs des panneaux et de l'étagère intermédiaire. Représenter ensuite les fuyantes intérieures ;

▶ mettre au net la perspective.

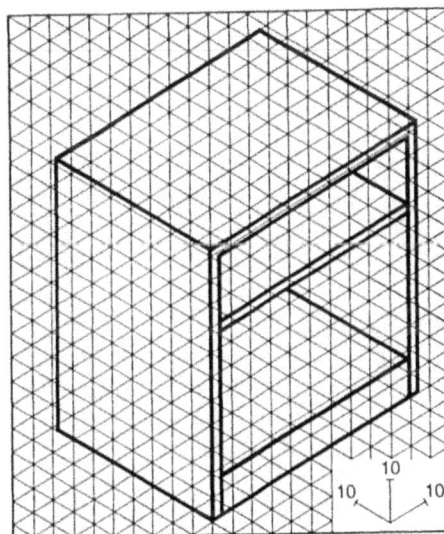

Fig. 23.25

Chapitre 24

Les perspectives dimétriques

24.1. Généralités

Quand deux angles θ sont égaux, la perspective est dite **dimétrique**. Les deux faces de l'objet, tracées à partir de ces angles, sont traitées avec la même importance. La troisième face apparait plus ou moins grande que les deux premières suivant les valeurs angulaires choisies.

Il existe une infinité de perspectives dimétriques. L'angle θ_1 et, par voie de conséquence, les angles θ_2 et θ_3 peuvent prendre n'importe quelle valeur comprise entre 90° et 180°.

La figure 24.1 réunit sept perspectives dimétriques différentes d'un cube avec θ_1 augmentant par tranche de 10°. On observe que la première perspective met nettement en évidence une face de l'objet par rapport aux deux autres. Cette prépondérance s'estompe au fur et à mesure que θ_1 croit.

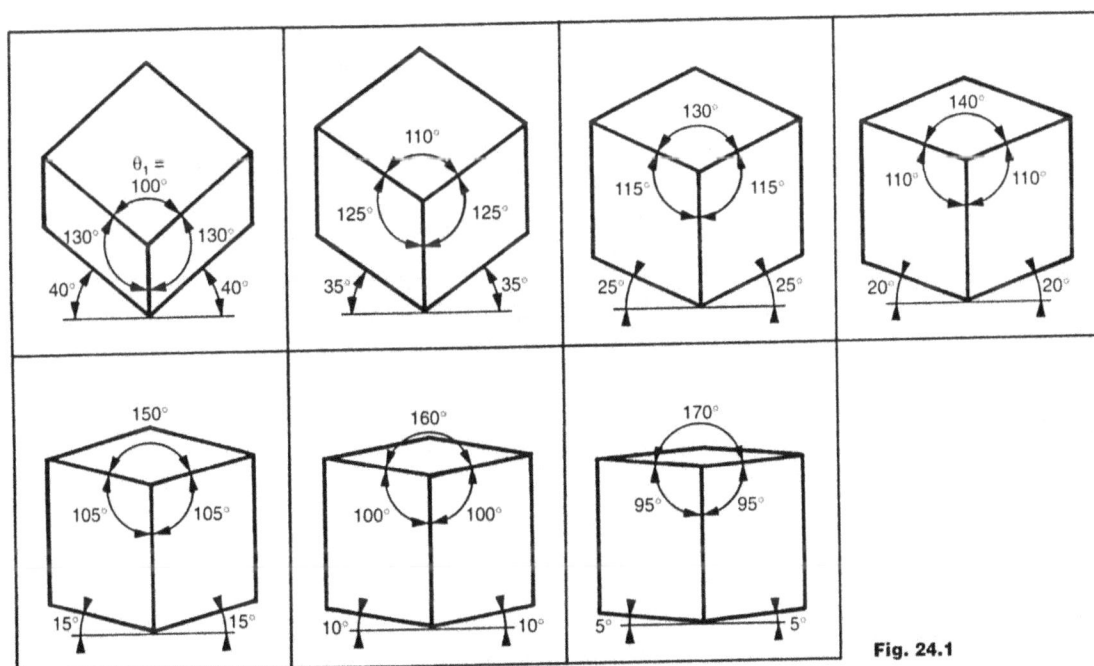

Fig. 24.1

24.2. Les rapports de réduction

24.2.1 Variation des rapports de réduction

Les trois relations mathématiques (4), (5) et (6) obtenues au paragraphe 22.2.3 permettent de calculer les rapports de réduction de chacune des sept perspectives. Le tableau suivant précise pour chaque perspective l'angle des fuyantes, les rapports de réduction et le quotient $Q = \dfrac{\cos \gamma_t}{\cos \gamma_r}$.

Lorsque $\theta_1 = 150°$ (θ_2 et $\theta_3 = 105°$), la perspective obtenue est dite **dimétrique redressée**. Recommandée par l'ancienne norme de dessin technique NF E 04-108, cette perspective particulière ne figure plus dans la norme actuellement en vigueur (voir la bibliographie en fin d'ouvrage).

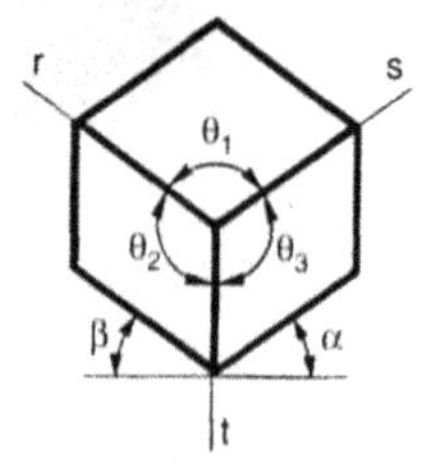

Fig. 24.2

	Angles des faces		Angles des fuyantes	Rapports de réduction		Q
	θ_1	θ_2 et θ_3	α et β	$\cos\gamma_r$, $\cos\gamma_s$	$\cos\gamma_t$	
	100°	130°	40°	0,92	0,54	0,59
	110°	125°	35°	0,86	0,71	0,81
	130°	115°	25°	0,78	0,88	1,13
	140°	110°	20°	0,75	0,93	1,24
	150°	105°	15°	0,73	0,96	1,32
	160°	100°	10°	0,72	0,98	1,36
	170°	95°	5°	0,71	0,99	1,40

24.2.2 Les rapports de réduction caractéristiques

Comme dans le cas de la perspective isométrique, on peut simplifier les calculs des longueurs des arêtes en attribuant aux rapports de réduction des valeurs faciles à utiliser. Par exemple, quand Q = 0,5 on peut prendre $\cos\gamma_t = 0,5$ et $\cos\gamma_r = \cos\gamma_s = 1$.

Le tableau suivant regroupe les caractéristiques de trois perspectives dimétriques différentes repérées P_1, P_2 et P_3 possédant des quotients remarquables, à savoir : 0,5 ; 0,75 et $\dfrac{1}{0,75}$.

Pour chacune des trois perspectives, on donne :

▶ les rapports de réductions réels calculés à partir des relations mathématiques et les rapports de réductions arrondis ;

▶ les valeurs réelles des angles des faces, calculées à partir de la relation suivante :

$$Q^2 = \frac{\cos^2\gamma_t}{\cos^2\gamma_r} = \frac{\cos\theta_1[\cos\theta_2 \times \cos\theta_1 - \cos\theta_3]}{\cos\theta_3[\cos\theta_2 \times \cos\theta_3 - \cos\theta_1]}$$

avec $\theta_2 = \theta_3$, on obtient :

$$Q^2 = \frac{\cos\theta_1[\cos\theta_2 \times \cos\theta_1 - \cos\theta_2]}{\cos\theta_2[\cos^2\theta_2 - \cos\theta_1]}$$

d'où
$$\boxed{Q^2 = \frac{\cos^2\theta_1 - \cos\theta_1}{\cos^2\theta_2 - \cos\theta_1}}$$

▶ les valeurs arrondies des angles des faces, retenues pour tracer les perspectives.

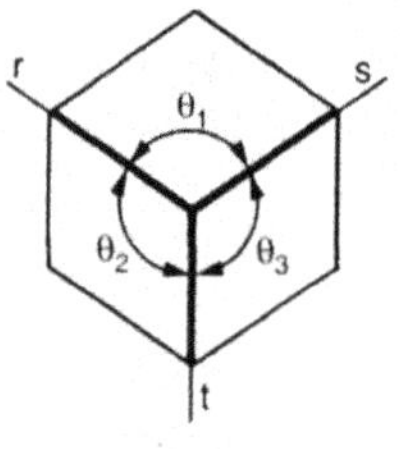

Fig. 24.3

		Q	Rapports de réduction		Angles des faces	
			réels	arrondis	valeurs réelles	valeurs arrondies
	type P1	0,5	$\cos\gamma_r = 0,94$ $\cos\gamma_s = 0,94$ $\cos\gamma_t = 0,47$	$\cos\gamma_r = 1$ $\cos\gamma_s = 1$ $\cos\gamma_t = 0,5$	$\theta_1 = 97,18°$ $\theta_2 = 131,41°$ $\theta_3 = 131,41°$	$\theta_1 = 97°$ $\theta_2 = 131,5°$ $\theta_3 = 131,5°$
	type P2	0,75	$\cos\gamma_r = 0,88$ $\cos\gamma_s = 0,88$ $\cos\gamma_t = 0,66$	$\cos\gamma_r = 1$ $\cos\gamma_s = 1$ $\cos\gamma_t = 0,75$	$\theta_1 = 106,33°$ $\theta_2 = 126,83°$ $\theta_3 = 126,83°$	$\theta_1 = 106°$ $\theta_2 = 127°$ $\theta_3 = 127°$
	type P3	1 : 0,75	$\cos\gamma_r = 0,73$ $\cos\gamma_s = 0,73$ $\cos\gamma_t = 0,97$	$\cos\gamma_r = 0,75$ $\cos\gamma_s = 0,75$ $\cos\gamma_t = 1$	$\theta_1 = 152,73°$ $\theta_2 = 103,63°$ $\theta_3 = 103,63°$	$\theta_1 = 153°$ $\theta_2 = 103,5°$ $\theta_3 = 103,5°$

24.3. Exemples de perspectives dimétriques

24.3.1 Perspectives de la boîte à lettres

La figure 24.4 regroupe douze perspectives dimétriques différentes de la boîte à lettres. Le sens d'observation est le même pour toutes les perspectives, à savoir que la face avant de la boite est toujours située du même côté. La face contenant l'angle θ_1 (voir le petit cube de référence à côté de chaque perspective) prend quatre positions différentes par type de perspectives (P_1, P_2 et P_3).

Le type P_1 restitue assez mal les proportions de la boîte à lettres qui apparait cubique en P_1a et étrangement aplatie en P_1b, P_1c et P_1d. Ce type de perspective est intéressant lorsqu'on souhaite mettre en valeur une face de l'objet (celle contenant θ_1), à condition que la pièce soit très allongée ou très courte suivant la direction perpendiculaire à cette face car sur cette direction on applique le rapport de 0,5. Dans l'ancienne norme de dessin cette perspective s'appelait **perspective dimétrique usuelle.**

Le type P_2 restitue correctement les proportions de la boite. Cette variante est surtout employée quand on ne souhaite pas privilégier une face particulière. Ce type se rapproche beaucoup de la perspective isométrique.

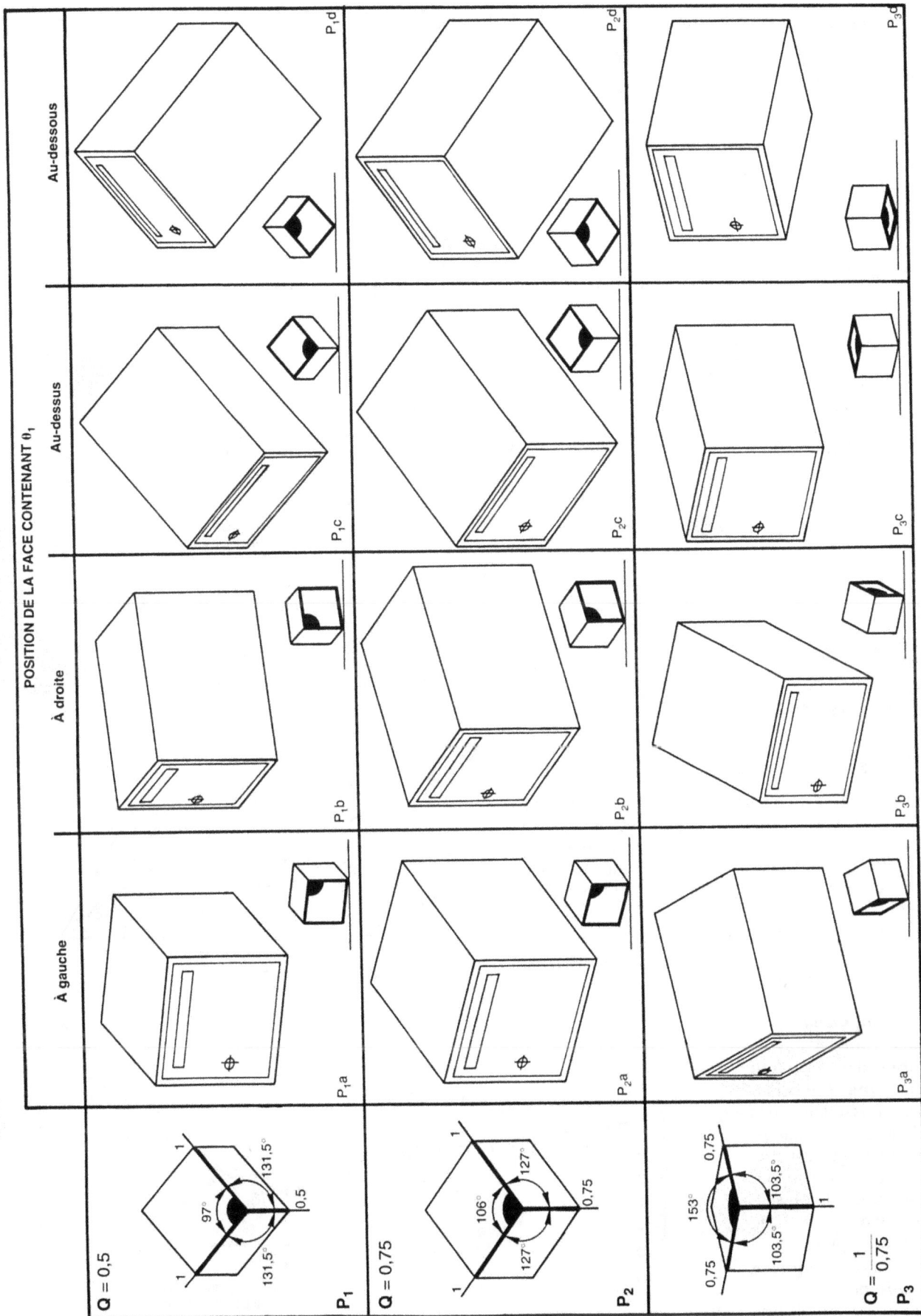

POSITION DE LA FACE CONTENANT θ_1

	À gauche	À droite	Au-dessus	Au-dessous
$Q = 0,5$ P_1 97° 131,5° 131,5° 1 1 0,5	 P_1a	 P_1b	 P_1c	 P_1d
$Q = 0,75$ P_2 106° 127° 127° 1 0,75	 P_2a	 P_2b	 P_2c	 P_2d
$Q = \dfrac{1}{0,75}$ P_3 153° 103,5° 103,5° 0,75 0,75 1	 P_3a	 P_3b	 P_3c	 P_3d

Fig. 24.4

Le type **P₃** restitue correctement les proportions. Il est utilisé pour mettre en évidence deux faces de l'objet (celles contenant les angles θ_2 et θ_3).

24.3.2 Perspectives du nichoir

Trois exemples de perspectives dimétriques du nichoir sont présentés ci-après :

▷ figure 24.5 : perspective du type **P₁c**, qui privilégie le toit ($41{,}5° = 131{,}5° − 90°$) ;

▷ figure 24.6 : perspective du type **P₂b** ($16° = 106° − 90°$ et $37° = 127° − 90°$). Comme les perspectives isométriques, les perspectives dimétriques présentent parfois des arêtes alignées (ici les arêtes **mn** et **np**) mais ces cas sont peu fréquents car ils ne concernent qu'une seule des trois directions (celle séparant les angles θ_2 et θ_3) ;

▷ figure 24.7 : perspective du type **P₃a** ($13{,}5° = 103{,}5° − 90°$ et $63° = 153° − 90°$). Cette représentation est équilibrée et très lisible.

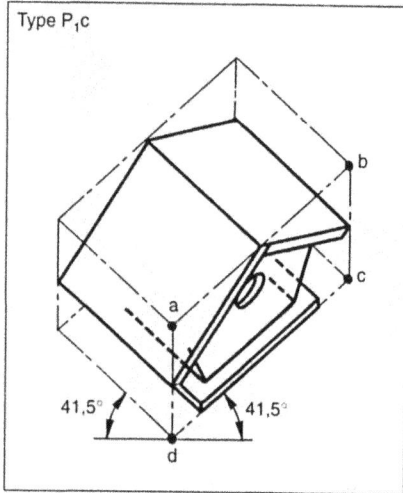

Fig. 24.5

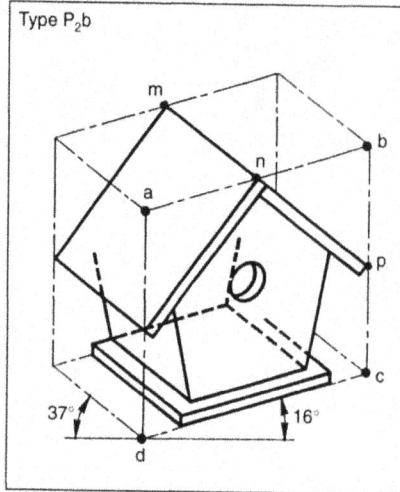

Fig. 24.6

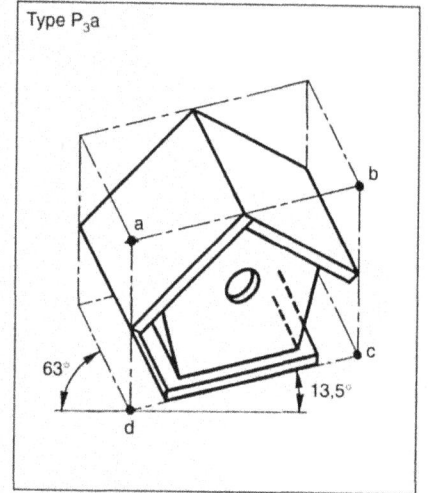

Fig. 24.7

24.4. Le tracé des perspectives dimétriques

24.4.1 Les instruments

L'exécution d'une perspective dimétrique demande plus de temps que celle d'une perspective isométrique car les fuyantes inclinées ne peuvent pas être tracées avec des équerres ordinaires. Aussi, pour remédier à cette difficulté, il convient d'utiliser des instruments appropriés :

▷ une **équerre** et une **règle** pour mener des parallèles à une inclinaison donnée, cette dernière pouvant être mesurée précisément à l'aide d'un **grand rapporteur** ;

▷ ou une **table à dessin équipée d'un appareil muni d'une tête orientable** possédant des graduations angulaires. Cette méthode est précise mais exige pour chaque tracé de fuyante un réglage angulaire de la tête de l'appareil ;

▷ ou une **équerre réglable** de 0° à 45° et de 45° à 90°. Choisir de préférence un modèle dont la longueur du plus grand côté est égal à 25 cm ou 30 cm.

Avec une équerre réglable, on peut tracer facilement n'importe quelle perspective dimétrique (fig. 24.8) ;

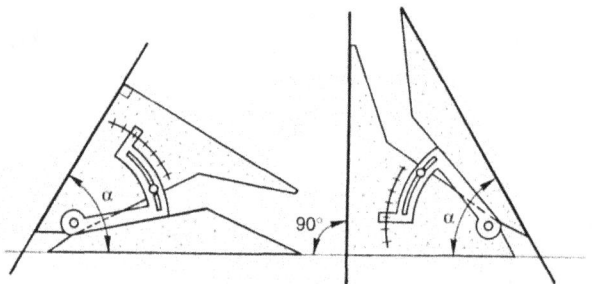

Fig. 24.8

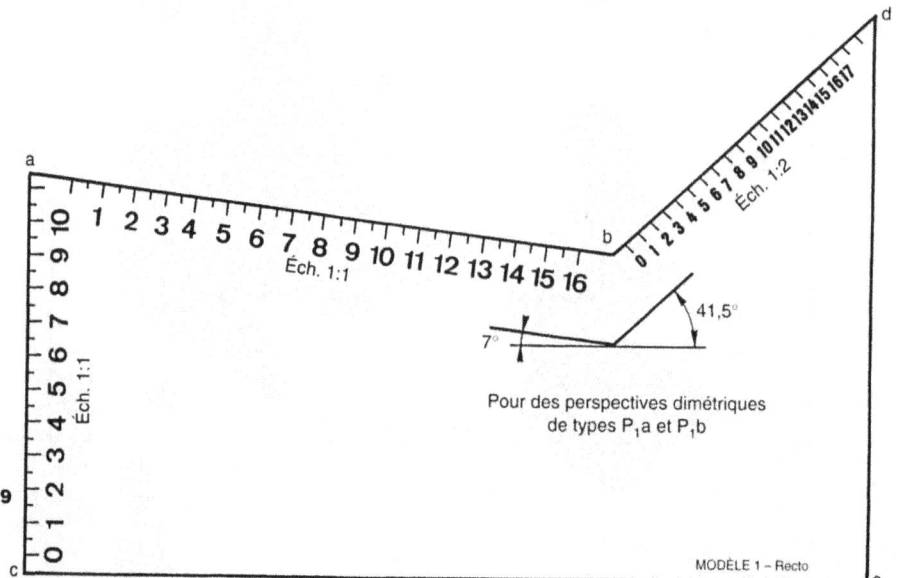

Pour des perspectives dimétriques de types P₁a et P₁b

MODÈLE 1 – Recto

Fig. 24.9

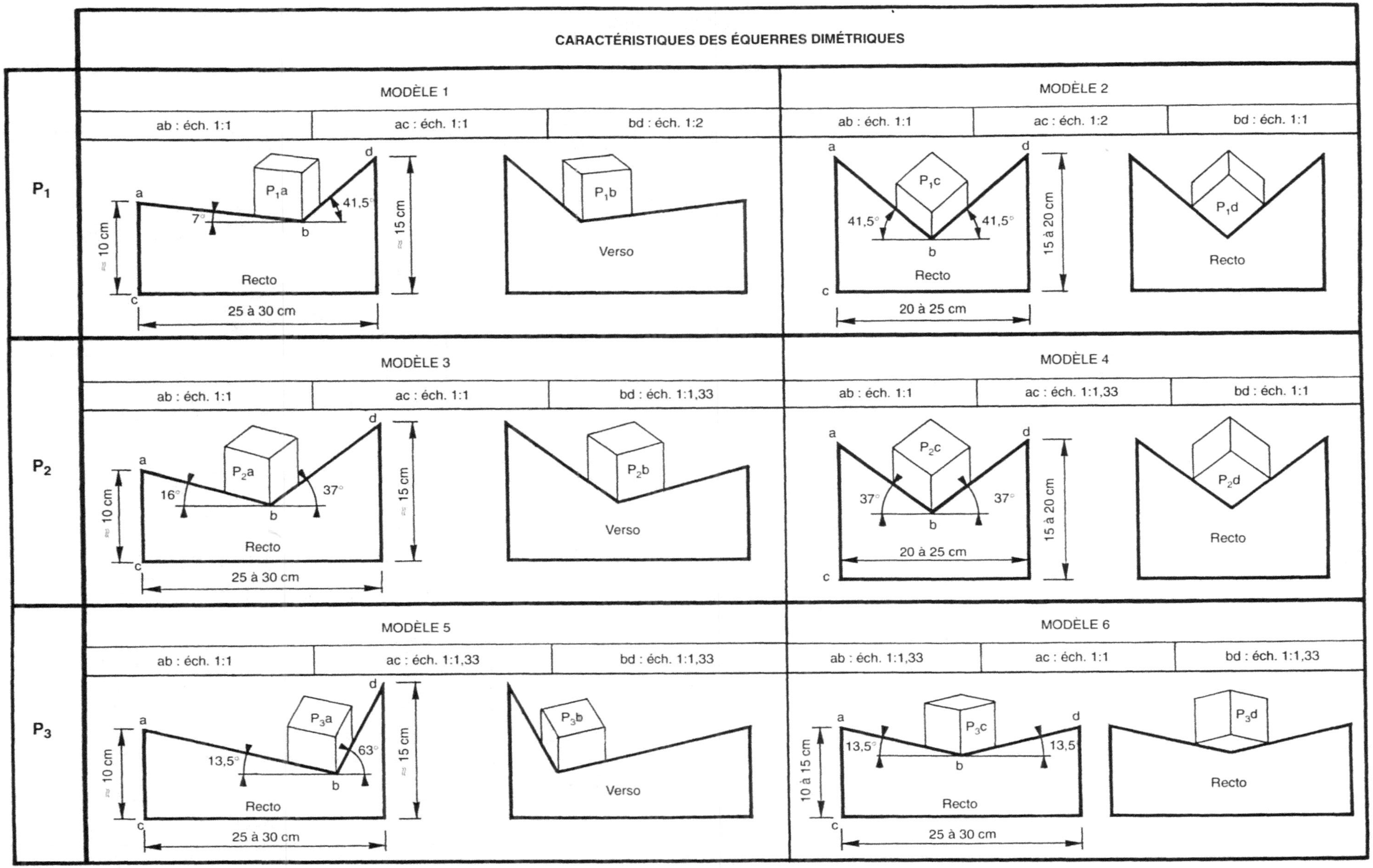
CARACTÉRISTIQUES DES ÉQUERRES DIMÉTRIQUES
P1
MODÈLE 1
ab : éch. 1:1
ac : éch. 1:1
bd : éch. 1:2
a
b
c
d
P1a
7°
41,5°
≈ 10 cm
≈ 15 cm
25 à 30 cm
Recto
P1b
Verso
MODÈLE 2
ab : éch. 1:1
ac : éch. 1:2
bd : éch. 1:1
P1c
41,5°
41,5°
20 à 25 cm
15 à 20 cm
Recto
P1d
Recto
P2
MODÈLE 3
ab : éch. 1:1
ac : éch. 1:1
bd : éch. 1:1,33
P2a
16°
37°
≈ 10 cm
≈ 15 cm
25 à 30 cm
Recto
P2b
Verso
MODÈLE 4
ab : éch. 1:1
ac : éch. 1:1,33
bd : éch. 1:1
P2c
37°
37°
20 à 25 cm
15 à 20 cm
Recto
P2d
Recto
P3
MODÈLE 5
ab : éch. 1:1
ac : éch. 1:1,33
bd : éch. 1:1,33
P3a
13,5°
63°
≈ 10 cm
≈ 15 cm
25 à 30 cm
Recto
P3b
Verso
MODÈLE 6
ab : éch. 1:1,33
ac : éch. 1:1
bd : éch. 1:1,33
P3c
13,5°
13,5°
10 à 15 cm
25 à 30 cm
Recto
P3d
Recto

Fig. 24.10

ou un **gabarit dimétrique** du commerce. Il s'agit d'une plaque en plexiglass transparent, le plus souvent teinté, dont les côtés sont orientés suivant les inclinaisons des directions principales. Les modèles les plus courants permettent de tracer des perspectives dimétriques usuelles ainsi que les ellipses correspondantes (voir le chapitre 29) ;

ou une **équerre dimétrique** confectionnée par vos soins et inspirée des gabarits du commerce.

24.4.2 Les équerres dimétriques

La fabrication d'une équerre dimétrique ne présente pas de difficulté particulière mais demande du soin et un peu de temps.

La figure 24.9 représente l'équerre dimétrique qui permet de tracer les perspectives de type **P₁a** et **P₁b**. Les côtés **ab** et **bd** sont respectivement inclinés de 7° et de 41,5° par rapport à l'horizontale.

Caractéristiques des côtés de l'équerre :

ac : longueur moyenne de 10 cm, gradué à l'échelle 1:1

ab : gradué à l'échelle 1:1

bd : gradué à l'échelle 1:2

de : longueur moyenne de 15 cm

ec : longueur moyenne de 25 à 30 cm

Le matériau conseillé est le carton fort de 1,5 mm à 2 mm d'épaisseur, ou mieux le verre organique (synthétique) de 1 mm d'épaisseur. Les avantages du verre sont la transparence et la résistance ; l'inconvénient réside dans la découpe soignée des bords qui nécessite l'emploi d'un outil de vitrier.

Les dimensions des côtés sont données à titre indicatif. Elles définissent une taille moyenne d'équerre. Une équerre trop petite ne permet pas de tracer en

continu des traits un peu longs, mais trop grande elle devient vite encombrante.

Pour graduer les côtés de l'équerre, on peut :

dessiner la graduation sur une feuille de papier calque à la plume tubulaire fine (0,1 mm ou 0,2 mm). C'est un tracé délicat qui demande beaucoup de précision ;

ou récupérer un mètre souple en papier disponible dans la plupart des magasins de bricolage.

La graduation peut être photocopiée sur du papier blanc ou sur un film transparent pour une équerre en verre organique.

La figure 24.10 réunit les caractéristiques des six équerres adaptées aux perspectives de type **P₁**, **P₂** et **P₃**. En s'inspirant de la méthode proposée, on peut confectionner des équerres pour toute autre perspective dimétrique de son choix.

24.4.3. Les réseaux dimétriques

La figure 24.11 présente les réseaux correspondant aux trois types **P₁**, **P₂** et **P₃**.

Si l'on considère le réseau du type **P₁**, on remarque qu'il est constitué de petits triangles isocèles. Les côtés **ab** et **ac** (voir le détail d'une maille) sont égaux et orientés suivant les deux directions dont le rapport de réduction est égal à 1 (échelle 1:1). Le troisième côté **bc** est parallèle à la troisième direction (rapport = 0,5 et échelle 1:2).

Comme il est disposé sur la figure, ce réseau permet de tracer la perspective de type **P₁a**. S'il est dessiné sur une feuille de papier calque, on peut, en le retournant, représenter des perspectives de type **P₁b**. Si on le fait pivoter de façon que **bc** soit vertical, il permet de tracer les perspectives repérées **P₁c** et **P₁d**.

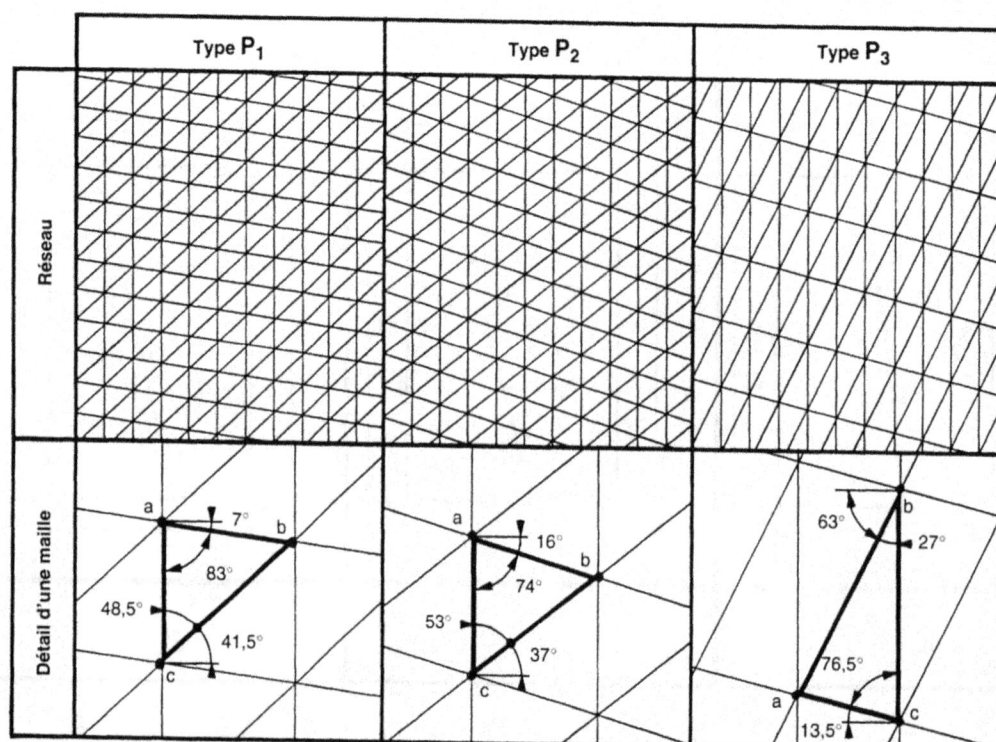

Fig. 24.11

Chapitre 25

Les perspectives trimétriques

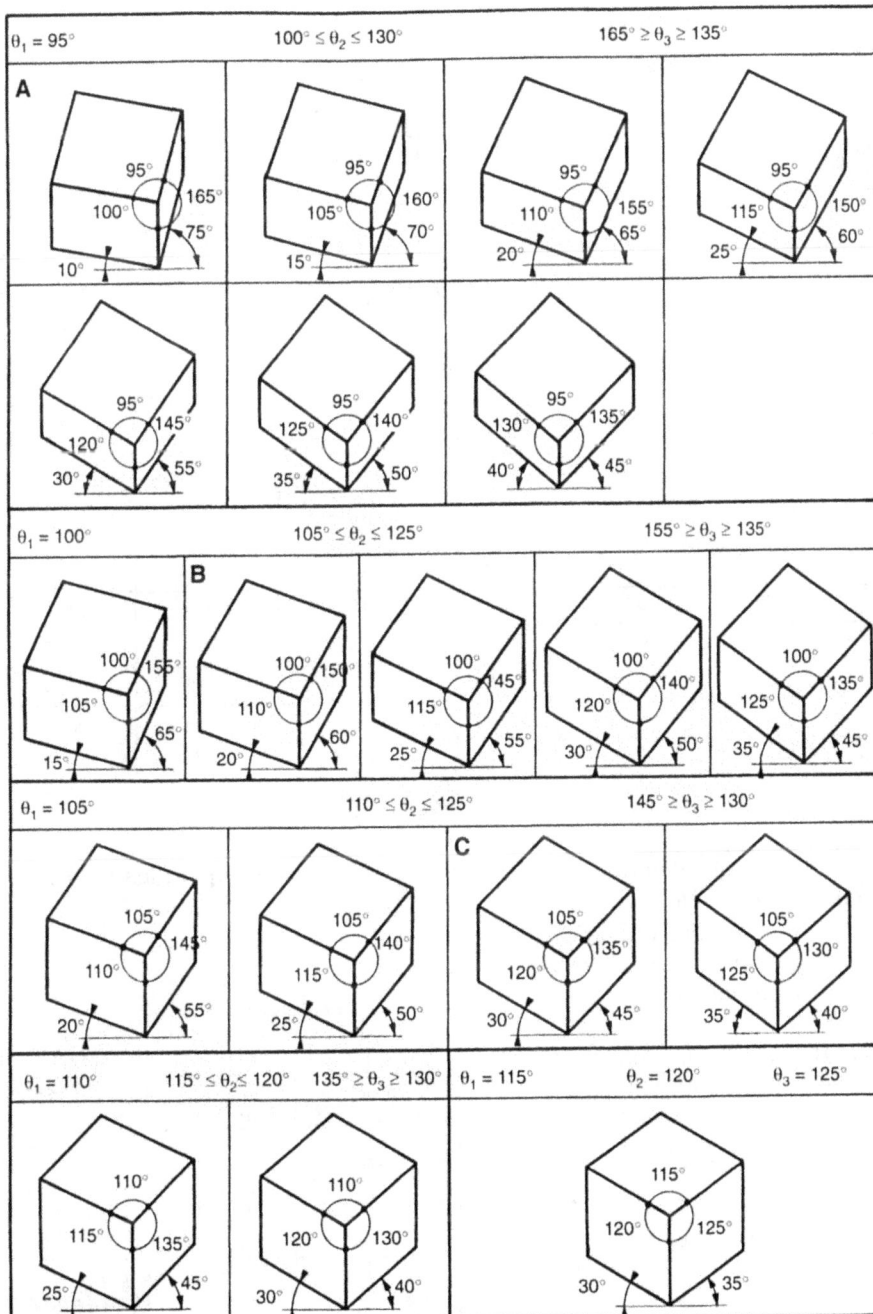

Fig. 25.1

25.1. Généralités

Lorsque les trois angles θ sont différents, la perspective est dite **trimétrique**. Ce type de perspective est intéressant car les trois faces observées ne sont pas traitées avec la même importance et les figurations ambiguës dues aux arêtes alignées sont peu fréquentes.

Il existe une infinité de perspectives trimétriques qui répondent à l'égalité suivante : $\theta_1 + \theta_2 + \theta_3 = 360°$. Les effets perspectifs changent suivant les valeurs angulaires choisies.

La figure 25.1 réunit dix-neuf perspectives trimétriques différentes d'un cube établies à partir des hypothèses suivantes :

▶ la face comprenant θ_1 correspond toujours au dessus du cube ; θ_2 est toujours situé sur la face latérale gauche et θ_3 sur la face latérale droite ;

▶ pour une valeur donnée de θ_1 (cinq valeurs sont retenues : 95°, 100°, 105°, 110° et 115°), θ_2 augmente progressivement par tranche de 5° tandis que θ_3 diminue d'autant.

Le tableau suivant précise pour chacune des dix-neuf perspectives les données suivantes :

▶ les valeurs des angles des faces θ_1, θ_2 et θ_3 (fig. 25.2) ;

▶ les valeurs des angles α et β mesurées par rapport à l'horizontale ;

▶ les rapports de réduction suivant les trois directions (**r**, **s** et **t**).

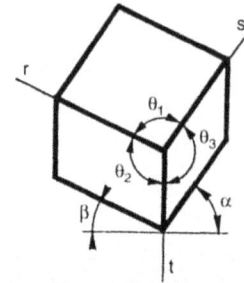

Fig. 25.2

Angles des faces			Angles des fuyantes		Rapports de réduction			Type
θ_1	θ_2	θ_3	α	β	$\cos\gamma_r$	$\cos\gamma_s$	$\cos\gamma_t$	
95°	100°	165°	75°	10°	0,992	0,821	0,584	A
	105°	160°	70°	15°	0,988	0,872	0,514	
	110°	155°	65°	20°	0,984	0,902	0,468	
	115°	150°	60°	25°	0,979	0,921	0,439	
	120°	145°	55°	30°	0,974	0,935	0,419	
	125°	140°	50°	35°	0,969	0,946	0,407	
	130°	135°	45°	40°	0,963	0,955	0,401	
100°	105°	155°	65°	15°	0,976	0,789	0,652	B
	110°	150°	60°	20°	0,967	0,834	0,608	
	115°	145°	55°	25°	0,958	0,865	0,578	
	120°	140°	50°	30°	0,948	0,889	0,558	
	125°	135°	45°	35°	0,936	0,907	0,548	
105°	110°	145°	55°	20°	0,950	0,786	0,693	C
	115°	140°	50°	25°	0,935	0,825	0,667	
	120°	135°	45°	30°	0,919	0,856	0,650	
	125°	130°	40°	35°	0,901	0,880	0,642	
110°	115°	135°	45°	25°	0,911	0,789	0,730	
	120°	130°	40°	30°	0,889	0,833	0,718	
115°	120°	125°	35°	30°	0,855	0,821	0,772	

Parmi toutes ces perspectives, trois d'entre elles, repérées **A**, **B** et **C** sont étudiées ci-après :

▶ la perspective de type **A** comporte deux faces prépondérantes. La troisième est très peu visible ($\theta_3 = 165°$). Son rapport de réduction suivant la direction **r** est proche de 1 ;

▶ la perspective de type **B** accorde une prépondérance dégressive aux trois faces. Un angle peut être tracé avec une équerre ordinaire (α = 60°). Son rapport de réduction suivant la direction **r** est proche de 1 ;

▶ la perspective de type **C** correspond à l'ancienne perspective trimétrique normalisée. Les angles α et β peuvent être tracés avec des équerres ordinaires. Son rapport de réduction suivant la direction **r** est proche de 1.

Le tableau suivant donne les caractéristiques de ces trois types de perspectives.

	Angles des faces			Rapports de réduction	
	θ_1	θ_2	θ_3	réels	arrondis
Type A	95°	100°	165°	$\cos\gamma_r = 0,992$ $\cos\gamma_s = 0,821$ $\cos\gamma_t = 0,584$	$\cos\gamma_r = 1,00$ $\cos\gamma_s = 0,83$ $\cos\gamma_t = 0,59$
Type B	100°	110°	150°	$\cos\gamma_r = 0,967$ $\cos\gamma_s = 0,834$ $\cos\gamma_t = 0,608$	$\cos\gamma_r = 1,00$ $\cos\gamma_s = 0,86$ $\cos\gamma_t = 0,63$
Type C	105°	120°	135°	$\cos\gamma_r = 0,919$ $\cos\gamma_s = 0,856$ $\cos\gamma_t = 0,650$	$\cos\gamma_r = 1,00$ $\cos\gamma_s = 0,93$ $\cos\gamma_t = 0,70$

25.2. Exemples de perspectives trimétriques

25.2.1 Perspectives de la boîte à lettres

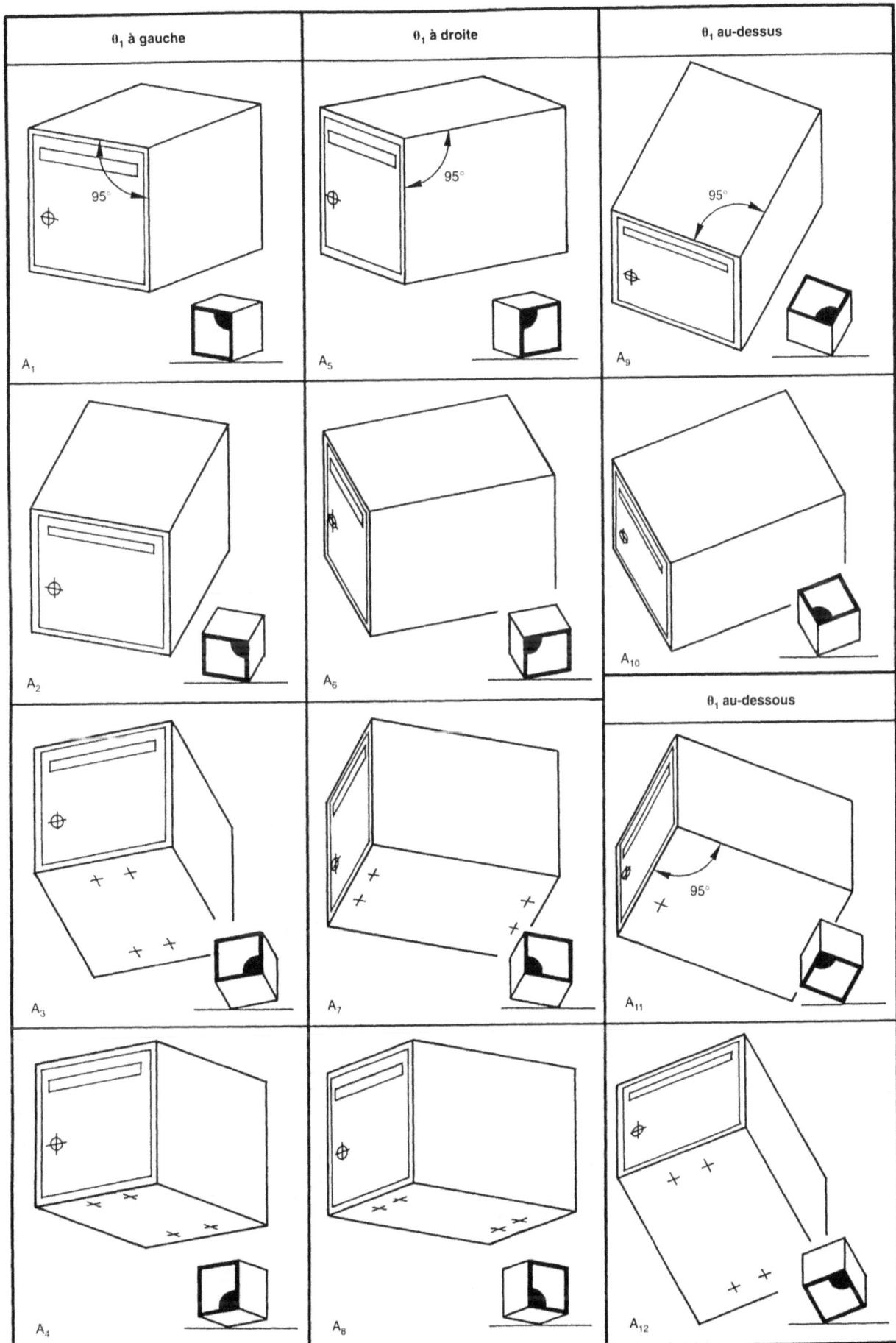

θ_1 à gauche	θ_1 à droite	θ_1 au-dessus

Fig. 25.3

La figure 25.3 regroupe douze perspectives trimétriques de type **A** de la boîte à lettres. La face avant de la boîte est toujours située du même côté. On remarque que certaines perspectives restituent mal les proportions : c'est le cas notamment des perspectives A_6, A_6, A_{10} et A_{11}.

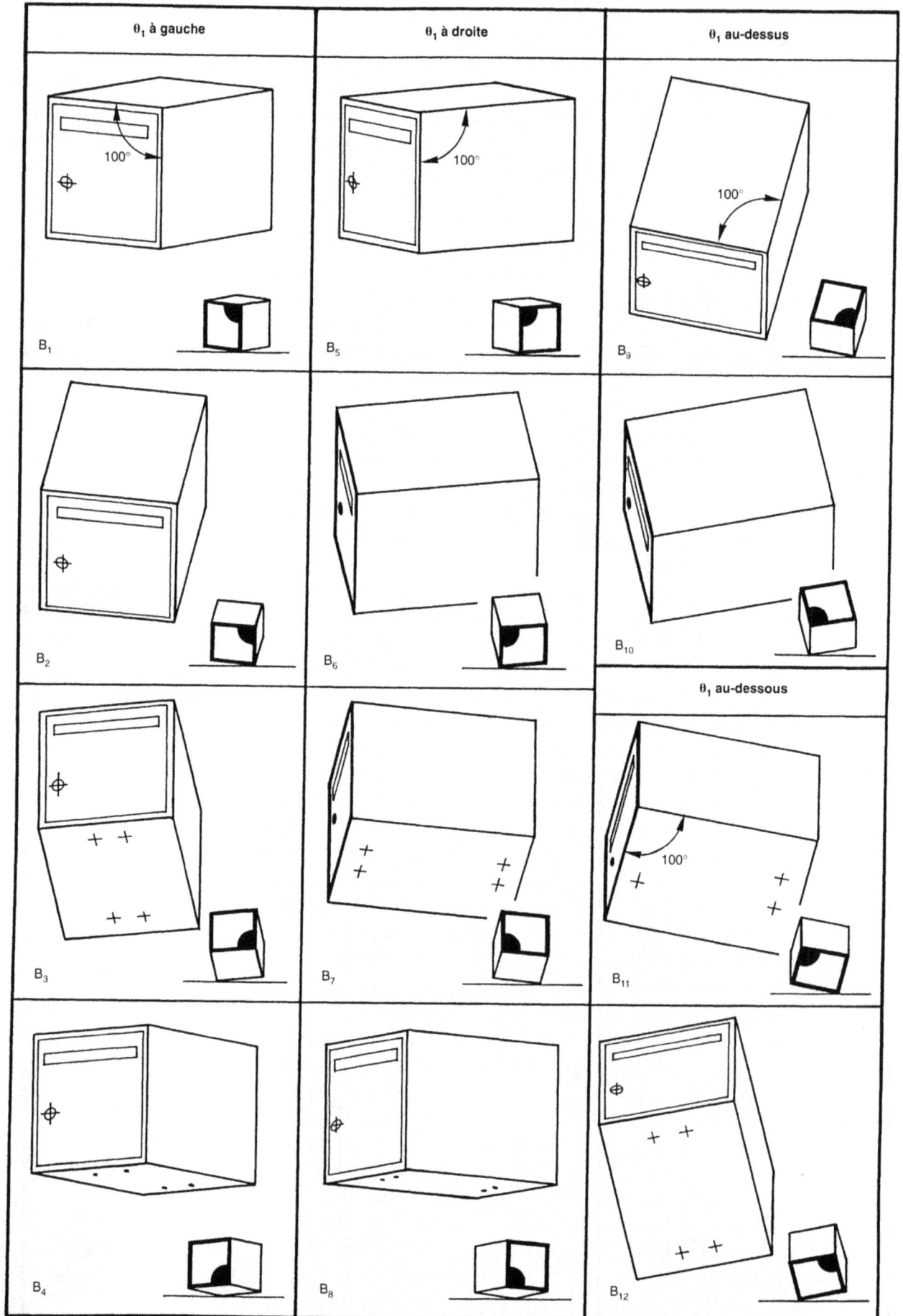

θ_1 à gauche	θ_1 à droite	θ_1 au-dessus

Fig. 25.4

Les figures 25.4 et 25.5 réunissent respectivement des perspectives du type **B** et **C**. Pour ce dernier type, certaines perspectives (C_9, C_{10}, C_{11} et C_{12}) peuvent être tracées avec des équerres ordinaires.

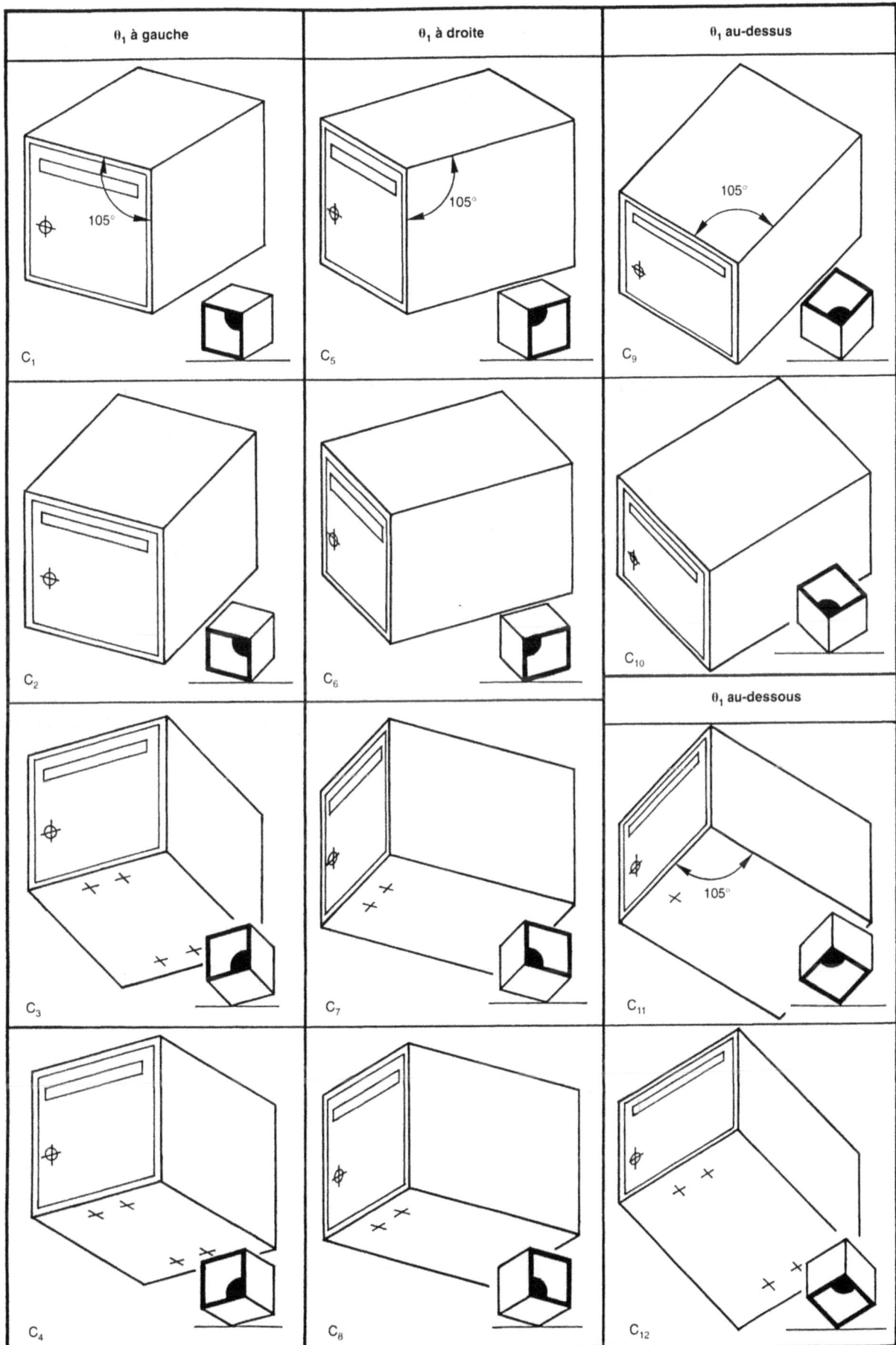

θ_1 à gauche	θ_1 à droite	θ_1 au-dessus

Fig. 25.5

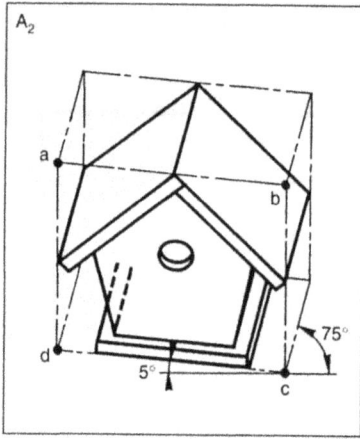

Fig. 25.6

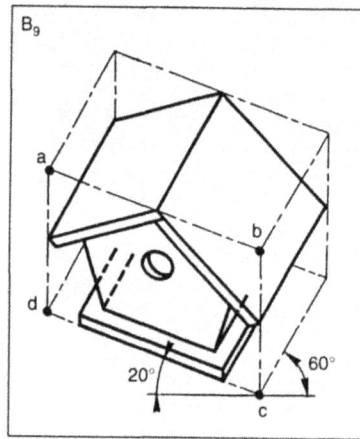

Fig. 25.7

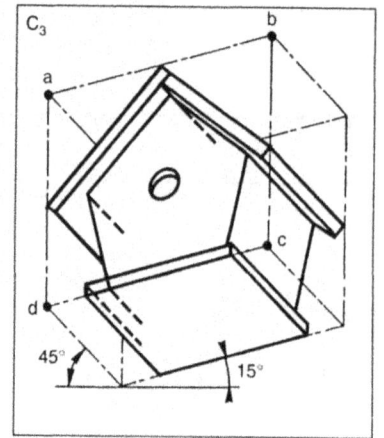

Fig. 25.8

25.2.2 Perspectives du nichoir

Trois exemples de perspectives trimétriques du nichoir sont présentés ci-après :

▶ figure 25.6 : perspective du type **A₂** ;
▶ figure 25.7 : perspective du type **B₉** avec α tracé à l'aide d'une équerre ordinaire ;
▶ figure 25.8 : perspective du type **C₃** avec β tracé à l'aide d'une équerre ordinaire.

25.3. Le tracé des perspectives trimétriques

25.3.1 Les équerres trimétriques

Les principes de réalisation sont les mêmes que ceux concernant les équerres dimétriques. Seuls changent l'inclinaison des côtés et les rapports de réduction à appliquer.

25.3.2 Les réseaux trimétriques

Le tracé des réseaux trimétriques ne présente pas plus de difficultés que celui des réseaux dimétriques.

Chapitre 26

Les perspectives cavalières

26.1. Généralités

La perspective axonométrique oblique est dite **cavalière** quand une face de l'objet est parallèle au plan de projection (fig. 26.1). Toutes les faces et arêtes parallèles au tableau sont représentées en vraie grandeur, à l'échelle du dessin (faces **ABCD** et **FGHE**). Les arêtes perpendiculaires au plan de projection (arêtes **AF**, **DE**, **BG** et **CH**) sont représentées par des segments parallèles et inclinés (angle α).

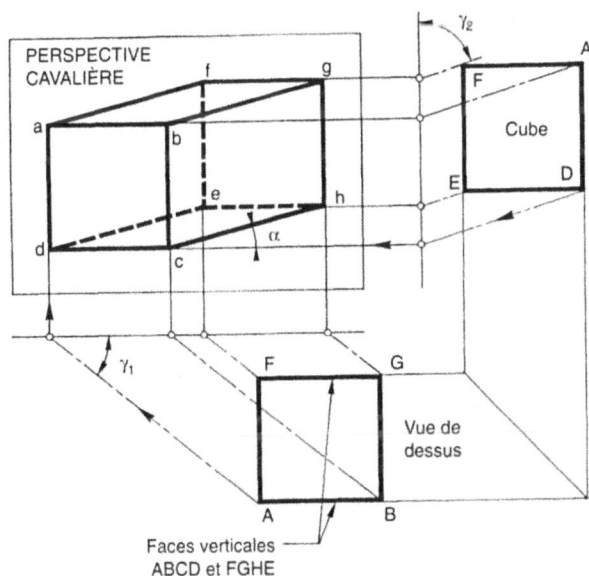

Fig. 26.1

La perspective cavalière de ce cube possède quatre faces latérales très allongées. Pourquoi obtient-on une telle perspective avec des arêtes fuyantes plus longues que les côtés du cube ? Cette singularité est due aux propriétés particulières des perspectives axonométriques obliques : en perspective axonométrique orthogonale, les rayons visuels sont par définition perpendiculaires au tableau, comme est

perpendiculaire à la feuille de dessin, le regard de celui qui observe une telle perspective : l'objet réel se projette comme le dessin de cet objet est regardé. Cette similitude entre projection et observation n'existe pas dans le cas de la perspective axonométrique oblique : les rayons visuels sont inclinés par rapport au tableau (angles γ_1 et γ_2) mais le dessin est toujours regardé perpendiculairement.

Cette antinomie confère aux perspectives obliques un aspect souvent peu naturel, artificiel. Pour autant, ce mode de projection ne doit pas être abandonné car les perspectives cavalières sont faciles à exécuter. Mais il convient de choisir correctement les paramètres d'exécution pour éviter les effets perspectifs disgracieux incompatibles avec la forme réelle de l'objet.

26.2. Les paramètres d'exécution

Toute perspective cavalière est définie par deux paramètres :

▶ **l'angle α d'inclinaison des fuyantes** (fig. 26.2) ;
▶ **le rapport de réduction R**.

Il n'y a pas de relation entre α et **R**. Ces deux paramètres sont indépendants l'un de l'autre.

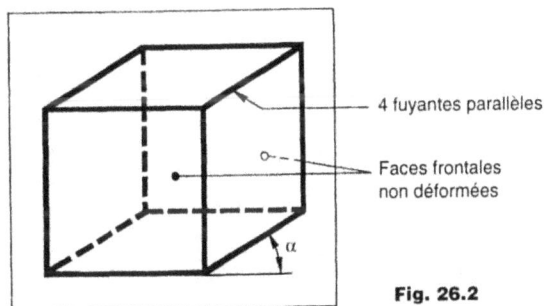

Fig. 26.2

26.2.1 L'angle α

C'est l'angle aigu situé entre l'horizontale et la fuyante. Les valeurs habituellement retenues permettent le tracé des fuyantes à l'équerre. Ce sont les angles de 30°, 45° et 60°.

26.2.2 Le rapport R

C'est la valeur appliquée à la longueur des fuyantes. Pour donner l'illusion du raccourcissement, le rapport de réduction doit être inférieur à 1.

26.2.3 La variation des paramètres

La figure 26.3 réunit quinze perspectives cavalières différentes d'un cube établies à partir des valeurs suivantes :

▶ α = 30°, 45° et 60° ;
▶ **R** = 0,8 ; 0,7 ; 0,6 ; 0,5 et 0,4.

L'observation des différentes perspectives appelle les commentaires suivants :

▶ lorsque **R** varie de 0,7 à 0,5, les effets perspectifs obtenus sont réalistes. Les volumes cubiques sont correctement restitués quelle que soit la valeur de α. Le choix de ce dernier dépend avant tout de la nature de l'objet. Si celui-ci comporte sur le côté des formes particulières, il est préférable de retenir une inclinaison de 30° qui accorde plus d'importance aux faces latérales. Pour la même raison, l'inclinaison de 60° est recommandée quand la face supérieure de l'objet doit être privilégiée ;

▶ les trois perspectives établies avec **R** = 0,8 restituent mal la forme cubique. Un tel coefficient ne doit être utilisé que pour les objets dont la dimension, suivant la direction des fuyantes, est peu importante. Sinon les formes sont trop allongées et incompatibles avec les effets de raccourcissement attendus ;

▶ pour les trois perspectives établies avec **R** = 0,4, les cubes apparaissent légèrement aplatis. En règle générale, ce rapport est surtout réservé aux objets longs.

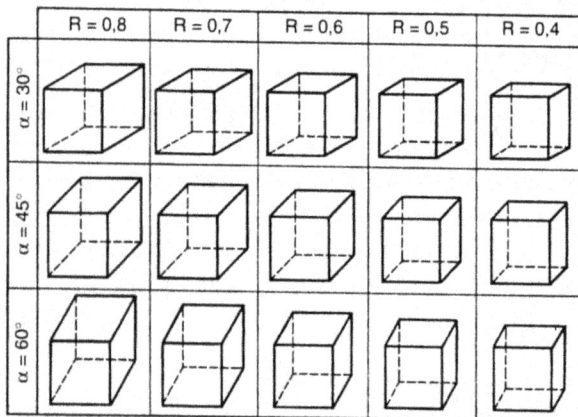

Fig. 26.3

26.3. La perspective cavalière avec α = 45°

26.3.1 Les perspectives cavalières normalisées

La norme NF ISO 5456-3 (voir la bibliographie en fin d'ouvrage) recommande deux types de perspectives cavalières :

▶ **l'axonométrie cavalière spéciale** avec α = 45° et **R** = 1. « La projection axonométrique spéciale est très simple à dessiner et rend possible la cotation du dessin mais crée dans les proportions une forte distorsion le long du troisième axe de coordonnées » ;

▶ **l'axonométrie cavalière** avec α = 45° et **R** = 0,5. « L'axonométrie cavalière est similaire à l'axonométrie cavalière spéciale, la seule différence étant que sur le troisième axe projeté, l'échelle est réduite dans un rapport de 2. Cela donne une meilleure proportion au dessin ».

Cette dernière perspective est très employée. Elle peut être tracée avec une équerre ordinaire à 45° et la division par deux des longueurs des fuyantes n'exige pas l'emploi d'une calculatrice.

26.3.2 La perspective cavalière avec α = 45° et R = 0,5

La figure 26.4 représente un cube en perspective cavalière avec α = 45° et **R** = 0,5.

Les projetantes qui sont inclinées par rapport au plan de projection définissent deux angles :

▶ un angle γ_1 observé sur la vue de dessus ;
▶ un angle γ_2 observé sur la vue latérale.

Calcul des angles γ_1 et γ_2 :

$$\tan\gamma_1 = \tan\gamma_2 = \frac{1}{\dfrac{0,5}{\sqrt{2}}} = 2\sqrt{2} \approx 2,828$$

d'où : $\gamma_1 = \gamma_2 \approx \mathbf{70,53°}$

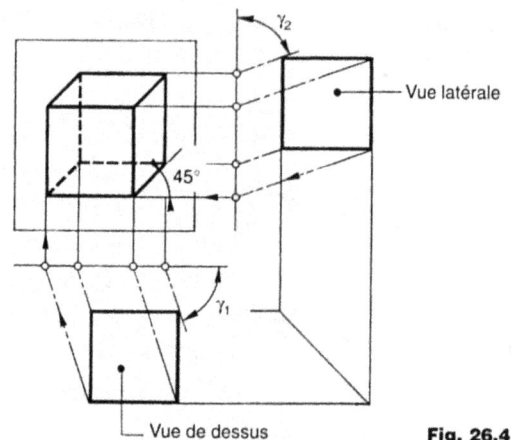

Fig. 26.4

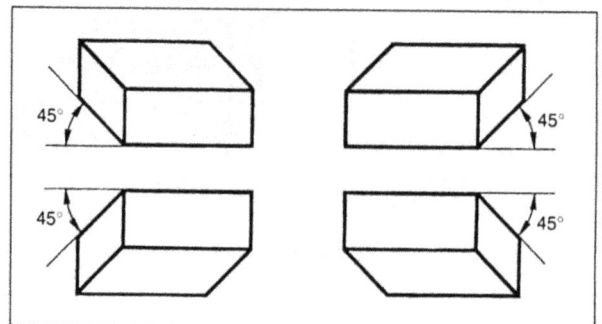

Fig. 26.5

Il existe quatre orientations possibles pour une fuyante inclinée à 45°. On peut donc tracer à partir de la même face frontale quatre perspectives cavalières différentes (fig. 26.5).

26.3.3 Perspectives cavalières de la boîte à lettres

La figure 26.6 réunit seize perspectives cavalières différentes de la boite à lettres avec $\alpha = 45°$ et $\mathbf{R} = 0,5$ obtenues à partir des éléments suivants :

▶ les quatre orientations possibles des fuyantes ;

▶ les quatre faces frontales différentes : face avant, côté droit, côté gauche et face arrière.

26.3.4 Les règles d'exécution

Les étapes à suivre pour le tracé d'une perspective cavalière sont les suivantes :

▶ choisir les paramètres d'exécution α et $\mathbf{R}$ en fonction des formes de l'objet et de l'effet perspectif souhaité ;

▶ choisir le côté faisant office de face frontale. Il est conseillé d'adopter comme face frontale le côté de l'objet qui présente le plus d'intérêt ou bien celui qui comporte des formes complexes, alors plus faciles à dessiner car non déformées ;

▶ représenter le volume capable correspondant aux plus grandes dimensions de l'objet suivant les trois directions ;

▶ dessiner la vue frontale ;

▶ compléter le tracé par la représentation des faces latérales déformées et éventuellement les arêtes cachées ;

▶ mettre au net.

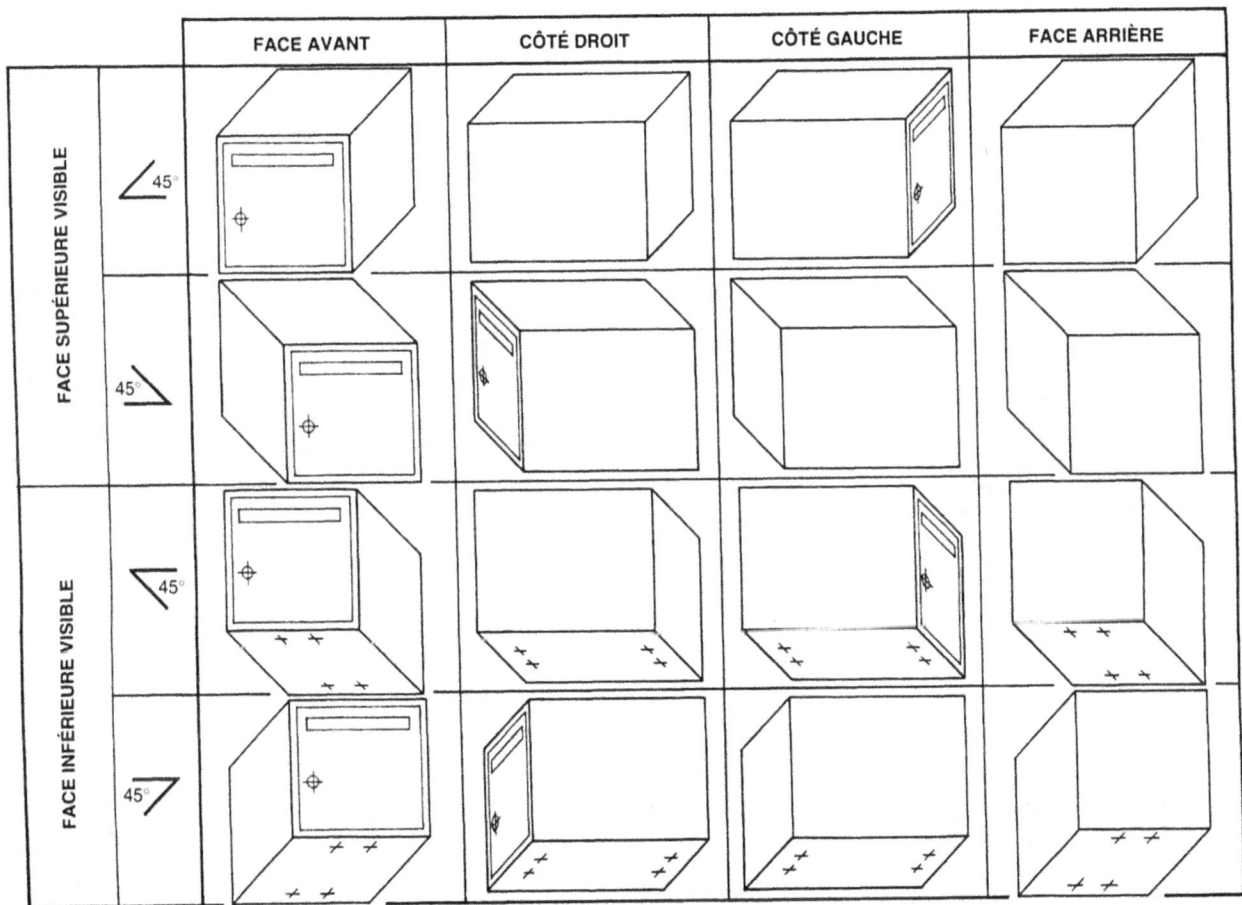

Fig. 26.6

26.4. Les ambiguïtés de représentation

Une perspective cavalière ne présente en règle générale aucune difficulté de compréhension. Toutefois, dans un certain nombre de cas limités, les effets de volume sont mal restitués et peuvent rendre malaisée la lecture des formes. Ces représentations ambiguës, analogues à celles rencontrées lors de l'étude des perspectives isométriques, sont dues le plus souvent à des surfaces dont l'image perspective est réduite à un segment.

Les différents cas abordés ci-dessous concernent seulement la perspective cavalière dite à 45°. La générali-

sation de cette étude aux autres types de perspectives cavalières est abordée plus loin.

26.4.1 Les différentes situations étudiées

La figure 26.7 réunit trois situations différentes pour lesquelles la perspective cavalière obtenue présente des ambiguïtés de lecture :

▶ **situation A** : la perspective cavalière du plan **ABCD** incliné à 45° est le segment **bacd** incliné à 45° ;

▶ **situation B** : l'inclinaison du plan **ABCD** est en vue latérale identique à celle des projetantes (angle γ_2). La perspective cavalière obtenue est le segment horizontal **bacd** ;

▶ **situation C** : l'inclinaison du plan **ABCD** est en vue de dessus identique à celle des projetantes (angle γ_1). La perspective cavalière obtenue est le segment vertical **abcd**.

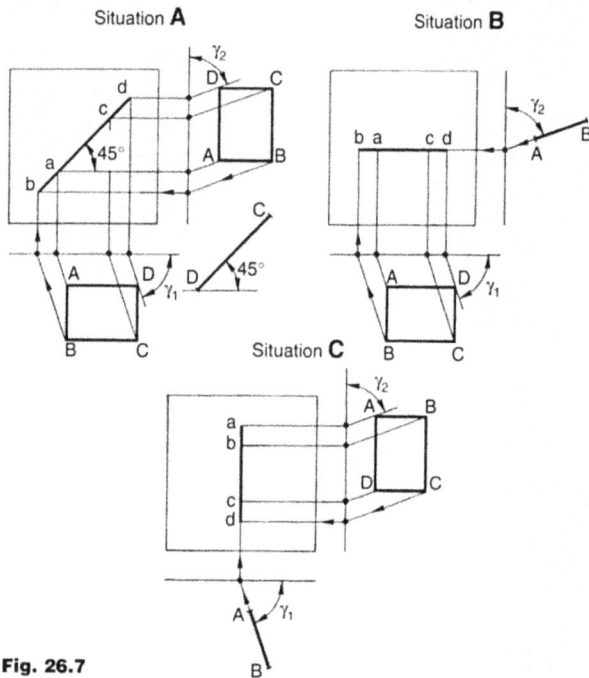

sine de 45°, sous peine d'obtenir une image perspective de cette face très aplatie.

26.4.3 Étude de la situation ß

L'objet représenté sur la figure 26.9 possède une face inclinée ascendante **ABCD** faisant un angle γ de 70,53° avec le plan de projection. Les perspectives déconseillées sont celles dont l'inclinaison des fuyantes est contraire à celle de la face **ABCD**. Ce cas particulier se rencontre très rarement. Choisir des fuyantes inclinées du même côté que la face **ABCD** (voir les deux perspectives recommandées). Il est également conseillé de faire ce choix lorsque l'inclinaison de la face est proche de 70°, sous peine d'obtenir une image perspective de cette face très aplatie.

Fig. 26.7

26.4.2 Étude de la situation A

Fig. 26.8

Les deux objets représentés sur la figure 26.8 possèdent une face **ABCD** inclinée à 45°. Les perspectives déconseillées sont celles dont les fuyantes sont parallèles aux arêtes **ab** et **cd**. Choisir des fuyantes non parallèles à ces arêtes (voir les quatre perspectives recommandées). Il est conseillé également de faire ce choix lorsque l'inclinaison de la face **ABCD** est voi-

Fig. 26.9

26.4.4 Étude de la situation C

Fig. 26.10

Les deux objets représentés sur la figure 26.10 possèdent une face verticale **ABCD** faisant un angle γ de 70,53° avec le plan de projection. Comme dans le cas précédent, les perspectives déconseillées sont celles dont l'inclinaison des fuyantes est contraire à celle de la face **ABCD**. Dans les perspectives recommandées, les fuyantes sont inclinées du même côté que la face **ABCD**.

26.4.5 Quelques exemples

Sont exposés ci-dessous deux exemples d'objets fictifs dont les formes s'inspirent des trois situations étudiées.

▶ **Pièce n° 1** (fig. 26.11) : l'objet comporte une face inclinée à 45° (situation **A**) et une face verticale faisant un angle de 70,53° (situation **C**) avec le plan de projection. La perspective ① est déconseillée car elle est difficile à comprendre. La perspective ② ne présente, au contraire, aucune difficulté de lecture.

PIÈCE N° 1

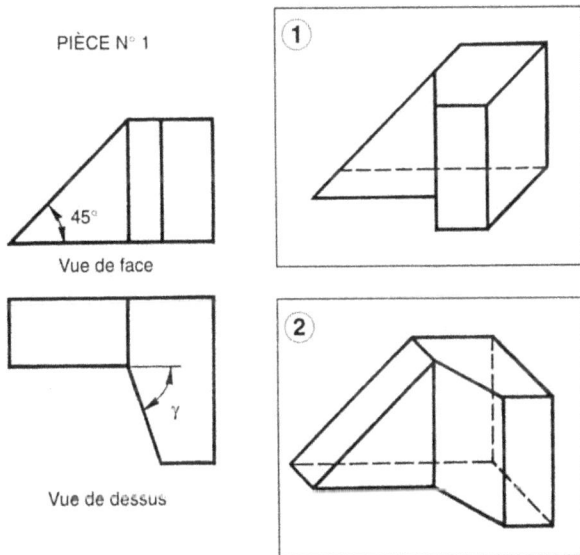

Fig. 26.11

PIÈCE N° 2

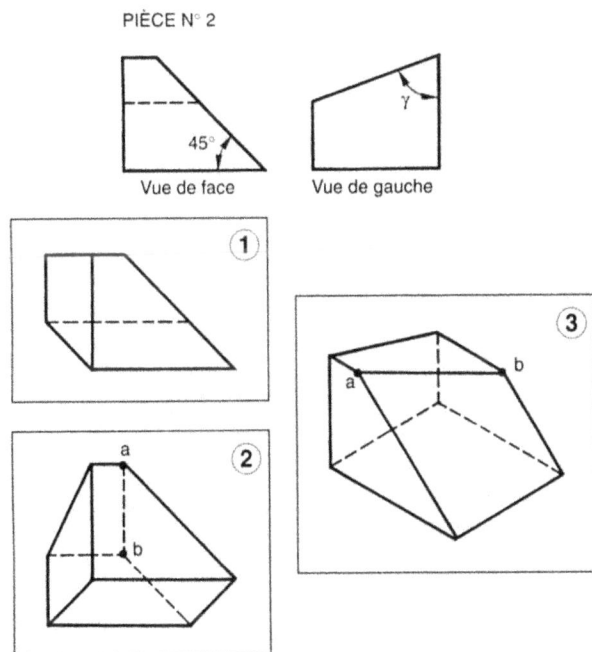

Fig. 26.12

▶ **Pièce n° 2** (fig. 26.12) : l'objet possède deux faces inclinées, l'une à 45° (situation **A**) et l'autre ascendante faisant un angle de 70,53° (situation **B**) avec le plan de projection. La perspective ① est illisible. La perspective ② est un peu plus compréhensible bien que l'arête **ab** oblique donne l'impression d'être verticale. Ce dernier exemple montre les limites, dans cette situation là, de la perspective cavalière. La perspective isométrique ③ donne, quant à elle, une image très lisible de la pièce.

26.4.6 Commentaires

Les situations **A**, **B** et **C** concernent uniquement les perspectives cavalières à 45°, avec **R** = 0,5. Pour les autres types de perspectives cavalières dont les paramètres sont différents, les ambiguïtés de lecture peuvent se produire pour les valeurs de $γ_1$ et $γ_2$ indiquées dans le tableau suivant.

	R = 0,4	R = 0,5	R = 0,6	R = 0,7	R = 0,8
α = 30°	$γ_1$ = 70,89° $γ_2$ = 78,69°	$γ_1$ = 66,59° $γ_2$ = 75,96°	$γ_1$ = 62,54° $γ_2$ = 73,30°	$γ_1$ = 58,78° $γ_2$ = 70,71°	$γ_1$ = 55,28° $γ_2$ = 68,20°
α = 45°	$γ_1$ = 74,21° $γ_2$ = 74,21°	$γ_1$ = 70,53° $γ_2$ = 70,53°	$γ_1$ = 67,01° $γ_2$ = 67,01°	$γ_1$ = 63,66° $γ_2$ = 63,66°	$γ_1$ = 60,50° $γ_2$ = 60,50°
α = 60°	$γ_1$ = 78,69° $γ_2$ = 70,89°	$γ_1$ = 75,96° $γ_2$ = 66,59°	$γ_1$ = 73,30° $γ_2$ = 62,54°	$γ_1$ = 70,71° $γ_2$ = 58,78°	$γ_1$ = 68,20° $γ_2$ = 55,28°

26.5. Quelques exemples

Quelques perspectives cavalières du nichoir :

▶ figure 26.13 : perspective à 45°. Malgré l'alignement des arêtes **ab** et **bc** (illustration de la situation **A**), le toit est identifiable. La représentation sans ambiguïté du versant droit laisse penser que l'autre versant est identique ;

▶ figure 26.14 : cette perspective à 30° supprime tout interprétation équivoque relative à la toiture ;

▶ figure 26.15 : sur cette perspective à 45°, le versant du toit est privilégié au détriment de la face avant ;

▶ figure 26.16 : la face avant apparaît également très peu sur cette perspective à 60°. La forte inclinaison des fuyantes donne au pan de toiture une grande importance.

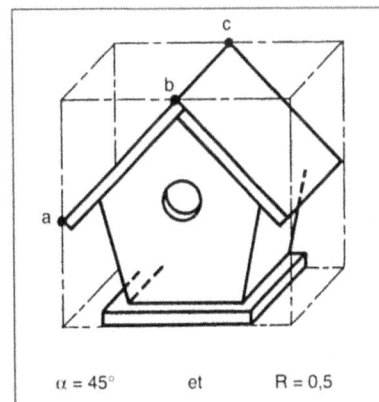

Fig. 26.13

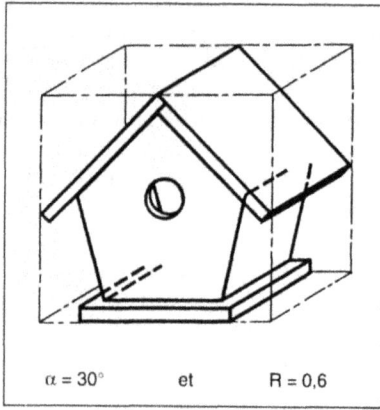

α = 30°   et   R = 0,6

Fig. 26.14

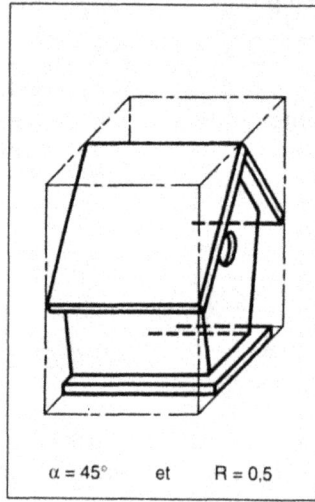

α = 45°   et   R = 0,5

Fig. 26.15

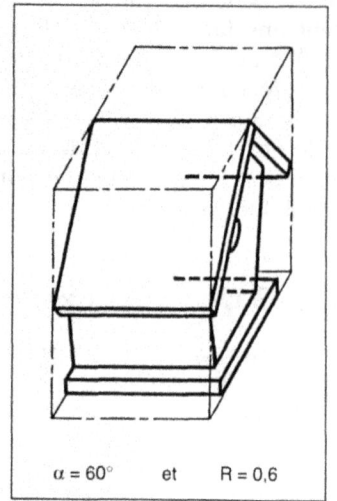

α = 60°   et   R = 0,6

Fig. 26.16

Chapitre / 27

Les perspectives planométriques

27.1. Généralités

Une **perspective planométrique** est une perspective cavalière particulière dont le plan de projection est horizontal. Ce dernier peut être placé :

▶ au-dessous de l'objet : les projetantes sont orientées vers le bas. La perspective est dite **planométrique plongeante** (fig. 27.1) ;

▶ au-dessus de l'objet : les projetantes sont orientées vers le haut. La perspective est dite **planométrique plafonnante** (fig. 27.2).

Dans les deux cas, le plan de projection (tableau) est parallèle aux faces horizontales de l'objet.

L'appellation planométrique figure dans la norme NF ISO 5456-3 relative aux perspectives axonométriques (voir la bibliographie en fin d'ouvrage).

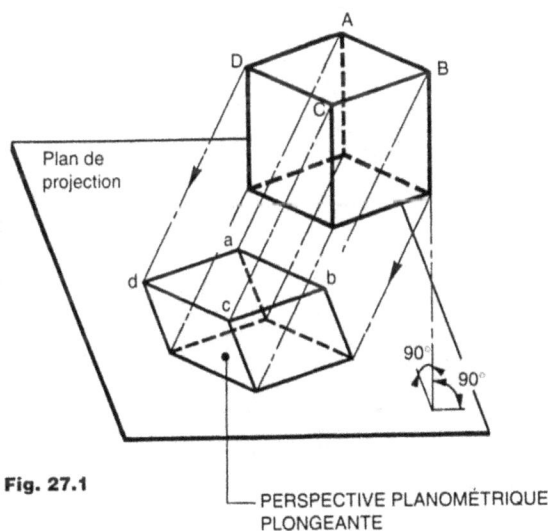

Fig. 27.1

PERSPECTIVE PLANOMÉTRIQUE PLONGEANTE

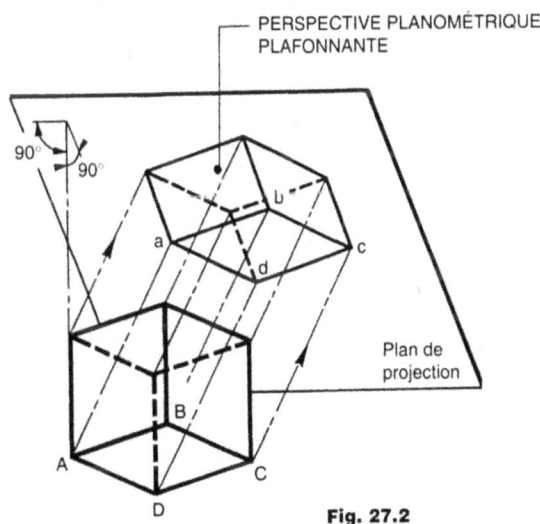

Fig. 27.2

27.2. Les paramètres d'exécution

27.2.1 Angles α, β et rapport R

Comme toute perspective cavalière, les perspectives planométriques sont définies par plusieurs paramètres (fig. 27.3) :

▶ les angles d'inclinaison des fuyantes α et β ($\alpha + \beta = 90°$). Les trois combinaisons habituellement utilisées sont : 30° et 60°, 45° et 45°, 60° et 30° ;

▶ le rapport de réduction **R** appliqué aux fuyantes verticales.

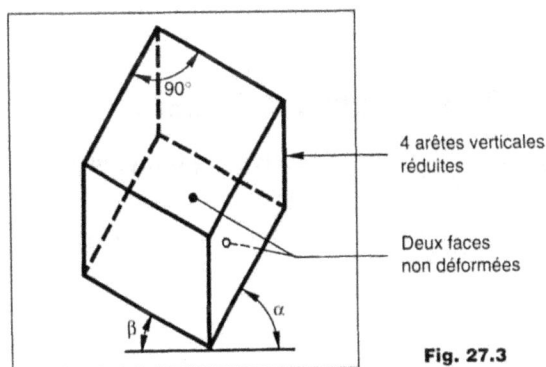

Fig. 27.3

27.2.2 La variation des paramètres

La figure 27.4 réunit quinze perspectives planométriques différentes d'un cube obtenues à partir des valeurs suivantes : α = 60°, 45°, 30° et **R** = 0,8 ; 0,7 ; 0,6 ; 0,5 et 0,4.

	R = 0,8	R = 0,7	R = 0,6	R = 0,5	R = 0,4
α = 60° β = 30°					
α = 45° β = 45°					
α = 30° β = 60°					

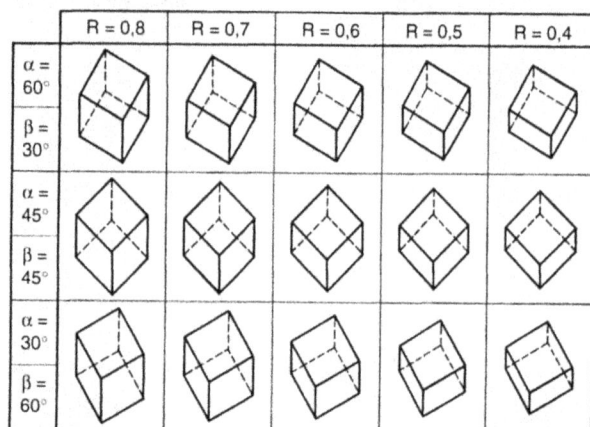

Fig. 27.4

Les observations relatives au choix du rapport de réduction **R** sont identiques à celles concernant les perspectives cavalières ordinaires.

27.3. Exemples de perspectives planométriques

27.3.1 Perspectives de la boîte à lettres

La figure 27.5 regroupe huit perspectives planométriques de la boite à lettres dont les paramètres sont : α = 60°, β = 30° et **R** = 0,7.

Les quatre perspectives de la première ligne sont **plongeantes** avec le dessus de la boite représenté sans déformation (les angles droits existants sont conservés). Les autres perspectives sont **plafonnantes** avec, cette fois-ci, le dessous de la boite représenté sans déformation.

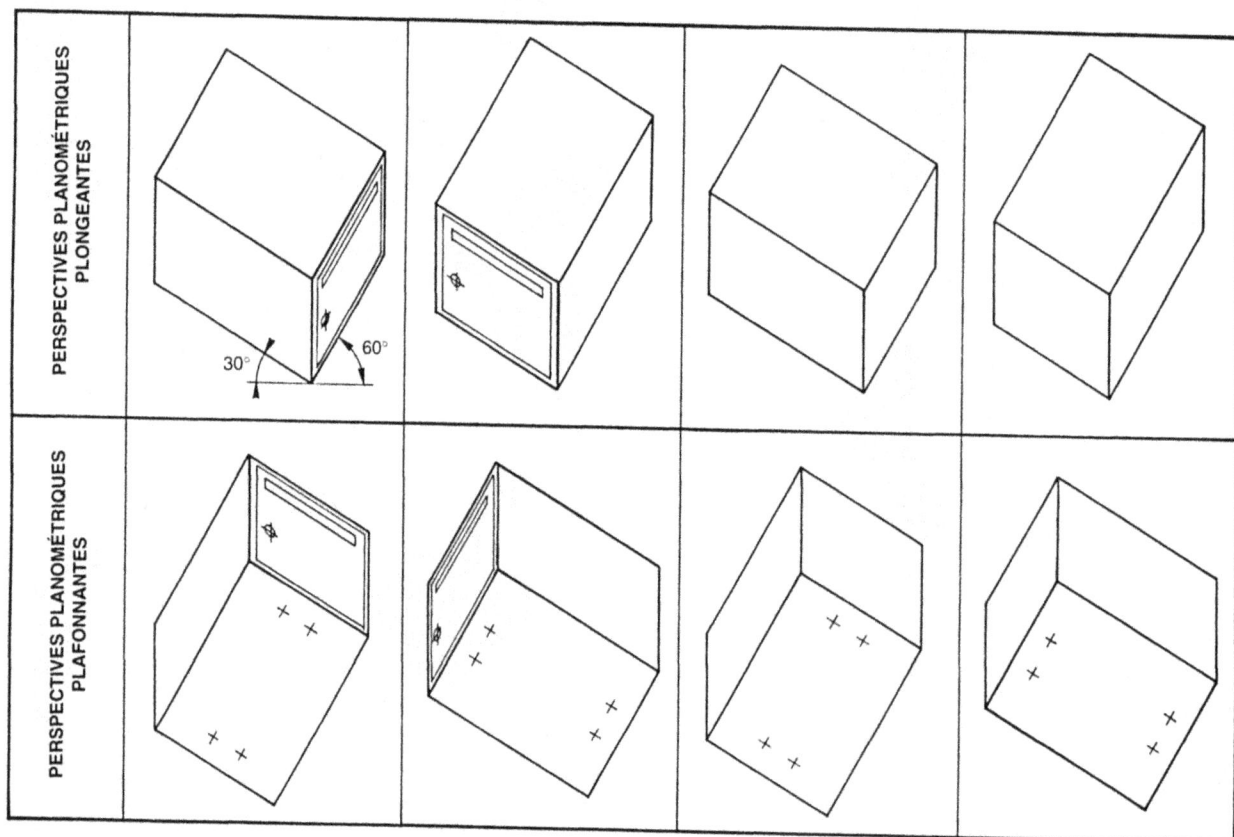

Fig. 27.5

27.3.2 Perspectives du nichoir

▶ figure 27.6 : **perspective plongeante** avec α = 60° et **R** = 0,7 ;

▶ figure 27.7 : **perspective plafonnante** avec α = 30° et **R** = 0,6.

27.3.3 Perspective d'un abri de jardin

Soit un petit abri de jardin défini par deux dessins de façades et une vue en plan (fig. 27.8). La figure 27.9 représente une **perspective plongeante** de la partie inférieure de l'abri. Cette perspective est simple d'exécution : il suffit de décalquer la vue en plan, d'orienter ensuite le dessin suivant les angles souhaités (α = 60°) puis de dessiner les arêtes verticales réduites (**R** = 0,7).

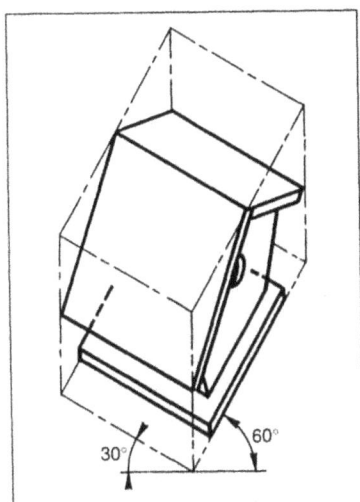

Fig. 27.6

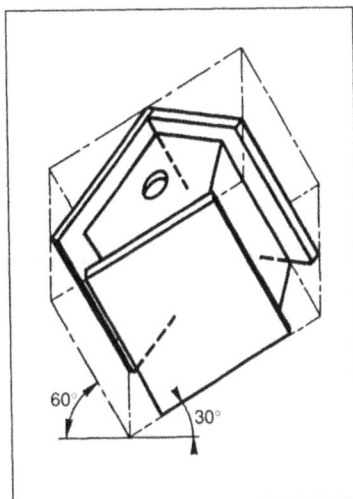

Fig. 27.7

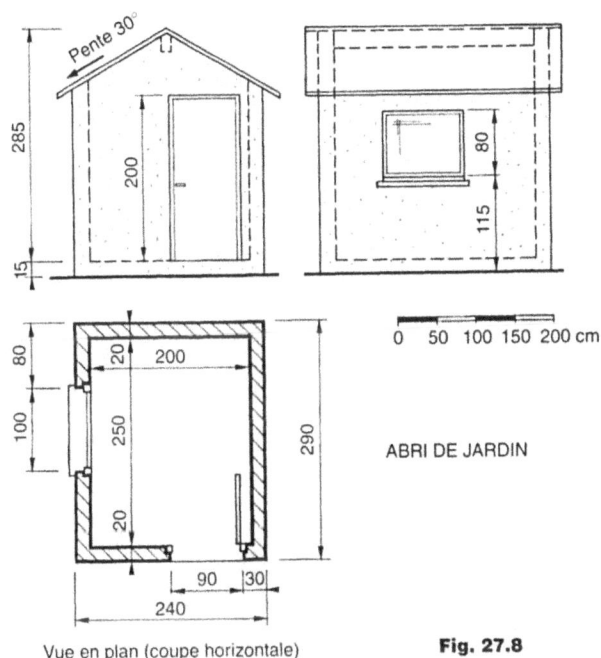

Pente 30°

285

200

15

80

115

0 50 100 150 200 cm

80

100

20 200

250

20

90 30

240

ABRI DE JARDIN

290

Vue en plan (coupe horizontale)

Fig. 27.8

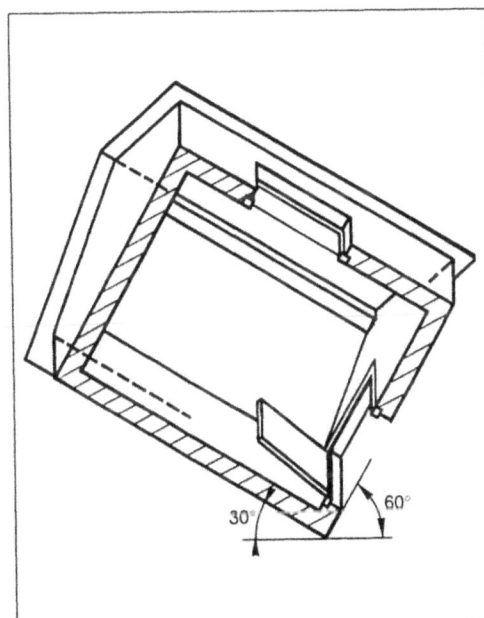

Fig. 27.10

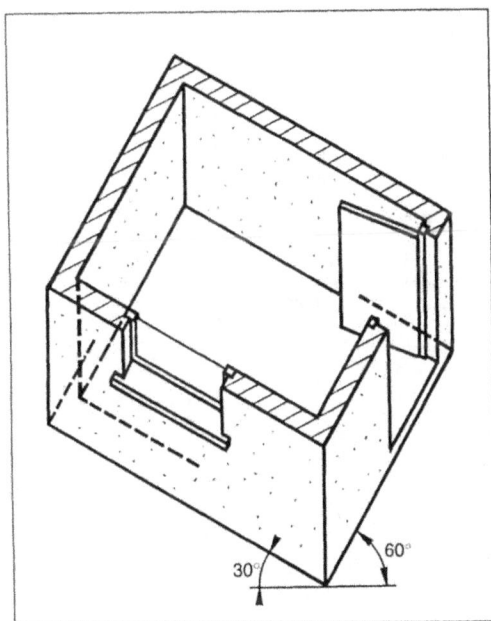

Fig. 27.9

La figure 27.10 représente une **perspective plafonnante** de la partie supérieure de l'abri avec $\alpha = 60°$ et **R** = 0,7.

27.3.4 Perspectives d'une maison individuelle

Soit une maison individuelle dont une partie des plans d'architecture est reproduite ci-après (fig. 27.11 à 27.14).

La figure 27.15 représente une **perspective plongeante du rez-de-chaussée**. Il convient d'abord de décalquer le plan du rez-de-chaussée puis de représenter les arêtes verticales réduites des murs et des cloisons (**R** = 0,7).

Cette perspective montre, de façon bien plus explicite que ne le fait le plan du rez-de-chaussée, l'espace occupé par chaque pièce, la surélévation du plancher de la cuisine et du séjour. On pourrait agrémenter la perspective en représentant le mobilier mais le temps d'exécution augmenterait de façon significative.

REZ-DE-CHAUSSÉE

Nord

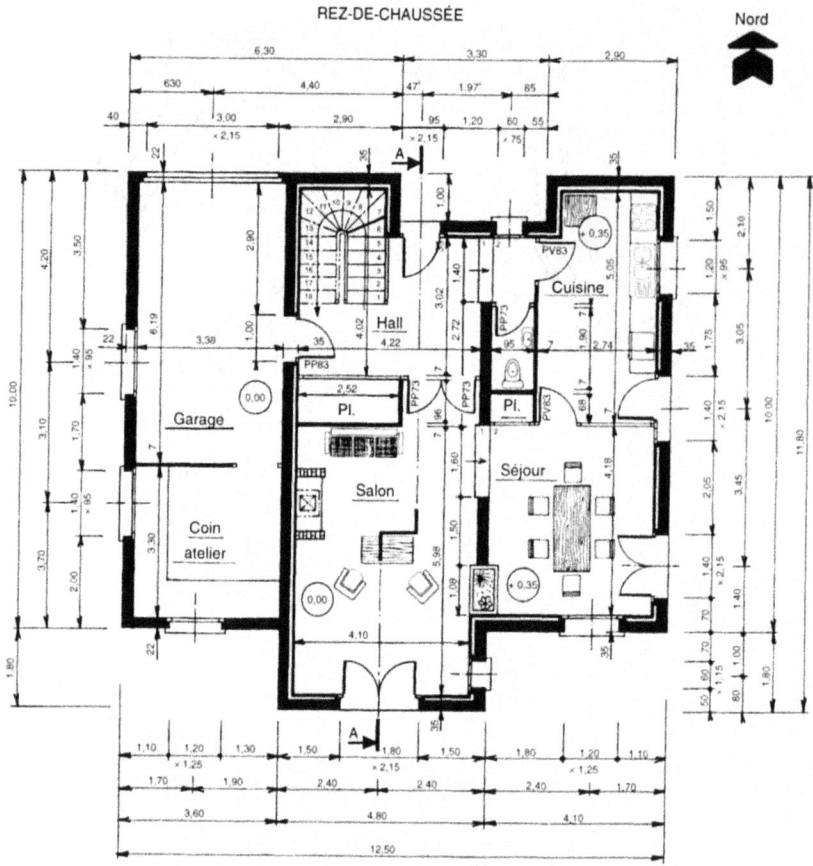

Figure extraite de l'ouvrage : *Initiation au dessin bâtiment*, G. CALVAT, éditions Eyrolles.

Fig. 27.11

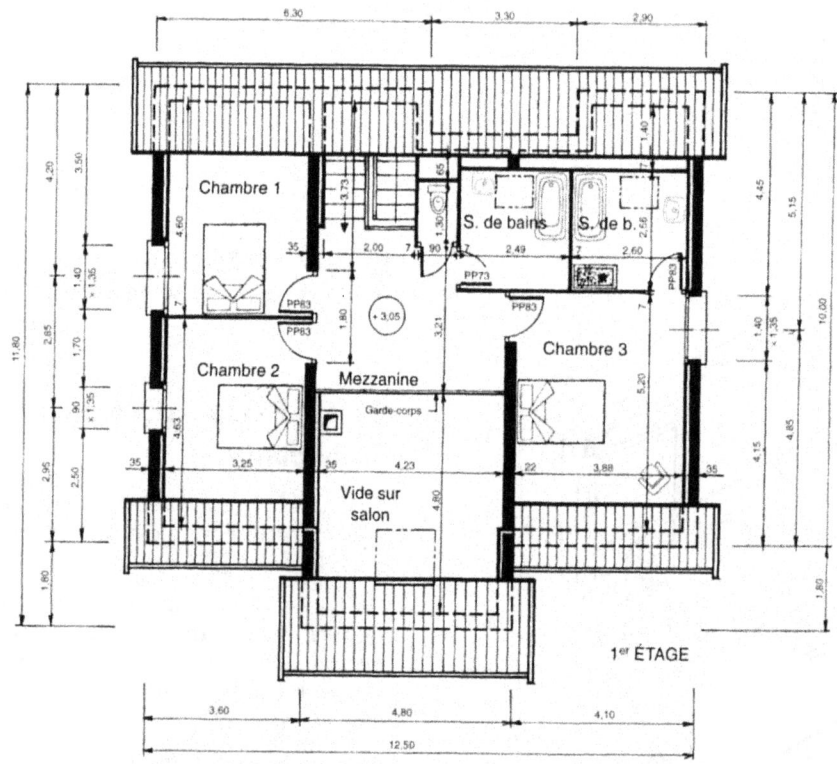

1er ÉTAGE

Figure extraite de l'ouvrage : *Initiation au dessin bâtiment*, G. CALVAT, éditions Eyrolles.

Fig. 27.12

FAÇADE SUD

Fig. 27.13

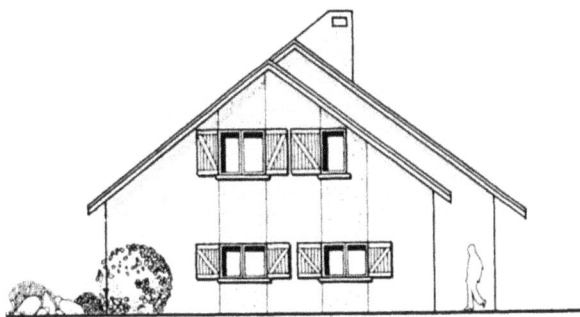

FAÇADE OUEST

Fig. 27.14

La figure 27.16 représente la **perspective plongeante du premier étage**. On remarque l'interruption des pans de toiture et l'arrêt du plancher au droit de la mezzanine (vide sur séjour).

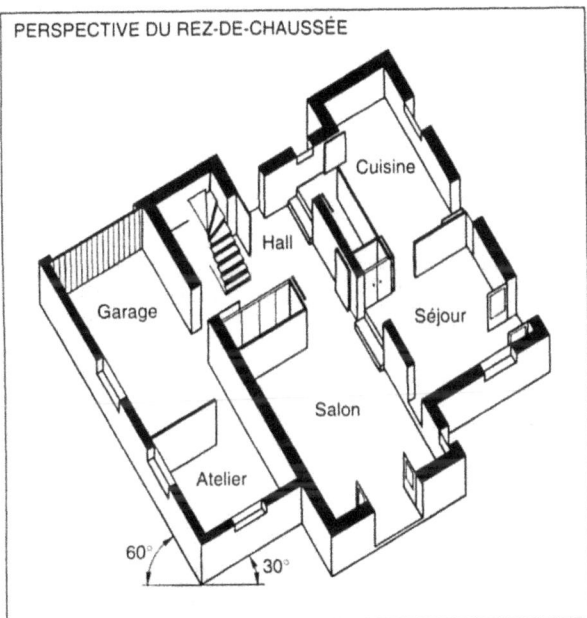

PERSPECTIVE DU REZ-DE-CHAUSSÉE

Cuisine
Hall
Garage
Séjour
Salon
Atelier
60° 30°

Fig. 27.15

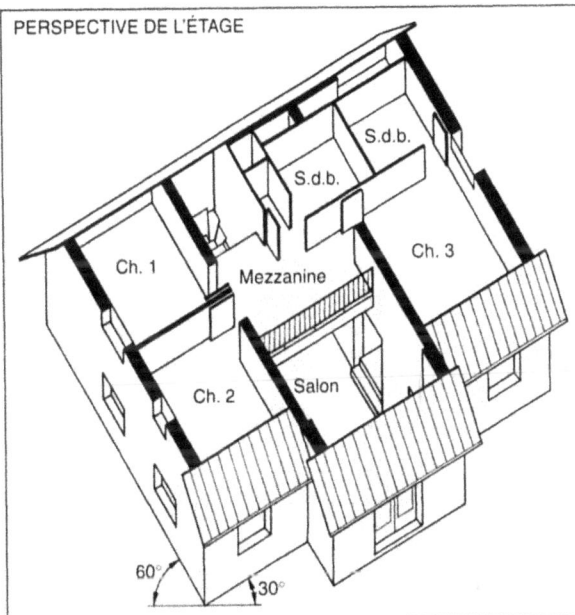

PERSPECTIVE DE L'ÉTAGE

S.d.b.
S.d.b.
Ch. 1
Mezzanine
Ch. 3
Ch. 2
Salon
60° 30°

Fig. 27.16

Chapitre 28

Les singularités des perspectives axonométriques

28.1. L'indétermination concave-convexe

Un même objet tridimensionnel est représenté en perspective conique à deux points de fuite (fig. 28.1) et en perspective axonométrique orthogonale (fig. 28.2).

La figure 28.1 montre clairement un parallélépipède accolé à deux plans verticaux. De l'observation des différentes faces fuyantes on déduit que l'arête verticale **ab** est plus proche de l'observateur que l'arête verticale **cd**.

Sur la figure 28.2, les fuyantes de même inclinaison sont parallèles. L'effet de rétrécissement dû à l'éloignement n'existe pas. Le parallélépipède central peut être observé de deux façons très différentes :

▶ il peut donner l'impression d'être en **saillie**. Dans ce cas, l'arête **ab** est plus proche que l'arête **cd** ;

▶ il peut aussi apparaître en **creux** avec l'arête **cd** plus proche que l'arête **ab**.

En règle générale, on distingue la forme convexe en premier. La perception de la forme concave demande une lecture plus soutenue du dessin. Lorsque le parallélépipède fait partie d'un ensemble, l'indétermination concave-convexe tend à disparaître.

28.2. Quelques exemples

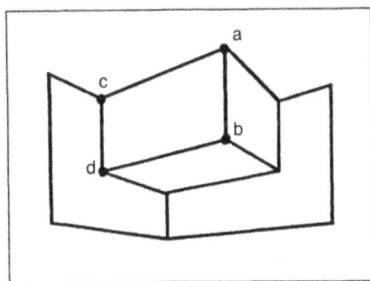

Fig. 28.3

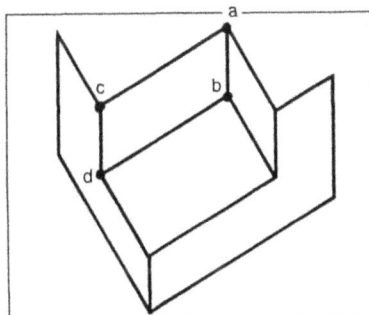

Fig. 28.4

Sur la figure 28.3, la convexité du parallélépipède central est largement prédominante tandis que sur la

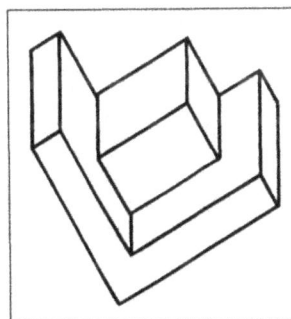

Fig. 28.1

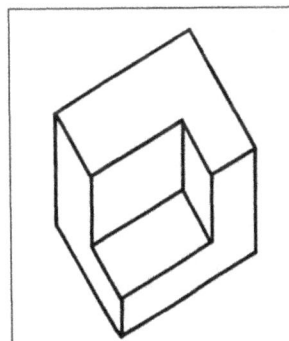

Fig. 28.2

figure 28.4, sa concavité apparaît presque naturellement. Cet effet optique dit de renversement ou de réversibilité s'observe également sur les perspectives axonométriques obliques (fig. 28.5 et 28.6).

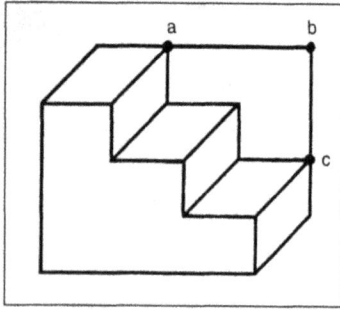

Fig. 28.5

On retrouve sur la figure 28.5 l'opposition concave-convexe décrite ci-dessus. Mais si l'on supprime les traits **ab** et **bc**, le doute n'est plus permis : la figure 28.6 représente un petit escalier de trois marches. Et, même si l'œil discerne des formes concaves,

la perspective qui en découle est immédiatement rejetée car jugée non conforme.

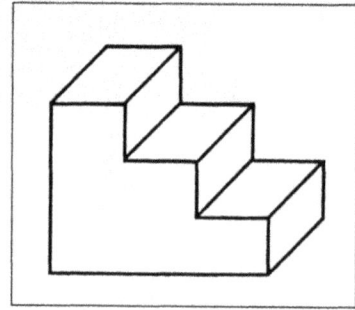

Fig. 28.6

Cet effet de réversibilité peut être mis à profit pour le tracé des perspectives : la figure 28.7 est l'esquisse du nichoir en perspective dimétrique. À partir de cet unique tracé on peut obtenir deux perspectives dimétriques différentes, l'une montrant la convexité du toit (fig. 28.8) et l'autre sa concavité (fig. 28.9).

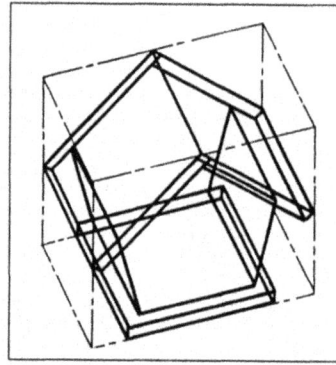

Fig. 28.7

Fig. 28.8

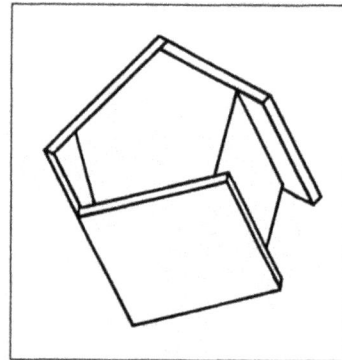

Fig. 28.9

Chapitre 29

Le tracé des ellipses

29.1. Généralités

Soit deux cubes identiques avec un cercle inscrit sur chaque face :

▶ sur le premier cube dessiné en **perspective axonométrique orthogonale** (trimétrique), les cercles apparaissent sous la forme de trois ellipses différentes (fig. 29.1) ;

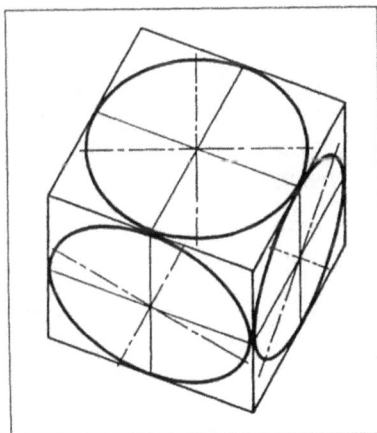

Fig. 29.1

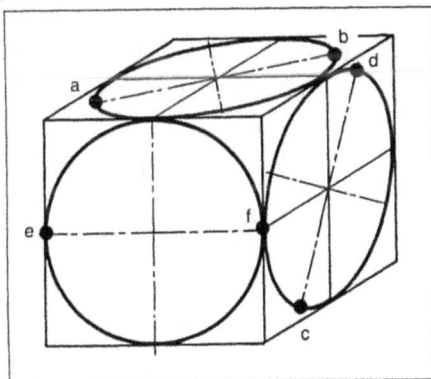

Fig. 29.2

▶ sur le second cube représenté en **perspective axonométrique oblique** (cavalière) (fig. 29.2), le cercle situé sur la face parallèle au plan de projection apparaît non déformé, tandis que les deux

autres prennent la forme d'ellipses. On remarque que les distances **ab** et **cd** sont plus grandes que le diamètre **ef**. Cet allongement perspectif est inhérent au mode de projection oblique.

29.2. Les éléments caractéristiques d'une ellipse

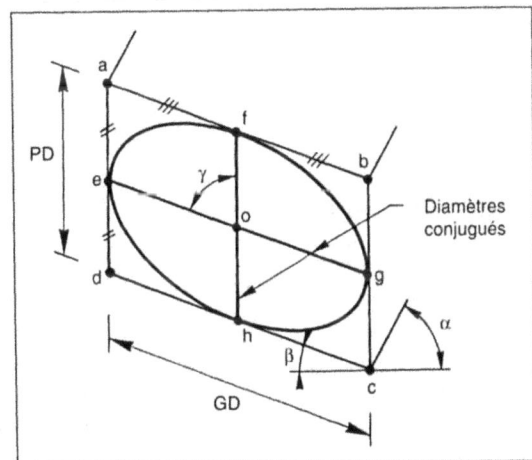

Fig. 29.3

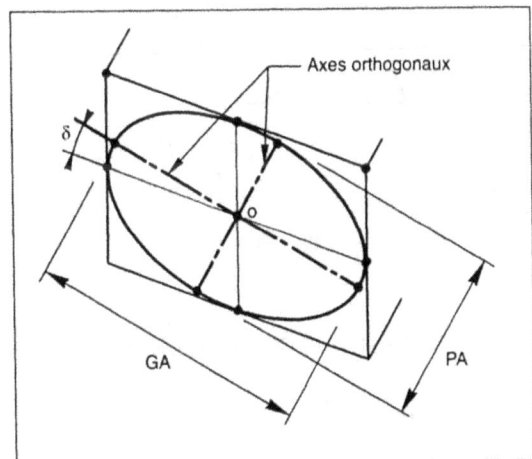

Fig. 29.4

Plusieurs éléments caractérisent une ellipse :

▶ **le parallélogramme circonscrit abcd** (fig. 29.3) ;

▶ **les deux diamètres conjugués eg** et **fh** qui déterminent les quatre points de tangence **e**, **f**, **g** et **h**. Dans les pages suivantes le grand diamètre sera appelé **GD** et le petit diamètre **PD** ;

▶ **l'angle aigu** γ formé par les diamètres conjugués ;

▶ **les deux axes orthogonaux** qui sont les axes de symétrie de l'ellipse : le grand axe est appelé **GA** et le petit axe **PA** (fig. 29.4) ;

▶ **l'angle** δ qui mesure l'inclinaison de **GA** par rapport à **GD** ;

▶ **l'angle** θ formé par le plan incliné contenant le cercle à projeter avec la normale au plan de projection. Toute ellipse peut être définie par sa valeur angulaire θ et par la longueur **GA** (fig. 29.5).

Le sinus de l'angle θ est égal à :

$$\frac{PA}{\text{diamètre du cercle}} = \frac{PA}{GA}$$

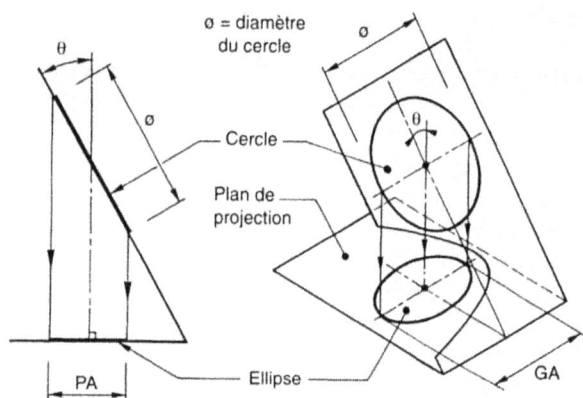

Fig. 29.5

Sur toute ellipse dessinée, on peut retrouver facilement la valeur angulaire θ comme l'indique la figure 29.6. Sur cette figure le triangle **bco** est rectangle.

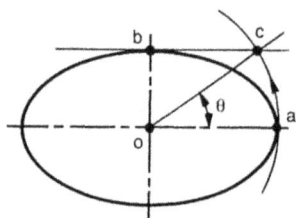

Fig. 29.6

Le côté **ob** est égal à : $\frac{PA}{2}$; pour le côté **oc** on peut

écrire : $\mathbf{oc} = \mathbf{oa} = \dfrac{GA}{2}$;

D'où : $\sin\theta = \dfrac{ob}{oc} = \dfrac{PA}{2} \times \dfrac{2}{GA} = \dfrac{PA}{GA}$.

29.3. La représentation des ellipses

29.3.1 Les procédés

Pour dessiner une ellipse, il faut tout d'abord représenter le parallélogramme circonscrit et les diamètres conjugués **GD** et **PD**, puis adopter l'un des procédés suivants :

▶ **la détermination des points de l'ellipse par les trois méthodes graphiques** (diagonales, triangle isocèle rectangle et triangles rectangles inscrits) détaillées dans la partie consacrée aux perspectives coniques puis la représentation de l'ellipse à l'aide des instruments : règle flexible, pistolet ou trace-ellipses ;

▶ **la détermination des éléments caractéristiques de l'ellipse** (angle γ, position et grandeur des axes orthogonaux **GA** et **PA**, angle θ) par l'utilisation de **tableaux de valeurs**. Une fois ces éléments connus, il est alors possible de tracer précisément l'ellipse au gabarit trace-ellipses. Cette dernière peut également être remplacée par un ovale composé d'arcs de cercles raccordés.

29.3.2 Les tableaux de valeurs

Présentation des tableaux

Les neuf tableaux suivants permettent de connaitre rapidement les éléments caractéristiques d'une ellipse donnée.

ÉLÉMENTS DE L'ELLIPSE	
À connaître	**Donnés par les tableaux**
Le rapport des diamètres conjugués : $$R = \frac{PD}{GD}$$	La longueur du grand axe orthogonal **GA** Le rapport $\dfrac{PA}{GA}$ qui permet de trouver **PA**
L'angle aigu γ formé par les diamètres conjugués	L'angle δ L'angle θ

L'encadré ci-dessous indique le tableau à consulter en fonction des valeurs de **R** et de γ.

	γ de 20° à 42,5°	γ de 45° à 67,5°	γ de 70° à 90°
R de 0,50 à 0,66	TABLEAU 1	TABLEAU 4	TABLEAU 7
R de 0,68 à 0,84	TABLEAU 2	TABLEAU 5	TABLEAU 8
R de 0,86 à 1,00	TABLEAU 3	TABLEAU 6	TABLEAU 9

Ces tableaux sont établis pour des valeurs de **R** variant de 0,5 à 1,00 par tranche de 0,02 et pour des valeurs de γ variant de 20° à 90° par tranche de 2,5°.

Tableau 1	Rapports des diamètres conjugués R								
	0,50	0,52	0,54	0,56	0,58	0,60	0,62	0,64	0,66
γ = 20°	1,11	1,12	1,13	1,13	1,14	1,15°	1,16	1,17	1,18
	0,14	0,14	0,15	0,15	0,15	0,15	0,16	0,16	0,16
	4°	4°	4,5°	4,5°	5°	5°	5,5°	5,5°	6°
	8°	8°	8,5°	8,5°	8,5°	8,5°	9°	9°	9°
γ = 22,5°	1,10	1,11	1,12	1,13	1,14	1,15	1,16	1,17	1,18
	0,16	0,16	0,16	0,17	0,17	0,17	0,18	0,18	0,18
	4,5°	4,5°	5°	5°	5,5°	5,5°	6°	6,5°	6,5°
	9°	9°	9°	9°	10°	10°	10,5°	10,5°	10,5°
γ = 25°	1,10	1,11	1,12	1,13	1,14	1,15	1,16	1,16	1,17
	0,17	0,18	0,18	0,19	0,19	0,19	0,20	0,20	0,20
	4,5°	5°	5,5°	5,5°	6°	6,5°	6,5°	7°	7,5°
	10°	10,5°	10,5°	11°	11°	11°	11,5°	11,5°	11,5°
γ = 27,5°	1,10	1,11	1,11	1,12	1,13	1,14	1,15	1,16	1,17
	0,19	0,20	0,20	0,21	0,21	0,21	0,22	0,22	0,22
	5°	5,5°	6°	6°	6,5°	7°	7°	7,5°	8°
	11°	11,5°	11,5°	12°	12°	12°	12,5°	12,5°	12,5°
γ = 30°	1,09	1,10	1,11	1,12	1,13	1,14	1,15	1,15	1,16
	0,21	0,21	0,22	0,22	0,23	0,23	0,24	0,24	0,24
	5,5°	6°	6°	6,5°	7°	7,5°	8°	8°	8,5°
	12°	12°	12,5°	12,5°	13,5°	13,5°	14°	14°	14°
γ = 32,5°	1,09	1,10	1,11	1,11	1,12	1,13	1,14	1,15	1,16
	0,23	0,23	0,24	0,24	0,25	0,25	0,26	0,26	0,26
	6°	6°	6,5°	7°	7,5°	8°	8,5°	9°	9°
	13,5°	13,5°	14°	14°	14,5°	14,5°	15°	15°	15°
γ = 35°	1,09	1,09	1,10	1,11	1,12	1,13	1,13	1,14	1,15
	0,24	0,25	0,26	0,26	0,27	0,27	0,28	0,28	0,29
	6°	6,5°	7°	7,5°	8°	8,5°	9°	9,5°	10°
	14°	14,5°	15°	15°	15,5°	15,5°	16,5°	16,5°	17°
γ = 37,5°	1,08	1,09	1,10	1,10	1,11	1,12	1,13	1,14	1,15
	0,26	0,27	0,27	0,28	0,29	0,29	0,30	0,30	0,30
	6,5°	7°	7,5°	8°	8,5°	9°	9,5°	10°	10,5°
	15°	15,5°	15,5°	16,5°	17°	17°	17,5°	17,5°	17,5°
γ = 40°	1,08	1,08	1,09	1,10	1,11	1,11	1,12	1,13	1,14
	0,28	0,28	0,29	0,30	0,30	0,31	0,32	0,32	0,33
	6,5°	7°	7,5°	8°	8,5°	9°	10°	10,5°	11°
	16,5°	16,5°	17°	17,5°	17,5°	18°	18,5°	18,5°	19,5°
γ = 42,5°	1,07	1,08	1,09	1,09	1,10	1,11	1,12	1,12	1,13
	0,30	0,30	0,31	0,32	0,32	0,33	0,34	0,34	0,35
	7°	7,5°	8°	8,5°	9°	9,5°	10°	11°	11,5°
	17,5°	17,5°	18°	18,5°	18,5°	19,5°	20°	20°	20,5°
	0,50	0,52	0,54	0,56	0,58	0,60	0,62	0,64	0,66

Tableau 2	Rapports des diamètres conjugués R								
	0,68	0,70	0,72	0,74	0,76	0,78	0,80	0,82	0,84
$\gamma = 20°$	1,19	1,20	1,22	1,23	1,24	1,25	1,26	1,27	1,29
	0,16	0,17	0,17	0,17	0,17	0,17	0,17	0,17	0,17
	6°	6,5°	6,5°	7°	7°	7,5°	7,5°	8°	8°
	9°	10°	10°	10°	10°	10°	10°	10°	10°
$\gamma = 22,5°$	1,19	1,20	1,21	1,22	1,23	1,25	1,26	1,27	1,28
	0,18	0,19	0,19	0,19	0,19	0,19	0,19	0,19	0,20
	7°	7°	7,5°	8°	8°	8,5°	8,5°	9°	9°
	10,5°	11°	11°	11°	11°	11°	11°	11°	11,5°
$\gamma = 25°$	1,19	1,20	1,21	1,22	1,23	1,24	1,25	1,26	1,28
	0,21	0,21	0,21	0,21	0,21	0,21	0,22	0,22	0,22
	7,5°	8°	8,5°	8,5°	9°	9,5°	9,5°	10°	10°
	12°	12°	12°	12°	12°	12°	12,5°	12,5°	12,5°
$\gamma = 27,5°$	1,18	1,19	1,20	1,21	1,22	1,23	1,25	1,26	1,27
	0,23	0,23	0,23	0,23	0,24	0,24	0,24	0,24	0,24
	8,5°	8,5°	9°	9,5°	10°	10°	10,5°	11°	11°
	13,5°	13,5°	13,5°	13,5°	14°	14°	14°	14°	14°
$\gamma = 30°$	1,17	1,18	1,20	1,21	1,22	1,23	1,24	1,25	1,26
	0,25	0,25	0,25	0,25	0,26	0,26	0,26	0,26	0,26
	9°	9,5°	10°	10°	10,5°	11°	11,5°	12°	12°
	14,5°	14,5°	14,5°	14,5°	15°	15°	15°	15°	15°
$\gamma = 32,5°$	1,17	1,18	1,19	1,20	1,21	1,22	1,23	1,24	1,26
	0,27	0,27	0,27	0,28	0,28	0,28	0,28	0,28	0,29
	9,5°	10°	10,5°	11°	11,5°	12°	12,5°	12,5°	13°
	15,5°	15,5°	15,5°	16,5°	16,5°	16,5°	16,5°	16,5°	17°
$\gamma = 35°$	1,16	1,17	1,18	1,19	1,20	1,21	1,22	1,24	1,25
	0,29	0,29	0,30	0,30	0,30	0,30	0,31	0,31	0,31
	10,5°	11°	11°	11,5°	12°	12,5°	13°	13,5°	14°
	17°	17°	17,5°	17,5°	17,5°	17,5°	17,5°	18°	18°
$\gamma = 37,5°$	1,16	1,16	1,17	1,18	1,20	1,21	1,22	1,23	1,24
	0,31	0,31	0,32	0,32	0,32	0,33	0,33	0,33	0,33
	11°	11,5°	12°	12,5°	13°	13,5°	14°	14,5°	15°
	18°	18°	18,5°	18,5°	18,5°	19,5°	19,5°	19,5°	19,5°
$\gamma = 40°$	1,15	1,16	1,17	1,18	1,19	1,20	1,21	1,22	1,23
	0,33	0,34	0,34	0,34	0,35	0,35	0,35	0,35	0,36
	11,5°	12°	12,5°	13°	13,5°	14°	15°	15,5°	16°
	19,5°	20°	20°	20°	20,5°	20,5°	20,5°	20,5°	21°
$\gamma = 42,5°$	1,14	1,15	1,16	1,17	1,18	1,19	1,20	1,21	1,22
	0,35	0,36	0,36	0,37	0,37	0,37	0,38	0,38	0,38
	12°	12,5°	13°	14°	14,5°	15°	15,5°	16°	17°
	20,5°	21°	21°	21,5°	21,5°	21,5°	22,5°	22,5°	22,5°
	0,68	0,70	0,72	0,74	0,76	0,78	0,80	0,82	0,84

Tableau 3	Rapports des diamètres conjugués R							
	0,86	0,88	0,90	0,92	0,94	0,96	0,98	1,00
γ = 20°	1,30	1,31	1,33	1,34	1,35	1,37	1,38	1,39
	0,17	0,17	0,18	0,18	0,18	0,18	0,18	0,18
	8,5°	8,5°	9°	9°	9,5°	9,5°	10°	10°
	10°	10°	10,5°	10,5°	10,5°	10,5°	10,5°	10,5°
γ = 22,5°	1,29	1,31	1,32	1,33	1,35	1,36	1,37	1,39
	0,20	0,20	0,20	0,20	0,20	0,20	0,20	0,20
	9,5°	9,5°	10°	10,5°	10,5°	10,5°	11°	11,5°
	11,5°	11,5°	11,5°	11,5°	11,5°	11,5°	11,5°	11,5°
γ = 25°	1,29	1,30	1,31	1,33	1,34	1,35	1,37	1,38
	0,22	0,22	0,22	0,22	0,22	0,22	0,22	0,22
	10,5°	11°	11°	11,5°	11,5°	12°	12°	12,5°
	12,5°	12,5°	12,5°	12,5°	12,5°	12,5°	12,5°	12,5°
γ = 27,5°	1,28	1,30	1,31	1,32	1,33	1,35	1,36	1,37
	0,24	0,24	0,24	0,24	0,24	0,24	0,24	0,24
	11,5°	12°	12°	12,5°	13°	13°	13,5°	13,5°
	14°	14°	14°	14°	14°	14°	14°	14°
γ = 30°	1,28	1,29	1,30	1,31	1,33	1,34	1,35	1,37
	0,26	0,27	0,27	0,27	0,27	0,27	0,27	0,27
	12,5°	13°	13,5°	13,5°	14°	14,5°	14,5°	15°
	15°	15,5°	15,5°	15,5°	15,5°	15,5°	15,5°	15,5°
γ = 32,5°	1,27	1,28	1,29	1,30	1,32	1,33	1,34	1,36
	0,29	0,29	0,29	0,29	0,29	0,29	0,29	0,29
	13,5°	14°	14,5°	14,5°	15°	15,5°	16°	16,5°
	17°	17°	17°	17°	17°	17°	17°	17°
γ = 35°	1,26	1,27	1,28	1,30	1,31	1,32	1,34	1,35
	0,31	0,31	0,31	0,31	0,31	0,31	0,31	0,32
	14,5°	15°	15,5°	16°	16,5°	16,5°	17°	17,5°
	18°	18°	18°	18°	18°	18°	18°	18,5°
γ = 37,5°	1,25	1,26	1,27	1,29	1,30	1,31	1,33	1,34
	0,33	0,34	0,34	0,34	0,34	0,34	0,34	0,34
	15,5°	16°	16,5°	17°	17,5°	18°	18,5°	18,5°
	19,5°	20°	20°	20°	20°	20°	20°	20°
γ = 40°	1,24	1,25	1,27	1,28	1,29	1,30	1,32	1,33
	0,36	0,36	0,36	0,36	0,36	0,36	0,36	0,36
	16,5°	17°	17,5°	18°	18,5°	19°	19,5°	20°
	21°	21°	21°	21°	21°	21°	21°	21°
γ = 42,5°	1,23	1,24	1,26	1,27	1,28	1,29	1,31	1,32
	0,38	0,38	0,39	0,39	0,39	0,39	0,39	0,39
	17,5°	18°	18,5°	19°	19,5°	20°	20,5°	21,5°
	22,5°	22,5°	23°	23°	23°	23°	23°	23°
	0,86	0,88	0,90	0,92	0,94	0,96	0,98	1,00

Tableau 4	Rapports des diamètres conjugués R								
	0,50	0,52	0,54	0,56	0,58	0,60	0,62	0,64	0,66
γ = 45°	1,07	1,07	1,08	1,09	1,09	1,10	1,11	1,12	1,12
	0,31	0,32	0,33	0,34	0,34	0,35	0,36	0,36	0,37
	7°	7,5°	8°	8,5°	9,5°	10°	10,5°	11°	12°
	18°	18,5°	19,5°	20°	20°	20,5°	21°	21°	21,5°
γ = 47,5°	1,06	1,07	1,07	1,08	1,09	1,09	1,10	1,11	1,12
	0,33	0,34	0,34	0,36	0,36	0,37	0,37	0,38	0,39
	7°	7,5°	8,5°	9°	9,5°	10°	11°	11,5°	12°
	19,5°	20°	20°	21°	21°	21,5°	21,5°	22,5°	23°
γ = 50°	1,06	1,06	1,07	1,07	1,08	1,09	1,10	1,10	1,11
	0,34	0,35	0,36	0,37	0,38	0,39	0,40	0,40	0,41
	7°	8°	8,5°	9°	9,5°	10,5°	11°	11,5°	12,5°
	20°	20,5°	21°	21,5°	22,5°	23°	23,5°	23,5°	24°
γ = 52,5°	1,05	1,06	1,06	1,07	1,07	1,08	1,09	1,09	1,10
	0,36	0,37	0,38	0,39	0,40	0,41	0,42	0,43	0,43
	7°	8°	8,5°	9°	10°	10,5°	11°	12°	12,5°
	21°	21,5°	22,5°	23°	23,5°	24°	25°	25,5°	25,5°
γ = 55°	1,05	1,05	1,06	1,06	1,07	1,07	1,08	1,08	1,09
	0,37	0,38	0,40	0,41	0,42	0,43	0,44	0,45	0,45
	7°	8°	8,5°	9°	10°	10,5°	11,5°	12°	13°
	21,5°	22,5°	23,5°	24°	25°	25,5°	26°	26,5°	26,5°
γ = 57,5°	1,04	1,05	1,05	1,06	1,06	1,07	1,07	1,08	1,08
	0,39	0,40	0,41	0,42	0,44	0,45	0,46	0,47	0,48
	7°	8°	8,5°	9°	10°	10,5°	11,5°	12°	13°
	23°	23,5°	24°	25°	26°	26,5°	27,5°	28°	28,5°
γ = 60°	1,04	1,04	1,04	1,05	1,05	1,06	1,06	1,07	1,07
	0,40	0,42	0,43	0,44	0,45	0,46	0,48	0,49	0,50
	7°	7,5°	8°	9°	9,5°	10,5°	11°	12°	13°
	23,5°	25°	25,5°	26°	26,5°	27,5°	28,5°	29,5°	30°
γ = 62,5°	1,03	1,04	1,04	1,04	1,05	1,05	1,05	1,06	1,06
	0,42	0,43	0,44	0,46	0,47	0,48	0,49	0,51	0,52
	6,5°	7,5°	8°	8,5°	9,5°	10°	11°	12°	12,5°
	25°	25,5°	26°	27,5°	28°	28,5°	29,5°	30,5°	31,5°
γ = 65°	1,03	1,03	1,03	1,04	1,04	1,04	1,05	1,05	1,06
	0,43	0,44	0,46	0,47	0,49	0,50	0,51	0,52	0,54
	6,5°	7°	7,5°	8,5°	9°	10°	10,5°	11,5°	12,5°
	25,5°	26°	27,5°	28°	29,5°	30°	30,5°	31,5°	32,5°
γ = 67,5°	1,02	1,02	1,03	1,03	1,03	1,04	1,04	1,04	1,05
	0,44	0,46	0,47	0,49	0,50	0,52	0,53	0,54	0,56
	6°	6,5°	7,5°	8°	8,5°	9,5°	10,5°	11°	12°
	26°	27,5°	28°	29,5°	30°	31,5°	32°	32,5°	34°
	0,50	0,52	0,54	0,56	0,58	0,60	0,62	0,64	0,66

Tableau 5	Rapports des diamètres conjugués R								
	0,68	**0,70**	**0,72**	**0,74**	**0,76**	**0,78**	**0,80**	**0,82**	**0,84**
γ = 45°	1,13	1,14	1,15	1,16	1,17	1,18	1,19	1,20	1,21
	0,38	0,38	0,38	0,39	0,39	0,40	0,40	0,40	0,41
	12,5°	13°	13,5°	14,5°	15°	15,5°	16,5°	17°	17,5°
	22,5°	22,5°	22,5°	23°	23°	23,5°	23,5°	23,5°	24°
γ = 47,5°	1,12	1,13	1,14	1,15	1,16	1,17	1,18	1,19	1,20
	0,40	0,40	0,41	0,41	0,42	0,42	0,42	0,43	0,43
	13°	13,5°	14°	15°	15,5°	16,5°	17°	17,5°	18,5°
	23,5°	23,5°	24°	24°	25°	25°	25°	25,5°	25,5°
γ = 50°	1,12	1,12	1,13	1,14	1,15	1,16	1,16	1,18	1,19
	0,42	0,42	0,43	0,44	0,44	0,45	0,45	0,45	0,46
	13°	14°	14,5°	15,5°	16°	17°	17,5°	18,5°	19°
	25°	25°	25,5°	26°	26°	26,5°	26,5°	26,5°	27,5°
γ = 52,5°	1,11	1,11	1,12	1,13	1,14	1,15	1,16	1,17	1,18
	0,44	0,45	0,46	0,46	0,46	0,47	0,47	0,48	0,48
	13,5°	14°	15°	16°	16,5°	17,5°	18,5°	19°	20°
	26°	26,5°	27,5°	27,5°	27,5°	28°	28°	28,5°	28,5°
γ = 55°	1,10	1,10	1,11	1,12	1,13	1,14	1,15	1,16	1,16
	0,46	0,47	0,48	0,48	0,49	0,50	0,50	0,50	0,51
	13,5°	14,5°	15,5°	16°	17°	18°	19°	19,5°	20,5°
	27,5°	28°	28,5°	28,5°	29,5°	30°	30°	30°	30,5°
γ = 57,5°	1,09	1,10	1,10	1,11	1,12	1,13	1,13	1,14	1,15
	0,48	0,49	0,50	0,51	0,51	0,51	0,52	0,53	0,53
	14°	14,5°	15,5°	16,5°	17,5°	18,5°	19°	20°	21°
	28,5°	29,5°	30°	30,5°	30,5°	30,5°	31,5°	32°	32°
γ = 60°	1,08	1,09	1,09	1,10	1,11	1,11	1,12	1,13	1,14
	0,51	0,52	0,52	0,53	0,54	0,54	0,55	0,56	0,56
	14°	14,5°	15,5°	16,5°	17,5°	18,5°	19,5°	20,5°	21,5°
	30,5°	31°	31°	32°	32,5°	32,5°	33,5°	34°	34°
γ = 62,5°	1,07	1,08	1,08	1,09	1,10	1,10	1,11	1,12	1,13
	0,53	0,54	0,55	0,55	0,56	0,57	0,58	0,58	0,59
	13,5°	14,5°	15,5°	16,5°	17,5°	18,5°	20°	21°	22°
	32°	32,5°	33,5°	33,5°	34°	35°	35,5°	35,5°	36°
γ = 65°	1,06	1,07	1,07	1,08	1,09	1,09	1,10	1,10	1,11
	0,55	0,56	0,57	0,58	0,59	0,60	0,60	0,61	0,62
	13,5°	14,5°	15,5°	16,5°	17,5°	18,5°	20°	21°	22,5°
	33,5°	34°	35°	35,5°	36°	37°	37°	37,5°	38,5°
γ = 67,5°	1,05	1,06	1,06	1,07	1,07	1,08	1,09	1,09	1,10
	0,57	0,58	0,59	0,60	0,61	0,62	0,63	0,64	0,64
	13°	14°	15°	16°	17,5°	18,5	20°	21°	22,5°
	35°	35,5°	36°	37°	37,5°	38,5°	39°	40°	40°
	0,68	**0,70**	**0,72**	**0,74**	**0,76**	**0,78**	**0,80**	**0,82**	**0,84**

Tableau 6				Rapports des diamètres conjugués R				
	0,86	0,88	0,90	0,92	0,94	0,96	0,98	1,00
γ = 45°	1,22	1,23	1,24	1,26	1,27	1,28	1,30	1,31
	0,41	0,41	0,41	0,41	0,41	0,41	0,41	0,41
	18°	19°	19,5°	20°	20,5°	21,5°	22°	22,5°
	24°	24°	24°	24°	24°	24°	24°	24°
γ = 47,5°	1,21	1,22	1,23	1,24	1,26	1,27	1,28	1,30
	0,43	0,43	0,44	0,44	0,44	0,44	0,44	0,44
	19°	20°	20,5°	21°	22°	22,5°	23°	23,5°
	25,5°	25,5°	26°	26°	26°	26°	26°	26°
γ = 50°	1,20	1,21	1,22	1,23	1,24	1,26	1,27	1,28
	0,46	0,46	0,46	0,46	0,46	0,46	0,47	0,47
	20°	20,5°	21,5°	22°	23°	23,5°	24°	25°
	27,5°	27,5°	27,5°	27,5°	27,5°	27,5°	28°	28°
γ = 52,5°	1,19	1,20	1,21	1,22	1,23	1,24	1,26	1,27
	0,48	0,49	0,49	0,49	0,49	0,49	0,49	0,49
	20,5°	21,5°	22,5°	23°	24°	24,5°	25,5°	26°
	28,5°	29,5°	29,5°	29,5°	29,5°	29,5°	29,5°	29,5°
γ = 55°	1,17	1,19	1,20	1,21	1,22	1,23	1,24	1,25
	0,51	0,51	0,52	0,52	0,52	0,52	0,52	0,52
	21,5°	22,5°	23°	24°	25°	26°	26,5°	27,5°
	30,5°	30,5°	31,5°	31,5°	31,5°	31,5°	31,5°	31,5°
γ = 57,5°	1,16	1,17	1,18	1,19	1,20	1,22	1,23	1,24
	0,54	0,54	0,54	0,55	0,55	0,55	0,55	0,55
	22°	23°	24°	25°	26°	27°	28°	28,5°
	32,5°	32,5°	32,5°	33,5°	33,5°	33,5°	33,5°	33,5°
γ = 60°	1,15	1,16	1,17	1,18	1,19	1,20	1,21	1,22
	0,56	0,57	0,57	0,57	0,58	0,58	0,58	0,58
	22,5°	24°	25°	26°	27°	28°	29°	30°
	34°	35°	35°	35°	35,5°	35,5°	35,5°	35,5°
γ = 62,5°	1,13	1,14	1,15	1,16	1,17	1,19	1,20	1,21
	0,59	0,60	0,60	0,60	0,60	0,61	0,61	0,61
	23°	24,5°	25,5°	26,5°	28°	29°	30°	31°
	36°	37°	37°	37°	37°	37,5°	37,5°	37,5°
γ = 65°	1,12	1,13	1,14	1,15	1,16	1,17	1,18	1,20
	0,62	0,62	0,63	0,63	0,63	0,64	0,64	0,64
	23,5°	25°	26°	27,5°	28,5°	30°	31,5°	32,5°
	38,5°	38,5°	39°	39°	39°	40°	40°	40°
γ = 67,5°	1,11	1,11	1,12	1,13	1,14	1,15	1,16	1,18
	0,65	0,65	0,66	0,66	0,66	0,67	0,67	0,67
	24°	25°	26,5°	28°	29,5°	31°	32,5°	33,5°
	40,5°	40,5°	41,5°	41,5°	41,5°	42°	42°	42°
	0,86	0,88	0,90	0,92	0,94	0,96	0,98	1,00

Tableau 7	Rapports des diamètres conjugués R								
	0,50	0,52	0,54	0,56	0,58	0,60	0,62	0,64	0,66
γ = 70°	1,02	1,02	1,02	1,02	1,03	1,03	1,03	1,04	1,04
	0,45	0,47	0,49	0,50	0,52	0,53	0,55	0,56	0,57
	5,5°	6°	7°	7,5°	8°	9°	9,5°	10,5°	11,5°
	26,5°	28°	29,5°	30°	31,5°	32°	33,5°	34°	35°
γ = 72,5°	1,01	1,02	1,02	1,02	1,02	1,02	1,03	1,03	1,03
	0,46	0,48	0,50	0,51	0,53	0,55	0,56	0,58	0,59
	5°	5,5°	6°	7°	7,5°	8°	9°	9,5°	10,5°
	27,5°	28,5°	30°	30,5°	32°	33,5°	34°	35,5°	36°
γ = 75°	1,01	1,02	1,02	1,02	1,02	1,02	1,03	1,03	1,03
	0,47	0,49	0,51	0,53	0,54	0,56	0,58	0,59	0,61
	4,5°	5°	5,5°	6°	6,5°	7,5°	8°	9°	9,5°
	28°	29,5°	30,5°	32°	32,5°	34°	35,5°	36°	37,5°
γ = 77,5°	1,01	1,01	1,01	1,01	1,01	1,01	1,01	1,02	1,02
	0,48	0,50	0,52	0,54	0,55	0,57	0,59	0,61	0,62
	4°	4,5°	5°	5°	6°	6,5°	7°	7,5°	8,5°
	28,5°	30°	31,5°	32,5°	33,5°	35°	36°	37,5°	38,5°
γ = 80°	1,00	1,01	1,01	1,01	1,01	1,01	1,01	1,01	1,01
	0,49	0,51	0,53	0,54	0,56	0,58	0,60	0,62	0,64
	3°	3,5°	4°	4,5°	5°	5,5°	6°	6,5°	7°
	29,5°	30,5°	32°	32,5°	34°	35,5°	37°	38,5°	40°
γ = 82,5°	1,00	1,00	1,00	1,00	1,00	1,00	1,01	1,01	1,01
	0,49	0,51	0,53	0,55	0,57	0,59	0,61	0,63	0,65
	2,5°	2,5°	3°	3,5°	3,5°	4°	4,5°	3,5°	5,5°
	29,5°	30,5°	32°	33,5°	35°	36°	37,5°	39°	40,5°
γ = 85°	1,00	1,00	1,00	1,00	1,00	1,00	1,00	1,00	1,00
	0,50	0,52	0,54	0,56	0,58	0,60	0,61	0,63	0,65
	1,5°	2°	2°	2,5°	2,5°	3°	3°	3,5°	4°
	30°	31,5°	32,5°	34°	35,5°	37°	37,5°	39°	40,5°
γ = 87,5°	1,00	1,00	1,00	1,00	1,00	1,00	1,00	1,00	1,00
	0,50	0,52	0,54	0,56	0,58	0,60	0,62	0,64	0,66
	1°	1°	1°	1°	1,5°	1,5°	1,5°	1,5°	2°
	30°	31,5°	32,5°	34°	35,5°	37°	38,5°	40°	41,5°
γ = 90°	1,00	1,00	1,00	1,00	1,00	1,00	1,00	1,00	1,00
	0,50	0,52	0,54	0,56	0,58	0,60	0,62	0,64	0,66
	0°	0°	0°	0°	0°	0°	0°	0°	0°
	30°	31,5°	32,5°	34°	35,5°	37°	38,5°	40°	41,5°
	0,50	0,52	0,54	0,56	0,58	0,60	0,62	0,64	0,66

Tableau 8	Rapports des diamètres conjugués R								
	0,68	0,70	0,72	0,74	0,76	0,78	0,80	0,82	0,84
γ = 70°	1,04	1,05	1,05	1,06	1,06	1,07	1,07	1,08	1,08
	0,59	0,60	0,61	0,62	0,64	0,64	0,66	0,66	0,67
	12,5°	13,5°	14,5°	15,5°	17°	18°	19,5°	21°	22,5°
	36°	37°	37,5°	38,5°	40°	40°	41,5°	41,5°	42
γ = 72,5°	1,03	1,04	1,04	1,04	1,05	1,05	1,06	1,06	1,07
	0,61	0,62	0,63	0,65	0,66	0,67	0,68	0,69	0,70
	11,5°	12,5°	13,5°	15°	16°	17,5°	19°	20,5°	22°
	37,5°	38,5°	39°	40,5°	41,5°	42°	43°	43,5°	44,5°
γ = 75°	1,03	1,03	1,03	1,03	1,04	1,04	1,05	1,05	1,06
	0,62	0,64	0,65	0,67	0,68	0,69	0,71	0,72	0,73
	10,5°	11,5°	12,5°	14°	15°	16,5°	18°	19,5°	21°
	38,5°	40°	40,5°	42°	43°	43,5°	45°	46°	47°
γ = 77,5°	1,02	1,02	1,02	1,03	1,03	1,03	1,03	1,04	1,04
	0,64	0,66	0,67	0,69	0,70	0,72	0,73	0,74	0,75
	9,5°	10°	11,5°	12,5°	13,5°	15°	16,5°	18°	20°
	40°	41,5°	42°	43,5°	44,5°	46°	47°	47,5°	48,5°
γ = 80°	1,01	1,01	1,02	1,02	1,02	1,02	1,02	1,03	1,03
	0,65	0,67	0,69	0,70	0,72	0,74	0,75	0,77	0,78
	8°	8,5°	10°	10,5°	11,5°	13°	14,5°	16°	18°
	40,5°	42°	43,5°	44,5°	46°	47,5°	48,5°	50,5°	51,5°
γ = 82,5°	1,01	1,01	1,01	1,01	1,01	1,01	1,01	1,02	1,02
	0,66	0,68	0,70	0,72	0,74	0,75	0,77	0,79	0,80
	6°	7°	7,5°	8,5°	9,5°	10,5°	11,5°	13°	15°
	41,5°	43°	44,5°	46°	47,5°	48,5°	50,5°	52°	53°
γ = 85°	1,00	1,00	1,00	1,00	1,01	1,01	1,01	1,01	1,01
	0,67	0,69	0,71	0,73	0,75	0,77	0,79	0,80	0,82
	4°	4,5°	5°	6°	6,5°	7,5°	8,5°	9,5°	11°
	42°	43,5°	45°	47°	48,5°	50,5°	52°	53°	55°
γ = 87,5°	1,00	1,00	1,00	1,00	1,00	1,00	1,00	1,00	1,00
	0,68	0,70	0,72	0,74	0,76	0,78	0,80	0,82	0,84
	2°	2,5°	2,5°	3°	3,5°	4°	4,5°	5°	6°
	43°	44,5°	46°	47,5°	49,5°	51,5°	53°	55°	57°
γ = 90°	1,00	1,00	1,00	1,00	1,00	1,00	1,00	1,00	1,00
	0,68	0,70	0,72	0,74	0,76	0,78	0,80	0,82	0,84
	0°	0°	0°	0°	0°	0°	0°	0°	0°
	43°	44,5°	46°	47,5°	49,5°	51,5°	53°	55°	57°
	0,68	0,70	0,72	0,74	0,76	0,78	0,80	0,82	0,84

Tableau 9	Rapports des diamètres conjugués R							
	0,86	0,88	0,90	0,92	0,94	0,96	0,98	1,00
	1,09	1,10	1,11	1,12	1,13	1,14	1,15	1,16
$\gamma = 70°$	0,68	0,68	0,69	0,69	0,70	0,70	0,70	0,70
	24°	25,5°	27°	28,5°	30°	32°	33,5°	35°
	43°	43°	43,5°	43,5°	44,5°	44,5°	44,5°	44,5°
	1,08	1,08	1,09	1,10	1,11	1,12	1,13	1,14
$\gamma = 72,5°$	0,71	0,71	0,72	0,72	0,73	0,73	0,73	0,73
	23,5°	25,5°	27°	29°	30,5°	32,5°	34,5°	36°
	45°	45°	46°	46°	47°	47°	47°	47°
	1,06	1,07	1,08	1,08	1,09	1,10	1,11	1,12
$\gamma = 75°$	0,74	0,74	0,75	0,76	0,76	0,77	0,77	0,77
	23°	25°	27°	29°	31°	33°	35,5°	37,5°
	47,5°	47,5°	48,5°	49,5°	49,5°	50,5°	50,5°	50,5°
	1,05	1,05	1,06	1,07	1,07	1,08	1,09	1,10
$\gamma = 77,5°$	0,77	0,77	0,78	0,79	0,80	0,80	0,80	0,80
	21,5°	24°	26°	28,5°	31°	33,5°	36°	38,5°
	50,5°	50,5°	51,5°	52°	53°	53°	53°	53°
	1,03	1,04	1,04	1,05	1,06	1,06	1,07	1,08
$\gamma = 80°$	0,79	0,80	0,81	0,82	0,83	0,84	0,84	0,84
	20°	22°	24,5°	27,5°	30,5°	33,5°	36,5°	40°
	52°	53°	54°	55°	56°	57°	57°	57°
	1,02	1,02	1,03	1,03	1,04	1,05	1,05	1,06
$\gamma = 82,5°$	0,82	0,83	0,85	0,86	0,86	0,87	0,88	0,88
	17°	19°	22°	25°	28,5°	32,5°	37°	41°
	55°	56°	58°	59,5°	59,5°	60,5°	61,5°	61,5°
	1,01	1,01	1,01	1,02	1,02	1,03	1,03	1,04
$\gamma = 85°$	0,84	0,86	0,87	0,89	0,90	0,91	0,91	0,92
	12,5°	15°	17,5°	20,5°	25°	30°	36°	42,5°
	57°	59,5°	60,5°	63°	64°	65,5°	65,5°	67°
	1,00	1,00	1,00	1,01	1,01	1,01	1,01	1,02
$\gamma = 87,5°$	0,85	0,87	0,89	0,91	0,93	0,94	0,95	0,96
	7°	8°	10°	12,5°	16,5°	22°	31,5°	43,5°
	58°	60,5°	63°	65,5°	68,5°	70°	72°	73,5°
	1,00	1,00	1,00	1,00	1,00	1,00	1,00	1,00
$\gamma = 90°$	0,86	0,88	0,90	0,92	0,94	0,96	0,98	1,00
	0°	0°	0°	0°	0°	0°	0°	0°
	59,5°	61,5°	64°	67°	70°	73,5°	78,5°	90°
	0,86	0,88	0,90	0,92	0,94	0,96	0,98	1,00

Exemple d'utilisation

Pour dessiner correctement l'ellipse qui s'inscrit dans le parallélogramme représenté ci-dessous (fig. 29.7), on utilise les tableaux de valeurs.

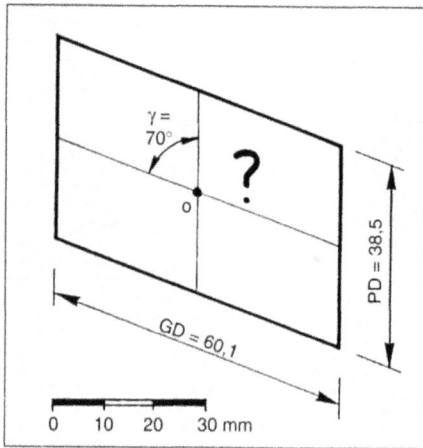

Fig. 29.7

• Données :

    GD = 60,1 mm ;

    PD = 38,5 mm ;

    $\gamma \approx 70°$;

    $\mathbf{R} = \dfrac{\mathbf{PD}}{\mathbf{GD}} = \dfrac{38,5}{60,1} \approx 0,64$.

R étant inférieur à 0,66 et γ égal à 70°, il faut consulter le tableau 7. La figure ci-dessous représente la portion du tableau à utliser.

		R = 0,64
	⇨	1,04
	⇨	0,56
$\gamma = 70°$	⇨	10.5°
	⇨	34°

• Signification des valeurs inscrites dans le tableau :

    1,04 est un **coefficient** tel que **GA** = **coefficient** $\times$ **GD** ;

    0,56 est égal au **rapport des axes orthogonaux** ($\dfrac{\mathbf{PA}}{\mathbf{GA}}$) ;

    10,5° est l'**angle d'inclinaison** δ **de GA par rapport à GD** ;

    34° est l'**angle caractéristique** θ **de l'ellipse.**

• Utilisation des valeurs inscrites dans le tableau :

GA = **coefficient** $\times$ **GD** = 1,04 $\times$ 60,1 = **62,5 mm** ;

Rapport des axes orthogonaux : $\dfrac{\mathbf{PA}}{\mathbf{GA}}$ = 0,56 ; par suite : **PA** = 0,56 $\times$ 62,5 = **35 mm** ;

δ = 10,5° et θ = 34°.

Toutes ces valeurs sont reportées sur le dessin (fig. 29.8). L'angle δ doit toujours être placé du côté de l'angle γ.

Nota

Si l'angle γ et/ou le rapport **R** ne figurent pas dans un tableau, il convient de déterminer par interpolation linéaire les caractéristiques réelles de l'ellipse. Ainsi, pour un rapport des diamètres conjugués égal à 0,65, il faut calculer les valeurs moyennes correspondants aux deux rapports 0,64 et 0,66.

29.3.3 Le calcul des valeurs

Pour calculer les valeurs figurant dans les neuf tableaux précédents, on peut, soit utiliser les deux théorèmes d'Apollonius qui sont des relations mathématiques liant les diamètres conjugués aux axes orthogonaux de l'ellipse, soit raisonner à partir d'un tracé géométrique. Cette dernière méthode, plus simple d'approche que la première, est exposée ci-dessous.

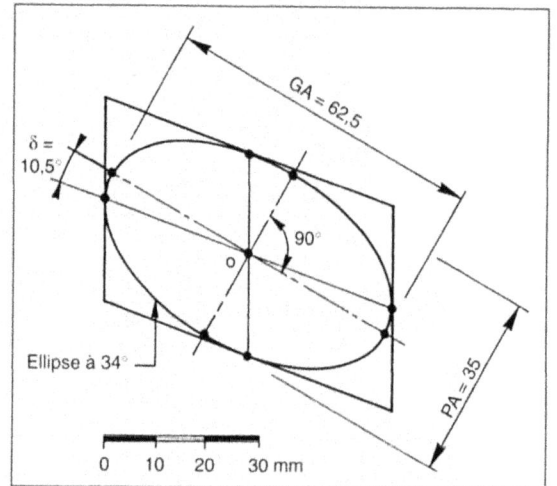

Fig. 29.8

Tracés géométriques (fig. 29.9)

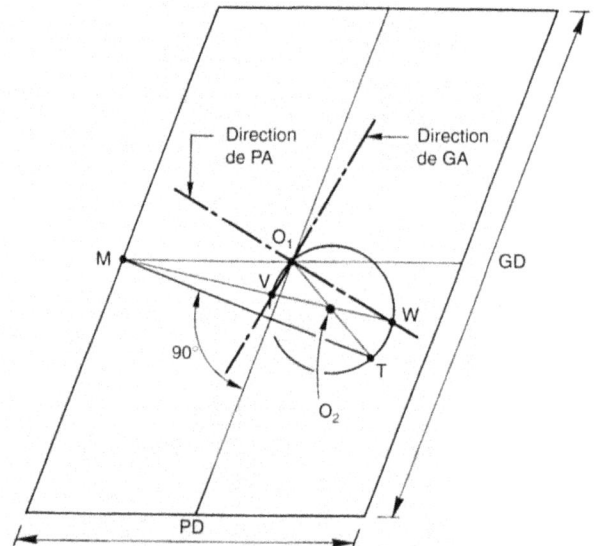

Fig. 29.9

Soit un parallélogramme à l'intérieur duquel on souhaite inscrire une ellipse. Les deux diamètres conjugués se coupent en $\mathbf{O_1}$. Pour déterminer graphiquement la position des axes orthogonaux de l'ellipse, il convient de :

▶ mener du point **M** (extrémité du petit diamètre conjugué) une perpendiculaire au grand diamètre et porter $\mathbf{MT} = \dfrac{\mathbf{GD}}{2}$;

▶ tracer le cercle de diamètre O_1T (centre O_2) ;

▶ joindre M au centre O_2 puis définir sur la circonférence, les deux points d'intersection V et W.

Particularités du tracé : les axes orthogonaux de l'ellipse sont orientés suivant les deux directions O_1V et O_1W et ont pour longueurs les valeurs suivantes :

$GA = 2 MW$ et $PA = 2 MV$.

Soit r le rayon du cercle de centre O_2 : $MW = MO_2 + r$ et $MV = MO_2 - r$

Résolution analytique

À partir du tracé géométrique précédent, on recherche les relations mathématiques permettant de calculer les longueurs et les positions des axes orthogonaux.

La figure 29.10 est l'agrandissement de la partie centrale de la figure précédente.

Tracer XO_2 parallèle à MT (MX est perpendiculaire à XO_2).

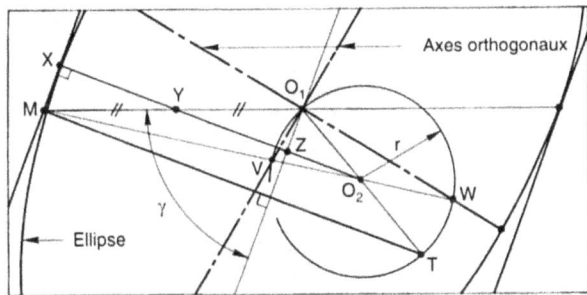

Fig. 29.10

On peut écrire : $YO_2 = \dfrac{MT}{2} = \dfrac{GD}{4}$ = et $MY = O_1Y$

O_1ZO_2 étant un triangle rectangle, il en résulte : $(O_1O_2)^2 = (O_1Z)^2 + (ZO_2)^2$

$\cos\gamma = \dfrac{O_1Z}{O_1Y} \Rightarrow O_1Z = \cos\gamma \times \dfrac{PD}{4}$ et $ZO_2 = YO_2 - YZ$

$\Rightarrow ZO_2 = \dfrac{GD}{4} - \dfrac{PD \times \sin\gamma}{4}$

D'où :

$(O_1O_2)^2 = r^2 = \dfrac{[\cos\gamma \times PD]^2}{4^2} + \dfrac{[GD - PD \times \sin\gamma]^2}{4^2}$

$$\boxed{r = \dfrac{\sqrt{PD^2 + GD^2 - 2GD \times PD \times \sin\gamma}}{4}}\quad \text{(relation 1)}$$

MXO_2 étant un triangle rectangle, on peut donc écrire : $(MO_2)^2 = (MX)^2 + (XO_2)^2$

avec : $MX = O_1Z = \dfrac{PD \times \cos\gamma}{4}$

et avec : $XO_2 = YO_2 + XY = \dfrac{GD}{4} + \dfrac{PD \times \sin\gamma}{4}$

D'où : $MO_2{}^2 = \dfrac{[\cos\gamma \times PD]^2}{4^2} + \dfrac{[GD + PD \times \sin\gamma]^2}{4^2}$

$$\boxed{MO_2 = \dfrac{\sqrt{PD^2 + GD^2 + 2GD \times PD \times \sin\gamma}}{4}}\quad \text{(relation 2)}$$

Les relations (1) et (2) permettent de déterminer les longueurs des axes orthogonaux sachant que : $GA = 2MW = 2(MO_2 + r)$ et $PA = 2MW = 2(MO_2 - r)$.

Calcul de δ, angle d'inclinaison de GA par rapport à GD (fig. 29.11)

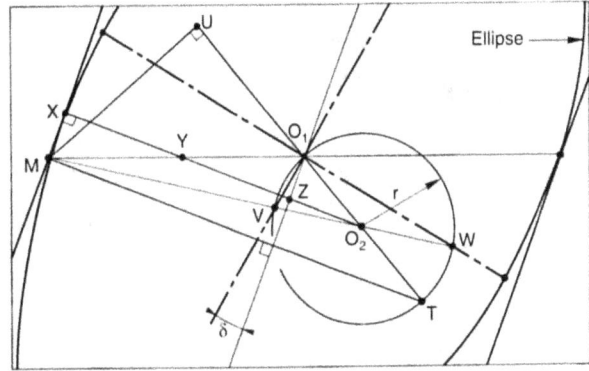

Fig. 29.11

Le cosinus de l'angle O_2O_1Z est égal à : $\dfrac{O_1Z}{r}$

avec $O_1Z = \dfrac{PD \times \cos\gamma}{4}$

D'où :

$$\boxed{\text{cosinus de l'angle } O_2O_1Z = \dfrac{PD \times \cos\gamma}{4r}}\quad \text{(relation 3)}$$

Dans le triangle rectangle MUO_2, on peut écrire : sinus de l'angle $O_1O_2V = \dfrac{MU}{MV + r}$

La similitude des triangles rectangles MUT et O_1O_2Z permet d'écrire :

$\dfrac{MU}{O_1Z} = \dfrac{MT}{r}$ d'où : $MU = \dfrac{MT \times O_1Z}{r} = \dfrac{GD \times PD \times \cos\gamma}{8r}$

d'autre part :

$PA = 2(MO_2 - r) \Rightarrow MO_2 = \dfrac{PA + 2r}{2} = \dfrac{PA}{2} + r$

D'où :

$$\boxed{\text{sinus de l'angle } O_1O_2V = \dfrac{GD \times PD \times \cos\gamma}{8r\left[\dfrac{PA}{2} + r\right]}}$$

$$\text{(relation 4)}$$

Calcul de l'angle O_2O_1V :

le triangle O_1O_2V est isocèle, on peut donc écrire :

$$\boxed{\text{angle } O_1O_2V = \dfrac{180° - \text{angle } O_1O_2V}{2}}\quad \text{(relation 5)}$$

Sachant que : angle δ = angle O_2O_1V − angle O_2O_1Z, on peut, à partir des relations (3), (4) et (5), déterminer la valeur de l'angle δ.

Calcul de θ, angle caractéristique de l'ellipse

On peut trouver l'angle θ à partir de son sinus :

$$\boxed{\sin\theta = \dfrac{PA}{GA}}$$

29.4. Les caractéristiques des ellipses associées aux différents types de perspectives

29.4.1 Les tableaux

Les dix tableaux suivants regroupent les caractéristiques des ellipses appartenant aux différents types de perspectives axonométriques, à savoir :

▶ **la perspective isométrique** (tableau 1) ;
▶ **les trois types de perspectives dimétriques**, P_1, P_2 et P_3 étudiés au chapitre 24 (tableaux 2 à 4) ;
▶ **les trois types de perspectives trimétriques**, **A**, **B** et **C** étudiés au chapitre 25 (tableaux 5 à 7) ;
▶ **trois types de perspectives cavalières** (tableaux 8 à 10).

Les valeurs des diamètres conjugués et des axes orthogonaux sont calculées pour des cercles inscrits de diamètre égal à l'unité (1).

● **Tableau 1 : ellipses en perspective isométrique**

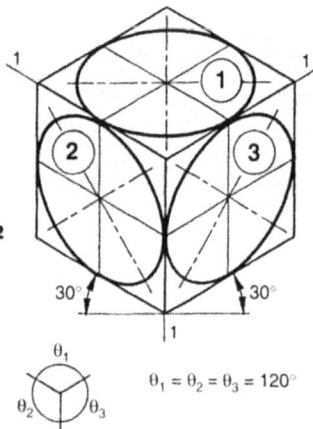

Fig. 29.12

$\theta_1 = \theta_2 = \theta_3 = 120°$

	Diamètres conjugués		Axes orthogonaux		Angle de l'ellipse	
	GD	PD	GA	PA	θ calculé	θ gabarit
Ellipse ①	1	1	1,22	0,71	35° 16'	35° ou 35° 16'
Ellipse ②	1	1	1,22	0,71	35° 16'	35° ou 35° 16'
Ellipse ③	1	1	1,22	0,71	35° 16'	35° ou 35° 16'

Nota : les trois ellipses sont identiques.

● **Tableau 2 : ellipses en perspective dimétrique de type P1**

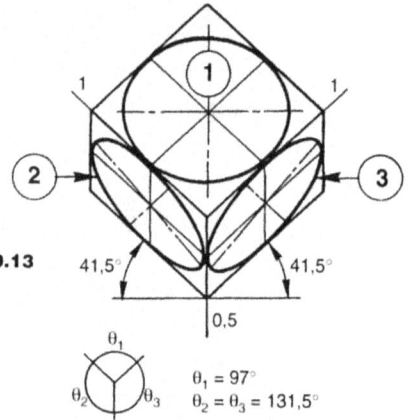

Fig. 29.13 41,5° 41,5° 0,5

$\theta_1 = 97°$
$\theta_2 = \theta_3 = 131,5°$

	Diamètres conjugués		Axes orthogonaux		Angle de l'ellipse	
	GD	PD	GA	PA	θ calculé	θ gabarit
Ellipse ①	1	1	1,06	0,93	62°*	–
Ellipse ②	1	0,50	1,06	0,35	19°*	20°
Ellipse ③	1	0,50	1,06	0,35	19°*	20°

* Valeurs arrondies

Nota : les ellipses ② et ③ sont identiques.

● **Tableau 3 : ellipses en perspective dimétrique de type P2**

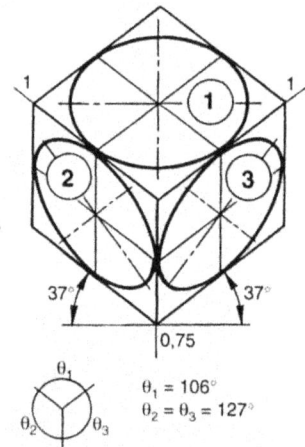

Fig. 29.14 37° 37° 0,75

$\theta_1 = 106°$
$\theta_2 = \theta_3 = 127°$

	Diamètres conjugués		Axes orthogonaux		Angle de l'ellipse	
	GD	PD	GA	PA	θ calculé	θ gabarit
Ellipse ①	1	1	1,13	0,87	50°*	50°
Ellipse ②	1	0,75	1,13	0,52	28°*	30°
Ellipse ③	1	0,75	1,13	0,52	28°*	30°

* Valeurs arrondies

Nota : les ellipses ② et ③ sont identiques.

● **Tableau 4 : ellipses en perspective dimétrique de type P3**

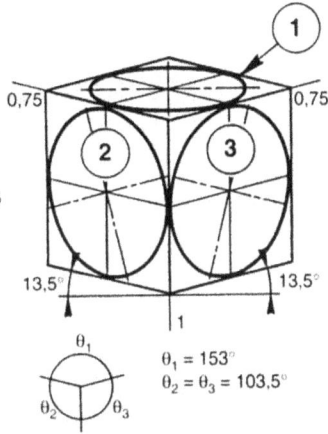

Fig. 29.15

$\theta_1 = 153°$
$\theta_2 = \theta_3 = 103,5°$

	Diamètres conjugués		Axes orthogonaux		Angle de l'ellipse	
	GD	PD	GA	PA	θ calculé	θ gabarit
Ellipse ①	0,75	0,75	1,03	0,25	14°*	15°
Ellipse ②	1	0,75	1,03	0,71	44°*	45°
Ellipse ③	1	0,75	1,03	0,71	44°*	45°

* Valeurs arrondies

Nota : les ellipses ② et ③ sont identiques

● **Tableau 5 : ellipses en perspective trimétrique de type A**

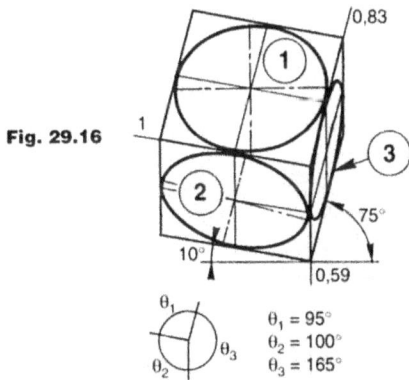

Fig. 29.16

$\theta_1 = 95°$
$\theta_2 = 100°$
$\theta_3 = 165°$

	Diamètres conjugués		Axes orthogonaux		Angle de l'ellipse	
	GD	PD	GA	PA	θ calculé	θ gabarit
Ellipse ①	1	0,83	1,01	0,82	54°*	55°
Ellipse ②	1	0,59	1,01	0,58	35°*	35°‡
Ellipse ③	0,83	0,59	1,01	0,13	8°*	–

* Valeurs arrondies
‡ Ou gabarit 35°16'

Nota : les trois ellipses sont différentes.

● **Tableau 6 : ellipses en perspective trimétrique de type B**

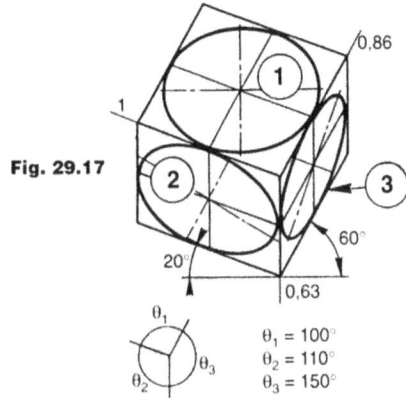

Fig. 29.17

$\theta_1 = 100°$
$\theta_2 = 110°$
$\theta_3 = 150°$

	Diamètres conjugués		Axes orthogonaux		Angle de l'ellipse	
	GD	PD	GA	PA	θ calculé	θ gabarit
Ellipse ①	1	0,86	1,03	0,81	52°*	50°
Ellipse ②	1	0,63	1,03	0,57	34°*	35°‡
Ellipse ③	0,86	0,63	1,03	0,26	14°*	15°

* Valeurs arrondies
‡ Ou gabarit 35°16'

Nota : les trois ellipses sont différentes.

● **Tableau 7 : Ellipses en perspective trimétrique de type C**

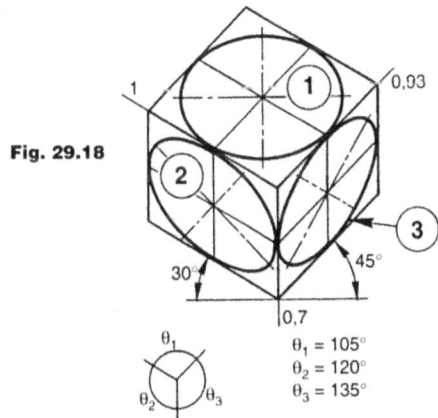

Fig. 29.18

$\theta_1 = 105°$
$\theta_2 = 120°$
$\theta_3 = 135°$

	Diamètres conjugués		Axes orthogonaux		Angle de l'ellipse	
	GD	PD	GA	PA	θ calculé	θ gabarit
Ellipse ①	1	0,93	1,09	0,83	49°*	50°
Ellipse ②	1	0,70	1,09	0,57	31°*	30°
Ellipse ③	0,93	0,70	1,09	0,42	23°*	25°

* Valeurs arrondies

Nota : les trois ellipses sont différentes.

● **Tableau 8 : ellipses en perspective cavalière**
   (α = 30° et R = 0,7)

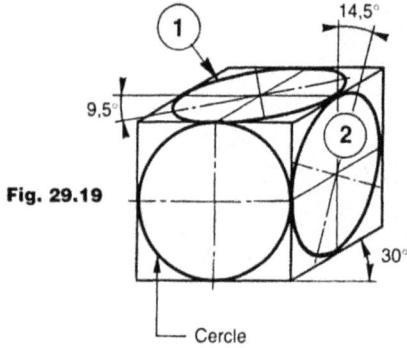

Fig. 29.19

	Diamètres conjugués		Axes orthogonaux		Angle de l'ellipse	
	GD	PD	GA	PA	θ calculé	θ gabarit
Ellipse ①	1	0,70	1,18	0,30	14°*	15°
Ellipse ②	1	0,70	1,09	0,57	31°*	30°

* Valeurs arrondies

Nota : les deux ellipses sont différentes.

● **Tableau 9 : ellipses en perspective cavalière**
   (α = 30° et R = 0,6)

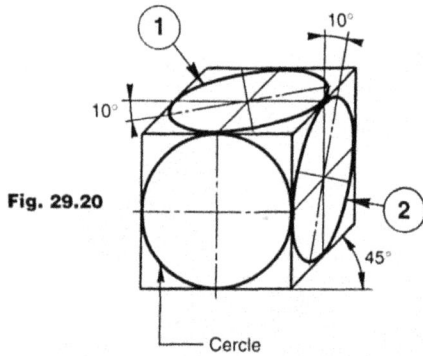

Fig. 29.20

	Diamètres conjugués		Axes orthogonaux		Angle de l'ellipse	
	GD	PD	GA	PA	θ calculé	θ gabarit
Ellipse ①	1	0,60	1,10	0,39	20°*	20°
Ellipse ②	1	0,60	1,10	0,39	20°*	20°

* Valeurs arrondies

Nota : les deux ellipses sont identiques.

● **Tableau 10 : ellipses en perspective cavalière**
   (α = 60° et R = 0,6)

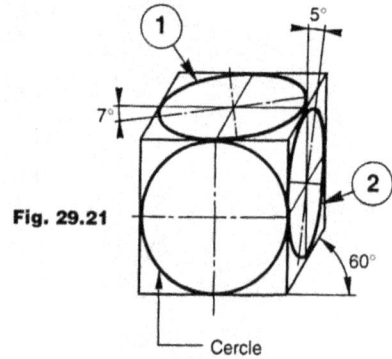

Fig. 29.21

	Diamètres conjugués		Axes orthogonaux		Angle de l'ellipse	
	GD	PD	GA	PA	θ calculé	θ gabarit
Ellipse ①	1	0,50	1,04	0,42	24°*	25°
Ellipse ②	1	0,50	1,09	0,23	12°*	15°

* Valeurs arrondies

Nota : les deux ellipses sont différentes.

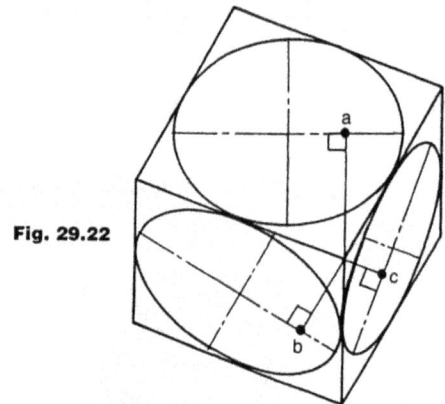

Fig. 29.22

Remarque : toute ellipse s'inscrit dans un parallélogramme défini par deux directions de fuyantes. La troisième direction est toujours perpendiculaire au grand axe de l'ellipse. Sur la figure 29.22, les angles en **a**, **b** et **c** sont droits.

29.4.2 Exemple d'utilisation

Soit un cercle horizontal de 50 mm de diamètre à représenter en **perspective trimétrique de type A.**

Les éléments caractéristiques de l'ellipse figurent dans le tableau 5 à la première ligne, **ELLIPSE** ① :

▶ grand diamètre conjugué **GD** = 1 × 50 = **50 mm** ;
▶ petit diamètre conjugué **PD** = 0,83 × 50 = **41,5 mm** ;
▶ grand axe orthogonal **GA** = 1,01 × 50 = **50,5 mm** ;
▶ petit axe orthogonal **PA** = 0,82 × 50 = **41 mm** ;
▶ angle θ de l'ellipse = **54°**. Choisir un gabarit trace-ellipses à **55°**.

29.5. Les ovales de remplacement

29.5.1 Les tracé comparés de l'ellipse et de l'ovale

Quand on ne peut pas utiliser un gabarit trace-ellipses, soit parce que l'on ne dispose pas du gabarit adéquat, soit parce que l'ellipse ou la portion d'ellipse à représenter est trop grande, on peut remplacer l'ellipse par un ovale.

La figure 29.23 représente un quart d'ellipse et le quart d'ovale correspondant. Les deux tracés se ressemblent. Les contours se séparent légèrement dans la partie la plus concave de la courbe. Cet écart entre les deux courbes n'est pas toujours le même, il varie suivant la valeur de θ.

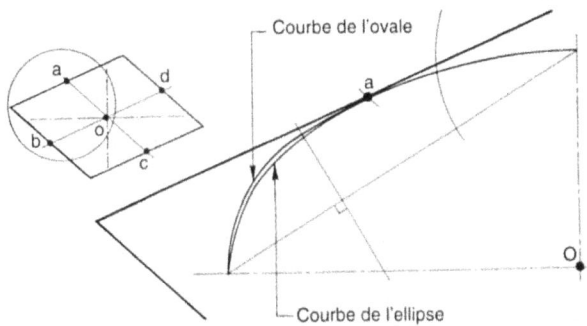

Fig. 29.23

Parfois, l'ovale passe légèrement au-delà des points de tangence **a**, **b**, **c** et **d**. Ces légers dépassements sont le plus souvent sans préjudice pour le dessin sauf si, aux points de tangence, le cercle tangente un autre cercle ou une arête rectiligne. Dans ce cas, il faut corriger le tracé de l'ovale au pistolet ou à la règle flexible.

29.5.2 Le tracé de l'ovale

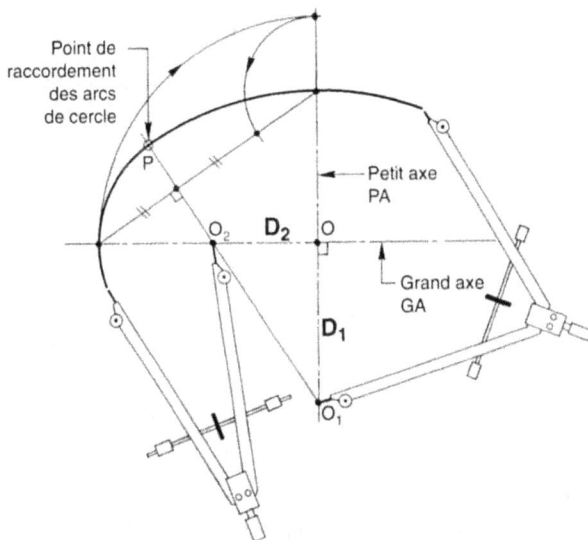

Fig. 29.24

Un quart d'ovale est composé de deux arcs de cercle (fig. 29.24), l'un de centre O_1 et l'autre de centre O_2 raccordés en **P**.

L'emplacement des centres varie suivant les longueurs des axes orthogonaux **GA** et **PA** de l'ellipse correspondante. La longueur du segment OO_1 est appelée D_1 et celle du segment OO_2 est appelée D_2.

29.5.3 Les valeurs D_1 et D_2 pour les ovales courants

Le tableau suivant indique les distances D_1 et D_2 à prendre en compte pour les ovales associés aux principaux types de perspectives axonométriques.

Les distances sont données pour des cercles de diamètre égal à l'unité (1).

TYPE DE PERSPECTIVE	OVALE ①	OVALE ②	OVALE ③
Perspective isométrique	$D_1 = 0,60$ $D_2 = 0,35$	$D_1 = 0,60$ $D_2 = 0,35$	$D_1 = 0,60$ $D_2 = 0,35$
Perspective dimétrique de type **P1**	$D_1 = 0,12$ $D_2 = 0,10$	$D_1 = 1,28$ $D_2 = 0,42$	$D_1 = 1,28$ $D_2 = 0,42$
Perspective dimétrique de type **P2**	$D_1 = 0,26$ $D_2 = 0,20$	$D_1 = 0,85$ $D_2 = 0,39$	$D_1 = 0,85$ $D_2 = 0,39$
Perspective dimétrique de type **P3**	$D_1 = 1,82$ $D_2 = 0,44$	$D_1 = 0,34$ $D_2 = 0,23$	$D_1 = 0,34$ $D_2 = 0,23$
Perspective trimétrique de type **A**	$D_1 = 0,18$ $D_2 = 0,15$	$D_1 = 0,56$ $D_2 = 0,32$	$D_1 = 3,67$ $D_2 = 0,47$
Perspective trimétrique de type **B**	$D_1 = 0,21$ $D_2 = 0,17$	$D_1 = 0,56$ $D_2 = 0,31$	$D_1 = 1,74$ $D_2 = 0,44$
Perspective trimétrique de type **C**	$D_1 = 0,26$ $D_2 = 0,20$	$D_1 = 0,66$ $D_2 = 0,34$	$D_1 = 1,07$ $D_2 = 0,41$
Perspective cavalière avec ($\alpha = 30°$ et $R = 0,7$)	$D_1 = 1,98$ $D_2 = 0,50$	cercle	$D_1 = 0,66$ $D_2 = 0,34$
Perspective cavalière avec ($\alpha = 45°$ et $R = 0,6$)	$D_1 = 1,21$ $D_2 = 0,43$	cercle	$D_1 = 1,21$ $D_2 = 0,43$
Perspective cavalière avec ($\alpha = 60°$ et $R = 0,6$)	$D_1 = 0,95$ $D_2 = 0,38$	cercle	$D_1 = 2,28$ $D_2 = 0,48$

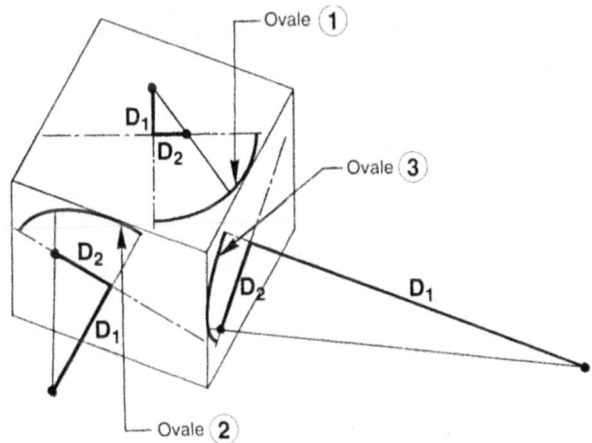

Fig. 29.25

29.5.4 Exemple d'utilisation

Soit un cercle horizontal de 50 mm de diamètre à représenter en **perspective dimétrique de type P3** sous la forme d'un ovale.

Les distances recherchées figurent à la quatrième ligne du tableau dans la colonne **OVALE** ① :

▶ distance D_1 = 1,82 × 50 = **91 mm** ;
▶ distance D_2 = 0,44 × 50 = **22 mm**.

Nota : l'ovale ne peut être tracé que si les axes orthogonaux de l'ellipse sont connus en position et en longueur. Si cela n'est pas le cas, on peut déterminer ces éléments à l'aide des neuf tableaux de valeurs précédents.

29.5.5 Le calcul des distances D_1 et D_2

La méthode de calcul des deux distances est détaillée ci-dessous (fig. 29.26).

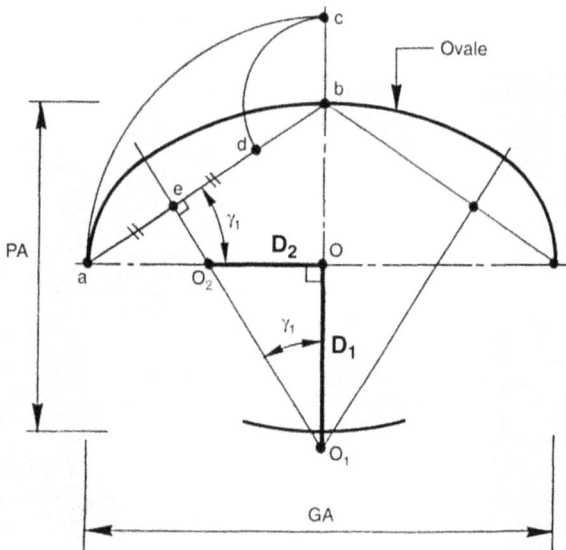

Fig. 29.26

Données

▶ Longueur du grand axe = **GA** = 2**x** ;
▶ Longueur du petit axe = **PA** = 2**y** ;
▶ Distance D_1 = OO_1 et distance D_2 = OO_2.

Calcul du segment ae en fonction des deux longueurs x et y :

abo est un triangle rectangle. On peut donc écrire :

$$ab^2 = x^2 + y^2 \Rightarrow ab = \sqrt{x^2 + y^2}$$

$$bc = bd = x - y \text{ et : } ad = ab - bd = \sqrt{x^2 + y^2} - (x - y)$$

D'où : $ae = ed = \dfrac{ad}{2} = \dfrac{\sqrt{x^2 + y^2} - (x - y)}{2}$

Calcul de l'angle γ_1 à partir de sa tangente :

$$\boxed{\tan\gamma_1 = \frac{y}{x}}$$ (relation 1)

Calcul de la distance D_2 :

$$\cos\gamma_1 = \frac{ae}{aO_2} = \frac{\sqrt{x^2 + y^2} - (x - y)}{2aO_2}$$

$$\Rightarrow aO_2 = \frac{\sqrt{x^2 + y^2} - x + y}{2\cos\gamma_1}$$

D'où :

$$D_2 = x - aO_2 \Rightarrow \boxed{D_2 = x - \frac{\sqrt{x^2 + y^2} - x + y}{2\cos\gamma_1}}$$ (relation 2)

Calcul de la distance D_1 :

$$\tan\gamma_1 = \frac{D_2}{D_1} \Rightarrow \boxed{D_1 = \frac{D_2}{\tan\gamma_1}}$$ (relation 3)

Les relations (1), (2) et (3) permettent de déterminer les distances D_1 et D_2 pour des valeurs données de **GA** et de **PA**.

29.6. Les applications

29.6.1 Petit haltère

Soit un petit haltère à représenter en **perspective dimétrique de type P_3**. L'objet est constitué d'une barre cylindrique en acier, moletée dans sa partie centrale, et de deux disques métalliques maintenus par des bagues d'arrêt (fig. 29.27).

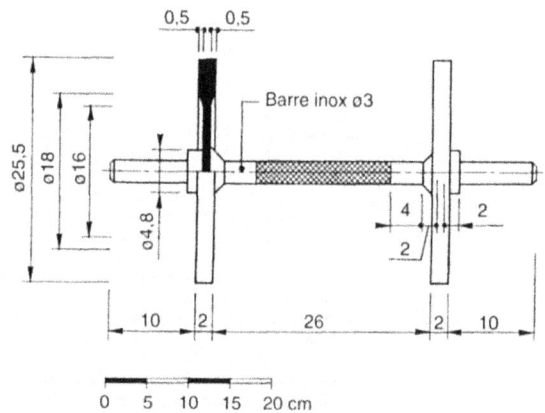

Fig. 29.27

Le cube de référence de la perspective est orienté comme l'indique la figure 29.28 (disposition **P_3c**). Le disque gauche de l'haltère est tangent à l'arête verticale **AB**. Les rapports de réduction appliqués aux deux directions horizontales sont égaux à 0,75. Les verticales ne sont pas réduites (le rapport est égal à 1).

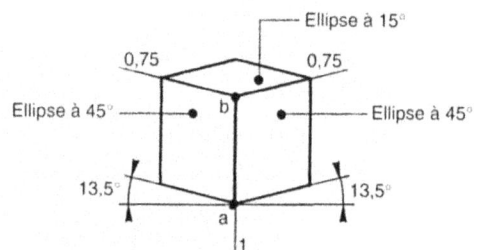

Fig. 29.28

Étape 1 (fig. 29.29)

▶ tracer les deux parallélépipèdes rectangles circonscrits aux disques aux dimensions suivantes :

   ab = 25,5 × 1 = 25,5 cm
   ad = 25,5 × 0,75 ≈ 19 cm

ac = (26 + 2 + 2) × 0,75 = 22,5 cm

ae = **fc** = 2 × 0,75 = 1,5 cm

▶ tracer les axes orthogonaux de l'ellipse. Le tableau 4 donne les valeurs suivantes : **Ellipse** ② : **GA** = 1,03 et **PA** = 0,71 ;

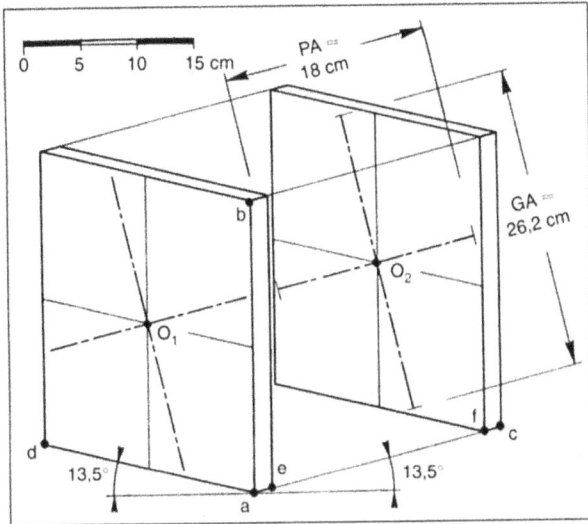

Fig. 29.29

D'où : **GA** = 1,03 × 25,5 ≈ **26,2 cm** et **PA** = 0,71 × 25,5 ≈ **18 cm**.

Étape 2 (fig. 29.30)

▶ le tableau 4 indique également : **Ellipse** ② : θ calculé ≈ 44° et θ gabarit = 45° ;

▶ représenter les ellipses des disques au gabarit trace-ellipse à 45° ;

▶ tracer la barre aux dimensions suivantes : **eO$_1$** = 10 × 0,75 = **7,5** cm et **hO$_1$** = (10 + 2) × 0,75 = **9 cm**. L'extrémité droite de la barre n'est pas à tracer car elle est cachée par le disque droit ;

▶ représenter les ellipses de la barre.

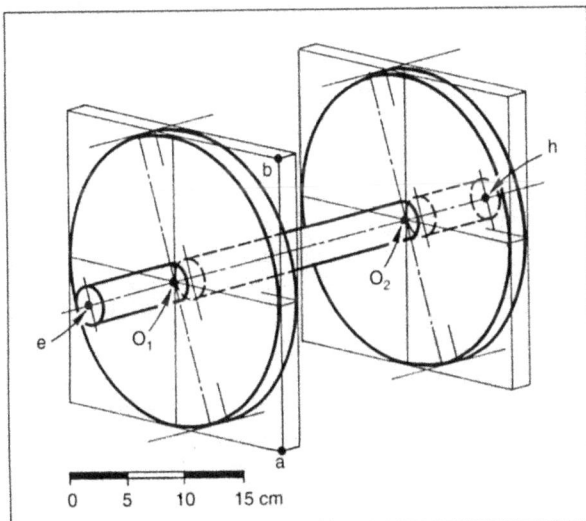

Fig. 29.30

Nota : si l'on ne dispose pas de gabarit, les ellipses peuvent être remplacées par des ovales. Le tableau

des ovales indique pour les perspectives dimétriques de type **P$_3$** :

Ovale ② : **D$_1$** = 0,34 et **D2** = 0,23

D'où : **D$_1$** = 0,34 × 25,5 ≈ **8,7 cm** et D2 = 0,23 × 25,5 ≈ **6 cm** (fig. 29.31).

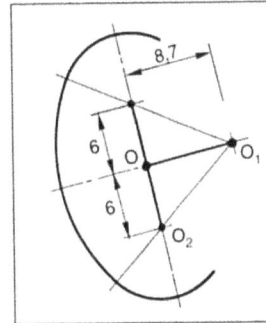

Fig. 29.31

Étape 3 (fig. 29.32)

▶ représenter les ellipses des bagues d'arrêt et celles correspondant à l'amincissement des disques dans leur partie centrale. L'ellipse repérée **E$_1$** n'a pas **O$_1$** comme point d'intersection des axes mais **O$_3$** (**O$_1$O$_3$** = 0,5 × 0,75 ≈ 3,7 cm) ;

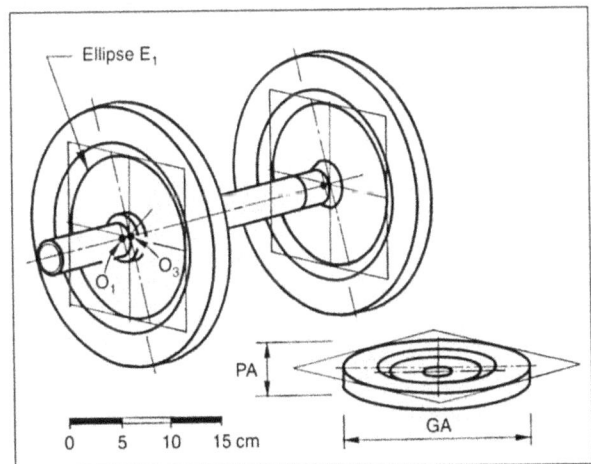

Fig. 29.32

▶ représenter à côté de l'haltère un disque posé horizontalement de 20 cm de diamètre. L'ellipse s'inscrit dans un losange dont les dimensions des côtés sont égales à : 20 × 0,75 = 15 cm.

Le tableau 4 donne les valeurs suivantes :

Ellipse ① : **GA** = 1,03 et **PA** = 0,25 avec θ calculé ≈ 14° et θ gabarit = 15°.

Ce qui donne : **GA** = 1,03 × 20 ≈ **20,6 cm** et **PA** = 0,25 × 20 = **5 cm**.

Utiliser un gabarit trace-ellipses à 15°.

Étape 4 (fig. 29.33)

▶ représenter un second disque horizontal et mettre au net la perspective.

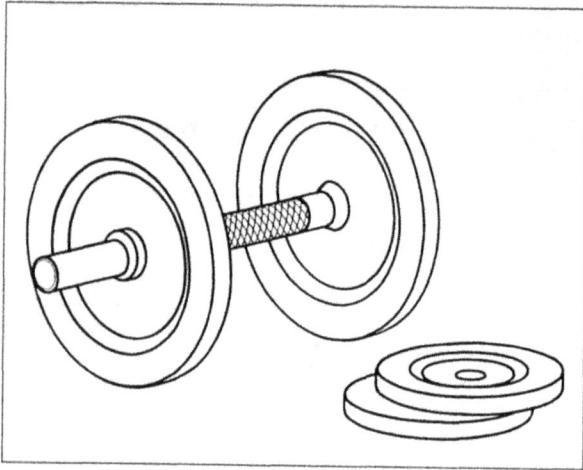

Fig. 29.33

29.6.2 Spot orientable

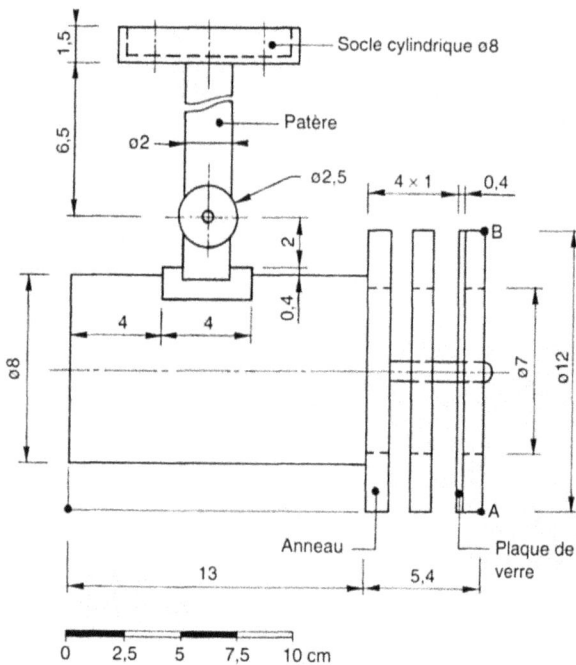

Fig. 29.34

Soit un spot orientable à représenter en **perspective trimétrique de type B**. L'objet est constitué d'un corps cylindrique métallique articulé sur une patère dont l'extrémité comporte un socle à fixer au plafond (fig. 29.34).

Le cube de référence de la perspective est orienté comme l'indique la figure 29.35 (disposition **B₁**), avec l'arête verticale **ab** tangente au bord extérieur du corps cylindrique. Les rapports de réduction appli-

qués aux deux directions horizontales sont égaux à 0,86 et 0,63. Les verticales ne sont pas réduites (rapport égal à 1).

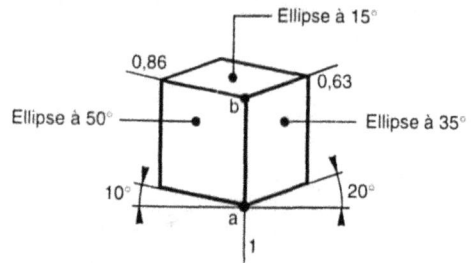

Fig. 29.35

Étape 1 (fig. 29.36)

▶ tracer le parallélépipède d'enveloppement du corps cylindrique :

  ab = 12 × 1 = **12 cm** ; **ad** = (13 + 5,4) × 0,86 ≈ **15,8 cm** et **ac** = 12 × 0,63 ≈ **7,6 cm** ;

▶ tracer les axes orthogonaux de l'ellipse. Le tableau 6 donne les valeurs suivantes : **Ellipse ②** : **GA** = 1,03 et **PA** = 0,57 avec θ calculé ≈ 34° et θ gabarit = 35°,

d'où : **GA** = 1,03 × 12 ≈ **12,4 cm** et **PA** = 0,57 × 12 ≈ **6,8 cm**.

Utiliser un gabarit trace-ellipses à 35°.

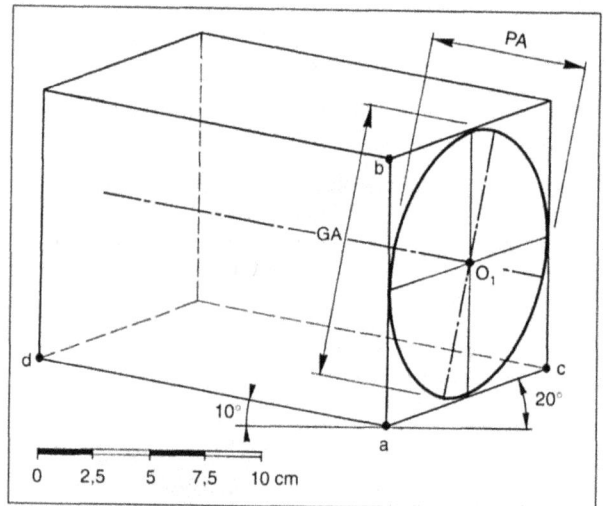

Fig. 29.36

Étape 2 (fig. 29.37)

▶ compléter le dessin du corps cylindrique par le tracé des autres ellipses à 35°. Pour faciliter le tracé des ellipses successives, on peut déplacer le trace-ellipses sur l'arête inclinée à 10° d'une équerre réglable.

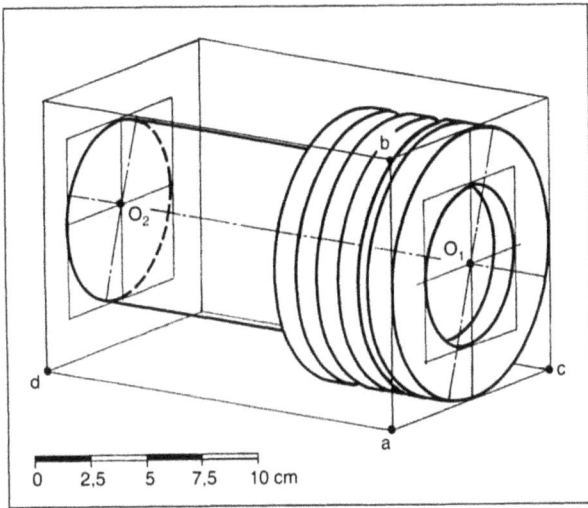

Fig. 29.37

Étape 3 (fig. 29.38)

▶ représenter la patère et le socle. Le tableau 6 donne les valeurs suivantes de l'ellipse de la patère repérée **E₁** : **Ellipse** ① : **GA** = 1,03 et **PA** = 0,81 avec θ calculé ≈ 52° et θ gabarit = 50° ;

Le même tableau donne les caractéristiques de l'ellipse du socle repérée **E₂** : **Ellipse** ③ :

GA = 1,03 et **PA** = 0,26 avec θ calculé ≈ 14° et θ gabarit = 15° ;

▶ tracer les ellipses à l'aide de ces valeurs et mettre au net la perspective.

2

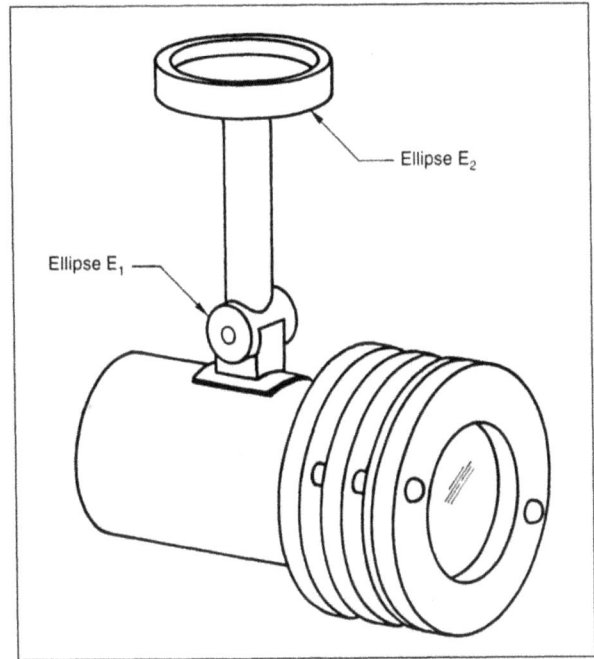

Fig. 29.38

Chapitre 30

Les perspectives éclatées

30.1. Principes

Lorsque l'objet à représenter est constitué de plusieurs pièces assemblées, une seule perspective d'ensemble ne permet généralement pas de visualiser la forme de chaque pièce et d'appréhender correctement les modes d'assemblage. Aussi est-il conseillé de dessiner une **perspective éclatée** appelée aussi **vue éclatée** (voir les perspectives coniques éclatées).

Pour représenter les éléments détachés les uns des autres, on emploie le plus souvent la translation :

▶ **suivant des directions horizontales** (fig. 30.1) : pour l'objet **A**, il y a quatre sens de déplacements possibles parallèles aux arêtes horizontales de l'objet ;

▶ **suivant des directions verticales** (fig. 30.2) : il y a deux sens de déplacements possibles parallèles aux arêtes verticales de l'objet.

30.2. Exemples

30.2.1 Perspectives éclatées d'une boîte

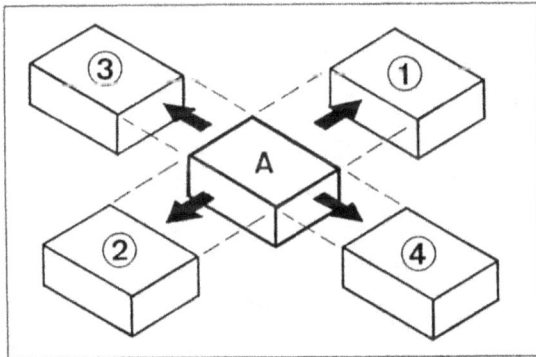

Fig. 30.3

Soit une petite boite en bois comprenant quatre côtés et un fond cloués, représentée en **perspective isométrique** (fig. 30.3). On peut obtenir, à partir de la perspective d'ensemble, plusieurs types de perspectives éclatées :

▶ figure 30.4 : les quatre côtés se détachent par translation horizontale ;

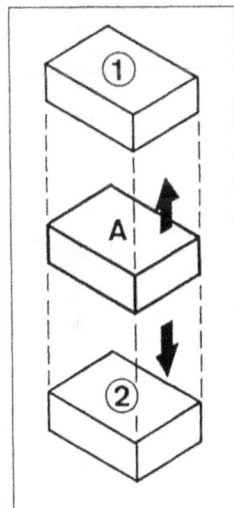

Fig. 30.1

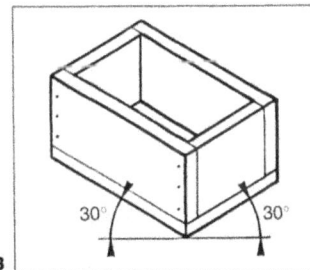

Fig. 30.2

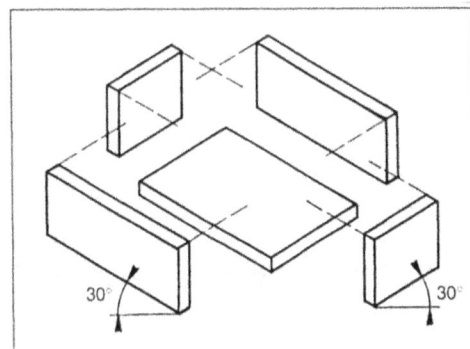

Fig. 30.4

▶ figure 30.5 : variante de la perspective précédente avec la présence de plusieurs recouvrements partiels (cerclés sur la figure). Ce mode de représentation est à employer avec discernement : les parties masquées doivent être peu importantes et ne pas contenir de renseignements d'ordre dimensionnel ou fonctionnel ;

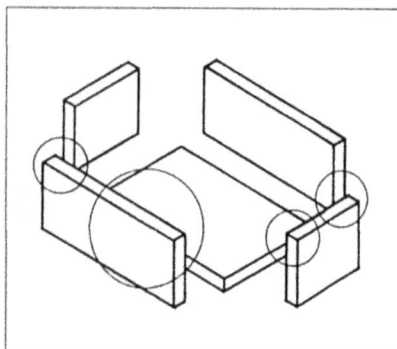

Fig. 30.5

▶ figure 30.6 : les petits côtés sont soumis à des translations verticales et les grands à des translations horizontales ;

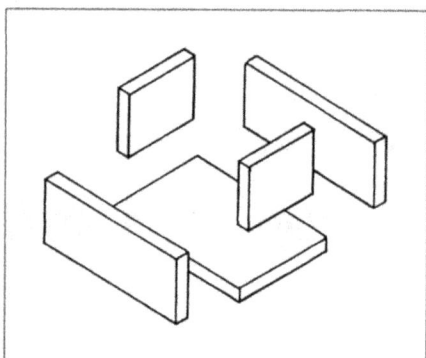

Fig. 30.6

▶ figure 30.7 : variante de la perspective précédente. Les grands côtés sont soumis à deux translations : l'une horizontale qui les sépare des petits côtés et l'autre verticale qui les éloigne du fond.

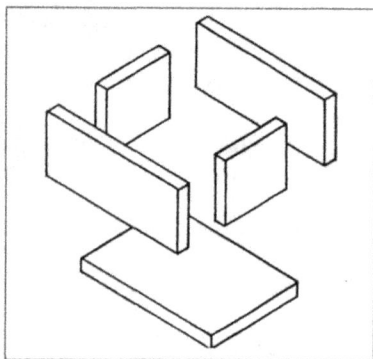

Fig. 30.7

30.2.2 Perspective éclatée d'une douille électrique

Soit une douille pour ampoule électrique représentée **en perspective dimétrique de type P₃d** (fig. 30.8).

La disposition des pièces sur la perspective éclatée s'impose d'elle-même (fig. 30.9) : elle correspond aux différentes opérations de démontage. Le grand nombre d'ellipses à 15° nécessite l'emploi d'un gabarit trace-ellipses. Les filetages et taraudages sont représentés par des portions d'ellipses inclinées sur l'horizontale et régulièrement espacées.

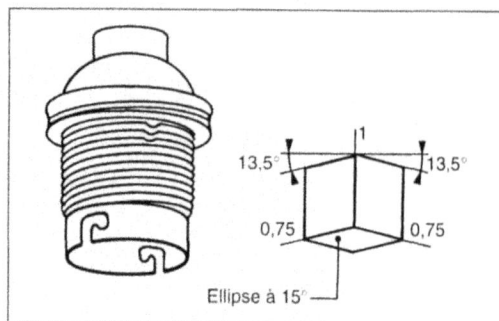

Fig. 30.8

NOTA : la figure 30.9 peut être observée verticalement ou horizontalement.

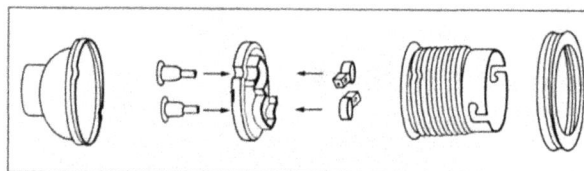

Fig. 30.9

30.2.3 Perspectives éclatées d'un barbecue

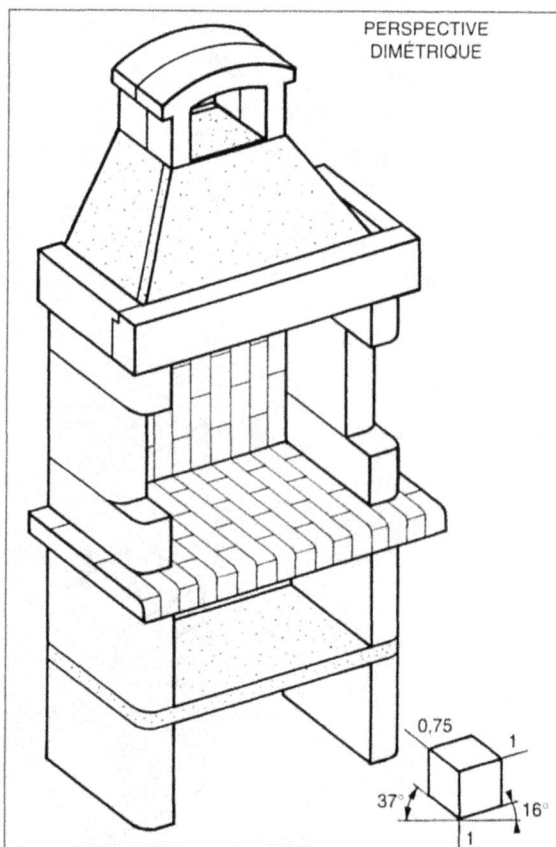

Fig. 30.10

Soit un barbecue constitué de plusieurs éléments en pierre naturelle, béton et briques réfractaires. **La perspective d'ensemble dimétrique de type P₂b** montre le barbecue installé (fig. 30.10). Les perspectives d'ensemble et les vues éclatées des trois principales parties du barbecue sont représentées sur les figures suivantes :

▶ figure 30.11 : le soubassement ;
▶ figure 30.12 : le foyer ;
▶ figure 30.13 : la hotte.

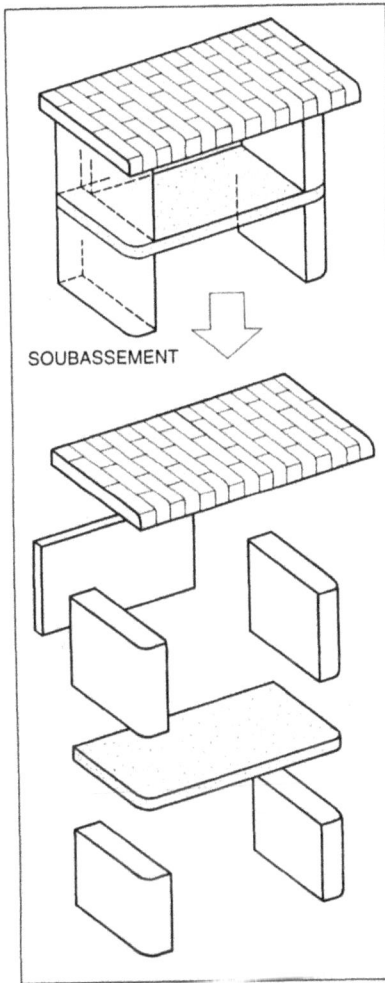

SOUBASSEMENT

Fig. 30.11

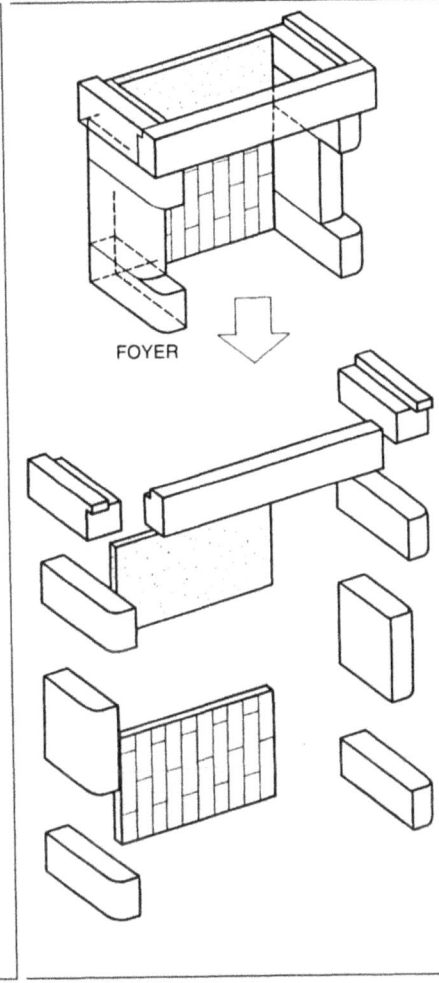

FOYER

Fig. 30.12

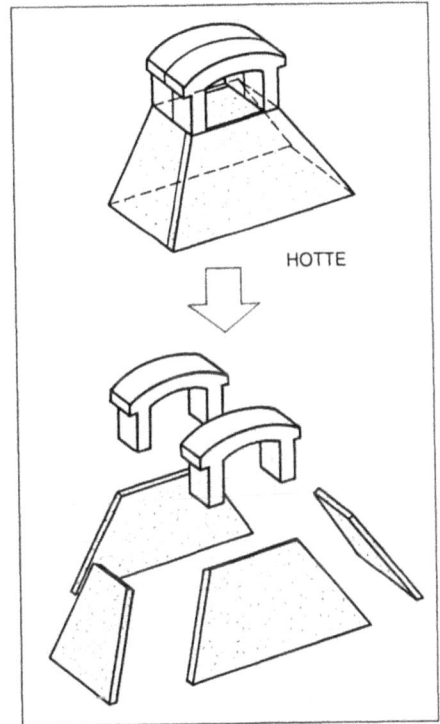

HOTTE

Fig. 30.13

Observer la présence de plusieurs recouvrements partiels sur chaque perspective éclatée.

30.2.4 Perspective éclatée d'une petite serrure

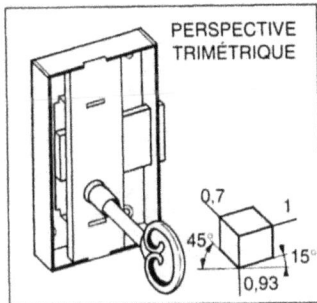

PERSPECTIVE TRIMÉTRIQUE

Fig. 30.14

Soit une serrure en applique de placard représentée en **perspective trimétrique de type C₆** (fig. 30.14). Cette perspective d'ensemble ne renseigne ni sur la forme des pièces ni sur leur position relative. L'établissement d'une perspective éclatée est nécessaire pour appréhender la forme de chacune des pièces et ainsi mieux comprendre le fonctionnement du mécanisme.

Les figures suivantes montrent plusieurs perspectives éclatées possibles :

▶ figure 30.15 : chaque organe est représenté en perspective, d'un côté le boitier et de l'autre le mécanisme ;

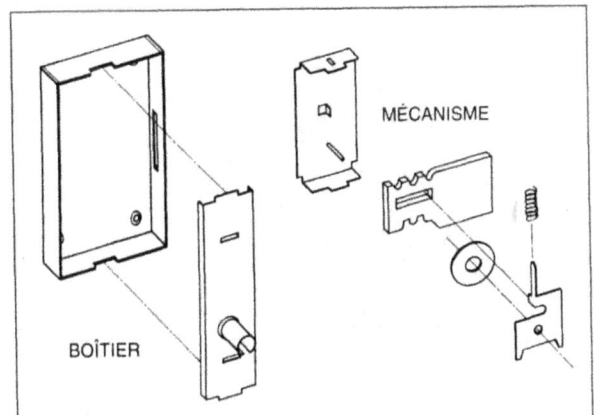

MÉCANISME

BOÎTIER

Fig. 30.15

- ► figure 30.16 : les organes sont rangés suivant la place qu'ils occupent dans la serrure ;
- ► figure 30.17 : variante de la perspective précédente. Plusieurs recouvrements permettent à la fois de préciser les positions relatives des pièces et d'obtenir une perspective moins étendue ;
- ► figure 30.18 : les recouvrements sont ici trop importants et nuisent à la bonne lecture des formes ;
- ► figure 30.19 : perspective cavalière éclatée avec $\alpha = 45°$ et $R = 0,7$.

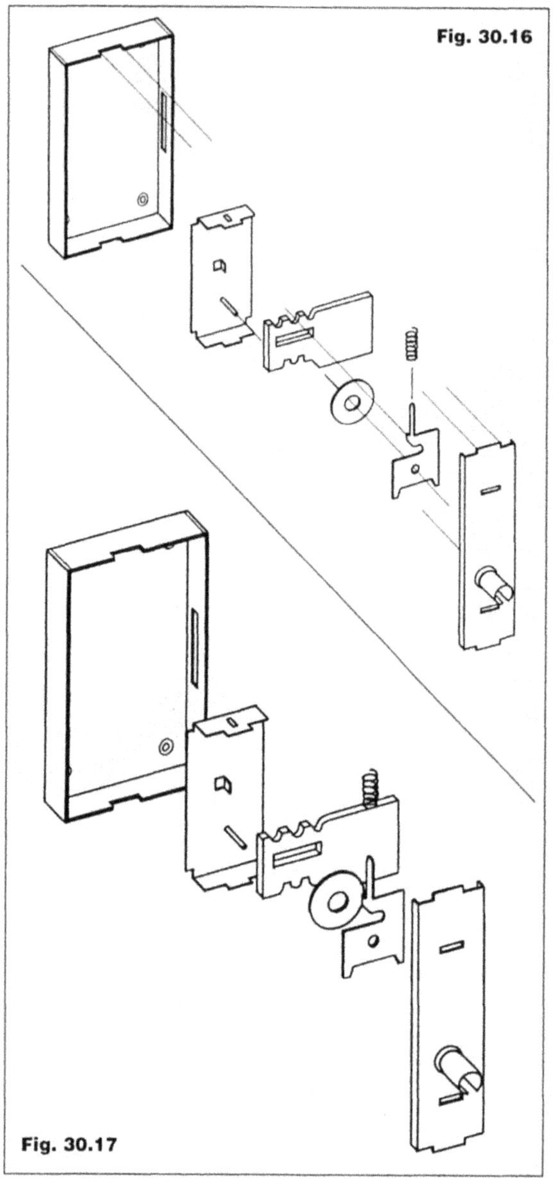

Fig. 30.16

Fig. 30.17

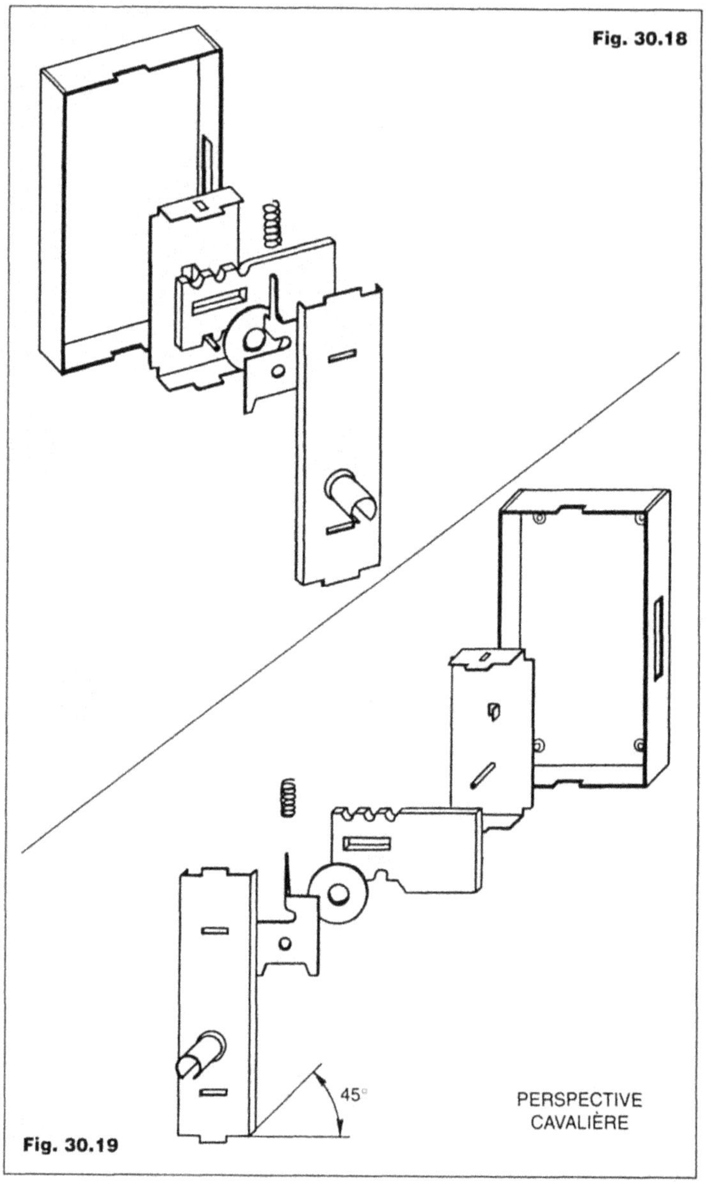

Fig. 30.18

Fig. 30.19

PERSPECTIVE CAVALIÈRE

30.2.5 Perspectives éclatées du nichoir

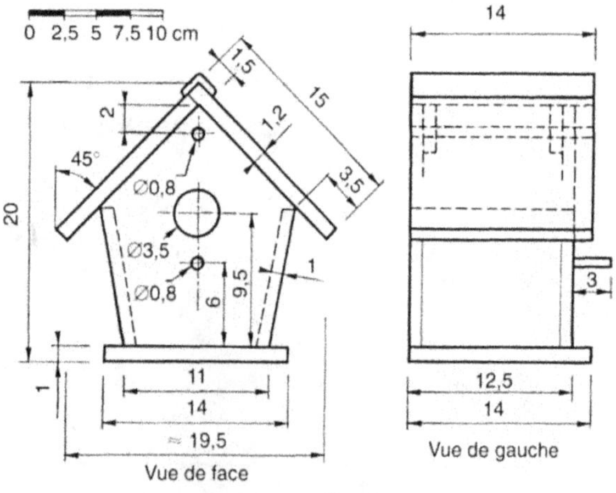

Vue de face

Vue de gauche

Fig. 30.20

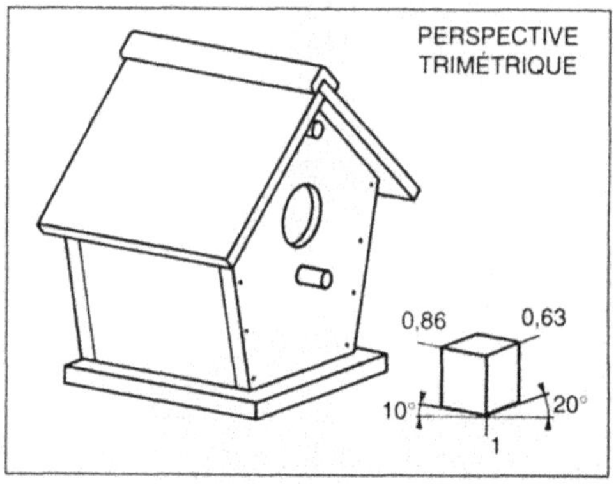

PERSPECTIVE TRIMÉTRIQUE

Fig. 30.21

226

Soit un petit nichoir pour oiseaux, constitué de plusieurs éléments cloués en contreplaqué et d'un toit amovible (fig. 30.20). À partir de la **perspective d'ensemble trimétrique de type B₁** (fig. 30.21), on peut établir une perspective éclatée (fig. 30.22).

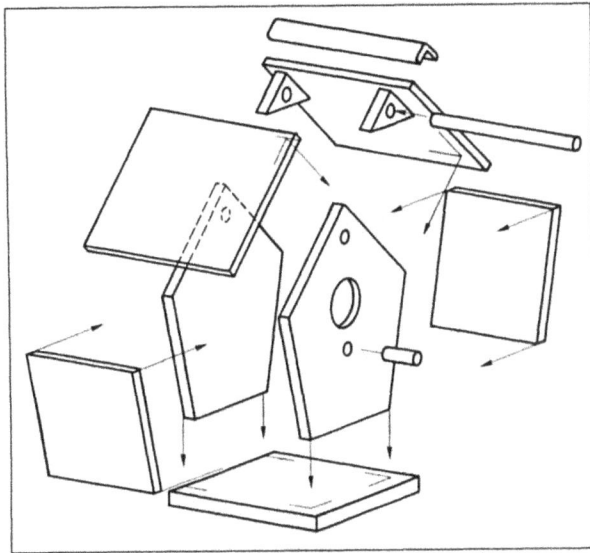

Fig. 30.23

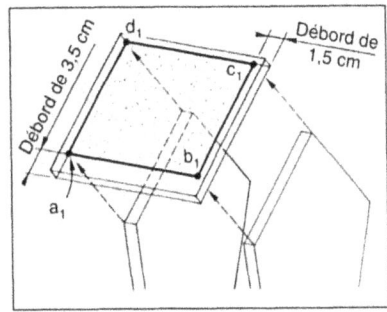

Fig. 30.22

Pour représenter correctement la toiture, il convient d'abord de situer le rectangle $a_1b_1c_1d_1$ puis de figurer, à l'échelle de la perspective, les deux débords de 1,5 cm et 3,5 cm et enfin de dessiner l'épaisseur du pan incliné (fig. 30.23).

La figure 30.24 est une variante de la perspective éclatée précédente. Elle est plus compacte car elle comporte plusieurs recouvrements de pièces.

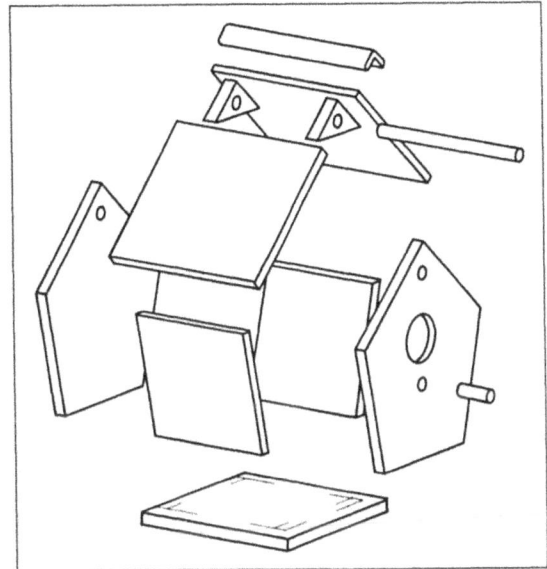

Fig. 30.24

Chapitre 31

Les perspectives tronquées

31.1. Principes

Dans ce type de perspective appelé également **coupes en perspective** ou **écorchés**, on supprime par la pensée une ou plusieurs parties de l'objet, plus ou moins importantes, pour mettre à découvert des éléments intérieurs. Ces effacements partiels permettent une meilleure compréhension des formes de l'objet.

31.2. Exemples

31.2.1 Perspectives tronquées d'un cendrier

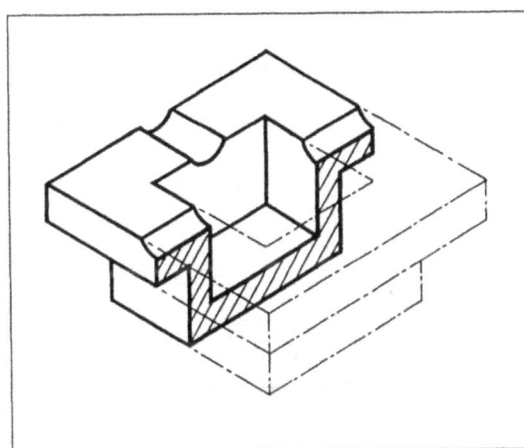

PERSPECTIVE ISOMÉTRIQUE

Fig. 31.1

Soit un cendrier en terre cuite représenté en **perspective isométrique** (fig. 31.1). Pour montrer les épaisseurs des parois, on suppose l'objet coupé (fig. 31.2). Les contours de la partie enlevée peuvent être repérés par des traits mixtes fins. La zone sectionnée peut être, comme en dessin technique, hachurée, grisée ou pochée en noir.

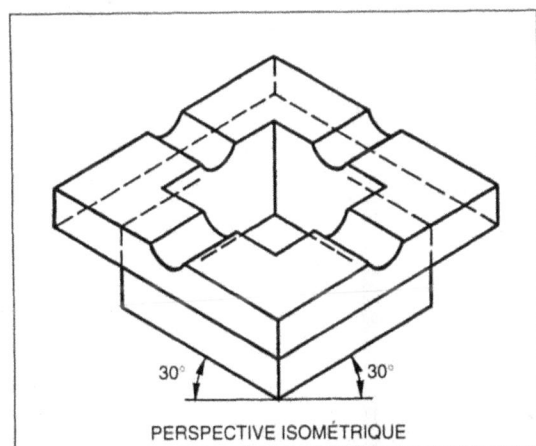

Fig. 31.2

Pour dénaturer le moins possible les formes de l'objet, on peut réduire l'importance de la partie supprimée. La figure 31.3 représente le cendrier avec un quart enlevé. La méthode d'exécution la plus simple consiste, dans ce cas, à tracer la perspective complète puis à ôter la partie souhaitée.

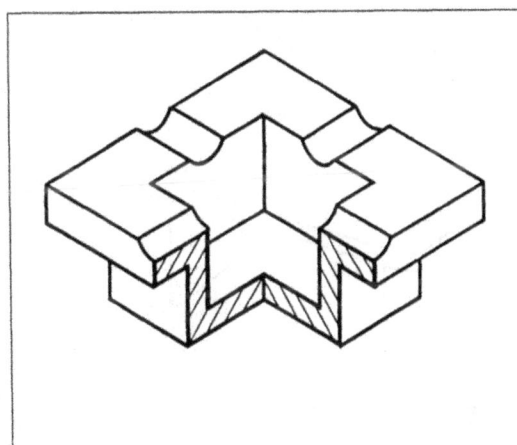

Fig. 31.3

Sur la figure 31.4 le fond est conservé en totalité. La figure 31.5 est une perspective tronquée dite étagée ou en escalier.

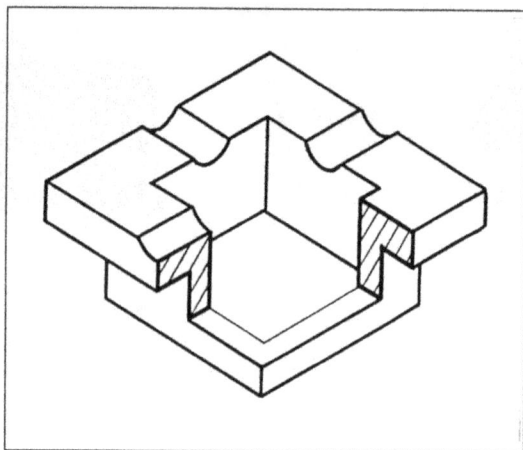

Fig. 31.4

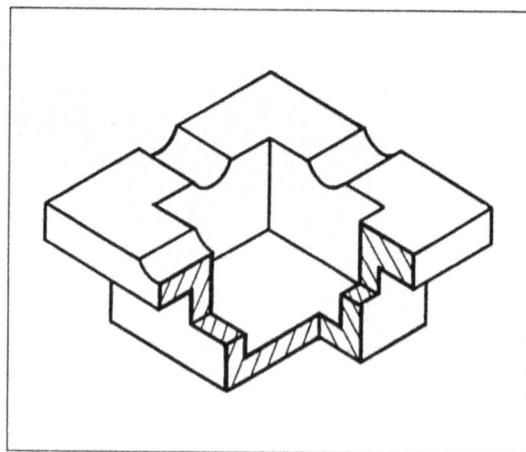

Fig. 31.5

31.2.2 Quelques exemples de perspectives tronquées

▶ figure 31.6 : **perspective dimétrique** étagée du barbecue ;

▶ figure 31.7 : **perspective trimétrique** du nichoir avec un quart enlevé ;

▶ figures 31.8 et 31.9 : **perspectives isométriques** de l'abri avec successivement la moitié et un quart enlevés ;

▶ figures 31.10 et 31.11 : **perspectives isométriques** de l'habitation avec successivement la moitié et un quart enlevés.

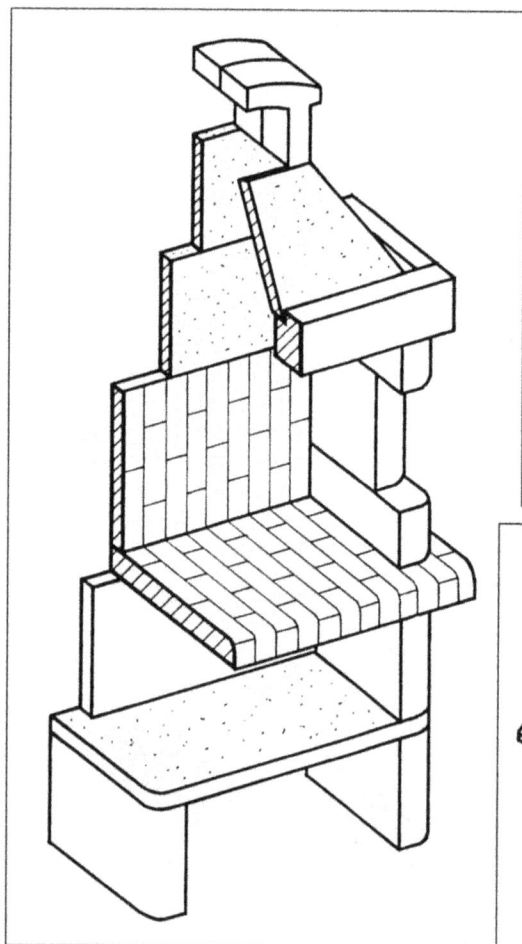

Fig. 31.6

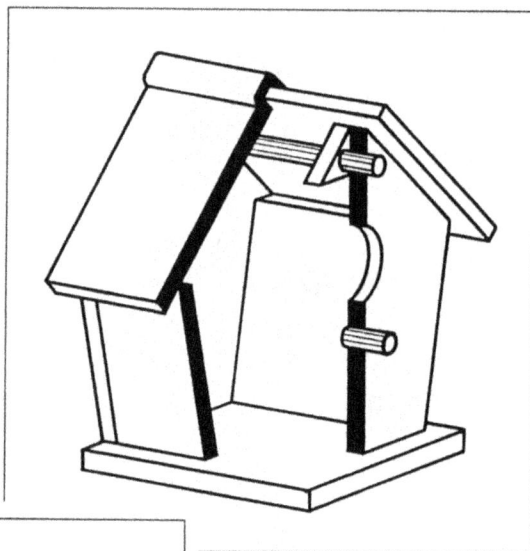

Fig. 31.7

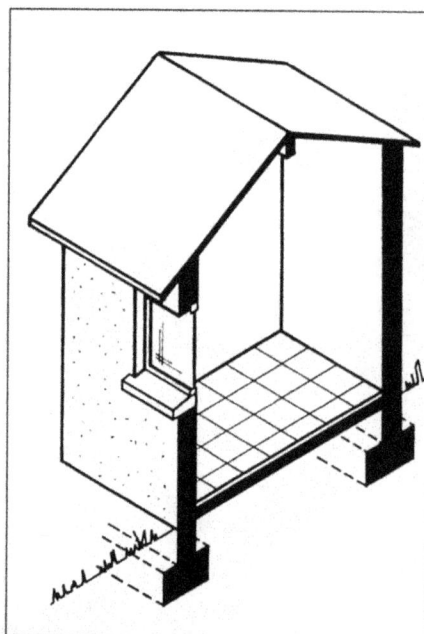

Fig. 31.8

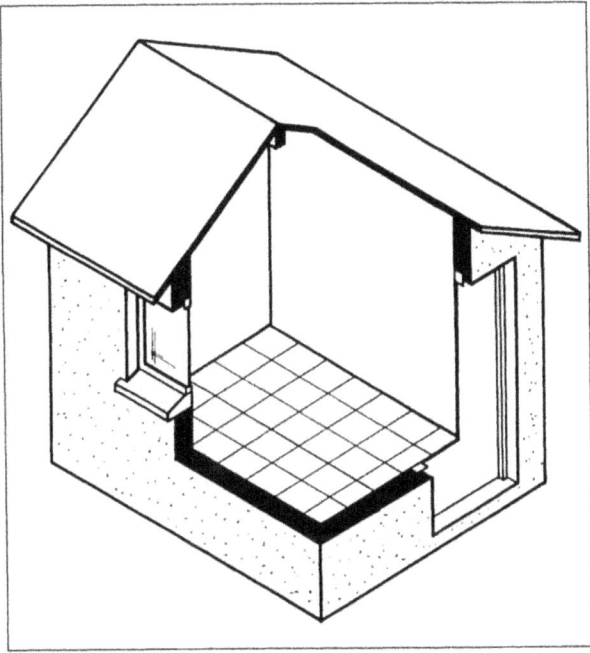

Fig. 31.9

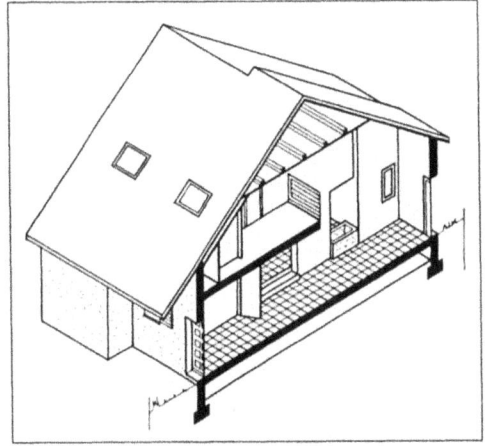

Fig. 31.10

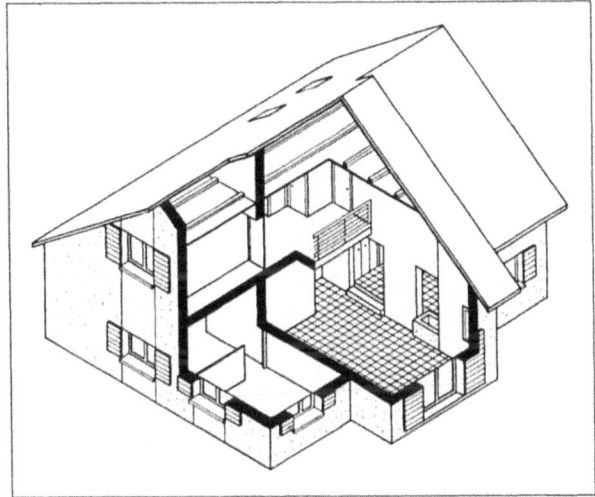

Fig. 31.11

Chapitre 32

La cotation des perspectives axonométriques

32.1. Généralités

Les perspectives d'objets techniques qui accompagnent souvent les vues cotées de dessin technique ne recoivent habituellement pas – ou peu – de cotes. Les seules cotes qu'il convient parfois d'indiquer sont les suivantes :

▶ les cotes d'encombrement général de l'objet : longueur, largeur, hauteur ou épaisseur ;

▶ les cotes relatives à des parties de l'objet mal définies sur les vues géométrales.

32.2. Disposition des lignes de cote

Se reporter au chapitre 19 de la seconde partie de cet ouvrage pour l'énoncé des principes généraux de cotation.

Les lignes de cote et d'attache sont représentées en perspective. On leur applique les mêmes règles de perspective que celles utilisées pour dessiner l'objet.

32.2.1 La cotation d'une arête horizontale

La ligne de cote et l'arête **ab** de l'objet doivent être coplanaires, c'est-à-dire situées dans un même plan horizontal (fig. 32.1) ou vertical (fig. 32.2).

La figure 32.3 réunit quatre manières différentes de coter la longueur de l'objet représenté. La cotation de la figure 32.4 est incorrecte car le segment qui joint les points **a** et **b** n'est pas situé dans le plan horizontal contenant les lignes d'attache et la ligne de cote.

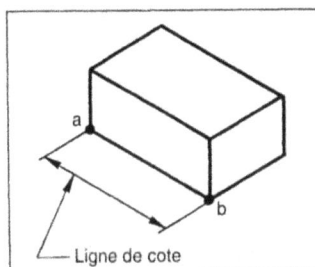

— Ligne de cote

Fig. 32.1

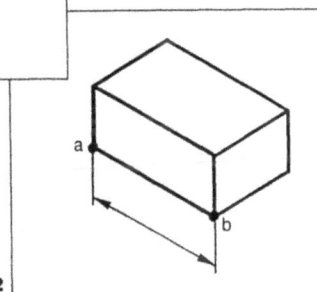

Fig. 32.2

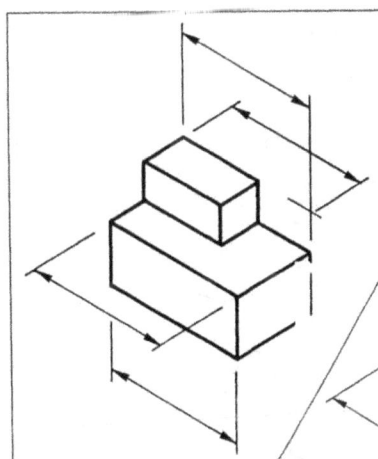

Fig. 32.3

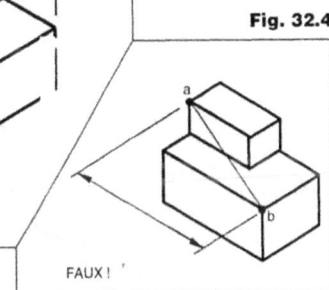

Fig. 32.4

FAUX !

32.2.2 La cotation d'une arête verticale

La figure 32.5 regroupe trois manières différentes de coter la hauteur du parallélépipède. Pour indiquer la hauteur de l'objet représenté ci-dessous, adopter les dispositions de la figure 32.6 et non celles de la figure 32.7 qui sont incorrectes (éléments graphiques non coplanaires).

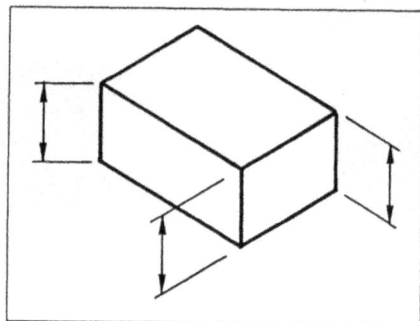

Fig. 32.5

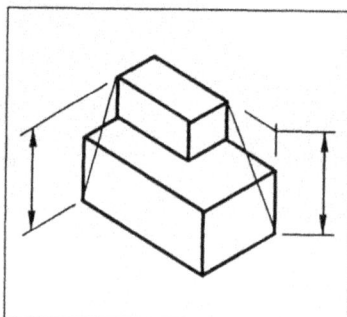

Fig. 32.6

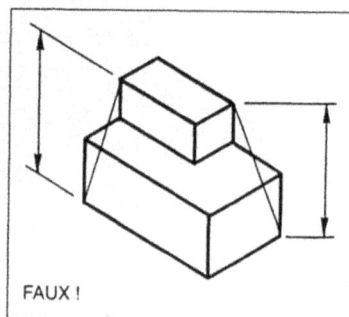

FAUX !

Fig. 32.7

32.3. Quelques exemples de perspectives cotées

▶ figure 32.8 : **perspective isométrique** cotée du cendrier ;

▶ figure 32.9 : **perspective dimétrique** du barbecue avec les dimensions principales et la désignation des éléments constitutifs ;

▶ figure 32.10 : **perspective dimétrique** éclatée du nichoir avec les dimensions des éléments et leur désignation ;

▶ figure 32.11 : même perspective éclatée avec la présence de lignes de repère. Ce mode de cotation surcharge moins la figure et apporte les mêmes informations dimensionnelles qu'une cotation traditionnelle.

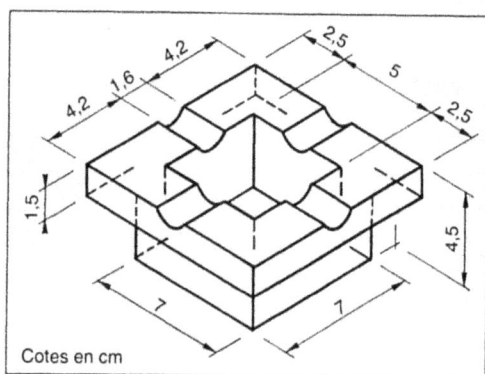

Cotes en cm

Fig. 32.8

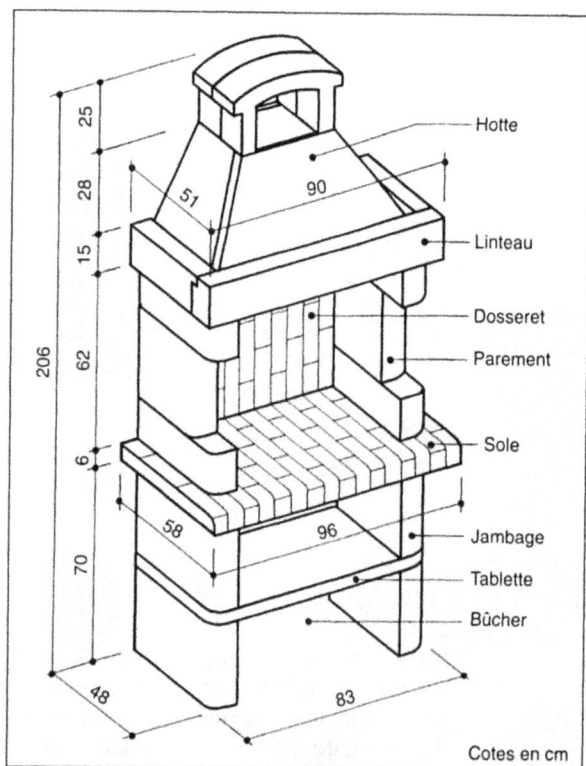

Fig. 32.9

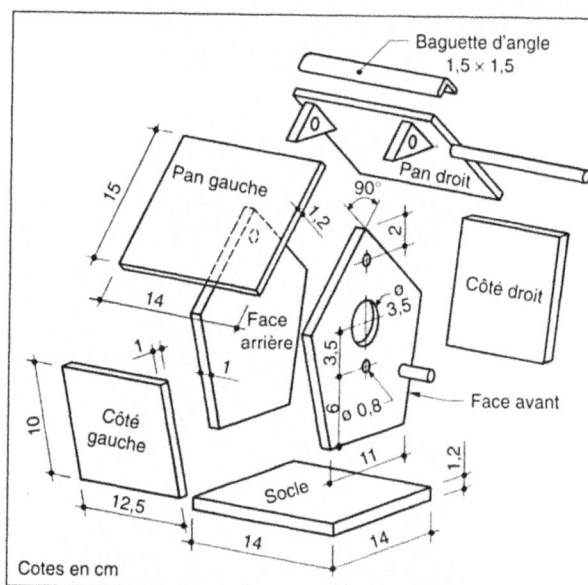

Cotes en cm

Fig. 32.10

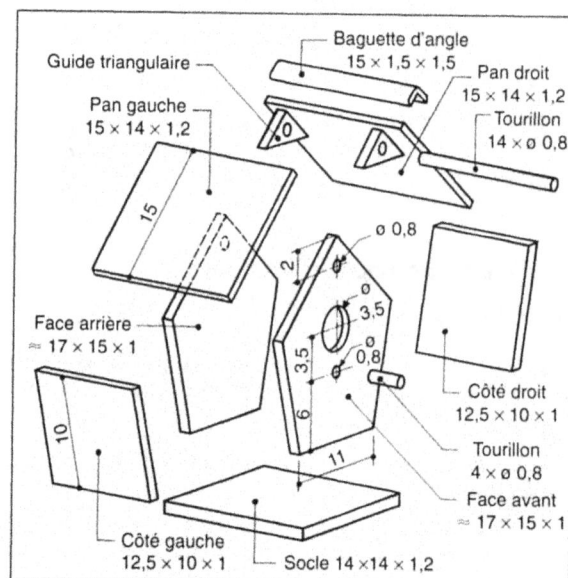

Fig. 32.11

Chapitre / 33

Le tracé des ombres

33.1. Généralités

33.1.1 Principes de base

Les perspectives axonométriques sont rarement ombrées, exceptées peut-être celles relevant du domaine de la construction et de l'architecture.

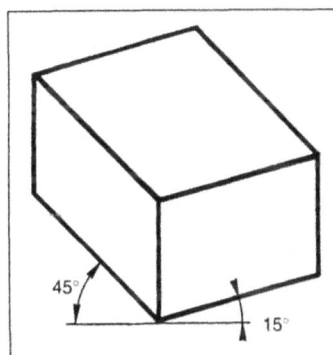

Fig. 33.1

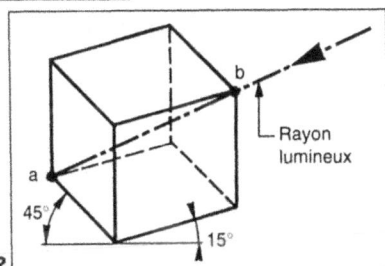

Fig. 33.2

Le tracé des ombres sur les perspectives parallèles n'est pas identique à celui utilisé pour les perspectives coniques. Il s'inspire pour beaucoup de la représentation des ombres utilisée au siècle dernier sur les épures de géométrie descriptive.

On admet que les rayons lumineux, quelle que soit la nature de la source (lampe ou soleil), sont toujours parallèles entre eux. Ils ne possèdent pas de point de fuite comme cela est le cas en perspective conique. Il est également admis que le rayon lumineux est orienté suivant la diagonale d'un cube dont les arêtes sont parallèles aux trois directions principales des fuyantes.

La figure 33.1 représente un parallélépipède rectangle dessiné en perspective trimétrique de type C_6. Sur le cube de référence représenté suivant le même type de perspective (fig. 33.2), la diagonale **ab** constitue une orientation possible des rayons lumineux susceptibles d'éclairer le parallélépipède rectangle.

33.1.2 Applications

Le rayon lumineux passant par les points **a** et **b** se projette comme suit :

▶ sur le plan horizontal suivant le segment **ac** (fig. 33.3) ;

▶ sur le plan vertical (fuyantes horizontales inclinées à 15°), suivant le segment **ad** (fig. 33.4) ;

▶ sur le plan vertical (fuyantes horizontales inclinées à 45°), suivant le segment **be** (fig. 33.5).

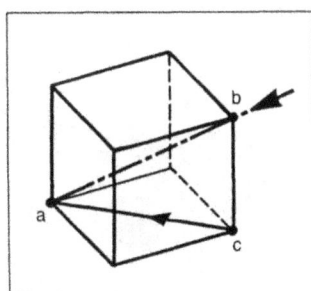

Fig. 33.3

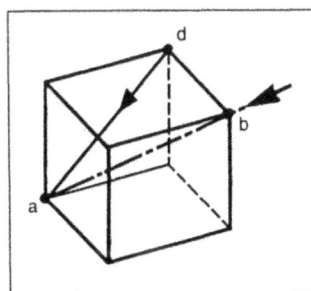

Fig. 33.4

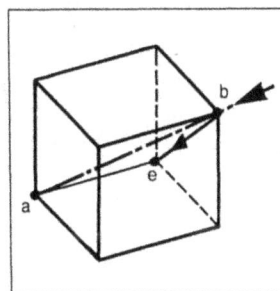

Fig. 33.5

235

Il en résulte que l'ombre d'une droite perpendiculaire à l'un des trois plans principaux est parallèle à la projection du rayon lumineux sur ce plan. Ainsi l'ombre de l'arête verticale **bc** (fig. 33.3) est dirigée suivant la projection **ac** du rayon sur le plan horizontal. De même, l'ombre de l'arête horizontale **bd** est dirigée suivant la projection **ad** (fig. 33.4). Ces dernières observations permettent de construire rapidement les ombres d'une figure.

La diagonale **ab** peut être orientée de quatre façons différentes (fig. 33.6). À chaque orientation correspond une position particulière de l'ombre portée (les ombres propres ne sont pas représentées sur la figure).

Étape 1 (fig. 33.7)

▶ mener par les points **m**, **n** et **p** des parallèles au rayon **ab** du cube de référence ;

▶ mener par les points **r**, **s** et **t** des parallèles à la projection horizontale **ac** du rayon lumineux ;

▶ joindre les points d'intersection m_1, n_1, p_1 et **t** pour obtenir le contour de l'ombre portée dont une partie est cachée par la boite.

Étape 2 (fig. 33.8)

▶ tracer l'ombre portée intérieure suivant le même principe. L'oblique vv_1 (ombre de la portion d'arête **vw**) est parallèle à la projection **ad** du rayon lumineux (voir le cube de référence).

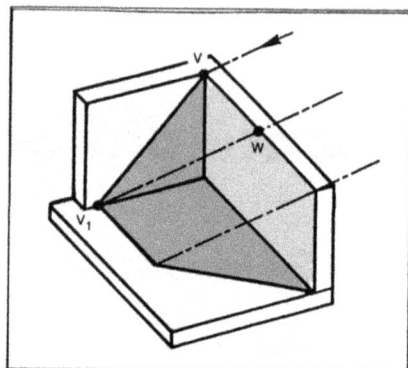

Fig. 33.6

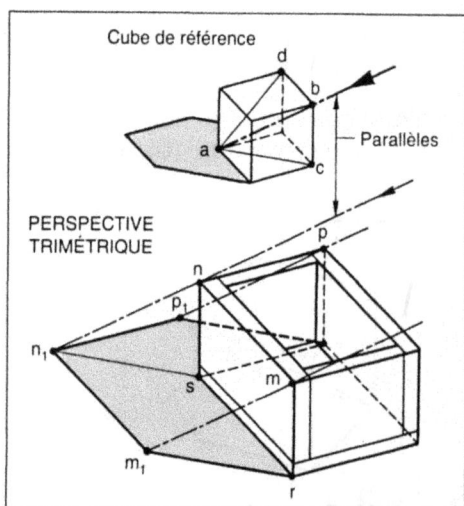

Fig. 33.8

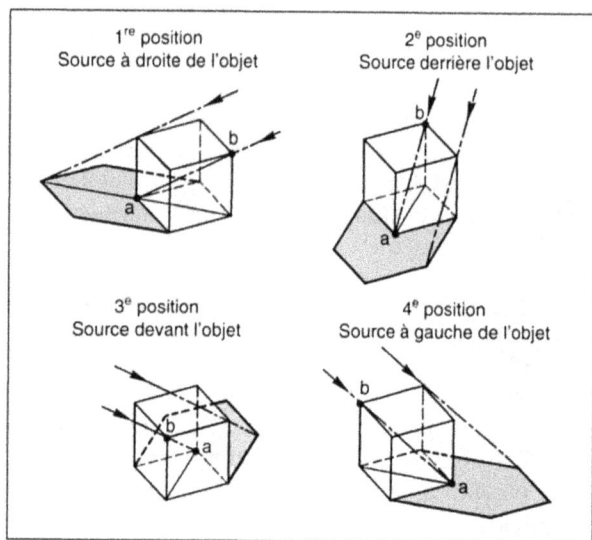

Fig. 33.9

33.2. Quelques exemples

33.2.1 Ombres d'une boîte

On souhaite tracer les ombres d'une petite boite représentée en **perspective trimétrique de type C_6**. La source lumineuse est située à droite (1re position).

Étape 3 (fig. 33.9)

▶ mettre au net la perspective. Les ombres portées et les ombres propres peuvent être représentées par des nuances différentes de gris.

Autres éclairages possibles

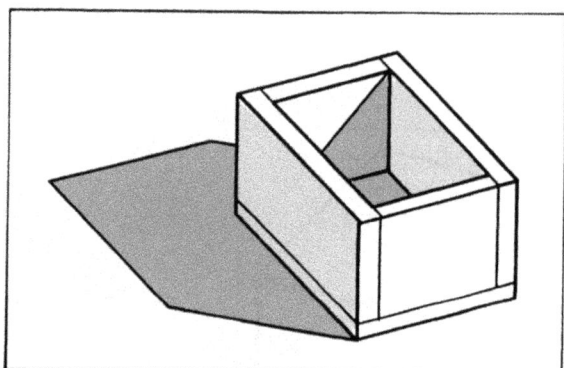

Fig. 33.7

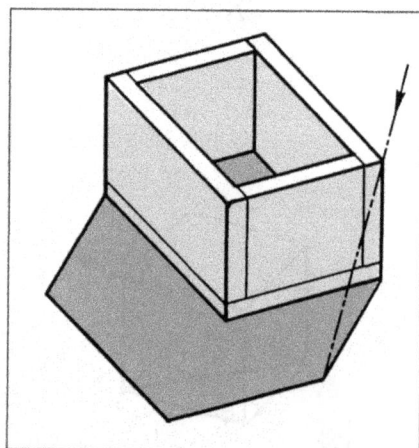

Fig. 33.10

- derrière la boite (fig. 33.10),
- devant la boite (fig. 33.11),
- à gauche de la boite (fig. 33.12).

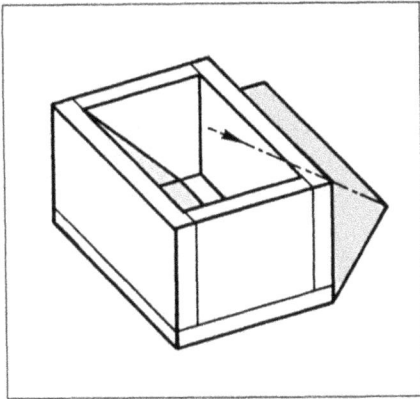

Fig. 33.11

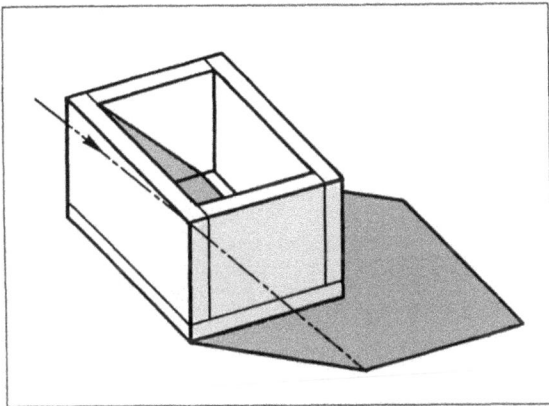

Fig. 33.12

33.2.2 Ombres du nichoir

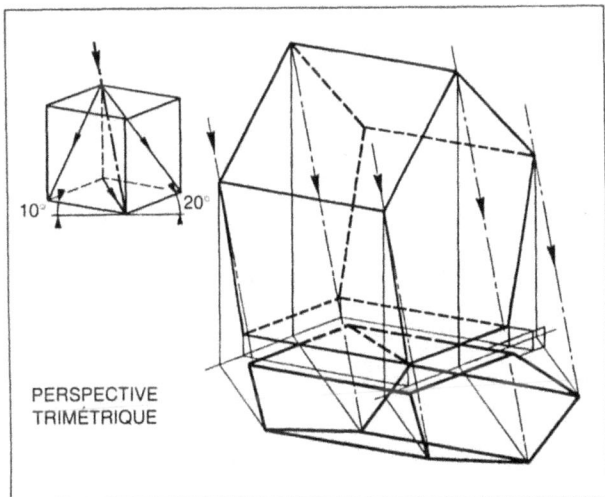

PERSPECTIVE
TRIMÉTRIQUE

Fig. 33.13

Soit le nichoir représenté en **perspective trimétrique de type B₁**. Les figures 33.13 et 33.14 montrent respectivement le tracé des ombres portées des parois et du toit en mode filaire. La figure 33.15 représente le tracé des ombres mis au net.

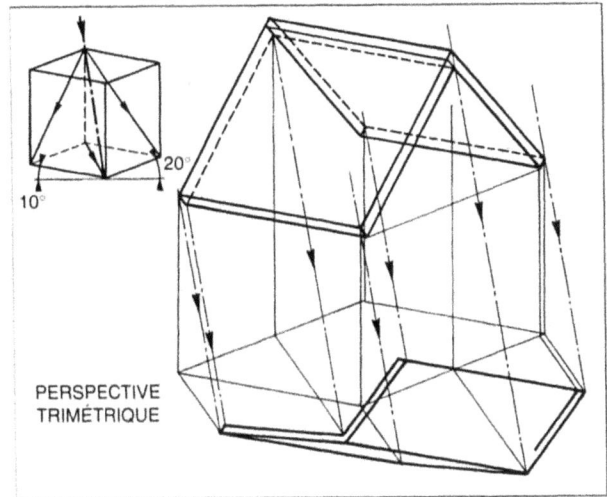

PERSPECTIVE
TRIMÉTRIQUE

Fig. 33.14

Fig. 33.15

Chapitre / 34

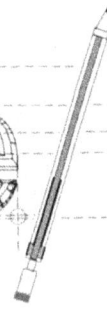

Le traitement informatique des perspectives axonométriques

34.1. Généralités

On peut obtenir des perspectives axonométriques informatisées de deux manières différentes :

▶ à l'aide de **logiciels représentant des images en deux dimensions (2D)**. Les images numérisées obtenues (il s'agit le plus souvent de perspectives isométriques) sont liées à un point de vue défini à l'avance. Si l'on souhaite changer de point de vue, il faut redessiner la perspective ;

▶ à l'aide de **logiciels établissant des vues en trois dimensions (3D)**. Ce type de logiciels permet d'afficher, à l'écran, une image en trois dimensions qui peut tourner sur elle-même. On peut, à tout moment, modifier le point de vue par

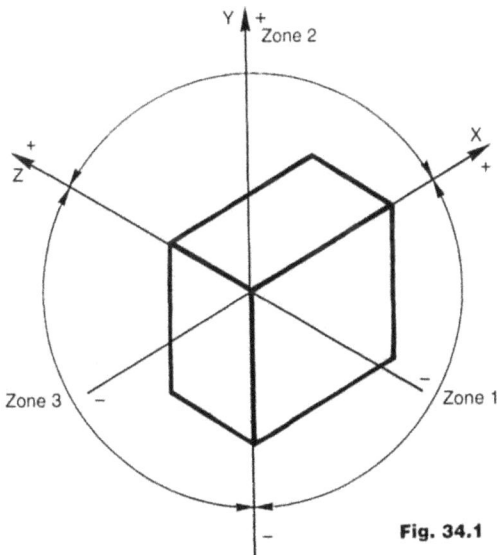

une simple intervention sur le clavier. On dispose ainsi, pour un objet donné, d'une gamme infinie de perspectives axonométriques.

34.2. Les principes d'exécution

34.2.1 Avec des logiciels 2D

Toute perspective axonométrique possède trois axes principaux **X**, **Y** et **Z** qui déterminent trois zones (fig. 34.1).

Les opérations au clavier consistent à entrer des coordonnées cartésiennes sur les axes de manière à représenter dans chaque zone les surfaces polygonales qui composent la figure. C'est l'ensemble de ces surfaces qui constitue la perspective.

34.2.2 Avec des logiciels 3D

Ces logiciels de **CAO** (**C**onception **A**ssistée par **O**rdinateur) appelés également **modeleurs volumiques**, permettent d'obtenir sur l'écran des images de synthèse tridimensionnelles. Ces logiciels possèdent en mémoire plusieurs formes géométriques paramétrables : parallélépipèdes, cylindres, cônes, etc. À l'écran, ces formes peuvent s'additionner, se soustraire ou s'intercepter de manière à former le volume souhaité. De plus, le mouvement possible des objets sur l'écran permet de choisir l'angle de vue le plus adapté pour n'imprimer que les perspectives les plus représentatives.

34.3. Exemples de perspectives informatisées

▶ Figure 34.2 : perspectives cavalières d'ensemble et éclatée d'un support métallique pour machine-outil établies à l'aide d'un logiciel 2D.

▶ Figures 34.3 et 34.4 : perspectives axonométriques de logements sociaux obtenues à partir d'un modeleur volumique dédié à l'architecture.

Fig. 34.1

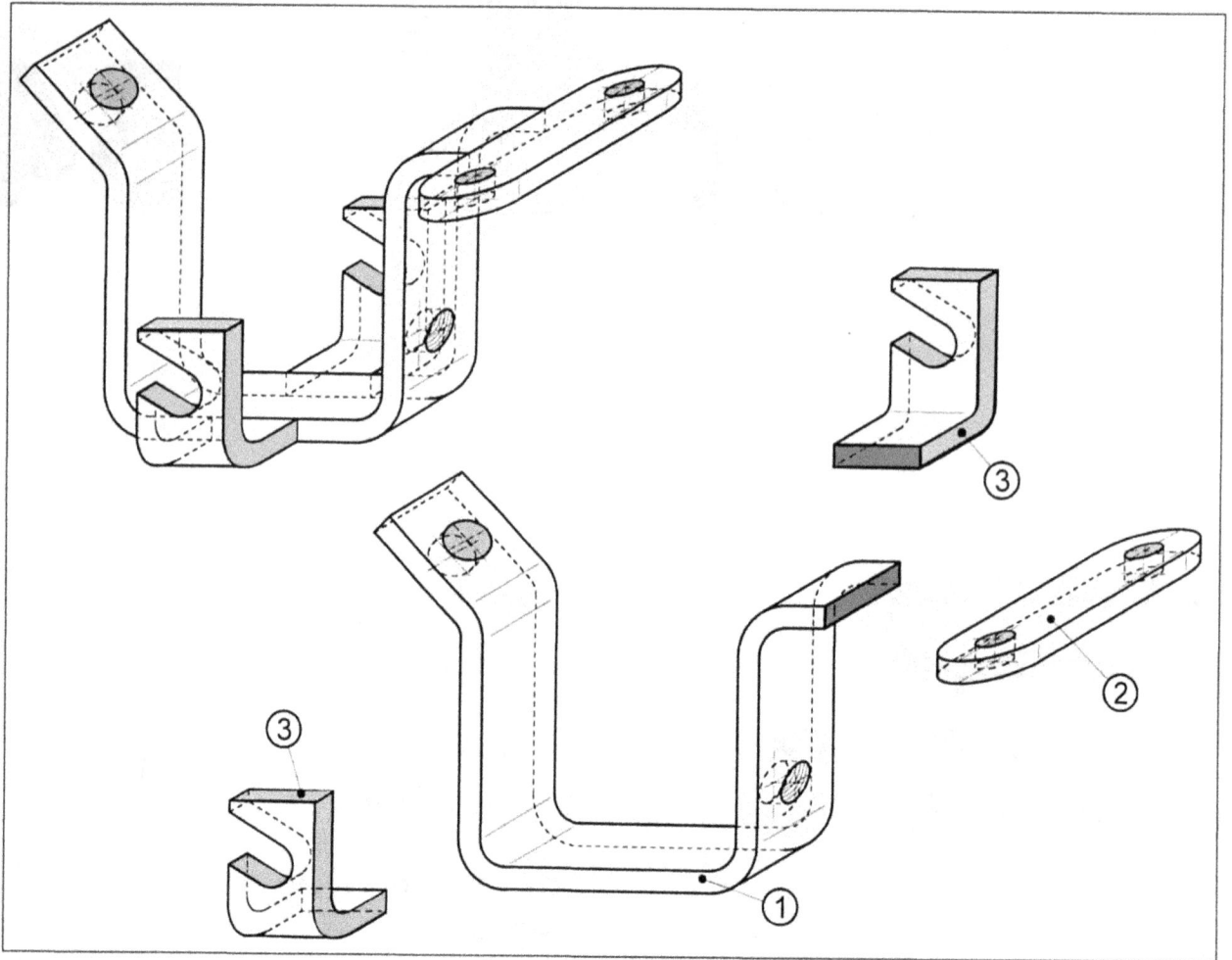
Fig. 34.2

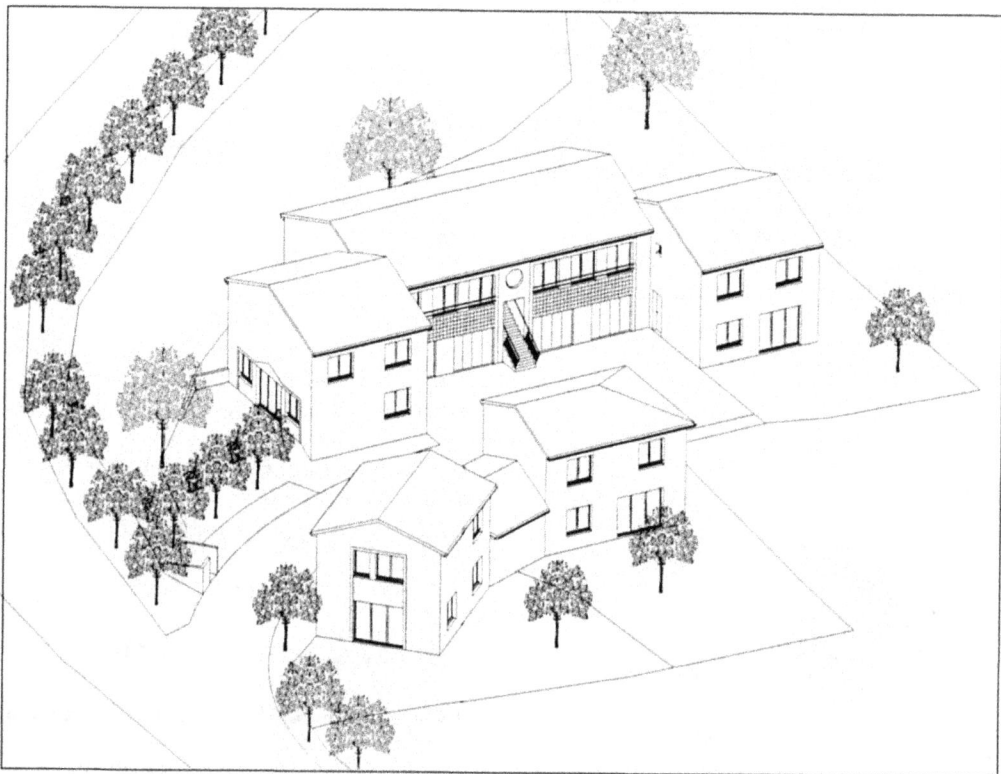
Fig. 34.3 (Architecte C. Chavarot, Clermont–Ferrand)

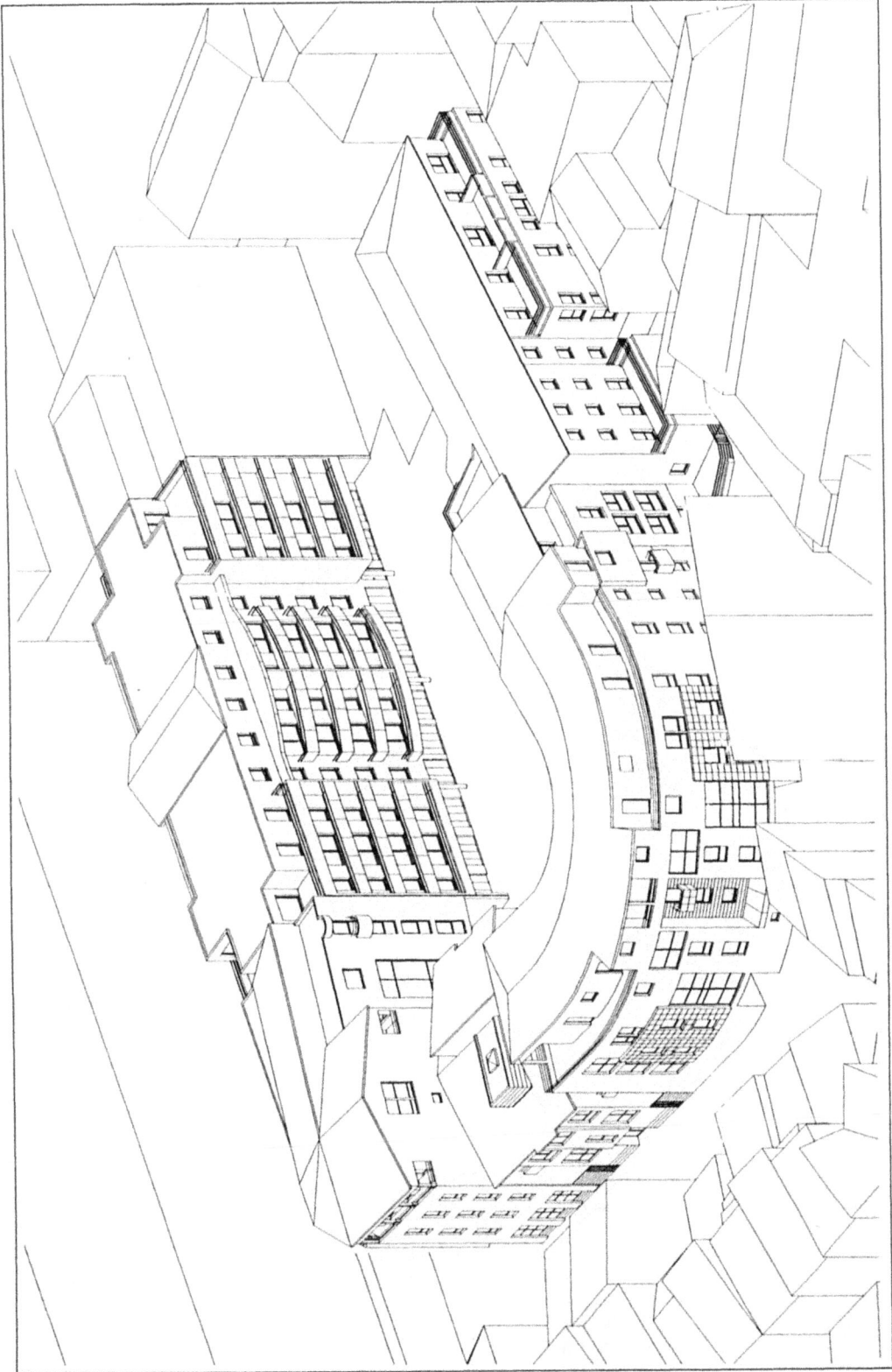

Fig. 34.4 (Architectes C. Chavarot et J.-C. Marquet, Clermont–Ferrand)

Quatrième partie

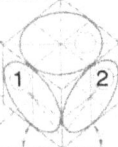

Bibliographie

Cette bibliographie réunit une cinquantaine d'ouvrages et articles récents sur la perspective.

Le classement est alphabétique par noms d'auteur. Pour les ouvrages rédigés en commun, seul le coauteur dont la première lettre du nom est la plus proche du début de l'alphabet est classé.

Pour certains ouvrages, le classement est différent :

– à la lettre **E** on trouvera la revue de l'école d'architecture Paris-Villemin ;

– à la lettre **I** les « *Cahiers de la perspective* » édités par l'IREM de Caen ;

– à la lettre **N** les normes de dessin technique élaborées et éditées par l'AFNOR ;

– à « **ANONYME** » quelques ouvrages dont les auteurs ne sont pas connus.

Plusieurs pictogrammes indiquent sommairement le contenu de chaque ouvrage et son niveau de difficulté.

LÉGENDES DES PICTOGRAMMES

Perspectives coniques

Tout ouvrage traitant de la perspective conique sans nécessairement en aborder tous les aspects.

Perspectives axonométriques

Ouvrage consacré à l'étude de toutes les perspectives axonométriques ou seulement à quelques-unes d'entre elles. Ce pictogramme est associé au précédent lorsque l'ouvrage traite des deux types de perspectives (conique et axonométrique).

Histoire de la perspective

Ce pictogramme signale tout ouvrage abordant l'histoire de la perspective (origines, la place de la perspective dans l'histoire de l'art, étude des traités anciens de perspective...). Il peut s'agir soit d'un essai ou d'une étude épistémologique entièrement consacrée à ce thème, soit d'un ouvrage technique comportant des informations substantielles sur l'histoire de la perspective.

Niveaux de difficulté

Il est attribué à chaque ouvrage de cette bibliographie un niveau de difficulté allant de **1** à **4** et répondant aux critères suivants :

① **Ouvrage ne traitant que les principes de base** de la perspective et n'exigeant pour sa compréhension aucune connaissance particulière. Les explications données sont claires et compréhensibles par tous.

② **Ouvrage dit de vulgarisation**. Les connaissances qu'il contient sont accessibles à des non-spécialistes : principes de base, différentes méthodes de tracé, présence de nombreux exemples d'application. Seuls les savoirs mathématiques fondamentaux, notamment géométriques, sont requis.

③ **Ouvrage contenant un grand nombre d'informations**. Les règles de la perspective sont présentées de manière très complète et parfois exhaustive. La seule lecture de l'ouvrage ne permet pas une compréhension approfondie des tracés exposés. Ceux-ci doivent être reproduits pour être correctement assimilés.

④ Cette dernière catégorie est réservée aux **ouvrages dont la lecture requiert d'importants prérequis en histoire de la perspective**.

EXEMPLE DE LECTURE

Les quatre pictogrammes suivants se rattachent à un ouvrage de vulgarisation sur les perspectives coniques et parallèles et contenant des informations relatives à l'histoire de la perspective.

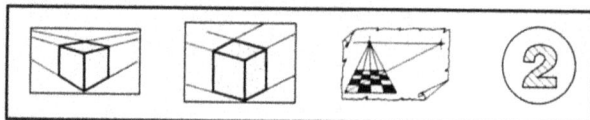

(ANONYME), *La perspective*

Paris, Gallimard, collection « *La passion des arts* », 1996 (64 pages).

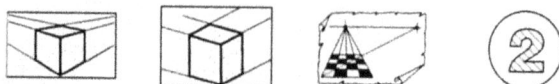

(ANONYME), *Perspective et théorie des ombres*

Milan, Vinciana éditions, distribution Lefranc et Bourgeois (36 pages).

(ANONYME), *Perspective*

Paris, Fleurus, collection « *Les cahiers du peintre* » n° 19, 1999 (32 pages).

AUBERT Jean, *Axonométrie*, théorie, art et pratique des perspectives parallèles : axonométrie orthogonale, axonométrie oblique, perspectives cavalière et militaire, complétés d'une « brève histoire orientée de l'axonométrie »

Paris, éditions de la Villette, 1996 (176 pages).

BEGUIN André, *Dictionnaire technique et critique du dessin*

Éditions Oyez et Vander Oyez. Voir l'article « *Perspective* » (pages 430 à 447).

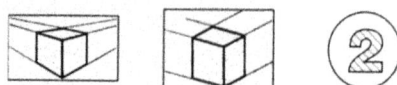

BONBON Bernard S., *Perspective scientifique et artistique*

Paris, Eyrolles, 1972 (304 pages). Plusieurs rééditions.

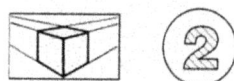

BONBON Bernard S., *Perspective inclinée, plongeante, plafonnante, ombres, reflets*

Paris, Eyrolles, 1986 (152 pages).

BONBON Bernard S., *Perspective moderne, méthode des réseaux normés*

Paris, Eyrolles, 1989 (208 pages).

BRION-GUERRY Liliane, *Jean Pelerin Viator, sa place dans l'histoire de la perspective*

Société d'édition Les belles lettres, collection « *Les classiques de l'Humanisme* », 1962 (512 pages).

BROWN David, *Dessiner en perspective*

Paris, Vigot, 1998 (48 pages).

BURMEISTER Guido, RUEGG Alan, *Méthodes constructives de la géométrie spatiale*

Lausanne, Presses polytechniques et universitaires romandes, 1993 (134 pages).

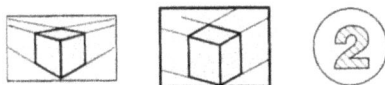

CHANSON, *Traité d'ébénisterie*

Dourdan, éditions H. Vial (272 pages). Chapitre 4 consacré aux tracés de perspective (pages 77 à 100).

COMAR Philippe, *La perspective en jeu, les dessous de l'image*

Paris, Gallimard, collection « *Découvertes Gallimard* » n° 138, 1992 (128 pages).

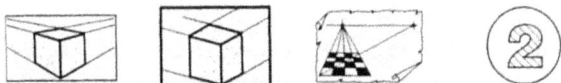

DALAI EMILIANA Marisa, *Encyclopédia Universalis*

Article « Perspective », volume 12, comprenant : la perspective géométrique, la perception de la tridi-

mensionnalité, la perspective dans les arts figuratifs, le débat sur la perspective au 20e siècle.

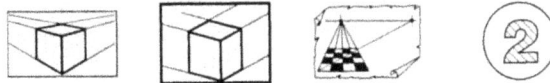

DAMISCH Hubert, *L'origine de la perspective*

Paris, Flammarion, 1987, collection « *Idée et Recherches* », (412 pages).

DESCARGUES Pierre, *Traités de perspective*

Paris, éditions du Chêne, 1976, collection « *Dossiers graphiques du Chêne* » (174 pages). Cet ouvrage présente 50 traités anciens de perspective avec la reproduction de plusieurs planches.

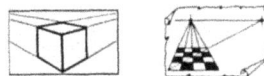

DHOMBRES Jean, SAKAROVITCH Joël, *Desargues en son temps*

Paris, librairie scientifique A. Blanchard, 1994 (483 pages).

DYGDON J. T., GIESECKE F. E., HILL I. L., MITCHELL A., NGUYEN D. N., SPENCER H. C., *Dessin technique*

Montréal, éditions du renouveau pédagogique, 1982.

Plusieurs chapitres sont consacrés aux perspectives : « *projections axonométriques* » (pages 471 à 503), « *projection oblique* » (pages 505 à 518) et « *perspective d'observation* » (pages 519 à 540).

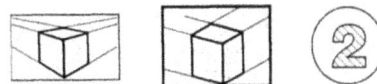

ÉCOLE D'ARCHITECTURE PARIS-VILLEMIN, Revue « *in extenso* », n° 13 : *De l'image naturelle à l'image artificielle*

Éditeur École d'architecture Paris-Villemin, 1990 (149 pages).

FERRARO Maurice, QUINET Robert, *Premiers pas dans la perspective*

Tournai (Belgique), éditions Gamma, 1970 (39 pages).

FLOCON Albert, TATON René, *La perspective*

Paris, Presses universitaires de France, 1963, collection « *Que sais-je ?* », n° 1050, (128 pages). Plusieurs rééditions.

FRADIN Marcel, *Perspective conique, tracé des ombres*

Paris, Dessain et Tolra, 1980 (128 pages).

GARRAUD Colette, *Représentation de l'espace, volume 2 : La perspective linéaire : approche historique*

Centre National de Documentation Pédagogique (CNDP),1978. Voir Lagoutte Daniel pour le volume 1.

GIORDANI Robert, GIORDANI Nonce, *La perspective dans l'image*

Paris, éditions Dujarric, 1987 (222 pages).

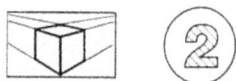

HENNEBICQ Daniel, MOLLE Georges, *La mise en perspective*

Paris, Eyrolles, 1980 (108 pages).

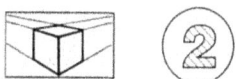

IREM (Institut de Recherche d'Études Mathématiques) de Basse-Normandie,

Les cahiers de la perspective n° 1. Mai 1981 (74 pages).

Les cahiers de la perspective n° 2. Mai 1982 (142 pages).

Les cahiers de la perspective n° 3. Mars 1987 (314 pages).

IREM de Basse-Normandie,

Les cahiers de la perspective n° 4. Juin 1987 (268 pages).

Les cahiers de la perspective n° 5. Juin 1991 (228 pages).

Les cahiers de la perspective n° 6. Juin 1993 (226 pages).

JANTZEN Éric, *Traité pratique de perspective, de photographie et de dessin appliqué à l'architecture et au paysage*

Paris, éditions de la Villette, UPA 6, 1983.

LAGOUTTE Daniel, *Représentation de l'espace, volume 1 : Les différents types de projection en peinture*

Centre National de Documentation Pédagogique (CNDP),1978. Voir Garraud Colette pour le volume 2.

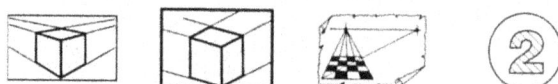

LAURENT Roger, PEIFFER Jeanne, *La place de J. H. Lambert (1728-1777) dans l'histoire de la perspective*

Paris, Cedic-Nathan, 1987 (300 pages).

LE GOFF Jean Pierre, *Revue REPÈRE-IREM n° 7*

Avril 1992. Article sur « *La perspective en première scientifique : une certaine suite dans les idées...* » (pages 115 à 155).

LOCQUET Jean Jacques, PERROT Norbert, *Perspectives cavalières et axonométriques*

Paris, Technique et documentation Lavoisier, 1988 (180 pages).

LUDI Jean-Claude, *La perspective « pas à pas », manuel de construction graphique de l'espace*

Paris, Dunod, 1986, (142 pages).

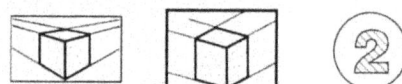

MARTY A. E., *La perspective sans mathématiques et sans termes techniques*

Malakoff, LT, éditions Henri Laurens, 1985 (94 pages).

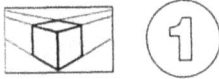

METZGER Phil, *La perspective sans peine*

Éditions Taschen, 1994. Deux présentations en un ou deux volumes.

MIRANDE Christophe, *La perspective, cours pratique de dessin*

Autre titre pour le même ouvrage : **Comment dessiner et peindre. La perspective**

Paris, éditions De Vecchi, 1995 (158 pages).

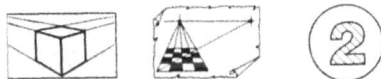

NORME FRANCAISE, *Norme NF EN ISO 10209-2 : Documentation technique de produit. Vocabulaire. Partie 2 : Termes relatifs aux méthodes de projection*

Paris, AFNOR, juin 1996 (20 pages).

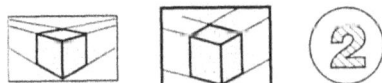

NORME FRANÇAISE, *Norme NF ISO 5456-1 : Dessins techniques. Méthodes de projection. Partie 1 : Récapitulatif*

Paris, AFNOR, décembre 1996 (8 pages).

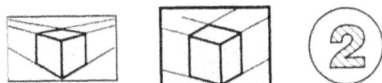

NORME FRANÇAISE, *Norme NF ISO 5456-3 : Dessins techniques. Méthodes de projection. Partie 3 : Représentations axonométriques*

Paris, AFNOR, décembre 1996 (12 pages).

NORME FRANÇAISE, *Norme NF ISO 5456-4 : Dessins techniques. Méthodes de projection. Partie 4 : Projection centrale*

Paris, AFNOR, décembre 1996 (40 pages).

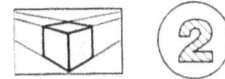

NORME FRANÇAISE, *Norme NF EN ISO 6412-2 : Dessins techniques.*

Représentation simplifiée des tuyaux et des lignes de tuyauteries. **Partie 2 : Projection isométrique**

Paris, AFNOR, juillet 1995 (16 pages).

PANOFSKY Erwin, *La perspective comme forme symbolique*

Paris, les éditions de minuit, 1975 (274 pages). Étude philosophique de la perspective.

PARRAMÓN José M., *Comment dessiner en perspective*

Paris, Bordas, 1972 (112 pages). Plusieurs rééditions.

PARRAMÓN José M., *Le grand livre de la perspective*

Paris, Bordas, 1995 (144 pages).

PARRENS Louis, *Précis de perspective d'aspect appliquée à l'architecture*

Paris, Eyrolles, 1961 (84 pages). Plusieurs rééditions.

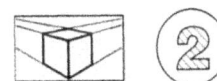

PARRENS Louis, *Traité de perspective d'aspect, tracé des ombres*

Paris, Eyrolles (168 pages). Plusieurs rééditions.

RAYNAUD Georges et Annie, Les secrets de la perspective

Paris, Fleurus, 1989 (144 pages).

ROTGANS Henk, La perspective

Paris, Dessain et Tolra, 1988 (80 pages).

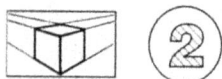

SMITH Ray, Introduction à la perspective

Paris, Dessain et Tolra, 1996, collection « *Les manuels du peintre* » (72 pages).

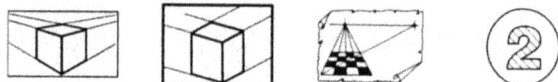

TATON René, L'œuvre mathématique de Girard Desargues

Paris, Presses Universitaires de France, 1951. Réédition librairie J. Vrin et Institut interdisciplinaire d'études épistémologiques de Lyon, 1988 (238 pages).

WARD T.W., Composition et perspective

Paris, Fleurus, 1990 (60 pages).

Index

www.ingramcontent.com/pod-product-compliance
Lightning Source LLC
Chambersburg PA
CBHW082305210326
41598CB00028B/4448